新时代大学计算机通识教育教材

杨云江 王佳尧 主编
高鸿峰 魏节敏 肖利平 王喜宾 高腾刚 程星晶 徐　鸿 编著

计算机网络基础

第4版

清華大学出版社
北 京

内容简介

本书详细介绍了计算机网络的基础理论和基础知识。主要内容有计算机网络的基本概念和基本知识、局域网组网技术、广域网与Internet的基本概念及其应用技术、网络体系结构、网络通信技术、网络管理技术及网络安全技术。

本书内容丰富，结构合理，讲解深入浅出，循序渐进，通俗易懂，并附有大量的插图和实例，以帮助读者学习和理解。除最后一章外，每章最后都附有习题，以帮助读者复习。

第2～4版相继增加了无线网络技术、IPv6技术、NAT转换技术、常用TCP/IP协议、云计算、物联网、区块链技术、人工智能技术、网络管理实用技术及网络安全实用技术。此外，在实用性方面也得到进一步的增强，如无线网络、BBS、QQ、微信和博客的应用技术，同时，增加了网络架构设计技术。将思政教育和素质教育的理念融入和贯穿全书，则是第4版最突出的亮点和特色。

本书可读性和实用性强，主要作为高等院校公共基础课教材，也可以供计算机及其相关专业的读者参考，还可以作为国家公务员、国家干部、企事业领导的培训教材，并可以作为网络爱好者的自学读本。

图书在版编目(CIP)数据

计算机网络基础/杨云江，王佳尧主编. —4版. —北京：清华大学出版社，2023.3
新时代大学计算机通识教育教材
ISBN 978-7-302-61894-2

Ⅰ.①计… Ⅱ.①杨… ②王… Ⅲ.①计算机网络－高等职业教育－教材 Ⅳ.①TP393

中国版本图书馆CIP数据核字(2022)第175852号

责任编辑：袁勤勇　杨　枫
封面设计：常雪影
责任校对：申晓焕
责任印制：丛怀宇

出版发行：清华大学出版社
　　网　　址：http://www.tup.com.cn，http://www.wqbook.com
　　地　　址：北京清华大学学研大厦A座　　**邮　　编**：100084
　　社 总 机：010-83470000　　**邮　　购**：010-62786544
　　投稿与读者服务：010-62776969，c-service@tup.tsinghua.edu.cn
　　质量反馈：010-62772015，zhiliang@tup.tsinghua.edu.cn
　　课件下载：http://www.tup.com.cn，010-83470236
印 装 者：三河市君旺印务有限公司
经　　销：全国新华书店
开　　本：185mm×260mm　　**印　张**：22　　**字　　数**：508千字
版　　次：2004年8月第1版　2023年4月第4版　　**印　　次**：2023年4月第1次印刷
定　　价：59.90元

产品编号：097341-01

序

计算机网络是一门高新技术，学习计算机网络知识，除了要具有良好的教学和实验环境、优秀的教师之外，还需要一本好的教材，对于初学者尤其如此；因此，选好教材是学生和老师最关注的问题之一。

《计算机网络基础》(第4版)作者长期从事计算机软件、管理信息系统和计算机网络的开发与研究、维护与管理工作，并长期在教学第一线从事教学工作，具有深厚的理论知识和丰富的实践经验及教学经验，该书就是作者多年教学经验和网络应用开发经验的结晶，也是理论与实际相结合的产物。

该书从计算机网络的基础理论、基本概念和知识入手，在详尽叙述各种网络连接设备和通信介质的连接和配置技术的基础上，着重介绍局域网组网技术和广域网组网技术、信息服务技术、Internet的实用技术、网络通信技术和网络管理技术；该书内容丰富、结构紧密、循序渐进，能够帮助读者在短时间内掌握计算机网络技术。

内容深入浅出、通俗易懂、结构合理、图文并茂，是该书突出的特点。将思政教育和素质教育理念融入和贯穿全书，则是该书第4版最突出的特色和亮点。

该书的另一大特点是理论与实践相结合：书中列出了大量的应用实例和组网技术，例如交换机和路由器的配置技术，网卡和调制解调器的安装与配置技术，个人防火墙的安装与配置技术等。通过对该书的学习，读者可以动手进行网络连接设备的安装、连接与配置，能够动手组建局域网络。读者在学习和实践过程中，必将受益匪浅。

该书适应性广、可读性和实用性强，是优秀的"计算机网络"课程教材，也可以作为培训班教材和自学参考书。

相信该书的出版能给读者带来很多的受益和帮助。

贵州大学名誉校长
博士研究生导师 李祥
2023年2月

前　言

本书自2004年第1版出版至今将近20年，由于其内容新颖、结构合理、理实结合、图文并茂，紧跟技术发展，历久弥新，深受广大师生以及计算机网络爱好者的喜爱和好评，先后改版4次、重印十几次、印数超近3万册，先后被全国数百所高校选用，影响较大。

本书第1版于2004年8月出版，主要内容有计算机网络的基本概念、局域网络及广域网络(含Internet网络)、网络体系结构及通信协议、网络通信技术、网络管理技术和网络安全技术。

第2版于2007年12月出版，在第1版的基础上，删除了部分陈旧的内容，增加了IEEE 802应用技术、IPv6技术、网络地址转换技术、无线网络技术、TCP/IP协议、网络管理实用软件"网路岗"的配置与使用技术、数字签名技术。

第3版出版于2016年9月，在第2版的基础上进行改版，更新的内容主要有两方面：一方面是增加了当时最新颖和最热门的云计算技术和物联网技术；另一方面，在"Internet实用技术"一章中增加了BBS、QQ、新闻组、博客及电子政务的应用技术，特别是增加了数字校园架构设计、智慧校园架构设计和IPv6架构设计的实用案例，使学生和读者对计算机网络的应用有一个全新的认识和体验。

第4版在第3版的基础上进行完善和修改，主要增加了区块链技术和人工智能技术，同时，将思政教育和素质教育理念融入全书，这是第4版最大的亮点和特色。

课程思政设计：为了贯彻习近平"要把思想政治工作贯穿教育教学全过程"的思政教育指导思想和党的十八大报告精神"要把立德树人作为教育的根本任务"，因而将课程思政和课程素养的理念融入本书，主要体现在以下几方面。

- 提倡立德树人、团结拼搏、团队协作精神；
- 传播正能量，杜绝负能量信息和负面信息；
- 图片严格把关，杜绝色情、性感、暴力及低级趣味的图片；
- 挖掘教材中"知识点、案例和习题"中的思政元素，使学生和读者在学习和掌握专业课程知识的同时，树立弘扬正气、立德树人、团队协作、感恩报国的思想理念。

本书的编写原则是理论以够用为度，突出实用性，强调实用案例。遵循理论性与实践性相结合，先进性与实用性相结合，专业性与通用性相结合的原则。

本书的第一大特色是内容新颖，结构合理，深入浅出，循序渐进，通俗易懂，并附有大量的插图和实例，以帮助读者学习和理解。

本书的第二大特色是理论与实践相结合。笔者长期从事计算机软件、网络工程、管理信息系统的研究开发以及教学工作，积累了丰富的教学经验和网络应用开发的实践经验，本书就是笔者教学经验和网络应用开发经验的结晶。

对于非计算机专业人员来说,计算机网络是一个陌生的概念,是一个可望而不可即的高新技术。帮助非专业人员消除对计算机网络的陌生感,让大家都懂得网络,会使用网络,是本书的主要任务,也是本书的第三大特色。

本书的第四大特色是应用范围广和读者面广。主要作为高等院校公共基础课教材,也可供计算机及其相关专业的读者参考,还可作为国家公务员、国家干部、企事业领导的培训教材和网络爱好者的自学参考书。

本书第五大特色是注重数字资源的建设。将二维码应用到本书中,读者只要用手机扫描相应的二维码,就可以获取相应的数字教学内容。

由于作者水平有限,书中难免有错误之处,恳请广大读者批评指正 ,不胜感谢。

杨云江

2023年2月

目　录

第 1 章　计算机网络概述……1

1.1　计算机网络的基本概念……2

1.1.1　什么是计算机网络……2

1.1.2　计算机网络的基本模型……2

1.1.3　计算机网络的设计目标……4

1.1.4　计算机网络的基本功能和用途……5

1.1.5　计算机网络的特点……6

1.1.6　计算机网络的分类……6

1.1.7　图标约定……9

1.2　计算机网络的发展……10

1.2.1　计算机网络的发展史……10

1.2.2　面向终端的联机系统阶段……12

1.2.3　智能终端网络阶段……14

1.2.4　标准化网络阶段……14

1.2.5　网络互联阶段……14

1.2.6　计算机网络的发展趋势……15

1.3　多用户系统、网络系统和分布式系统……19

1.3.1　多用户系统……19

1.3.2　计算机网络系统……19

1.3.3　分布式计算机系统……19

1.3.4　分布式数据存储模式……20

1.4　计算机网络的组成……20

1.4.1　通信子网和资源子网……20

1.4.2　网络结点……22

1.5　计算机网络的硬件与软件系统……23

1.5.1　计算机网络通信模型……23

1.5.2　计算机网络的硬件系统……23

1.5.3　计算机网络的软件系统……27

1.5.4　几种常用的网络操作系统……30

1.6 资源共享技术 …… 30
1.6.1 硬件资源、软件资源和数据资源的共享 …… 30
1.6.2 通信信道资源共享 …… 31
习题 …… 32

第2章 局域网技术 …… 33

2.1 局域网的概念 …… 34
2.2 局域网络拓扑结构 …… 35
2.2.1 网络拓扑结构 …… 35
2.2.2 总线型拓扑结构 …… 35
2.2.3 环状拓扑结构 …… 37
2.2.4 星状拓扑结构 …… 39
2.2.5 总线-星状拓扑结构 …… 40
2.2.6 环状-星状拓扑结构 …… 40
2.2.7 树状结构 …… 40
2.2.8 半网状结构 …… 41
2.2.9 全网状结构 …… 41
2.3 网络通信介质 …… 42
2.3.1 有线介质 …… 43
2.3.2 无线介质 …… 48
2.4 网络系统结构 …… 49
2.5 常用网络连接设备 …… 50
2.6 网络协议标准 …… 71
2.6.1 IEEE 802 概述 …… 71
2.6.2 IEEE 802 系列简介 …… 71
2.7 局域网络技术 …… 72
2.7.1 局域网络的基本概念 …… 72
2.7.2 几种常用的局域网技术 …… 73
2.7.3 虚拟局域网络 …… 75
2.8 结构化综合布线系统 …… 77
2.9 应用实例 …… 78
习题 …… 78

第3章 广域网与 Internet …… 80

3.1 广域网络技术 …… 81
3.1.1 广域网络的基本概念 …… 81
3.1.2 局域网与广域网的连接 …… 81
3.1.3 T-*n* 和 DS*n* …… 82

3.1.4 广域网络拓扑结构 …… 82
3.2 Internet 概述 …… 86
3.2.1 Internet 的定义 …… 86
3.2.2 Internet 的特点 …… 87
3.3 Internet 的历史和发展 …… 87
3.3.1 Internet 的历史 …… 87
3.3.2 Internet 的未来 …… 88
3.4 Internet 在中国 …… 88
3.4.1 Internet 在中国的发展 …… 88
3.4.2 中国四大互联网络简介 …… 89
3.4.3 “三金工程” …… 91
3.4.4 中国教育与科研计算机网 …… 91
3.5 Internet 的资源及应用服务 …… 93
3.6 如何接入 Internet …… 93
3.6.1 拨号接入技术 …… 93
3.6.2 ISDN 接入技术 …… 94
3.6.3 DDN 专线接入技术 …… 96
3.6.4 xDSL 接入技术 …… 97
3.7 IP 地址与域名 …… 101
3.7.1 IP 地址 …… 101
3.7.2 特殊 IP 地址 …… 103
3.7.3 域名 …… 104
3.8 子网及子网掩码 …… 106
3.8.1 子网的概念 …… 106
3.8.2 子网地址 …… 106
3.8.3 子网掩码 …… 106
3.8.4 子网掩码的用途 …… 107
3.9 应用实例 …… 107
3.9.1 网卡的安装与配置 …… 107
3.9.2 子网掩码的应用 …… 107
3.9.3 如何用 ping 命令测试网络 …… 108
3.9.4 网络地址转换及其应用 …… 110
习题 …… 110

第 4 章 无线网络技术 …… 112

4.1 无线网络概述 …… 113
4.1.1 WLAN 的构成 …… 113
4.1.2 WLAN 的标准 …… 114

4.2 无线局域网的通信方式 …… 116
4.3 无线局域网的主要设备 …… 117
4.4 无线网络的设计 …… 119
4.5 应用实例 …… 121
4.5.1 校园无线网络架构设计 …… 121
4.5.2 家庭无线网络的配置及其应用技术 …… 122
习题 …… 122

第5章 Internet实用技术 …… 124

5.1 浏览器 …… 125
5.1.1 Web网页和浏览器 …… 125
5.1.2 IE浏览器 …… 125
5.1.3 Maxthon浏览器 …… 128
5.2 网络搜索引擎 …… 128
5.2.1 普通搜索引擎 …… 129
5.2.2 集成搜索引擎 …… 132
5.3 电子邮件 …… 132
5.3.1 电子邮件概述 …… 132
5.3.2 Outlook邮件系统 …… 134
5.3.3 QQ邮件系统 …… 139
5.4 NetAnts …… 142
5.4.1 软件下载、安装及启动 …… 142
5.4.2 用NetAnts下载文件 …… 143
5.5 文件传输FTP …… 144
5.6 远程登录Telnet …… 145
5.7 网络新闻组Usenet …… 145
5.8 电子公告板BBS …… 145
5.9 腾讯QQ …… 145
5.10 微信 …… 145
5.11 博客 …… 145
5.12 电子商务 …… 145
5.13 电子政务 …… 146
习题 …… 146

第6章 网络体系结构 …… 147

6.1 网络体系结构概述 …… 148
6.1.1 通信协议 …… 148
6.1.2 网络系统的体系结构 …… 149

6.2 ISO/OSI 网络体系结构 …… 149
6.3 OSI 分层结构 …… 151
6.3.1 物理层 …… 151
6.3.2 数据链路层 …… 152
6.3.3 网络层 …… 153
6.3.4 传输层 …… 154
6.3.5 会话层 …… 155
6.3.6 表示层 …… 155
6.3.7 应用层 …… 156
6.4 Internet 协议簇 …… 156
6.4.1 TCP/IP 体系结构 …… 156
6.4.2 TCP/IP 协议 …… 157
习题 …… 158

第 7 章 网络通信技术 …… 160

7.1 数据通信 …… 161
7.1.1 数据通信的基本概念 …… 161
7.1.2 数据通信过程 …… 161
7.1.3 模拟通信系统和数字通信系统 …… 161
7.1.4 通信线路的连接方式 …… 162
7.1.5 通信线路的通信方式 …… 163
7.1.6 数据传输方式 …… 163
7.2 数据传输技术 …… 164
7.2.1 基带传输、频带传输与宽带传输 …… 164
7.2.2 数据编码 …… 164
7.2.3 同步传输与异步传输 …… 166
7.3 数据交换技术 …… 167
7.3.1 电路交换技术 …… 167
7.3.2 存储转发技术 …… 168
7.4 差错控制 …… 169
7.4.1 差错的基本概念 …… 169
7.4.2 差错控制方法 …… 170
7.4.3 检错编码方法 …… 171
7.4.4 前向纠错技术 …… 173
7.5 多路复用技术 …… 175
7.5.1 频分复用技术 …… 175
7.5.2 时分复用技术 …… 175
7.5.3 排队复用技术 …… 176

7.5.4 波分复用技术 …… 176
7.5.5 异步频分复用技术和异步时分复用技术 …… 177
7.6 应用实例:前向检错技术的应用 …… 178
习题…… 180

第8章 IPv6技术 …… 181

8.1 IPv6的产生与发展 …… 182
8.1.1 IPv6概述 …… 182
8.1.2 IPv6的产生 …… 183
8.1.3 IPv6与IPv4的区别 …… 184
8.2 IPv6寻址模式及地址分配 …… 184
8.2.1 IPv6地址体系结构 …… 184
8.2.2 IPv6寻址模式 …… 186
8.2.3 IPv6地址分配 …… 192
8.3 IPv6过渡技术 …… 194
习题…… 195

第9章 云计算技术与大数据技术…… 196

9.1 云计算的基本概念 …… 197
9.1.1 云计算概述 …… 197
9.1.2 云计算的产生及基础架构 …… 202
9.1.3 云计算的发展 …… 203
9.1.4 云计算的关键技术 …… 205
9.2 云计算的组成 …… 207
9.2.1 云计算架构 …… 207
9.2.2 云计算操作系统 …… 209
9.3 云计算架构设计 …… 212
9.3.1 云计算架构概述 …… 212
9.3.2 云计算数据中心大二层网络架构 …… 213
9.3.3 数据中心网络跨站点的二层互访和多站点选择 …… 214
9.3.4 云计算数据中心后端存储网络 …… 215
9.3.5 云计算与IPv6 …… 215
9.4 应用实例:云盘建立与使用技术…… 215
9.5 大数据技术 …… 216
9.5.1 大数据的基本概念 …… 216
9.5.2 大数据的关键技术 …… 216
9.5.3 大数据的计算模式 …… 218
9.5.4 大数据的应用领域 …… 220

9.5.5　大数据、云计算与物联网三者之间的关系 …… 220
9.5.6　大数据架构 …… 222
9.5.7　大数据采集方法 …… 223
9.5.8　数据处理方法 …… 224
习题 …… 225

第10章　物联网技术 …… 227

10.1　预备知识 …… 227
10.1.1　条形码及标签技术 …… 227
10.1.2　RFID 技术 …… 229
10.1.3　传感器技术 …… 230
10.2　物联网的基本概念和体系结构 …… 233
10.2.1　物联网的基本概念 …… 233
10.2.2　物联网体系结构 …… 235
10.3　物联网的应用技术 …… 237
10.4　实用案例——停车场车辆监管管理系统 …… 238
习题 …… 238

第11章　区块链技术 …… 239

11.1　初识区块链 …… 240
11.1.1　区块链的基本概念 …… 240
11.1.2　区块链的发展历程 …… 241
11.1.3　区块链的特征 …… 241
11.2　区块链的分类 …… 241
11.3　区块链的核心技术 …… 242
11.3.1　分布式账本 …… 242
11.3.2　非对称密码加密机制 …… 242
11.3.3　共识机制 …… 243
11.3.4　智能合约机制 …… 243
11.4　区块链的架构模型 …… 243
11.4.1　数据层 …… 244
11.4.2　网络层 …… 245
11.4.3　共识层 …… 246
11.4.4　激励层 …… 247
11.4.5　智能合约层 …… 248
11.5　区块链的应用 …… 249
习题 …… 249

第 12 章　人工智能技术 …… 250

12.1　初识人工智能 …… 251
12.1.1　人工智能的基本概念 …… 251
12.1.2　人工智能的发展 …… 252
12.2　人工智能的核心技术 …… 253
12.2.1　计算机视觉技术 …… 253
12.2.2　机器学习技术 …… 254
12.2.3　深度学习技术 …… 255
12.2.4　自然语言处理技术 …… 256
12.2.5　机器人技术 …… 257
12.2.6　生物识别技术 …… 257
12.2.7　导航与定位技术 …… 259
12.2.8　多传感器信息融合技术 …… 259
12.2.9　路径规划技术 …… 259
12.2.10　智能控制技术 …… 260
12.2.11　人机接口技术 …… 260
12.3　人工智能的架构模型 …… 260
12.3.1　基础架构层 …… 260
12.3.2　感知层 …… 262
12.3.3　认知层 …… 264
12.3.4　应用层 …… 265
12.4　人工智能的应用 …… 268
习题 …… 268

第 13 章　网络管理技术 …… 269

13.1　网络管理概述 …… 270
13.1.1　网络管理的基本概念和任务 …… 270
13.1.2　网络管理的基本内容 …… 270
13.1.3　网络管理系统的基本模型 …… 271
13.2　网络管理标准 …… 272
13.2.1　网络配置管理 …… 272
13.2.2　网络性能管理 …… 273
13.2.3　网络故障管理 …… 273
13.2.4　记账/计费管理 …… 273
13.2.5　容错管理技术 …… 274
13.2.6　网络地址管理 …… 274
13.2.7　文档管理 …… 275

13.3 简单网络管理协议 …… 275
13.3.1 SNMP 的概念 …… 276
13.3.2 SNMP 的基本组成 …… 276
13.4 软件管理 …… 277
13.4.1 软件计量管理 …… 278
13.4.2 软件分布管理 …… 278
13.4.3 软件核查管理 …… 278
13.5 应用实例："网路岗"软件的配置与使用 …… 278
习题 …… 279

第 14 章 网络安全技术 …… 280

14.1 网络安全的基本概念 …… 281
14.1.1 网络安全概述 …… 281
14.1.2 网络攻击技术 …… 284
14.1.3 系统攻击方法 …… 285
14.1.4 网络安全管理 …… 288
14.2 常见网络安全设施与技术 …… 289
14.2.1 防火墙与防水墙 …… 289
14.2.2 IDS 与 IPS …… 293
14.2.3 网络嗅探技术 …… 294
14.2.4 安全审计技术 …… 298
14.2.5 漏洞扫描技术 …… 300
14.2.6 其他网络安全技术 …… 300
14.3 局域网络与广域网络安全 …… 301
14.3.1 局域网络安全性分析 …… 301
14.3.2 局域网络安全技术 …… 302
14.3.3 广域网络安全技术 …… 303
14.4 Internet 安全技术 …… 303
14.5 IPv6 安全管理技术 …… 303
14.6 云计算安全技术 …… 304
14.7 数字签名与 CA 认证技术 …… 304
14.8 病毒、木马与黑客的攻防技术 …… 304
14.9 应用实例 …… 304
习题 …… 304

第 15 章 实用案例分析 …… 305

15.1 数字校园架构设计 …… 305
15.1.1 大学校园网建设背景及需求分析 …… 306

15.1.2 主干网络设计及设备选型 …… 308
15.1.3 网络安全方案 …… 311
15.1.4 校园网 QoS 设计 …… 313
15.1.5 校园网子网和 VLAN 划分 …… 315
15.2 智慧校园架构设计 …… 316
15.2.1 智慧校园概述 …… 316
15.2.2 智慧校园发展的三个阶段 …… 317
15.2.3 智慧校园的建设目标和意义 …… 317
15.2.4 智慧校园建设的关键技术 …… 318
15.2.5 高校智慧校园案例 …… 319
15.2.6 某大学智慧校园架构设计 …… 320
15.3 IPv6 架构设计 …… 324
15.3.1 IPv6 实验床架构设计 …… 324
15.3.2 IPv6 驻地网架构设计 …… 325

附录 常用缩略词 …… 329

参考文献 …… 333

第1章 计算机网络概述

本章从计算机网络的基本模型入手，介绍计算机网络的基础知识。主要内容有计算机网络的基本概念、计算机网络的发展史、通信子网及资源子网、计算机网络的硬件与软件系统、资源共享技术。

知识培养目标

- 了解计算机网络的基本概念；
- 了解计算网络的发展史及发展趋势；
- 了解和掌握计算机网络系统的组成；
- 了解通信子网和资源子网的基本概念；
- 了解网络通信系统的组成；
- 了解资源共享技术。

能力培养目标

- 具备通信子网和资源子网的设计能力；
- 具备资源共享技术的设计和实现的能力。

课程思政培养目标

课程内容与课程思政培养目标关联表如表1-1所示。

表1-1　课程内容与课程思政培养目标关联表

节	知识点	案例及教学内容	思政元素	培养目标及实现方法
1.1	计算机网络的基本概念		现实社会离不开网络，人类社会离不开网络。现实社会的一切都是相互依赖、相互依存的	使学生意识到自己是社会的一员，只有依靠同学、依靠朋友、依靠社会、依靠国家，才能发挥自己的才智，才能体现自身的价值
1.2	计算机网络的发展		了解计算机网络的发展史，了解网络对社会做出的贡献	培养学生学好网络知识，为社会主义祖国的建设添砖加瓦
1.6	资源共享技术		网上共享资源很多，靠的是众人的劳动成果。众人拾柴火焰高	培养学生懂得自己不仅是网络资源的获取者，更应该是网络资源的提供者。明白“欲要取之，必先给之”的道理

1.1 计算机网络的基本概念

1.1.1 什么是计算机网络

简单地说,计算机网络是由两台或多台计算机通过通信设备和通信介质连接在一起的系统,计算机与计算机之间可以相互交换信息。

当然,除了网络,计算机之间还有其他方式交换信息。一种最原始的“手工网络”方式就是将文件复制到软盘、U盘或移动硬盘上,然后把这个软盘、U盘或移动硬盘拿到另一台计算机上使用。这就是“手工网络”的信息交换方式。

“手工网络”的问题在于其速度太慢,传输的数据量小,且只能是一对一地传输。对于一对多和多对多、远距离、大量的信息交换,“手工网络”是无法完成的。计算机网络就是为解决这样的问题而产生的。

另外,一台计算机上的资源是有限的,人们常常希望能够使用其他计算机上的资源(如高性能打印机、大容量硬盘等),这也是网络所要解决的问题。

到底什么是计算机网络呢?就是用通信设备和通信介质,将分布在不同地域、操作相对独立的多台计算机连接起来,再配置相应的网络操作系统和应用软件,在原本独立的计算机之间实现软硬件资源共享和信息传递,那么这个系统就成为计算机网络。

综合上述分析,给计算机网络下一个定义:计算机网络是以资源共享和信息交换为目的,通过通信手段将两台以上的计算机互联在一起而形成的一个计算机系统,如图1-1所示。

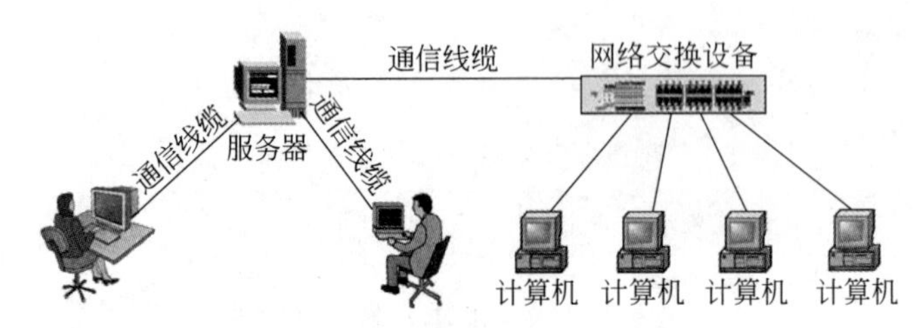

图1-1 计算机网络连接拓扑图

1.1.2 计算机网络的基本模型

计算机网络由一台主机(host),又称为网络服务器或文件服务器(File Server,FS)和若干台终端计算机Terminal,又称为工作站(Work Station,WS)组成。在每一台计算机中(含服务器)都需插入一块网卡,并用网络通信线缆(如同轴电缆、双绞线等)连接到每一台计算机的网卡上,这样,在物理上就已将这些计算机连接在一起,这样连接起来的计算机系统称为计算机网络的物理连接。

将计算机物理上连接在一起后，计算机与计算机之间还不能交换信息，因为网络还不能工作。要想网络能正常运行，还必须在每台联网的计算机上运行相应的网卡驱动程序而使得网卡能正常工作，并在服务器上安装和运行网络操作系统，在终端计算机上运行工作站驱动程序。计算机网络的基本结构模型如图 1-2 所示。

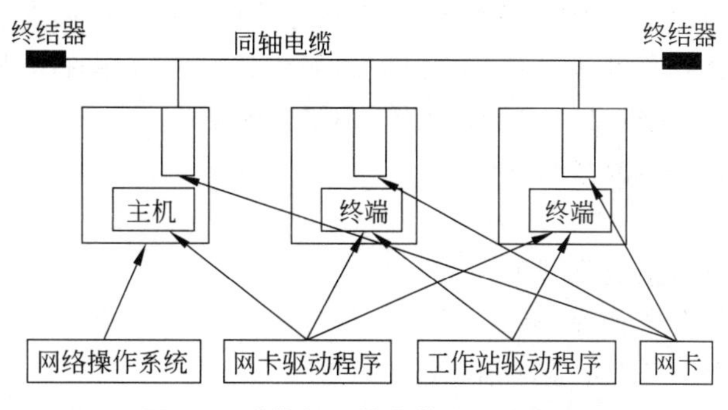

图 1-2　计算机网络的基本结构模型

1. 网卡

网卡是网络接口卡（Network Interface Card，NIC）的简称，又称为网络适配器，是在局域网中用于将用户计算机与网络相连的接口设备。大多数局域网采用以太网（Ethernet）卡，也可以采用 NE2000 网卡、PCMCIA 卡、D-Link 网卡等。

网络适配器实物如图 1-3 所示。

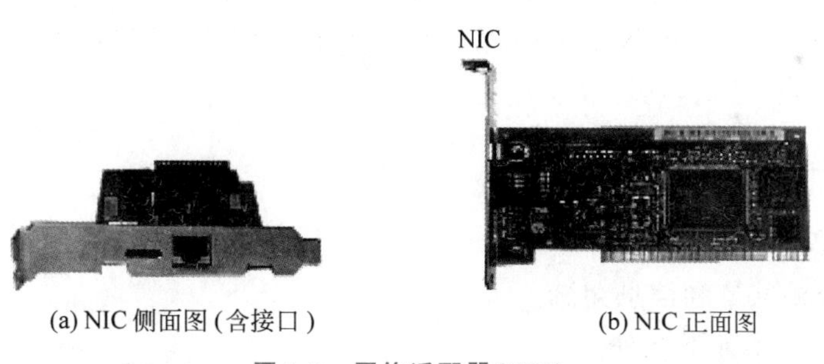

(a) NIC 侧面图 (含接口)　(b) NIC 正面图

图 1-3　网络适配器（NIC）

网卡的基本功能如下。

(1) 读入由其他网络设备（路由器、交换机、集线器或其他 NIC）传输过来的数据包（一般是帧的形式），经过拆包，将其变成客户机或服务器可以识别的数据，通过主板上的总线将数据传输到所需的 PC 设备中（CPU、内存或硬盘）。

(2) 将 PC 设备发送的数据打包后输送至其他网络设备。

2. 网卡驱动程序

将网卡安装在计算机的主板上后，必须安装相应的网卡驱动程序，网卡才能工作。一般的即插即用网卡，Windows 系统都能自动识别，只要将网卡插入计算机主板重新开机，Windows 系统就能自动安装相应的网卡驱动程序；对于 Windows 不能识别的网卡，则用网卡供应商提供的网卡驱动程序盘进行安装。网卡驱动程序的安装详见3.9.1节。

3. 网络操作系统

网络操作系统(Network Operating System,NOS)是网络的心脏和灵魂,是向连接在网络上的计算机提供服务的特殊操作系统,它在计算机操作系统的支持下工作,使计算机操作系统增加了网络操作所需要的能力。网络操作系统运行在称为服务器的计算机上,换句话说,网络主机必须安装网络操作系统,网络才能正常运行。

网络操作系统的基本功能如下。

(1) 资源共享管理;

(2) 信息传输与信息交流管理;

(3) 网络管理与安全管理。

网络操作系统将在1.5.4节详细介绍。

4. 网络操作系统决定网络的类型

常用的计算机网络有Novell网、NT网及UNIX网等。对于一个局域网络,如何识别它是哪一种类型的网络呢?

网络系统的类型完全取决于网络操作系统。即在同一种网络硬件拓扑环境下,主机上安装不同的网络操作系统,就得到不同类型的计算机网络。

例如,若在主机上安装Windows NT网络操作系统,则这一网络称为NT网;若在主机上安装UNIX网络操作系统,则这一网络称为UNIX网。

常用的NOS有Novell NetWare、Windows NT、UNIX、3COM、D-Link和Linux等。

1.1.3 计算机网络的设计目标

计算机网络的设计目标如下。

(1) 实现资源共享和信息交流。

共享的资源包括如下几种。

① 硬件资源:硬盘、光盘、U盘、打印机等。

② 软件资源:系统软件、应用软件、工具软件等。

③ 数据资源:数据、文档、图片、声音等。

信息交流主要有如下几种。

① 信息发布;

② 文件交流;

③ 电子邮件。

(2) 提高系统的可靠性。

(3) 提高工作效率。

(4) 节省投资。

(5) 数据信息集中。

(6) 系统负载的均衡与协作。

1.1.4　计算机网络的基本功能和用途

1. 计算机网络的基本功能

计算机网络的功能很多,其中最重要的 3 个功能是数据通信、资源共享和分布处理。

1) 数据通信

数据通信是计算机网络最基本的功能。它用来快速在计算机与终端、计算机与计算机之间传送各种信息,包括文字信息、新闻消息、咨询信息、图片资料、报纸版面等。利用这一特点,可以实现将分散在各个地区的单位或部门的计算机用网络联系起来,进行统一的调配、控制和管理。

2) 资源共享

“资源”指的是网络中所有的软件资源、硬件资源、数据资源和通信信道资源。“共享”指的是网络中的用户都能够部分或全部地享受这些资源,“共享”可以理解为共同享受、共同拥有的意思。例如,某些部门或单位的数据库(如会计报表、职工名册等)可供局域网上的用户使用;某些网站上的应用软件可供全世界的网络用户免费调用;一些外部设备,如打印机、光盘可面向所有网上用户,使不具有这些设备的计算机也能使用这些硬件设备。如果不能实现资源共享,所有用户都需要有一套完整的软件、硬件及数据资源,将大大增加系统的投资费用。资源共享技术详见 1.6 节。

3) 分布处理

当某台计算机负担过重,或该计算机正在处理某个进程又接收到用户的进程申请,网络可将新的进程任务转交给网上空闲的计算机来完成,这样处理能均衡各计算机的负载,提高处理问题的实时性;对于大型综合性问题,可将问题各部分交给不同的计算机并行处理,充分利用网络资源,提升计算机的综合处理能力,增强实用性。对解决复杂问题来讲,多台计算机联合使用并构成高性能的计算机体系,这种协同工作、并行处理要比单独购置一台高性能的大型计算机便宜得多。

2. 计算机网络的基本用途

计算机网络的基本用途如下。

(1) 信息共享与办公自动化;

(2) 电子邮件;

(3) 电子公告与广告;

(4) IP 电话;

(5) 在线新闻;

(6) 在线游戏;

(7) 网上交友与实时聊天;

(8) 电子商务及商业应用;

(9) 虚拟时空;
(10) 文件传输;
(11) 网上教学与远程教育;
(12) 万维网(WWW)冲浪;
(13) 超并行计算机系统以及网格计算机系统;
(14) 云计算与大数据处理;
(15) 区块链技术;
(16) 人工智能技术;
(17) 数字校园和智慧校园。

1.1.5 计算机网络的特点

计算机网络的特点如下。

(1) 数据通信能力强。凡网上的用户都能通过计算机网络相互传送信息,而不管两个用户之间物理距离的远近。

(2) 联网的计算机是相对独立的,它们各自相互独立又相互联系。

(3) 建网周期短、见效快。

(4) 成本低、效益高。

(5) 对于一般用户来说,需掌握的技术不高。

(6) 易于分布处理。

(7) 系统灵活性高、适应性强。

1.1.6 计算机网络的分类

计算机网络的类型可以从不同的角度进行划分。

1. 按网络操作系统划分

按网络操作系统划分,计算机网络有 Novell 网、NT 网、UNIX 网以及 Internet 等。

2. 按网络覆盖范围划分

网络中计算机设备之间的距离可近可远,即网络覆盖地域面积可大可小。按照计算机之间的距离和网络覆盖面,计算机网络一般分为局域网(Local Area Network,LAN)、城域网(Metropolitan Area Network,MAN)、广域网(Wide Area Network,WAN)和因特网(Internet)。

如果将计算机网络与电话网进行比较:LAN 相当于某一厂矿、某一学校的内部电话网,MAN 犹如市话的电话网,WAN 好像国内直拨电话网,Internet 则类似于国际长途电话网。

局域网是用通信电缆把计算机直接连在一起的网络。把多个局域网连在一起便组成了广域网。大多数的广域网是通过光纤连接的，少数采用其他类型的技术，如卫星通信。国际互联网络 Internet 是对广域网络扩充而得到的，Internet 中大多数广域网是通过光纤连接的。

局域网之间是怎样连接的呢？它是通过一种叫作路由器（router）的专用设备来实现连接的。路由器的作用是提供从一个网络到另一个网络的通路。用路由器来连接局域网，构成广域网或国际互联网络。换句话说，Internet 是通过大量的路由器将大量局域网和广域网连接起来而形成的网络系统。

（1）局域网：10km 以内。

（2）城域网：100km 以内，又称为城市网络。

（3）广域网：上千千米。

（4）国际互联网：网络覆盖范围为全世界。

3. 按计算机所处的地位划分

按计算机在网络中所处的地位划分，计算机网络可以分为基于服务器的网络和对等网络两类。

（1）基于服务器的网络。如果网络连接的计算机较多，就需要考虑专门设立一台高性能的计算机来存储和管理需要共享的资源，这台计算机被称为文件服务器（或称为网络主机），其他的计算机称为工作站（或称为终端）。一般来说，工作站的资源可以不提供共享。如果想与某人共享一份文件，就必须先把文件从工作站传送到服务器上，或者一开始就把文件安装在服务器上，这样其他工作站上的用户才能访问这份文件。这样的网络就是基于服务器网络的典型范例，又称为工作站/文件服务器系统。

（2）对等网络。在计算机网络中，倘若每台计算机的地位平等，都可以平等地使用其他计算机内部的资源，每台机器磁盘上的空间和文件都成为公共财产，这种网络就称为对等网络（Peer to Peer LAN），简称为对等网。在对等网中，计算机资源共享会导致计算机的速度比平时慢，但对等网非常适合于小型的、任务轻的局域网，例如在普通办公室、家庭、游戏厅、学生宿舍内建立的局域网络。

4. 按通信介质划分

按通信介质划分，计算机网络可以分为有线网络和无线网络。

（1）有线网络：通过双绞线、同轴电缆、光纤等线缆连接的网络。

（2）无线网络：通过无线电波、微波、红外线等连接的网络。

5. 按通信速率划分

按通信速率划分，计算机网络可以分为低速网、中速网、高速网、千兆以太网和万兆以太网。

（1）低速网：300b/s～1.4Mb/s。

（2）中速网：1.5～50Mb/s。

（3）高速网：50～750Mb/s。

(4) 千兆以太网：750～1000Mb/s。

(5) 万兆以太网：10 000Mb/s。

6. 按对数据的组织方式划分

按对数据的组织方式划分,计算机网络可以分为分布式数据组织网络系统和集中式数据组织网络系统。

(1) 分布式数据组织网络系统：数据分布存储在用户计算机上。

(2) 集中式数据组织网络系统：数据集中存储在服务器上。

7. 按数据交换方式划分

按数据交换方式划分,计算机网络可以分为直接交换网、存储转发交换网、混合交换网和高速交换网。

(1) 直接交换网。直接交换网又称为电路交换网。直接交换网进行数据通信交换时,首先申请通信的物理通路,物理通路建立后通信双方开始通信并传输数据。在传输数据的整个时间段内,通信双方始终独占所占用的信道。

(2) 存储转发交换网。存储转发网进行数据通信交换时,先将数据在交换设备控制下存入缓冲器中暂存,并对存储的数据进行一些必要的处理。当有输出线空闲时,再将数据发送出去。

(3) 混合交换网。这种网在一个数据网中同时采用存储转发交换和电路交换两种方式进行数据交换。

(4) 高速交换网。高速交换网采用的主要交换技术有异步传输模式(ATM)、帧中继(Frame Relay,FR)及语音传播等技术。

8. 按通信性能划分

按通信性能划分,计算机网络可以分为资源共享计算机网、分布式计算机网和远程通信网。

(1) 资源共享计算机网。中心计算机的资源可以被其他系统共享。

(2) 分布式计算机网。这种系统的各计算机进程可以相互协调工作和进行信息交换,共同完成一个大型的、复杂的任务。

(3) 远程通信网。这类网络主要起数据传输的作用,它的主要目的是使用户能使用远程主机。

9. 按使用范围划分

按使用范围划分,计算机网络可以分为公用网和专用网。

(1) 公用网。又称为公众网。对所有人来说,只要符合网络拥有者的要求就能使用这个网,也就是说,它是为全社会所有人提供服务的网络。

(2) 专用网。专用网为一个或几个组织或部门所拥有,它只为拥有者提供服务,这种网络不向拥有者以外的人提供服务。

10. 按网络配置划分

在计算机网络系统中，互联的计算机设备的作用和地位是不同的，它们分别被划分成服务器和工作站两类。简单地说，服务器是指在系统中提供服务的计算机及其设备，工作站是指接收服务器提供服务的计算机及其设备。

（1）同类网。如果在网络系统中，每台机器既是服务器，又是工作站，那这个网络系统就是同类网。在同类网中，每台机器都可以共享其他任何机器的资源。它要求每个用户必须掌握足够的计算机知识，深入了解网络的工作方式。用户还要花费很多时间和精力来搞清楚不同工作站用户之间的关系。因此，这类网络系统的规模应局限在小范围内。

（2）单服务器网。如果在网络系统中，只有一台机器作为整个网络的服务器，其他机器全部是工作站，那么这个网络系统就是单服务器网。在单服务器网中，每个工作站都可以通过服务器共享全网的资源，每个工作站在网络系统中的地位是平等的，而服务器在网络中也可以作为一台工作站使用。单服务器网是一种最简单、最常用的网络。

（3）混合网。如果网络系统中的服务器不止一个，同时又不是每个工作站都可以当作服务器来使用，那么这个网络就是混合网。混合网与单服务器网的差别在于网络中不只有一个服务器；混合网与同类网的差别在于每个工作站不能既是服务器又是工作站。

在单服务器网络中，服务器发生故障会使整个网络都处于瘫痪状态。因此，对于一些大型的、信息处理工作繁忙的、重要的网络系统，应采用混合网设计，并配备备用服务器的方案。

1.1.7 图标约定

在本书中，用到了不少的图标和图形符号，在此做统一的约定，如表1-2所示。

表1-2 图标约定

设备名称	图形符号及实物图	
光纤	══════	
双绞线或同轴电缆	──────	
中继器(Repeater)	repeater	
调制解调器(Modem)	M	
网桥(Bridge)	B	
网关(Gateway)	G	
集线器(Hub)	HUB	HUB

续表

设备名称	图形符号及实物图	
二层交换机(Switch)	S	
核心交换机		
汇聚层交换机		
路由器(Router)	R	
服务器(Server)	FS HOST	
终端(Terminal)	WS T	
防火墙(Firewall)		
宽带接入服务器(BRAS)	BRAS 	

1.2 计算机网络的发展

1.2.1 计算机网络的发展史

众所周知,网络并不新鲜。在20世纪50年代计算机网络就诞生了。在当时,计算机网络是被分时系统所统治的。分时系统允许通过只含显示器和键盘的哑终端来使用主机。哑终端通常是电传打字机,电传打字机只由打字按键和小型打印机组成,没有CPU和存储器,不能进行计算处理。电传打字机如图1-4所示。分时系统是如何工作的呢?它将主机时间分成片,给每一个用户分配一个或几个时间片。时间片很短,一般以ms为单位,这也会使用户产生错觉,以为主机完全为他一个人服务。

进入 20 世纪 70 年代以后,大的分时系统被更小的微型计算机系统所取代。微型计算机系统在小规模上采用了分时系统。

图 1-4　电传打字机

远程终端计算机系统是在分时计算机系统的基础上,通过 Modem(调制解调器)和 PSTN(公用电话网)向地理上分布的许多远程终端用户提供共享资源服务的。这虽然还不能算是真正的计算机网络系统,但它是计算机与通信系统结合的最初尝试。

在远程终端计算机系统基础上,人们开始研究把计算机与计算机通过 PSTN 等已有的通信系统互联起来。为了使计算机之间的通信连接可靠,建立了分层通信体系和相应的网络通信协议,于是诞生了以资源共享为主要目的的计算机网络。由于网络中计算机具有相互交换数据的能力,提供了在更大范围内众多计算机协同工作、分布处理甚至并行处理的能力,所以联网用户直接通过计算机网络进行信息交换和处理的能力也大大增强了。

1969 年 12 月,Internet 的前身,美国的 ARPAnet 正式投入运行,它标志着计算机网络的兴起。这个计算机互联的网络系统是一种分组交换网。分组交换技术使计算机网络的概念、结构和网络设计等方面都发生了根本性的变化,它为后来的计算机网络打下了坚实的基础。

20 世纪 80 年代初,随着 PC 应用的推广,PC 联网的需求随之增加,各种基于 PC 互联的微型计算机局域网纷纷出台。这个时期微型计算机局域网系统的典型结构是在共享介质通信网平台上的共享文件服务器结构,即为所有联网 PC 设置一台专用的、可共享的网络文件服务器。PC 是一台小计算机,每个 PC 用户的主要任务仍在自己的 PC 上运行,仅在需要访问共享磁盘文件时才通过网络访问文件服务器,体现了计算机网络中各计算机之间的协同工作。由于 PC 局域网使用了较 PSTN 速率高得多的同轴电缆、光纤等高速传输介质,PC 网上访问共享资源的速度和效率大大提高。这种基于文件服务器的微型计算机网络对网内计算机进行了分工:PC 面向用户,服务器专用于提供共享文件资源。因此,它实际上就是一种工作站/文件服务器模式。

计算机网络系统是非常复杂的系统,计算机之间相互通信涉及许多复杂的技术问题,为实现计算机网络通信,计算机网络采用的是分层解决网络技术问题的方法。但是,由于存在不同的分层网络系统体系结构,它们的产品之间很难实现互联。为此,国际标准化组织 ISO 在 1984 年正式颁布了“开放系统互联基本参考模型”OSI 国际标准,使计算机网络体系结构实现了标准化。

到了 20 世纪 90 年代,计算机技术、通信技术以及建立在计算机和网络技术基础上的计算机网络得到了迅猛的发展。特别是 1993 年美国宣布建立国家信息基础设施 NII 后,全世界许多国家纷纷制定和建立本国的 NII,从而极大地推动了计算机网络技术的发展,使计算机网络进入了一个崭新的阶段。目前,全球最大的计算机互联网络 Internet 已经成为人类最重要的、最大的知识宝库。美国政府于1996年开始研究发展更加快速、可靠的互联网2(Internet 2)和下一代互联网(next generation Internet)。可以说,网络互联和高速计算机网络正成为最新一代的计算机网络的发展方向。

计算机网络从20世纪50年代问世开始,至今已经过70多年的发展,其发展经历可划分为4个阶段,即面向终端的联机系统阶段、智能终端网络阶段、基于标准化协议的标准化网络阶段和网络互联阶段。

1.2.2 面向终端的联机系统阶段

面向终端的联机系统阶段是计算机网络形成的最初阶段,又称为网络发展的第一阶段。

计算机通信始于20世纪50年代,当时终端设备(电传打字机)可以通过通信线路(一般是电话线)与远程计算机相连。一台计算机可连接多台本地终端和多台远程终端。这样连接起来的系统就是计算机网络的最初阶段,即面向终端的联机系统阶段。

在面向终端的联机系统阶段中,用户是通过各自的终端与计算机打交道的,即通过终端设备使用本地或远程的计算机资源。值得特别强调的是,用户终端仅仅是一台输入输出设备,是不具备任何计算能力和处理能力的,所以,这一时期的终端称为非智能终端。整个系统完全受制于主计算机,若主计算机发生故障或主计算机不开机,则整个系统瘫痪。

联机系统是通过公用电话系统将终端设备与远程计算机相连的,计算机与公共电话系统以及公共电话系统与用户终端设备之间的连接是通过调制解调器实现的,如图1-5所示。

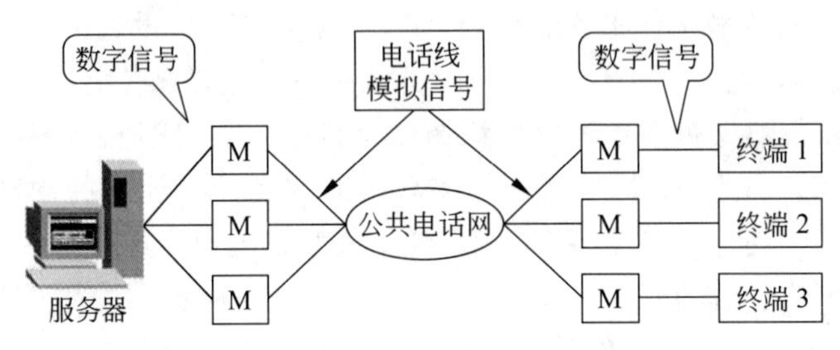

图1-5 面向终端的联机系统的拓扑图

调制解调器也叫作 Modem,俗称“猫”。它是一个通过电话拨号接入网络的必备硬件设备。通常计算机内部使用的是数字信号,而通过电话线路传输的信号是模拟信号。调制解调器的作用就是当计算机发送信息时,将计算机送来的数字信号转换成可以在电话线上传输的模拟信号(这一转换过程称为调制过程),再通过电话线发送出去;接收端接收信息时,把电话线上传送来的模拟信号转换成数字信号后再传送给计算机,供其接收和处理(这一转换过程称为解调过程)。

计算机与远程终端相连时,除了要使用调制解调器之外,还需要一个线路控制器

(line controller)。其作用是进行并行信号与串行信号之间的转换,以及简单的差错控制。这是因为计算机内部的信号是并行传输的,而电话线上的信号是串行传输的,如图 1-6 所示。

最初,一个线路控制器只能与一条通信线路相连,如图 1-6 所示。20 世纪 60 年代初,研制出了多重线路控制器(multiline controller)。一个多重线路控制器能够与多条线路相连,如图 1-7 所示。

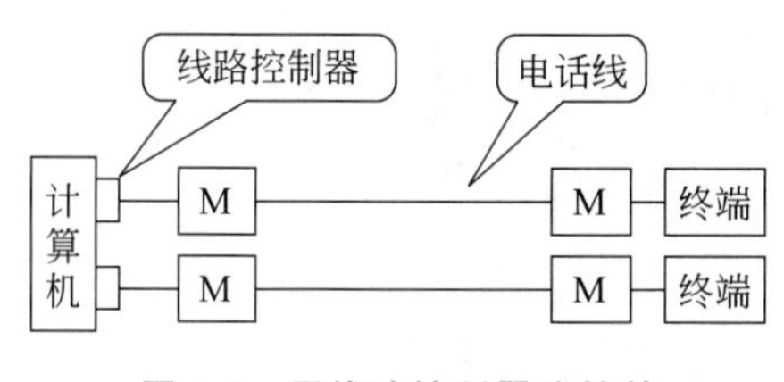

图 1-6　用线路控制器连接的联机系统拓扑图

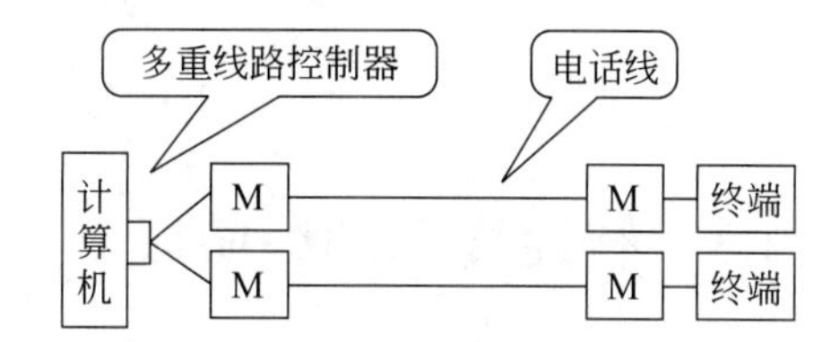

图 1-7　用多重线路控制器连接的联机系统拓扑图

随着用户终端数量的增加,主计算机的负担越来越重,既要负担诸多用户终端的数据处理工作,又要承担各终端用户的信息收发任务,其效率将会大大下降。为了减轻主机的压力,使系统的效率得到改善,引入了通信处理机的概念(通信处理机又称为前置处理机或前端处理机)。引进了通信处理机后,主机只负担数据处理工作,而通信工作则交给通信处理机完成。通信处理机通常由一台低档次的计算机担任,如图 1-8 所示。

现代网络系统中的通信处理机所承担的工作有两种,一是通信处理,二是对各终端用户送来的数据进行预处理。

在上述连接方式中,每一个终端用户都是以一条独立的电话线与主计算机相连的,这样势必造成系统连接费用过高,尤其是对于远程用户更是如此。为了进一步节省费用,提高通信效率,在终端用户相对集中的地区设置集中器。引入集中器后,多个用户终端只要一条电话线便可与主计算机连接,如图 1-9 所示。

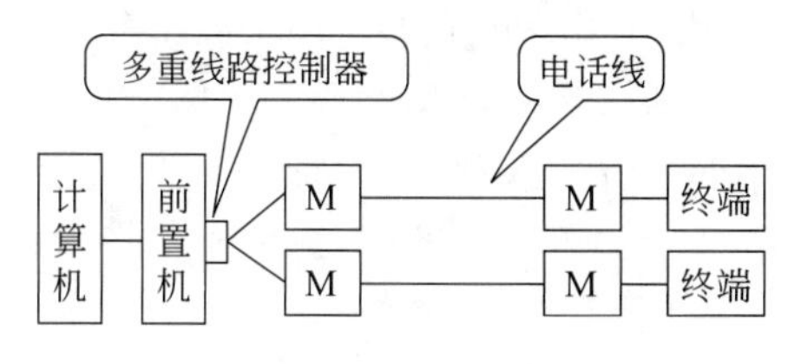

图 1-8　接入通信处理机的联机系统拓扑图

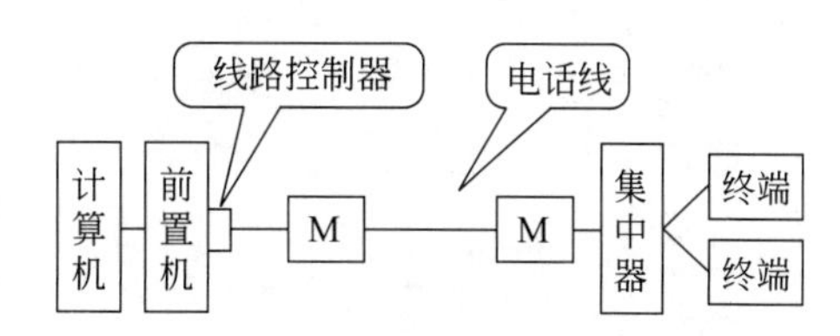

图 1-9　接入通信处理机并引入集中器的联机系统拓扑图

集中器的基本工作原理如下。它能把各终端发送来的数据收集起来经整理后再通过高速线路传送给前端处理机;当主机向用户发送数据时,先通过前端处理机将信息传送到远程集中器,再由集中器将信息分发传送到相应的终端用户。使用集中器技术,由于是多个用户共同使用一条电话线收发信息,从而节省了通信成本。

用一条通信线路实现多个用户同时收发数据,是采用多路复用技术实现的。

多路复用技术就是在同一条通信线路上,同时传输多个不同来源的用户信息。多路复用在技术上分为复合、传输、分离3个过程,如图1-10所示。

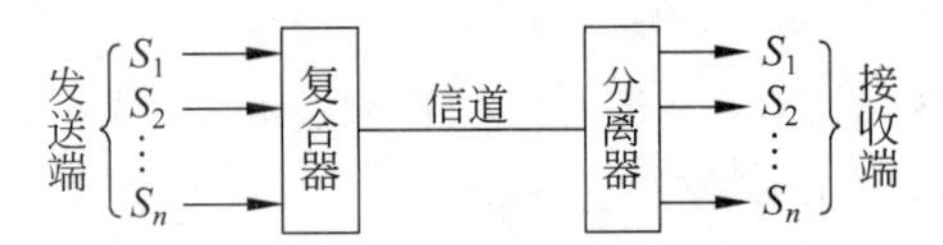

图1-10 多路复用技术的工作原理图

多路复用技术通常有频分复用技术、时分复用技术以及波分复用技术。

1.2.3 智能终端网络阶段

在计算机网络发展的第一阶段,所有用户终端都只能进行数据的输入与输出,而不具备数据处理能力。因此,这一阶段的终端又称为非智能终端。

计算机网络发展的第二阶段是智能终端时代,即用完整计算机取代第一阶段的非智能终端设备。因此,这一阶段又称为计算机互联阶段。

这一阶段的终端不但可以进行数据的输入与输出,还具备独立的数据处理能力。因此,这一阶段的终端又称为智能终端。

1969年12月,美国的分组交换网ARPAnet正式投入运行,标志着计算机网络进入了第二阶段,即计算机互联网络阶段。

在智能终端网络阶段,信息的传输采用的是分组交换技术(packet switching)。分组交换又称为包交换,是在1964年8月由美国科学家Baran(巴兰)提出的。这一技术是现代计算机网络的基础。

1.2.4 标准化网络阶段

计算机网络发展的第三阶段是"标准化网络阶段"。在这一阶段,引进了计算机网络体系结构的概念。所谓的网络体系结构,指的是将网络通信系统划分成若干层,每层采用不同的通信协议。在这一阶段,网络信息传输采用的是分层实现技术,将复杂的网络传输问题分解成有限的几个层次来实现,每个层次解决几个相对独立的问题,从而使得信息的传输比较清晰、软件的设计与实现相对较为容易。

典型的网络体系结构是国际标准化组织(International Standard Organization,ISO)在1984年颁布的开放系统互联基本参考模型(Open System Interconnection basic reference model,OSI),简称为ISO/OSI模型。

1.2.5 网络互联阶段

到了20世纪90年代,计算机网络的发展进入了第四阶段,即网络互联阶段。

第四阶段的主要特点是将许多同类型或不同类型的网络互联起来,形成大规模的互联网络。典型的例子是以美国为核心的高速计算机互联网络 Internet。Internet 的问世，使得全球真正进入了信息时代，因为 Internet 跨越了时间和空间的界限，使得地区与地区之间以及国家与国家之间的距离不复存在。

1.2.6 计算机网络的发展趋势

20 世纪以计算机为代表的信息产业，标志着人类社会进入了信息时代。计算机网络的研究和发展，对全世界科学、经济和社会产生了重大影响。

信息相关领域正在迅速地融合，信息的获取、传送、存储和处理之间的孤岛现象随着计算机网络和多媒体技术的发展逐渐地消失了，曾经独立发展的电信网、电视网和计算机网络将合而为一，新的信息产业正以强劲的势头迅速崛起。

1. 网络发展的方向

计算机网络发展的基本方向是开放、集成、高性能和智能化。

开放是指开放的体系结构和接口标准，使各种异构系统便于互联和具有高度的可操作性，归根结底是标准化问题。

集成表现在各种服务和多媒体应用的高度集成，在同一个网络上，允许各种消息传递；既能提供单点传输，也能提供多点投递；既能提供无特殊服务质量要求的信息传递，也能提供有一定时延和差错要求的确保服务质量的实时交互。

高性能表现在网络应当提供高速的传输、高效的协议处理和高品质的网络服务。高性能计算机网络作为一个通信网络，应当能够支持大量的和各种类型的用户应用，具有可伸缩功能(scalable)，即能接纳增长的用户数目而不降低网络的性能；能低延迟地高速传送用户信息；能按照应用要求来分配资源；具有灵活的网络组织和管理，这样就能按出现的需求支持新的应用。

智能化表现在网络的传输和处理上，即能向用户提供更为方便、友好的应用接口；在路由选择、拥塞控制和网络管理等方面显示出更强的主动性，尤其是主动网络(active network)的研究，使得网络内执行的计算能动态地变化，该变化既可以是“用户指定”，也可以是“应用指定”。网络层互操作是基于所获得的程序编码和计算环境而不是典型的 IP 服务所提供的标准分组格式和固定编码，这不仅是为了增加网络计算的灵活性，而是试图允许应用控制网络服务，促进建立一个“移动网关”(如用于无线网)。

2. 协议体系结构

计算机网络的研究和发展是一个迭代过程，即网络研究→应用验证→网络研究→应用验证……需要不断地在研究和应用之间反馈，呈现一种螺旋式上升的趋势。因此，网络研究推动应用发展，新的应用需求又驱动新的网络研究。

一方面，相对于数据通信速率和质量的迅速提高(传输速率从早期的 56kb/s 增长到 10Gb/s 以上，而差错率从 10^{-5} 下降到 10^{-12} 以下)。目前的光纤技术可以提供超过 50Tb/s(1TB=1024GB)的带宽，目前的商用带宽已达到 100Gb/s 以上。因此，网络的瓶颈从“低速传输”转移到了“高速传输”。

另一方面,基于网络新的分布式应用,如计算机视频会议、多媒体数据库查询和再现、共享式编辑和多用户游戏等,相对于传统的文件传输式服务,要求网络提供更高的服务质量。因此,高性能协议体系结构在应用层框架(Application Layer Framing,ALF)和集成化层间处理(Integrated Layer Processing,ILP)方面开展了大量研究。这些都要求对OSI定义的协议体系结构进行优化和重组,例如,快捷运输协议(Xpress Transport Protocol,XTP)就是试图集成网络的第3、4层功能。

3. 路由技术和交换技术共存

如何将路由技术和交换技术结合起来,提高网络传输效率是目前网络发展的热点问题。传统路由器通常依靠软件和通用CPU来实现网络第三层控制功能,延迟大,转发速度慢。而以ATM为代表的交换技术是用硬件实现交换,每个事件沿着同一路径,通常实现第二层数据单元的交换功能,面向连接,速度快。Internet的迅速增长,促进了更多路由算法的发展,在Internet的核心路由器上路由表变得越来越庞大,路由器也越来越快和越来越复杂,带来的问题越来越难以管理,这种趋势还在继续。ATM产品毕竟在IP技术发展了20年后才出现,分组交换已占据了半壁江山。20世纪90年代初,研究较多的是IP over ATM,到了20世纪90年代中期,ATM论坛开始致力于ATM上多协议的研究,商家开始生产路由服务器。今天强调的是将路由器和交换机融为一体,有3种可能的解决方案:IP交换、TAG交换和MPLS(Multi-Protocol Label Switching,多协议标记交换)。

4. 中间件技术

分布对象计算技术是解决异构系统应用程序互操作的关键。国际对象管理组织(Object Management Group,OMG)提出的公共对象请求代理体系结构(Common Object Request Broker Architecture,CORBA)规范是为可重用和可移植的应用对象间通信与互操作提供公共基础性架构和应用开发框架的一个工业标准。

CORBA标准的特点是实现软件总线结构,建立动态的客户程序和服务器程序之间的调用关系,是中间件的雏形。任何系统作为一个对象,只要遵守一定的规则将其对应接口参数进行定义和说明,就可以连接到对象请求代理,提供服务和请求,达到即插即用的效果。

所谓中间件就是位于平台(包括硬件和操作系统)与应用系统之间,具有标准协议与接口的通用软件。开发人员无须针对不同的设备和系统平台设计不同的管理软件,只需要采用标准化的中间件基础结构,就可以使开发的应用系统具有良好的可扩展性、易管理性、高可用性和可移植性,实现异构环境中工具、应用和服务的分布式管理,是通向Internet计算环境的最佳途径。

5. 网络安全技术

网络互联的规模越大,安全问题就越突出。进入21世纪以来,Internet的安全问题集中在以下4方面。

(1) 端对端的安全问题,主要指用户(包括代理)之间的加密、鉴别和数据完整性的维护；

(2) 端系统的安全问题，主要涉及防火墙技术；

(3) 安全服务质量问题，主要指如何保证合法用户的带宽，防止用户非法占用带宽以及恶意占用带宽；

(4) 安全的网络基础设施，主要涉及路由器、域名服务器，以及网络控制信息和管理信息的安全问题。

防止非法侵入网络(如病毒和黑客)和非法访问资源(如盗用口令、账号和带宽等)是当前网络安全的主要问题。IETF(因特网工程特别小组)在网络安全领域设立了12个工作小组，组织研究当前Internet中的热点安全问题，并制定相应的标准，包括防火墙鉴别技术、通用鉴别技术、域名服务器安全、IP安全协议、一次性口令鉴别、公开密钥基础结构、运输层安全、Web的事务安全、邮件安全等。

除了用防火墙隔离来自外部网络的非法访问外，还可以用虚拟网络技术在公共基础网络上建立用户专用网。虚拟网络的概念可以用于不同的网络层次，在较低层实现的虚网能直接支持上面所有层次的虚网结构，而较高层次的虚网允许在较低层次实现。

网络安全技术将在第14章具体介绍。

6. IPv6技术

传统的IP，即IPv4(IP version 4)定义IP地址的长度为32位，Internet上每个主机都分配了一个或多个32位的IP地址。在20世纪，32位的IP地址是足够使用的。在当时，即使是最有远见的TCP/IP开发者也没有预料到互联网会有后来的爆炸性的增长。Internet的设计者没有想到今天Internet会发展到如此大的规模，更没有预测到今天Internet因为发展规模所陷入的困境。

现在IPv4面临的重大问题是IP地址已经耗尽。为了彻底解决IPv4存在的问题，从1995年开始，因特网工程特别小组(IETF)就开始着手研究开发下一代IP协议，即IPv6(IP version 6)。IPv6具有长达128位的地址空间，可以彻底解决IPv4地址不足的问题。除此之外，IPv6还采用分级地址模式、高效IP包头、服务质量、主机地址自动配置、认证和加密等许多新技术。

IPv6技术将在第8章具体介绍。

7. 云计算技术与大数据技术

1) 云计算技术

云计算(cloud computing)是基于互联网相关服务的增加、使用交付模式，通常涉及通过互联网来提供动态易扩展且经常是虚拟化的资源。云计算可以让用户体验每秒10万亿次甚至更高的运算能力，拥有这么强大的计算能力可以模拟核爆炸、预测气候变化和市场发展趋势。用户通过个人计算机、笔记本电脑、手机等方式接入数据中心，按自己的需求进行运算。

美国国家标准与技术研究院(NIST)对云计算的定义是：云计算是一种按使用量付费的模式，这种模式提供可用的、便捷的、按需的网络访问，进入可配置的计算资源共享池

(资源包括网络、服务器、存储、应用软件、服务),这些资源能够被快速提供,只需投入很少的管理工作,或与服务供应商进行很少的交互。

2) 大数据技术

大数据(big data),或称为巨量数据,指的是需要新处理模式才能具有更强的决策力、洞察力和流程优化能力的海量、高增长率和多样化的信息资产。

大数据指的是所涉及的数据量规模巨大到无法通过目前主流软件工具,在合理时间内达到获取、管理、处理并整理成为帮助企业经营决策更积极目的的信息。大数据需要特殊的技术,以在可容忍的时间内有效地处理大量的数据。适用于大数据的技术,包括大规模并行处理(Massively Parallel Processing,MPP)数据库、数据挖掘、分布式文件系统、分布式数据库、云计算平台、互联网以及可扩展的存储系统。

3) 大数据与云计算的关系

大数据与云计算是息息相关的,二者之间的关系可以用一句话来表述:"云计算就是硬件资源的虚拟化,大数据就是海量数据的高效处理"。

云计算相当于计算机和操作系统,将大量的硬件资源虚拟化之后再进行分配使用,可以说为云计算提供了商业化的标准。

大数据相当于海量数据的"数据库",而且通过大数据领域的发展也能看出,当前的大数据处理一直在向着近似于传统数据库体验的方向发展,Hadoop的产生使我们能够用普通机器建立稳定的处理TB级数据的集群。

云计算作为计算资源的底层,支撑着上层的大数据处理,而大数据则提供实时交互式的查询效率和分析能力,用一句话总结大数据就是"动一下鼠标就可以在秒级操作PB级别的数据"。

云计算技术与大数据技术将在第9章具体介绍。

8. 区块链技术

区块链(blockchain)是一个信息技术领域的术语。从本质上讲,区块链是一个共享数据库,存储于其中的数据或信息,具有"不可伪造""全程留痕""可以追溯""公开透明""集体维护"等特征。基于这些特征,区块链技术奠定了坚实的"信任"基础,创造了可靠的"合作"机制,具有广阔的运用前景。

区块链是分布式数据存储、点对点传输、共识机制、加密算法等计算机技术的新型应用模式。区块链,是比特币的一个重要概念,它本质上是一个去中心化的数据库,同时作为比特币的底层技术,是一串使用密码学方法相关联产生的数据块,每一个数据块中包含了一批次比特币网络交易的信息,用于验证其信息的有效性(防伪)和生成下一个区块。

国家互联网信息办公室发布《区块链信息服务管理规定》,自2019年2月15日起施行。这标志着区块链技术走进大众视野,成为社会的关注焦点。

区块链技术将在第11章具体介绍。

9. 人工智能技术

人工智能(Artificial Intelligence,AI),是一门研究、开发用于模拟、延伸和扩展人的智能的理论、方法、技术及应用系统的新的技术科学。

人工智能是研究使计算机来模拟人的某些思维过程和智能行为(如学习、推理、思考、规划等)的学科,主要包括研究计算机实现智能的原理,制造类似于人脑智能的计算机,使计算机能实现更高层次的应用。人工智能涉及计算机科学、心理学、哲学和语言学等学科,可以说几乎涉及自然科学和社会科学的所有学科,其学科范围已远远超出了计算机科学的范畴,人工智能与思维科学的关系是实践和理论的关系,人工智能处于思维科学的技术应用层次,是它的一个应用分支。从思维观点看,人工智能不仅限于逻辑思维,要考虑形象思维、灵感思维才能促进人工智能的突破性发展。数学常被认为是多种学科的基础科学,数学进入了语言、思维领域,人工智能学科必须借用数学工具,数学在标准逻辑、模糊数学等范围发挥作用。数学进入人工智能学科后,二者互相促进,从而更快地发展。

人工智能技术将在第 12 章具体介绍。

1.3　多用户系统、网络系统和分布式系统

1.3.1　多用户系统

传统的联机多用户系统是由一台中央处理机(主机)和多个非智能终端组成的,这里的终端可以是智能终端,也可以是非智能终端。智能终端本身就是一台独立的计算机系统,在主机不工作时,非智能终端设备是不能工作的,而智能终端设备照常可以工作。值得注意的是,无论是智能终端还是非智能终端,在多用户系统中,所有终端计算机上的资源是不能提供给网上共享的,只有主机上的资源才能被网络系统共享。

1.3.2　计算机网络系统

网络系统是通过通信手段将本地或远程的多台计算机系统连接在一起,其中至少有一台是主机。网络系统的特点是,主机与终端计算机以及终端计算机与终端计算机之间都可以实现资源共享(包含硬件资源、软件资源以及数据资源)。

1.3.3　分布式计算机系统

任何一台终端计算机的计算处理能力都是有限的,对于大型任务而言,一台计算机是难以完成甚至无法完成的。分布式计算机系统就是为了解决上述问题而产生的计算机网络系统。

分布式计算机系统在分布式计算机操作系统下进行分布式数据的处理,网上的各计算机之间是并行工作的,也就是说各互联的计算机可以互相协同工作,共同完成一项大的工作任务,一个大型计算项目可以分布在网上的多台计算机上并行运算。

分布式计算机系统与网络系统的区别是：计算机网络系统是在计算机网络操作系统支持下实现的，计算机网络系统中的各终端计算机通常是独立进行工作的，而分布式计算机系统的显著特点是网上的计算机能够相互协同工作。

1.3.4 分布式数据存储模式

早期的计算机网络系统的数据管理方式是采用集中管理方式，即将所有用户终端数据以及程序都集中存放在主计算机上。这种管理方式最大的优点是数据便于管理、维护和共享，数据的一致性得到有效的保证，但其弊端有下述4方面。

(1) 用户数据和程序都存放在主机上，随着用户终端数量的增加，主机的负担越来越重，致使整个系统的效率越来越低；

(2) 一旦主机发生故障，整个系统就全面瘫痪，尤其是数据可能全部丢失，损失是无法估量的；

(3) 用户终端受制于主机，即使主机不出问题，但当主机不开，或者通信线路有故障时，终端用户就不能使用自己的应用软件，也看不到自己的数据；

(4) 数据的安全性得不到有效的保证，因为存放在主机上的数据是共享的公共数据，凡是网上的计算机用户都可以查看。

为了解决上述问题，引入了分布式数据存储模式。

分布式数据存放原则为：尽量减轻主机的压力，各用户终端所有的应用程序和自身的业务数据一律存放在各自的终端计算机上，只将共享信息存放在主机上以供他人共享。例如，在“会计核算系统”中，所有的账本数据、会计凭证数据、进销存数据、成本核算数据、会计报表数据等全部存放在财务部门的计算机上，而只将会计报表数据传送到主机上。即使主机发生故障、主机不开或通信线路有故障，都不会影响各用户终端的运行和日常事务处理工作。分布式数据存储模式的主要目的是增强网络系统的实用性、数据的可靠性和安全性。

分布式数据存储模式的缺点有二：其一是数据的管理和维护不方便；其二是数据的一致性难以得到保证。

1.4 计算机网络的组成

1.4.1 通信子网和资源子网

现代网络的分组交换技术把网络分成“通信子网”和“资源子网”两大部分。这是现代计算机网络最显著的特点。

资源子网由计算机及其各种外围设备组成，主要负责信息处理、信息分组及共享资源管理。通信子网主要由通信设备(如路由器、交换机等)及通信线路(如光纤、无线电波等)组成，主要负责分组信息的交换，如图1-11所示。

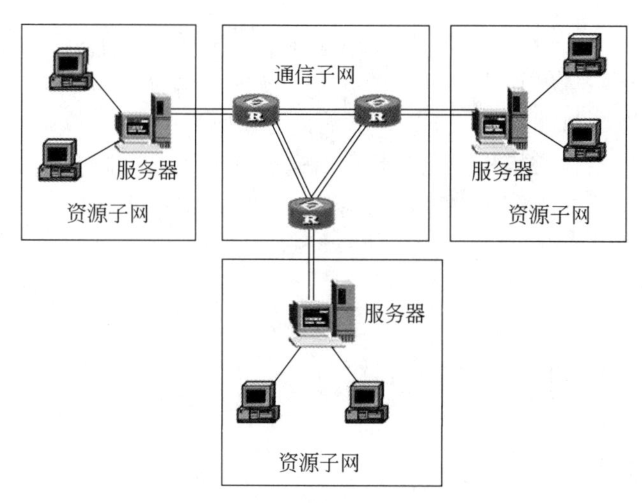

图 1-11　资源子网和通信子网拓扑图

将网络系统划分成资源子网和通信子网后，两个部分分工明确，资源子网将要传输的信息进行分组并交给通信子网后，分组信息的传输完全交由通信子网完成。这些分组信息何时传输，从哪一条通路传输，是否传输到达目的地，传输正确与否，都与资源子网无关。

通信子网和资源子网的划分，反映了网络系统的物理结构，同时还有效地描述了网络系统实现资源共享的方法。

由通信子网和资源子网组成的计算机网络系统如图 1-12 所示。

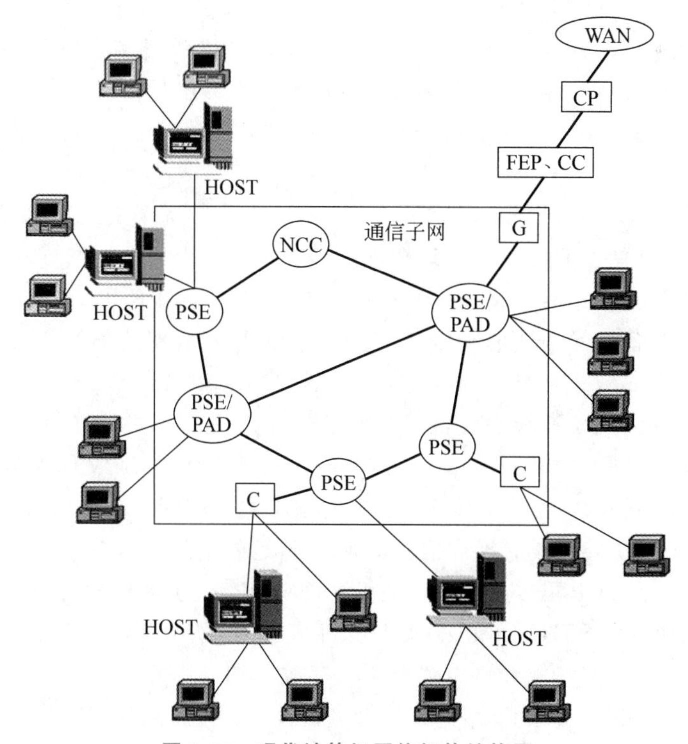

图 1-12　现代计算机网络拓扑结构图

在图 1-12 中,方框内为通信子网,方框外为资源子网。其中,PSE 为分组交换设备,PAD 为分组组装/拆装设备,C 为集中器,NCC 为网络控制中心,G 为网关,HOST 为主机,T 为终端,M 为调制解调器,FEP 为前端处理机,CC 为通信控制器,CP 为通信处理机。值得一提的是,现代交换机中同时具备 PSE 和 PAD 的功能。

从图 1-12 可以看出,网络终端(T)与通信子网的连接方式有如下几种。

(1) 直接与 PSE/PAD 相连;

(2) 通过集中器 C 与 PSE 相连;

(3) 通过主机 HOST 与分组交换设备 PSE 相连;

(4) 通过主机 HOST 再通过集中器 C 与 PSE 相连。

1.4.2 网络结点

网络结点又称为网络单元,它是网络系统中的各种数据处理设备、数据通信控制设备和数据终端设备。网络结点分为两大类:转结点和访问结点。

转结点:转结点是支持网络连接性能的结点。通过通信线路来转接和传递信息,如集中器、网桥、网关、交换机、路由器、终端控制器等。

访问结点:访问结点是信息交换的源结点和目标结点,起信源和信宿的作用,如主计算机、终端计算机等。

换句话说,除了访问结点之外的结点都是转结点。

常见的网络结点有以下几种。

(1) 线路控制器(Line Controller,LC):LC 是计算机或终端设备与调制解调器的接口设备,其主要功能是将计算机传送来的并行信号转换为串行信号。

(2) 通信控制器(Communication Controller,CC):CC 是用以对数据通信各个阶段进行控制的设备。

(3) 通信处理机(Communication Processor,CP):CP 是数据交换的开关,专门负责数据通信,让主机有更多的时间去处理数据。

(4) 前端处理机(Front End Processor,FEP):与通信处理机一样,前端处理机也是负责通信工作的设备。除了通信工作外,它还负责进程和数据的预处理工作。

(5) 集中器(Concentrator,C)及多路选择器(Multiplexes,MUX):它是通过通信线路分别和多个远程终端相连接的设备。集线器 Hub 就是典型的集中器。

(6) 接口报文处理机(Interface Message Processor,IMP):IMP 又称为结点交换机,它是计算机网络中通信子网中结点上的计算机,主要用于主机和网络之间的数据传输接口。其主要功能是:实现数据格式的转换和信息交换、对传送的信息进行差错控制、信息流量控制和信息缓冲等。一台 IMP 可以连接数台主机,使得 IMP 成为信息进出网络的通道。

(7) 主计算机(HOST Computer 或 HOST):一个局域网至少有一台主计算机作为网络服务器,但在一个网络中允许有多台主机存在。

(8) 终端(Terminal,T):指用户终端计算机设备,包含本地终端和远程终端。

(9) 中继器(Repeater):用以连接以太网段的连接设备。

(10) 网桥(Bridge,B):用以连接同类型局域网络的连接设备。

(11) 网关(Gateway,G):用以连接异型网络的连接设备。

(12) 路由器(Router,R):具有路由管理的高级网关设备。

(13) 调制解调器(Modem,M):拨号上网的连接设备,用以进行数字信号和模拟信号之间的转换。

(14) 集线器(Hub):集线器是信号集中和分流的设备,也就是现代集中器产品。

(15) 交换机(Switch,S):具有分组交换能力、监控功能和虚网管理功能的高档 Hub。

1.5 计算机网络的硬件与软件系统

1.5.1 计算机网络通信模型

网络通信模型又称为点对点传输模型,所需的网络设备及传输模型如图 1-13 所示。

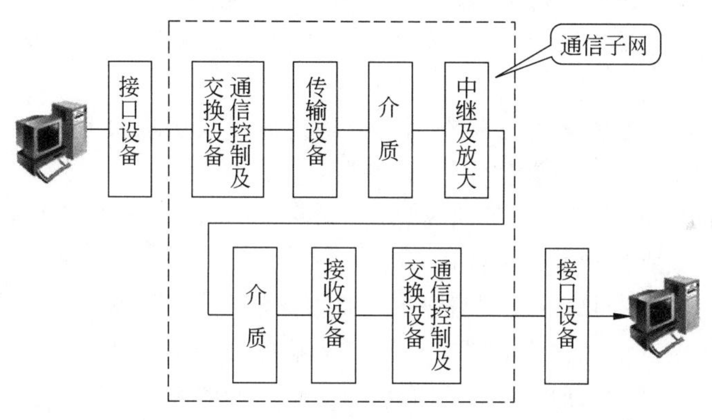

图 1-13 计算机网络通信模型

(1) 接口设备:是计算机与通信子网之间的连接设备,用以进行并行数据和串行数据的转换,如线路控制器设备。

(2) 通信控制及交换设备:用以进行编码及波形变换,如调制解调器等。

(3) 传输设备及接收设备:用以进行数据的发送与接收,如路由器、交换机等。

(4) 介质:即通信介质,如同轴电缆、光纤、无线电波等。

(5) 中继及放大:用以进行信号放大,以便信号能传输更远的距离,如中继器设备。

1.5.2 计算机网络的硬件系统

1. 网络服务器(主机)

如前所述,计算机网络系统实质上是通过通信线缆将多台本地和远程的计算机连接在一起而形成的计算机系统。其中至少有一台是主机(又称为服务器),其余的是终端(又称为工作站)。

网络服务器从功能上分,有下列几种。

(1) 文件服务器:在网络服务器中,以文件服务器最为重要,主要管理网络文件的存储、访问、传输以及为网络用户提供网络信息等功能以及大容量磁盘的存储管理。

文件服务器又分为专用服务器和非专用服务器。专用服务器的全部功能都只能用于对网络的管理和服务;而非专用服务器既可作为服务器使用,又可作为一般的用户工作站来使用,甚至可作为一台独立的PC来使用。

(2) 设备服务器:设备服务器是为其他终端用户提供共享设备的服务器。

(3) 通信服务器:通信服务器是在网络系统中提供通信和通信管理的服务器。

(4) 管理服务器:是为用户提供管理的服务器,如网络同步服务器、权限服务器等。

(5) 域名服务器:用以进行域名管理的服务器。

(6) FTP服务器:用以提供远程文件下载与上传的服务器。

(7) 邮件服务器:邮件服务器又称为电子邮局,是用以管理电子邮件的服务器。

(8) WWW服务器:用以提供WWW服务的服务器,各种Web网页都是存放在WWW服务器上的。

2. 网络工作站

在计算机网络系统中,若被连接在网络上的计算机只请求服务而不为其他计算机提供服务,这一类的用户计算机被称为“工作站”。

因为工作站是一台完整的计算机,当它连入网络时,作为网络工作站使用,一旦退出网络,可作为一台独立的计算机来使用。

服务器与工作站在网络的进入与退出时是有区别的。工作站可以随时进入和退出网络系统,且不会影响其他工作站的工作。而网络服务器是不能随意关闭的,一般来说,只要还有工作站连接在网上,服务器就不能随意关闭。早期的Novell网在关闭网络之前,服务器要广播通知各工作站,必须等待所有用户下网后,才能关闭网络,否则会造成服务器上的共享数据产生混乱,严重时会丢失数据。

3. 终端

前述的网络工作站是指多用户环境下的用户终端,而人们所说的用户终端是泛指在计算机网络中,除服务器以外的其他一切连入计算机网络的用户计算机。“终端”与前述的“工作站”的区别在于:终端不但可以请求服务,而且还能为其他网上的计算机提供服务,如可提供共享资源等,但工作站没有这些功能。

值得一提的是,在现代网络中,常常将“工作站”和“终端”混为一谈。“工作站”即“终端”,“终端”即“工作站”。

4. 网络接口卡

前面讲过,网络接口卡(网卡)是计算机互联的重要设备。网卡是用户终端之间以及用

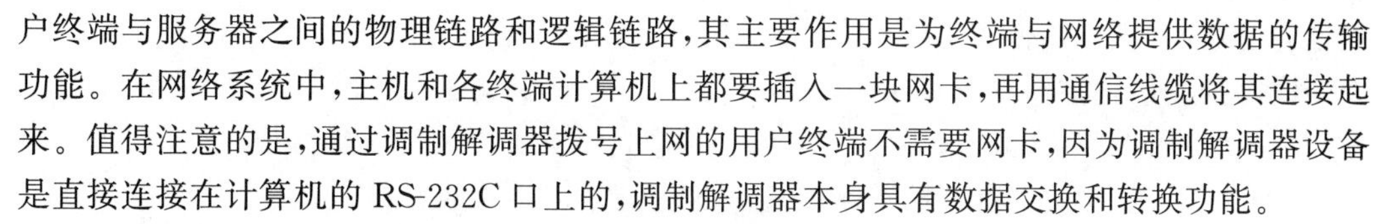

户终端与服务器之间的物理链路和逻辑链路，其主要作用是为终端与网络提供数据的传输功能。在网络系统中，主机和各终端计算机上都要插入一块网卡，再用通信线缆将其连接起来。值得注意的是，通过调制解调器拨号上网的用户终端不需要网卡，因为调制解调器设备是直接连接在计算机的 RS-232C 口上的，调制解调器本身具有数据交换和转换功能。

网卡具有下列的功能。

(1) 数据转换功能：并行数据与串行数据的转换。

(2) 数据缓存功能：由于网络服务器与用户终端计算机之间以及用户终端计算机之间的数据传输速率并不完全一致，为了防止数据在传输过程中丢失，实现数据的传输控制，在网络接口卡上设有数据缓存来保存数据。

(3) 通信服务功能：提供物理层和数据链路层的数据通信服务。

网卡的分类：按总线类型可分为 ISA 网卡、EISA 网卡、PCI 网卡等。其中，ISA 网卡的数据传送以 16 位进行，而 EISA 和 PCI 网卡的数据传送为 32 位，速度较快。

按数据交换速度分，有 10Mb/s 以太网卡、10M/100Mb/s 自适应网卡和 1000Mb/s 网卡。

网卡的工作原理与调制解调器的工作原理类似，只不过在网卡中输入和输出的都是数字信号，而调制解调器传送的是模拟信号。因此，网卡的传送速度比调制解调器要快得多。

网卡有 16 位与 32 位之分，16 位网卡的代表产品是 NE2000，市面上非常流行其兼容产品，一般用于工作站；32 位网卡的代表产品是 NE3200，一般用于服务器。

网卡的接口有三种规格：AUI 接口(粗同轴电缆接口)、BNC 接口(细同轴电缆接口)和 RJ-45 接口(双绞线接口)。一块网卡有仅有一种接口的，但也有两种甚至三种接口的，分别称为二合一网卡和三合一网卡。

5. 通信控制设备

通信控制器是通信子网中的主要设备，主要负责建立和拆除通信线路，并负责信息的收发。

通信控制器分为线路控制器和传输控制器两种。线路控制器用以控制实现通信线路的连接、释放和数据传输路径的选择。传输控制器包括数据的加工、报文的存储和转发、流量的控制和实现。

1) 通信控制器

通信控制器装置必须具有缓冲功能，包括位缓冲、字缓冲、码组缓冲和报文缓冲。

通信控制器的主要功能如下。

(1) 设置和拆除通信线路；

(2) 发送和接收数据；

(3) 传输控制；

(4) 与计算机间的信息传输。

2) 线路控制器

线路控制器用于远程终端或智能终端，作为端点与通信线路上的调制解调器的接口设备,实际上是一块插件板。

线路控制器的主要功能如下。

(1) 由终端发送数据时,将并行数据转换成串行数据送到调制解调器;

(2) 接收数据时,将由调制解调器送来的串行数据转换成并行数据;

(3) 产生定时信号,并用硬件确定本机的地址号,以便与主机交换信息。

线路控制器如图1-14所示。图中虚线框内为线路控制器部分。

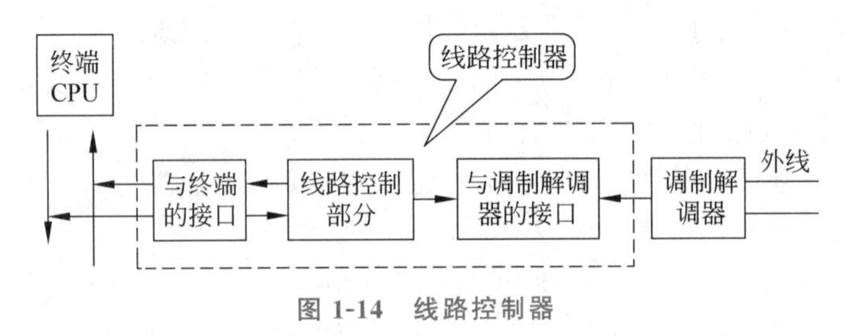

图1-14 线路控制器

3) 通信处理机

通信处理机能独立完成通信处理工作,其目的是减轻主机的负担,使得网络能高效地运行。

通信处理机通常由一台低档次的计算机来承担。在现代网络中,通信处理机通常有下列几种。

(1) 报文交换机:以存储转发的方式,对报文进行收发处理。

(2) 前置处理机:前置机负责数据的预处理工作,以减轻主机的负担。

(3) 线路集中器:集中器是把多条低速线路连接到一条高速线路上。

6. 数据传输与交换设备

1) 多路复用器和集中器

多路复用器和集中器用于一群远程终端计算机设备,利用多路复用技术,使用一条高速线路进行信息传输,即多台低速终端共用一条高速传输线路。

多路复用器就是将信息群只用一个发射机和一个接收机进行远距离传输的设备。多路复用器通常有两种类型,即频分多路复用器(FDM)和时分多路复用器(TDM)。频分多路复用器一般用于连续的模拟信号传输,而时分多路复用器多用于离散的数字信号传输。

集中器对各终端发来的信息进行组织,不传输信息的终端不占用信道。通常按集中器有无字符级的缓冲能力而分为保持转发式和线路交换式两种。

保持转发式集中器可提供字符级的缓冲能力。其基本原理是由于每一个终端发送信息的时间不同,数据长度有差别,因此集中器内存储器对各终端的时间分配是动态的,在发送时是按发送序列排队的,通常一组信息包括同步信号、终端地址、正文信息、终止符号、差错校验信号等。这在微型计算机局域网中经常采用,由于是在高速传输线路上传输,因此提高了传输效率。由计算机发来的信息也是通过高速线路发送到集中器,集中器是按照信息中指定的终端地址分配信息的。

线路交换集中器对每一路终端仅提供一位缓冲能力，它是采用电话交换机的工作原理起到集中分配的作用。由于它的功能较差，因此在当前局域网中很少使用。集中器在网络传输中的位置如图 1-15 所示。

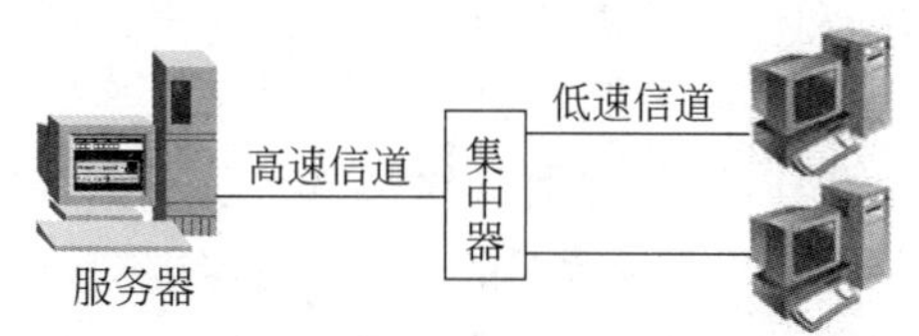

图 1-15　使用集中器连接的网络拓扑图

集中器和多路复用器都是将若干终端的低速信号复合起来，以共享高速输出线路的设备，但它们之间在以下几方面有着本质的区别。

复用器可划出若干子信道，使每一个信道对应于一个终端，而集中器没有这种对应关系，它是采用动态分配信道的原则，各路信息在网络中均有相应的地址标志。集中器对每路信息做某些处理，而复用器没有这些功能，因此可以说复用器是透明的，而集中器是不透明的。

集中器是以报文为单位传输的，而复用器是以字符为单位传输的。

集中器是一台微型计算机，它本身具有存储能力和编程功能，并且可以配备外部设备；而复用器不具编程能力，也没有外部设备。

从应用的配置来看，复用器在使用中是成对使用的，而集中器是单独使用的。

集中器的功能比复用器强得多，类似于通信控制器，因为它具有对线路进行控制，代码转换，组合报文，进行差错控制等功能，但复用器响应快，成本低，易实现。因此选择时，可根据环境和要求综合分析选用。

2）调制解调器

前面已介绍过了调制解调器，其功能就是进行数字信号与模拟信号之间的相互转换。

3）交换器

交换器是一种能够提高网络性能、促进网络管理、降低管理成本的网络基础设备。交换技术为现代信息社会提出了现代网络技术的新理念和新思路，交换技术引起了网络技术的大变革。按照传统的建网理论和技术，通常采用集线器、路由器和网络管理软件三大要素来构造一个网络，随着信息社会人们对信息服务的要求的不断提高，资源利用问题、网络管理的可靠性和灵活性、网络组网、管理成本等问题已越来越明显地表现出不能适应现代网络发展的需要，从而产生了交换技术。交换器就是交换技术的产物。交换器同集线器、路由器一样都用于数据传输兼有数据传输管理功能，但它们各自所起的作用有明显的区别。

交换器的优点在于可以同时通过不同的通信介质建立多个网络连接，所以只需有限地增加成本就能提供比一个共享的集线器大若干倍的带宽。

传输设备还包括中继器、网桥、路由器、网关、集线器等。

1.5.3　计算机网络的软件系统

在网络系统中，网络上的每个用户，除了能相互进行信息交流以外，还可共享系统提供的各种资源。所以，系统必须对用户进行控制，否则就会造成混乱，导致数据的破坏和丢失。为了协调系统资源，系统需要通过软件工具对网络资源进行全面的管理，进行合理的调度和分配,并采取一系列的保密安全措施,防止用户对数据和信息的非法访问,防止数据和信息的破坏与丢失。这些都是网络软件的基本功能。

网络软件同单机系统中的软件系统一样,也是一种层次结构。

但由于各类网络软件之间联系密切,相互渗透,加之网络软件系统所要解决的问题多而复杂,并且涉及的范围广,内容丰富,软件的类型多种多样,难于标准化等特点,所以对网络软件来说没有明显的软件分层结构,层与层之间没有明显的界线。也就是说对许多网络软件来说,很难把它划分在某一确定的层次上。

网络软件是实现网络功能所不可缺少的软件环境,主要包括如下几类。

1. 协议软件

协议软件的种类非常多,不同体系结构的网络系统都有支持自身系统的协议软件,体系结构中不同层次上又有不同的协议软件。对某一协议软件来说。到底把它划分到网络体系结构中的哪一层是由协议软件的功能决定的。所以对同一协议软件,它在不同体系结构中所隶属的层可能是不一样的。网络体系结构及通信协议将在第6章具体介绍。

典型的网络协议软件有以下几种。

(1) IPX/SPX协议。IPX是互联网络分组交换协议,具有开销低、性能高的特点,主要用于局域网。IPX提供分组寻址和选择路由功能,它支持所有的局域网拓扑结构,提供了互联网传输的透明性和一致性,但不能保证传递可靠性,即不保证可靠到达。SPX是顺序分组交换协议,它以面向连接的通信方式工作,向上提供简单却功能很强的服务。SPX协议提供了保证可靠传递的接口,以使分组信息流可靠地交换。SPX具有可靠性和顺序分组传递的特点。

(2) TCP/IP协议。TCP/IP协议是美国国防部高级研究计划局为实现ARPAnet而开发的。TCP/IP是一组协议的代名词,其准确的名称应该是Internet协议族。TCP和IP只是协议族中的两个协议。TCP/IP协议将在第6章具体介绍。

(3) X.21与X.25协议。实现网络全网范围内的交换方式有线路交换和存储转发交换两种。针对这两种交换方式,CCITT制定了X.21协议和X.25协议。这两个协议是为实现网络层的适用于线路交换方式协议和存储转发方式协议而制定的。

(4) IEEE 802标准。IEEE 802系列将在后面介绍,详见2.6节。

(5) 点到点协议(PPP)。PPP是Point to Point Protocol的简称。PPP准许一台计算机通过常规电话线和调制解调器连接到Internet上。它是计算机之间相互通信的一种方法。

(6) 串行线路Internet协议(SLIP)。SLIP是Serial Line Internet Protocol的简称。它同PPP一样是使用电话线和调制解调器使计算机连接到Internet的一种协议。

(7) 帧中继(Frame Relay,FR)。帧中继是一种由ANSI和CCITT制定的标准化接口协议,它是客户端设备,如路由器、前端处理机和向远程终端发送数据的广域网之间的一种接口协议。这样,终端设备可以通过这种广域网提供的帧中继业务与远程设备通信,不管广域网的体系结构如何,所有的帧中继业务平台都能提供来自接口本身定义的种种优点,例如,能支持多个虚电路的物理接口,用户端能通过更改软件实现升级而支持帧中继等。

2. 联机服务软件

联机服务软件是为网络用户提供获取联机信息的软件。联机服务软件有许多种，性能各异。在这里介绍几种常用的联机服务软件。

（1）NetCruiser（网络巡游器）。NetCruiser 配合 Netcom 公司的 Internet 服务，是 Internet 的套件。NetCruiser 提供 E-mail、FTP、Telnet 远程访问，并且具有 Gopher 服务搜索、World Wide Web 和 Usernet News 服务等多种功能。

（2）American Online（美国在线）。American Online 提供 E-mail、交互式会话和会议功能，并支持对 Internet 的访问。

（3）Mosaic。Mosaic 是早期 Web 访问的工具，可以支持 Gopher（信息浏览服务）搜索，文件传输协议。

（4）WWW（World Wide Web）是使用超媒体来组织的 Internet 服务，是现代 Web 访问工具的主流产品。

3. 通信软件

通信软件主要负责通信子网的管理工作和通信工作。

在网络系统中，主计算机与主计算机或主计算机与终端之间的连接有以下两种方式。

（1）主机是通过通信接口单元与其他计算机连接的。这种连接必须按照网络协议所规定的接口关系进行。

（2）主机直接通过通信介质与其他主机或终端相连接。由于所连接的终端和计算机种类不同，没有固定标准，并且连接接口关系不必一定与网络协议的规定相一致，所以在网络环境下，主机操作系统除了要配置实现网络通信的各种协议软件以外，还要为各种相连的终端计算机配置相应的通信软件。

通信软件的目的就是使用户在不了解通信控制规程的情况下，就能控制自己的应用程序，同时能与多个站点进行通信，并对大量的通信数据进行加工和管理。

主要的通信软件都能很方便地与主机连接，并具有完善的传真功能、传输文件功能和自动生成原稿功能。

4. 管理软件

网络系统是一种复杂的系统，对管理者来说，经常会遇到许多难于解决的问题，如要重新设置某个用户的 CONFIG.SYS 文件、避免服务器之间的任务冲突、跟踪网络中用户的工作状态、检查与消除计算机病毒、运行路由器诊断程序等。这就需要有一些软件来解决管理人员所遇到的问题，这就是管理软件。网络管理软件的种类很多，功能各异。

网络管理软件的主要功能就是网络管理、网络安全控制、病毒诊断与消除等。

5. 网络操作系统

网络操作系统是网络软件中最主要的软件，如 Windows NT、UNIX 等。网络操作系统的有关内容将在 1.5.4 节进行详细介绍。

6. 设备驱动程序

设备驱动程序是一种控制特定设备的硬件级程序。设备驱动程序可以被看成是一个硬件型操作系统,每个驱动程序都包括确保特定设备相应功能所需的逻辑和数据。设备驱动程序通常以固件形式存在于它所操作的设备中。如 NIC,其功能是为本机与网络提供一个接口。

7. 网络应用程序

网络应用程序是在网络环境下,直接面向用户的应用程序。随着网络的发展,如今的各种应用程序都考虑到在网络环境下的应用问题。典型的网络应用程序有 WWW、Telnet、FTP 等。

1.5.4 几种常用的网络操作系统

本节内容可以扫描左侧的二维码获取。

1.6 资源共享技术

计算机互联网络的目的就是实现网络资源共享。除了一些特殊性质的资源外,各种网络资源都不应该由某一个用户独占。对于网络中各种共享的资源,可以按资源的性质分成四大类别,即硬件资源共享、软件资源共享、数据资源共享和通信信道资源共享。

1.6.1 硬件资源、软件资源和数据资源的共享

1. 硬件资源共享

硬件资源共享是网络用户对网络系统中的各种硬件资源的共享,如外存储设备、输入输出设备等。硬件资源共享方式如图 1-16 所示。

共享硬件资源的目的就是程序和数据都存放在由网络提供的共享硬件资源上。在图 1-16(a)中,主机 H2 上既无程序,又无数据。系统运行时,主机 H2 共享 H1 上的硬件资源,即将 H2 需要的程序和数据从 H1 的共享硬件上(如硬盘设备)上读入本机,此时,H2 使用 H1 的共享硬件设备就像使用自身的硬件设备一样,程序运行结束后,通过网络将程序运行结果再保存到 H1 的共享设备上,如图 1-16(b)所示。

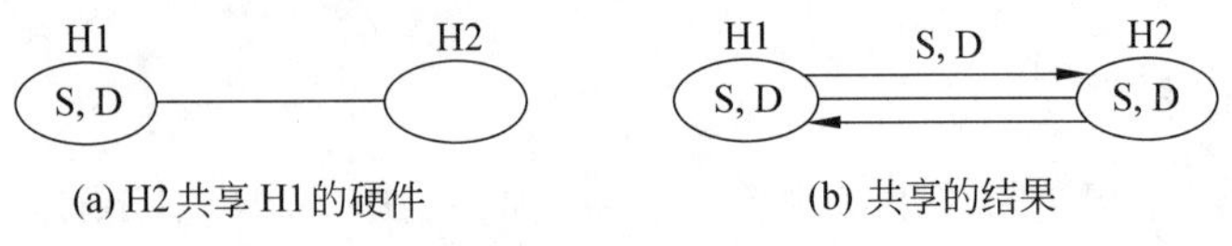

图 1-16 硬件资源共享方式

其中，H 为主计算机(Host)，S 为软件(Software)，D 为数据(Data)。下文同。

2. 软件资源共享

软件资源共享是网络用户对网络系统中的各种软件资源的共享，如主计算机中的各种应用软件、工具软件、系统开发用的支撑软件、语言处理程序等。软件资源共享的方式如图 1-17 所示。

在图 1-17(a)中，H1 上只有数据而没有软件，软件放置在 H2 上。系统运行时，H1 共享 H2 上的软件，即将 H2 上的软件 S 读入 H1 上运行，程序运行结果存放在 H1 的硬盘中，如图 1-17(b)所示。

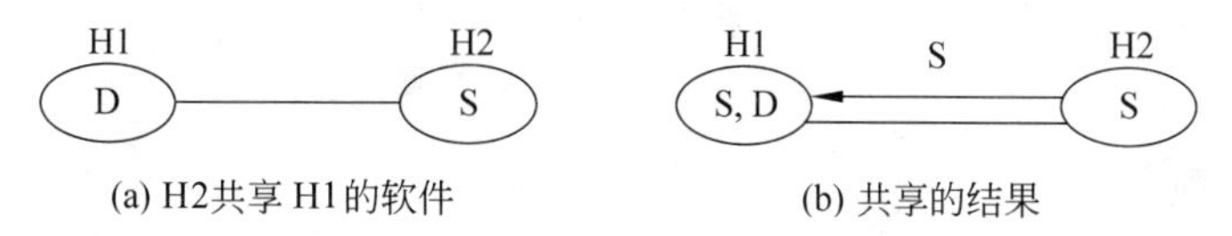

图 1-17　共享方式 1

在图 1-18 所示的共享方式中，H1 在本机上调用执行 H2 上的软件 S，而使用本机上的数据 D。其运行结果直接存放在本机 H1 上。

另一种共享方式是，H1 将本机上的数据 D 传送到 H2 后再在 H2 上运行软件 S，运行结果再送回本机 H1 上，如图 1-18 所示。

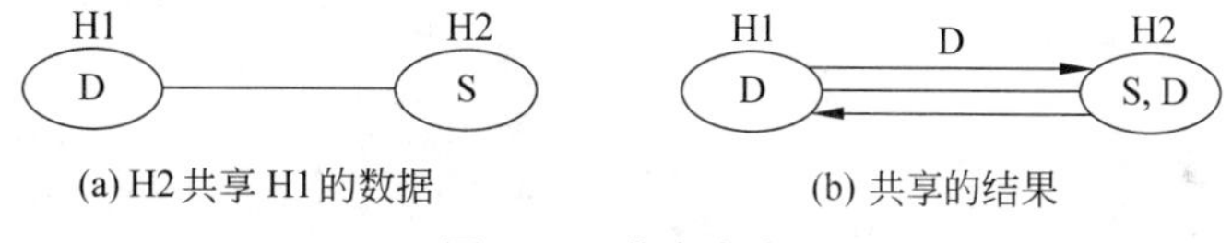

图 1-18　共享方式 2

3. 数据资源共享

数据资源共享是对网络系统中的各种数据资源的共享。数据资源共享方式及流程图类似于硬件资源共享及软件资源方式。

1.6.2　通信信道资源共享

通信信道广义上可以理解为电信号的传输介质。通信信道的共享是计算机网络中最重要的共享资源之一。通信信道的共享方式包括固定分配信道、随机分配信道和排队分配信道 3 种方式。

1. 固定分配信道

为了更好地理解信道的分配，先举一个实际的例子。如果有一条足够宽的公路，就可以把这条公路划分成若干等宽(如 4m 宽)的小干道。在这一条公路上划分出了多条逻辑上的小干道，并将每一条小干道事先固定分配给一辆汽车使用。这样，在同一条公路上同时可以有若干辆车在行驶,而每一辆车犹如行驶在一条独立的道路上一样。

固定分配信道方式就是把一条物理通信信道划分出多条逻辑上的子信道,然后将每一条子信道都事先分配给一个固定的用户使用。划分逻辑信道的方式主要有两种,第一种是频分技术,第二种是时分技术。频分技术就是频分复用技术,时分技术就是时分复用技术。

2. 随机分配信道

这种方式是把一条物理上的通信信道再划分成逻辑上的子信道。但对信道的分配,系统不再将各子信道固定分配给用户。用户要进行通信必须先向系统提出子信道申请,若有空闲子信道时,系统则分配一个给该用户,用户才有权进行通信。通信结束后用户要及时释放其所占用子信道的使用权,以便其他用户使用,从而实现了多个用户对一条通信信道的共享。

3. 排队分配信道

排队方式不再划分子信道,用户使用信道时也不必预先申请。它是将用户发出的数据划分为一定长度的数据单元,然后送到网络结点的排队缓冲区队列中进行排队,系统按先来先服务的原则进行通信服务。在排队分配信道资源共享中,进行通信的用户并不在通信过程中完整地占用信道,用户数据是一段一段地在通信链路上传输(这是因为任何一个用户的分组信息不可能一次性地送到排队队列中),即用户是在不同的时间内一段一段地占用部分通路。它是存储、转发的一系列过程。

习题

1. 什么是计算机网络?
2. 独立的个人计算机与联网的计算机各自的优缺点是什么?
3. 计算机网络发展有哪几个阶段?
4. 网络的基本用途是什么?
5. 网络操作系统的主要功能是什么?
6. 网卡有什么作用?是否所有上网的计算机都需配置网卡?
7. 线路控制器的主要功能是什么?
8. 调制解调器的主要功能是什么?在什么场合必须使用调制解调器?
9. 分布式计算机系统有何特点?
10. 通信子网和资源子网是如何划分的?
11. 资源共享的含义是什么?
12. 计算机网络中的资源分为哪几类?举例说明。
13. 在大型通信网络中为什么要采用前置处理机?
14. 为什么要采用IPv6技术?
15. 试述大数据与云计算的关系。
16. 简述一个网络的基本组成。

第2章　局域网技术

局域网是一种在有限的地理范围内将若干服务器、PC及各种网络设备互连在一起，实现数据传输和资源共享的计算机系统。

通俗地说，局域网就是当一个计算机网络联系的地域范围不大，如一座办公楼、一个工厂、一所学校，其距离也就几千米或十几二十千米。换句话说，局域网就是在小范围内通过网络连接设备和通信介质将计算机连接起来，实现数据传输和资源共享，也可以说成是局域网是局部区域的网络。

本章在介绍网络拓扑结构、通信介质、网络连接设备性能指标及用途的基础上，详细阐述了局域网络架构及组网方法。

知识培养目标

- 了解局域网和广域网的基本概念；
- 了解网络连接设备的主要性能指标和用途；
- 了解网络通信介质的主要性能指标和用途；
- 了解网络协议标准的用途；
- 学会绘制网络拓扑图；
- 掌握局域网连接与配置。

能力培养目标

- 具备网络连接设备的配置及运维能力；
- 具备网络通信介质的诊断与维护能力；
- 具备局域网设计与建设能力；
- 具备局域网常规维护能力；
- 具备网络协议标准的应用能力。

课程思政培养目标

课程内容与课程思政培养目标关联表如表2-1所示。

表2-1　课程内容与课程思政培养目标关联表

节	知识点	案例及教学内容	思政元素	培养目标及实现方法
2.5	核心交换机		网络有核心，所有信息都围绕核心交换机进行。 国家有核心、党也有核心，核心意识是每个公民的基本意识	培养学生具有核心意识和中心意识

续表

节	知 识 点	案例及教学内容	思 政 元 素	培养目标及实现方法
2.6	网络协议标准		网络有协议标准、人类有行为规范。没有规矩不成方圆。要讲政治、讲规矩	培养学生具有用法律、用制度、用社会行为规范约束自己的自觉性

2.1 局域网的概念

1. 什么是局域网

顾名思义,局域网就是局部区域的网络。

将数千米范围内的几台到数百台小型计算机或微型计算机通过通信线缆连接而形成的计算机系统称为计算机局域网络。局域网简称为LAN,是Local Area Network的缩写。

通常来说,一个局域网络是由一台服务器和若干台终端计算机组成的。当然,在一个局域网络中,允许有多台服务器。

这里强调的是,局域网络覆盖的地理范围有限,一般不超过10km;连接的终端计算机的数量也有限,一般不超过1000台。

2. 局域网络的特点

(1) 连接方便;

(2) 简单灵活;

(3) 不占用电信线路;

(4) 传输速度快,效率高;

(5) 安全性及保密性好。

局域网通常用同轴电缆连接组成总线结构或环状结构网,或用双绞线连接组成星状结构网。典型的局域网拓扑结构如图2-1所示。

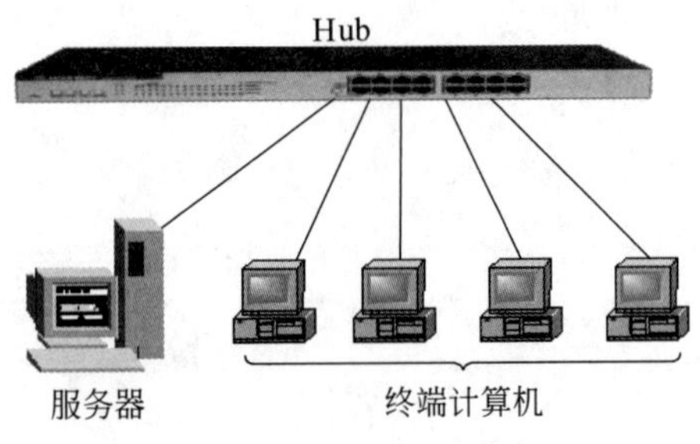

图2-1 典型的局域网拓扑结构图

常用的局域网络有3COM、Novell、NT、UNIX、D-Link和Toking等。

2.2　局域网络拓扑结构

2.2.1　网络拓扑结构

计算机网络的连接方式叫作“网络拓扑结构”。网络拓扑是指用传输介质互联各种设备的物理布局。

计算机科学家通过采用从图论演变而来的“拓扑”(topology)方法，抛开网络中的具体设备，把像工作站、服务器等网络单元抽象为“点”，把网络中的电缆等通信媒体(含有线介质和无线介质)抽象为“线”，这样从拓扑学的观点看计算机和网络系统，就形成了点和线组成的平面几何图形，从而抽象出了网络系统的具体结构。这种采用拓扑学方法抽象出来的结构称为计算机网络的拓扑结构。拓扑是一种研究与大小和形状无关的点、线、面特点的方法。计算机网络系统的拓扑结构主要有总线型、星状、环状、树状、全互连型和不规则型等几种。网络拓扑结构对整个网络的设计、功能、可靠性、费用等方面有着重要的影响。

设计一个网络时，应根据自己的实际情况选择正确的拓扑方式。每种拓扑都有它自己的优点和缺点。

2.2.2　总线型拓扑结构

总线型结构是使用同一介质或电缆连接所有端用户的一种方式，也就是说，连接端用户的物理介质由所有设备共享，总线结构通常用同轴电缆相连接。同轴电缆有两种，即粗同轴电缆和细同轴电缆，分别用以组建细线网络和粗线网络。

1. 细线网络拓扑结构

细线网络就是用细同轴电缆组建的网络。所需的网络设备和线缆有网卡、50Ω 细同轴电缆(见图 2-2(a))、同轴电缆连接器(见图 2-2(b))、T 形连接器(见图 2-2(c))、50Ω 终结器(见图 2-2(d))等。其网络拓扑结构如图 2-2(e)和图 2-2(f)所示。

细线网络拓扑结构的特点如下。

(1) 总线长度≤185m；

(2) 成本低；

(3) 易于安装、扩充、传输速率高；

(4) 系统的稳定性和可靠性差，由于同轴电缆与 T 形接头是用电烙铁电焊的，极易虚焊，也极易断裂。一旦某一处发生故障，则全网瘫痪，而且故障不易定位。

图 2-2(e)是标准的网络拓扑结构图，实际的网络连接方式是将 T 形头接在网卡上，再将细同轴电缆接在 T 形头上(用电烙铁焊接)，两头各接一个 50Ω 的终结器，如图 2-2(f)所示。

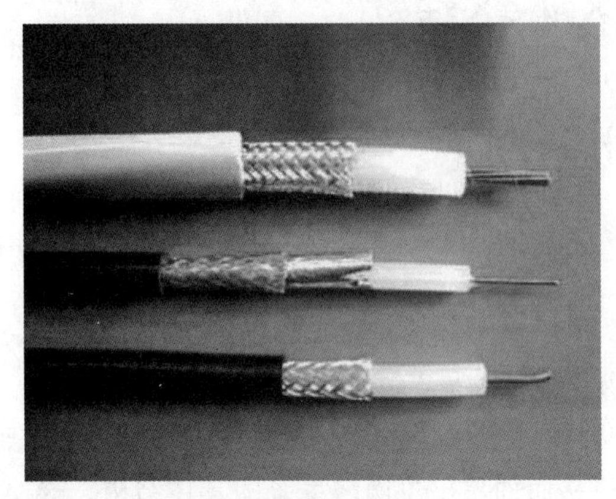

(a) 细同轴电缆

(b) 同轴电缆连接器

(c) T形连接器

(d) 终结器

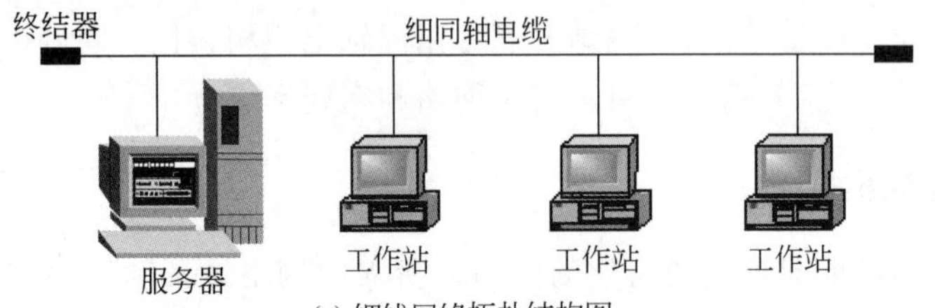

(e) 细线网络拓扑结构图

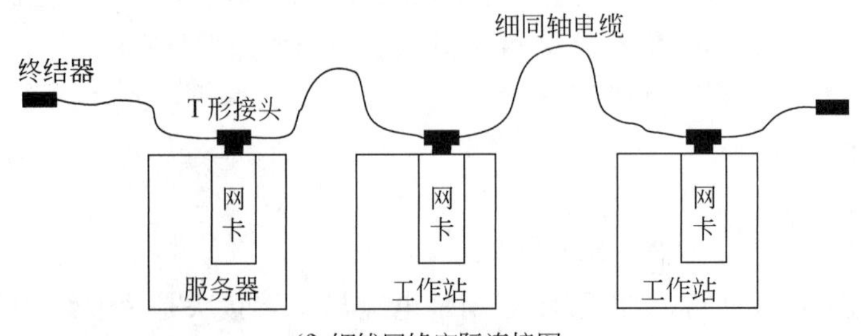

(f) 细线网络实际连接图

图 2-2 细线网络

2. 粗线网络拓扑结构

粗线网络就是用粗同轴电缆组建的网络。所需的网络设备有粗同轴电缆、网卡、75Ω终结器、收发器(见图 2-3(a))、收发器电缆等。其网络结构拓扑图如图 2-3(b)所示。

(a) 收发器

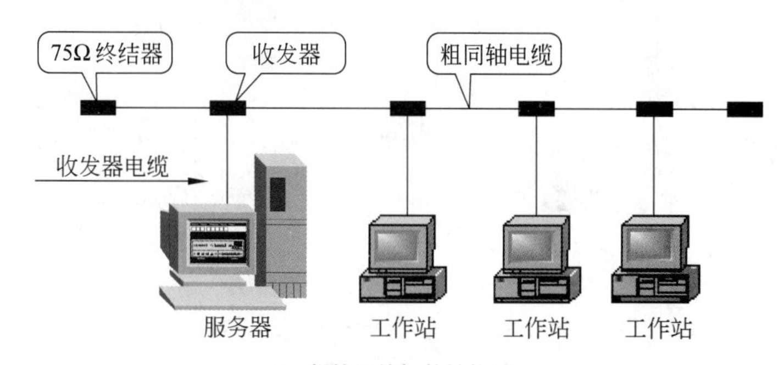

(b) 粗线网络拓扑结构图

图 2-3　粗线网络

粗线网络拓扑结构的特点如下。

(1) 总线长度≤500m;

(2) 传输速率高;

(3) 成本高,粗同轴电缆比细同轴电缆贵,而且每个点还需要增加收发器和收发器电缆;

(4) 与细线网络一样,系统的稳定性和可靠性差,总线上某一处发生故障,会导致全网瘫痪。

总线型网络使用有限长度的通信电缆将计算机和网络设备(如 Hub)连接在一起。总线型网络中典型的应用就是以太网,已经成为局域网的标准。连接在总线上的设备都通过监测总线上传送的信息来检查发给自己的数据,只有与目标地址相符的设备才能接收信息。当两个设备想在同一时间内发送数据时,以太网上将发生碰撞现象。此时,使用一种叫作“带有碰撞检测的载波侦听多路访问”(CSMA/CD)的协议可以将碰撞的负面影响降到最低。

2.2.3　环状拓扑结构

环状网,正如名字所描述的那样,是使用一个连续的环将每台计算机设备连接在一起,如图 2-4(a)所示。它能够保证一台设备上发送的信号可以被环上其他所有的计算机设备都收到。在简单的环状网中,网络中任何部件的损坏都将导致系统出现故障,这样将阻碍整个系统进行正常工作。而高级结构的环状网则在很大程度上改善了这一缺陷。

环状结构在 LAN 中使用较多。这种结构中的传输介质从一个端用户连接到另一个端用户,直到将所有端用户连成环状。这种结构显而易见消除了端用户通信时对中心系统的依赖性。

实质上,环状网络结构是在粗同轴电缆总线结构的基础上,去掉线缆两端的终结器后,将线缆两头连接起来而形成的一个环,如图 2-4(b)所示。

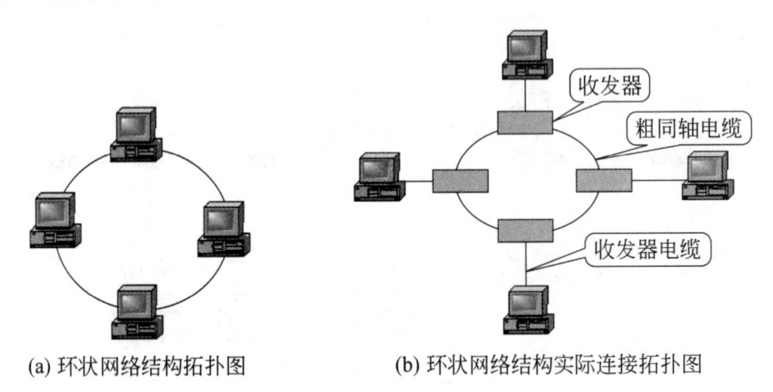

(a) 环状网络结构拓扑图　　(b) 环状网络结构实际连接拓扑图

图 2-4　环状网络

环状结构的特点是,每个端用户都与两个相邻的端用户相连,因而存在点到点的链路,但总是以单向方式操作,于是便有上游端用户和下游端用户之称。例如,用户 N 是用户 $N+1$ 的上游端用户,用户 $N+1$ 是用户 N 的下游端用户。如果 $N+1$ 端需将数据发送到 N 端,则几乎要绕环一周才能到达 N 端。

环状网络的一个例子是令牌环局域网,这种网络结构最早由 IBM 公司推出,现在已被广泛采用。在令牌环网络中,数据是以"令牌"方式传输的,拥有"令牌"的终端才允许在网络中传输数据。这样保证了在任一时间内网络中只有一台计算机在传送信息,免去了像总线结构那样用载波监听来避免冲突。

令牌环网是以令牌方式传输数据的,即计算机将要传输的数据附在令牌上进行传输。其拓扑结构如图 2-5 所示。

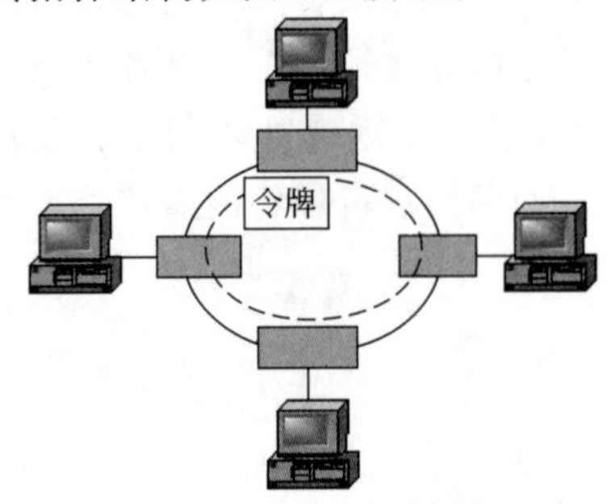

图 2-5　令牌环网拓扑结构图

令牌的工作原理是,环网中只有一个令牌,令牌按某一指定的方向在环中传递。当某一用户要传输数据时,先向系统申请令牌(即捕获令牌)。如果此时令牌无人使用(即令牌处于"闲"状态),系统则将令牌交给该用户,用户即拥有了令牌的使用权,便可将数据及一些控制信息附在令牌上进行传输,同时将令牌状态置为"忙"。若用户数据传送完毕,要及时将令牌的状态置为"闲",并及时将令牌交回给系统,以便他人使用。其工作流程如图 2-6 所示。

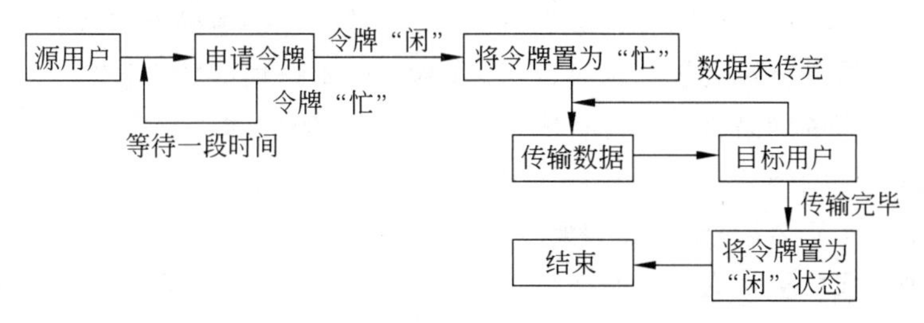

图 2-6　令牌环工作流程图

如上所述，由于环状网是由一根电缆连接而成的，如果环的某一点断开或任何一点发生故障，都会使系统全面瘫痪。为了提高系统的可靠性，克服这种网络拓扑结构的脆弱性，通常采用两条通信电缆进行组网，即所谓的双环结构。在双环结构网中，系统拥有两个令牌，两个令牌按相反的方向运行，网上的用户可使用任一个令牌传输数据。双环网络拓扑结构如图 2-7 所示。

2.2.4　星状拓扑结构

星状结构是最古老的一种连接方式，大家所熟悉的电话系统就属于这种结构，还有早期的联机方式也属于星状结构。星状结构网络上的每一台终端计算机都各自使用一条线缆连接到网络服务器上。用于构建星状网络的主要网络设备称为集线器，英文名为 Hub。网络服务器以及所有上网的终端计算机都连接在这一台集线器上。

这种结构便于集中控制，因为端用户之间的通信必须经过中心站。由于这一特点，带来了易于维护和安全等优点。端用户设备因为故障而停机时也不会影响其他端用户的通信。这种网络最大的弊病在于，中心系统必须具有极高的可靠性，因为中心系统一旦损坏，整个系统便趋于瘫痪。为此，中心系统通常采用高性能计算机或双机热备份，以提高系统的可靠性。

星状网络的拓扑结构如图 2-8 所示。

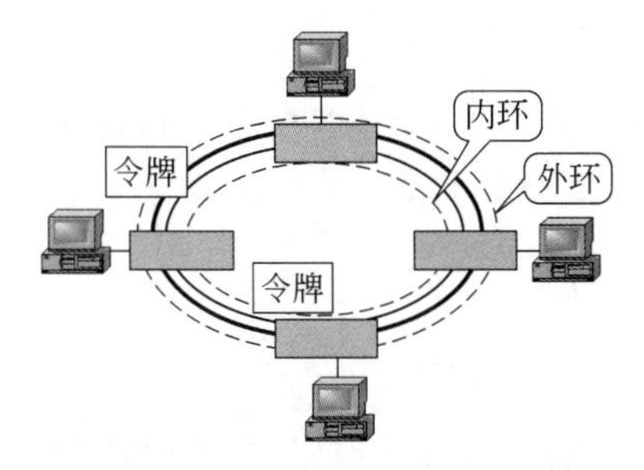

图 2-7　双环网络拓扑结构图

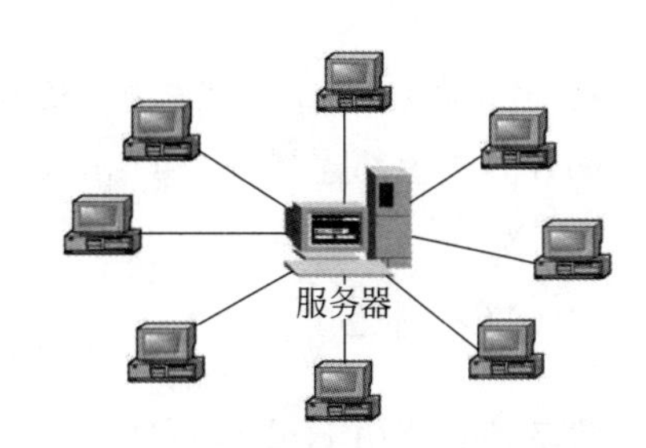

图 2-8　星状网络拓扑结构图

还应指出，以 Hub（含 Switch，下文同）构成的网络结构，虽然呈星状布局，但它使用的访问介质的机制仍是共享介质的总线方式。

星状网的组成通过中心设备将许多点到点进行连接。在电话网络中,这种中心结构是PABX(分机系统里的总机)。在数据网络中,这种设备是主机或集线器。在星状网中,可以在不影响系统其他设备工作的情况下,非常容易地增加或减少设备。

星状结构所需的网络设备及配件有网卡、双绞线、RJ45头、集线器。

星状结构实际的网络连接拓扑如图2-1所示。

其优点是易于安装、易于维护、易于扩充、可靠性好。

其缺点是①线缆耗量大;②由于在Hub上是共享带宽,随着用户终端数量的增加,传输速率会不断下降。

有必要说明的是,单段双绞线的长度≤100m,来自服务器的线缆必须连接在Hub的1口上。

2.2.5 总线-星状拓扑结构

在同一网络中,既有总线结构拓扑,又有星状结构拓扑,如图2-9所示。

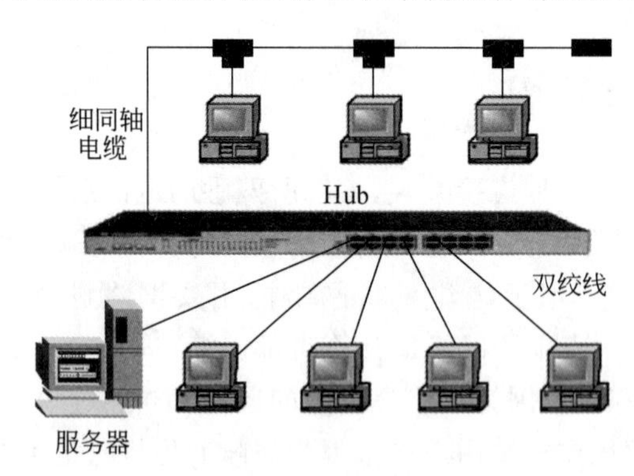

图2-9 总线-星状拓扑结构图

总线-星状拓扑结构网络的特点综合了总线结构和星状结构的特点。

2.2.6 环状-星状拓扑结构

环状-星状拓扑结构是在环状结构网络的基础上扩展起来的,即在每一台接入环状网络的终端计算机上都连接一个Hub,再由Hub构成星状结构,如图2-10所示。

2.2.7 树状结构

树状结构主要用Hub级联实现,即用多级Hub通过双绞线级联进行组网(这种方式又叫作级联组网方式)。其网络拓扑结构如图2-11所示。

通过级联,可以有效地增加网线的长度,可以连接数百台终端计算机。

注意:级联的Hub不能超过4级。图2-11就是一个4级连接树状拓扑图。

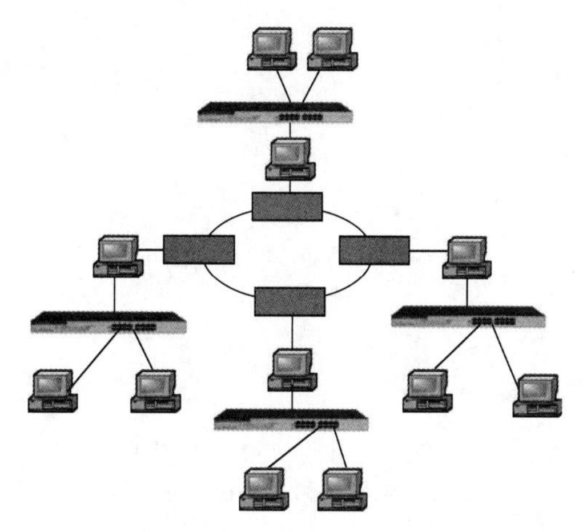

图 2-10　环状-星状网络拓扑结构图

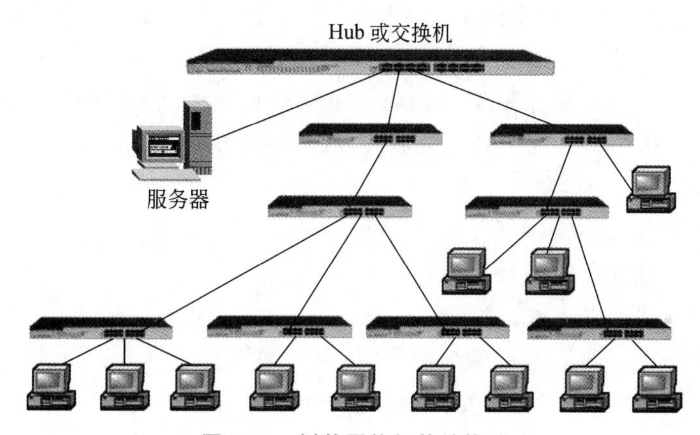

图 2-11　树状网络拓扑结构图

2.2.8　半网状结构

在环状结构网的基础上，增加部分结点之间的连线后，即得到半网状结构网络。其网络拓扑结构如图 2-12(a)所示。

优点：提高了系统的可靠性和稳定性。

缺点：线路耗量大，不易于结点扩充。

2.2.9　全网状结构

如果一个网络只连接几台设备，最简单而且最有效的方法是将它们相互之间都直接相连在一起，这种连接称为点对点连接。用这种方式形成的网络称为全互连网络，也就是全网状结构网络，如图 2-12(b)所示。图中有 5 个终端设备，在全互连情况下，需要 10 条

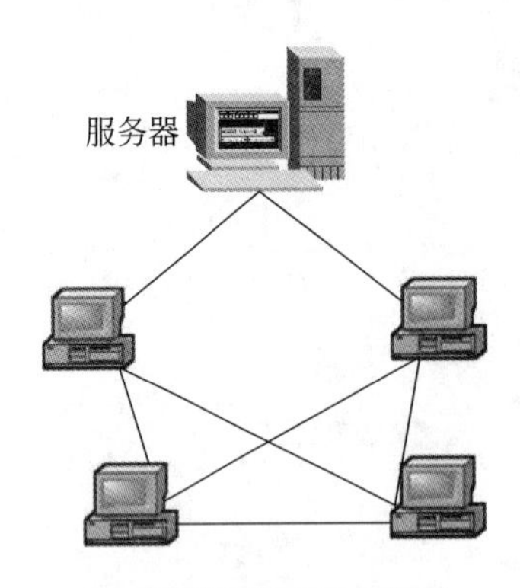

(a) 半网状网络拓扑结构图

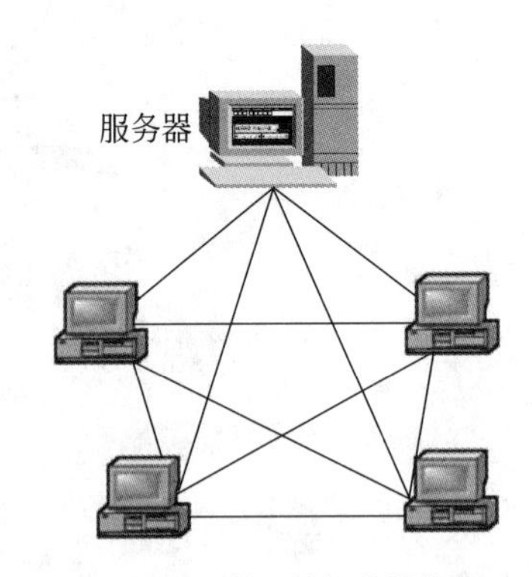

(b) 全网状网络拓扑结构图

图 2-12 半网状和全网状拓扑结构图

传输线路。如果要连接的终端设备有 n 个,所需线路将达到 $n\times(n-1)\div 2$ 条。显而易见,这种方式只有在涉及地理范围不大、终端设备数很少的情况下才有实用价值。即使属于这种环境,在 LAN 技术中不常使用。这里所以给出这种拓扑结构,是因为当需要通过互连设备(如路由器)互连多个 LAN 时,将有可能遇到这种广域网的互连技术。

优点:网络系统的可靠性和稳定性最好,数据传输效率也极高。

缺点:

(1) 线缆耗量太大,成本太高;

(2) 网络建设难度大;

(3) 结点的增加难以实现。

全网状结构只是一种理想中的结构模型,由于网络的成本高、建设难度大、不易扩充和维护,在现实中极少使用全网状结构建立局域网络。

2.3 网络通信介质

信息的传输是从一台计算机传输给另一台计算机,或从一个结点把信息传输到另一个结点,它们都是通过通信介质实现的,常用的通信介质(又称为通信媒体)有如下几种。

1. 磁介质

把数据从一台计算机传输给另一台计算机最普通的方式之一是把数据写到硬盘或 U 盘上,而后再复制到另一台计算机中。对于近距离传输,人工携带 U 盘既方便,成本又低。但速度慢、效率低,尤其是对远距离传输,或是一对多或多对多的计算机之间进行相互传输信息时,磁介质传输则显得力不从心。

2. 有线通信介质

虽然以 U 盘为介质实现传输具有携带方便、成本低等优点,但利用它们传输的实时性非常差，并且不能进行在线连接和大批量数据交换。有线通信介质通信具有磁介质通信所不具备的许多优点。

有线通信介质有双绞线、基带同轴电缆、宽带同轴电缆和光纤等。

3. 无线通信介质

计算机网络系统中的无线通信主要是指微波通信。微波通信分为地面微波通信和卫星微波通信两种。

由于微波沿直线传播，而地表面是曲面，因此限制了地面微波传播的范围。一般微波直接传输数据信号的距离在 40～60km，为使传输范围更大，则需要在适当的地点设置信号中继站。设置中继站的目的如下。

(1) 信号放大：由于长距离传输后，微波信号强度减弱，通过中继站来恢复信号强度。

(2) 信号失真恢复：由于微波信号在传输过程中，受到自然界中各种噪声的干扰，信号可能会受到损坏并出现差错和失真，为此要通过中继站去掉干扰、去掉噪声、进行信号失真恢复等处理工作。

(3) 信号转发：通过中继站把微波信号从一个中继站传送到下一个中继站，直到把信号传到信宿结点为止。

微波通信的特点是通信容量大、受外界干扰小、传输质量高，但数据保密性差。

地面微波通信是利用地面中继系统在地面设置中继站。这种系统不论在数据传输速度，数据传输质量，还是在传输范围、传输稳定性等方面都还不能令用户十分满意。为克服地面微波通信的不足，通信系统利用人造卫星作中继站转发微波信号，能使信号在非常大的范围内进行传播。因一颗卫星通信能覆盖 1/3 的地球表面，3 颗卫星就能覆盖全球，卫星微波通信与地面微波通信不同，地面微波通信随着通信距离的增加而使成本增大，而卫星微波通信与其通信距离无关。卫星通信具有更大的通信容量和更高的可靠性。

2.3.1 有线介质

1. 基带同轴电缆

基带同轴电缆(baseband coaxial cable)是指 50Ω 的细同轴电缆。它主要用于未经调制的数字信号传输，其中间是铜线，外面包着绝缘材料，绝缘材料外边再包一层金属网，最外面用塑料包皮。基带同轴电缆的抗干扰能力优于双绞线，它被广泛用于局域网。在传输中，基带同轴电缆传输数据速率越高，其传输距离越短。

基带同轴电缆具有 10Mb/s 的传输速率，用于组建细线总线网络。用基带同轴电缆组建的网络可表示为 10Base-2 由细同轴电缆组建的总线网络，传输速率为 10Mb/s，单个网段长度为 185m。

2. 宽带同轴电缆

宽带同轴电缆(broadband coaxial cable)是指 75Ω 的粗同轴电缆，也就是日常生活中使用的电视信号线。它主要用于经调制的模拟信号传输,但也可用于未经调制的数字信号的传输。宽带同轴电缆是公用天线电视系统的标准传输电缆,在传输电视信号时,其带宽可达6Mb/s。在以太网中,单段以太网段的电缆最大长度为500m,带宽为10Mb/s。

宽带同轴电缆具有10Mb/s的传输速率,用以组建粗线总线网络。用宽带同轴电缆组建的网络可表示为10Base-5(由粗同轴电缆组建的总线网络,传输速率为10Mb/s,单个网段长度为500m)。

3. 双绞线

双绞线(twisted pair)是用两根绝缘铜线扭在一起的通信介质。双绞线的抗干扰能力较强,在电话系统中双绞线被广泛应用。双绞线越粗,距离越远,传输的频带就越宽;双绞线既可用于数字信号的传输,也可用于模拟信号传输。由于它性能好,成本低,在计算机网络中得到了广泛采用。

双绞线通常有1对2芯、2对4芯和4对8芯三种,另外还有大对数双绞线,如25对50芯或50对100芯等。

双绞线分为屏蔽双绞线和非屏蔽双绞线两种。

(1) 屏蔽双绞线(Shielded Twisted Pair,STP)。

在信号传输过程中,电磁的辐射会大大地影响传输信号的质量,也会使噪声信号增加,而屏蔽双绞线能有效地将电磁辐射屏蔽掉。但在屏蔽电磁辐射的同时,有可能会带来信号的衰减,对电磁辐射的屏蔽还会导致双绞线电阻、电容及电导的改变,严重时会引起信号的丢失。信号的丢失与噪声相比要严重得多,因此,屏蔽双绞线只用于电磁辐射严重的环境。通常组网则使用非屏蔽双绞线。从价格来说,屏蔽双绞线比非屏蔽双绞线要贵。屏蔽双绞线如图2-13(a)所示。

屏蔽双绞线有3类:三类屏蔽双绞线、五类屏蔽双绞线和六类屏蔽双绞线。三类屏蔽双绞线带宽为16Mb/s,五类屏蔽双绞线带宽为100Mb/s,而六类屏蔽双绞线带宽可达1000Mb/s。

在本书中,若没有特殊说明,所说的双绞线均为非屏蔽双绞线。

(2) 非屏蔽双绞线(Unshielded Twisted Pair,UTP)。

非屏蔽双绞线共分为9类,分别称为一类非屏蔽双绞线(在不致引起混淆的情况下,将其简称为一类双绞线,下同)、二类双绞线、三类双绞线、四类双绞线、五类双绞线、超五类双绞线、六类双绞线、超六类双绞线和七类双绞线。

一类线是ANSI/EIA/TIA-568A标准中最原始的非屏蔽双绞铜线电缆,但它开发之初的目的不是用于计算机网络数据通信,而是用于电话语音通信,其带宽只有数十kb/s。

二类线是ANSI/EIA/TIA-568A和ISO 2类/A级标准中第一个可用于计算机网络数据传输的非屏蔽双绞线电缆,传输频率为1MHz,传输速率达4Mb/s。主要用于旧的令牌网。

三类线是ANSI/EIA/TIA-568A和ISO 3类/B级标准中专用于10Base-T以太网络的非屏蔽双绞线电缆,传输频率为16MHz,传输速率可达10Mb/s。

四类线是 ANSI/EIA/TIA-568A 和 ISO 4 类/C 级标准中用于令牌环网络的非屏蔽双绞线电缆，传输频率为 20MHz，传输速率达 16Mb/s。主要用于基于令牌的局域网和 10Base-T/100Base-T。

五类线是 ANSI/EIA/TIA-568A 和 ISO 5 类/D 级标准中用于运行 CDDI(CDDI 是基于双绞铜线的 FDDI 网络)和快速以太网的非屏蔽双绞线电缆，传输频率为 100MHz，传输速率达 100Mb/s。

超五类线是 ANSI/EIA/TIA-568B.1 和 ISO 5 类/D 级标准中用于运行快速以太网的非屏蔽双绞线电缆，传输频率为 100MHz，传输速度可达到 100Mb/s。与五类线缆相比，超五类在近端串扰、串扰总和、衰减和信噪比 4 个主要指标上都有较大的改进。超五类非屏蔽双绞线如图 2-13(b)所示。

六类线是 ANSI/EIA/TIA-568B.2 和 ISO 6 类/E 级标准中规定的一种非屏蔽双绞线电缆，它主要应用于百兆位快速以太网和千兆位以太网中。因为它的传输频率可达 200～250MHz，是超五类线带宽的 2 倍，最大速率可达到 1000Mb/s，能满足千兆位以太网需求。

超六类线是六类线的改进版，同样是 ANSI/EIA/TIA-568B.2 和 ISO 6 类/E 级标准中规定的一种非屏蔽双绞线电缆，主要应用于千兆位网络中。在传输频率方面与六类线一样，也是 200～250MHz，最大传输速率可达到 1000Mb/s，只是在串扰、衰减和信噪比等方面有较大改善。

七类线是 ISO 7 类/F 级标准中最新的一种双绞线，它主要为了适应万兆位以太网技术的应用和发展。但它不再是一种非屏蔽双绞线了，而是一种屏蔽双绞线，所以它的传输频率至少可达 500MHz，是六类线和超六类线的 2 倍以上，传输速率可达 10Gb/s。

双绞线主要用于组建星状网络，单段双绞线的最大有效距离为 100m。

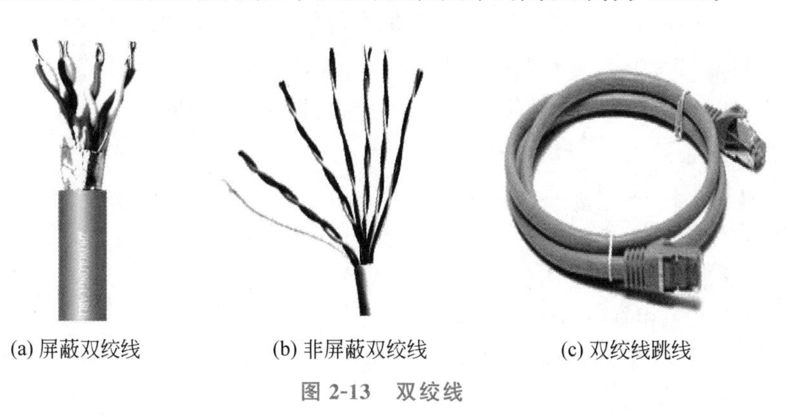

(a) 屏蔽双绞线　(b) 非屏蔽双绞线　(c) 双绞线跳线

图 2-13　双绞线

4. 光纤

光纤(fiber)是光导纤维的简称，又称为光缆，它是用极细的石英玻璃纤维作传输介质。光缆传输是利用激光二极管或发光二极管在通电后产生光脉冲信号，这些光脉冲信号能沿光纤进行传输。光纤实物如图 2-14(a)所示。

计算机内部的数据是用1和0来表示的,这种数据称为二进制数据。在非光纤通信电缆上,是用电脉冲传输二进制数据的,如用电压的有和无或电流的高和低来表示1和0。而在光纤中,是用光束表示数据的,即用光的有和无表示数据1和0。

例如,把激光二极管连接到光纤的一端,把光电二极管连到光纤的另一端,这样就构成了一个光纤的单向传输系统,如图2-14(c)所示。

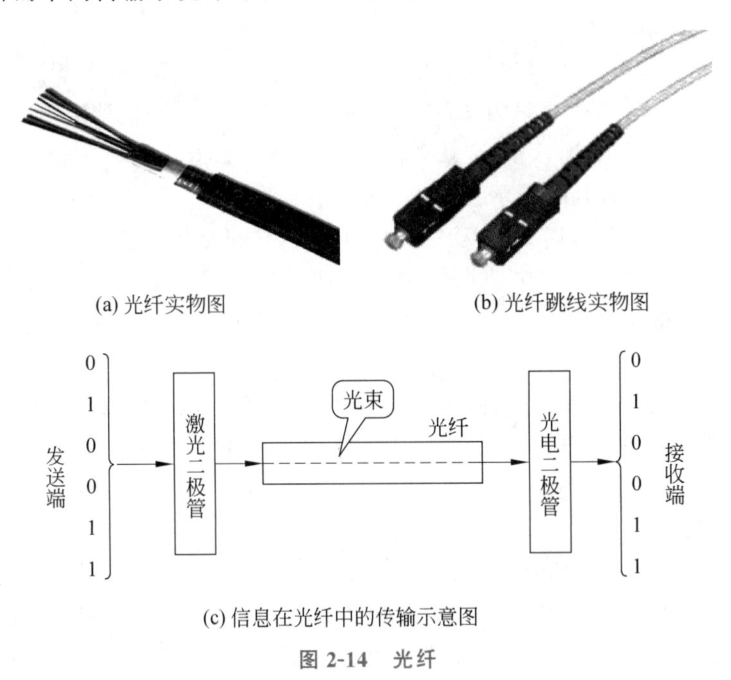

(a) 光纤实物图　(b) 光纤跳线实物图

(c) 信息在光纤中的传输示意图

图2-14　光纤

光纤系统是把电信号转换成光信号进行传输。由于可见光的频率非常高,约为10^8MHz的量级,因此光纤通信系统的传输带宽远远大于其他各种传输介质的带宽。光纤可以1000Mb/s的速率发送数据,大功率的激光器可以驱动100km长的光纤,而中间不带任何中继设备。

光纤具有如下优点。

(1) 传输频带非常宽,通信容量大;

(2) 传输损耗小,中继距离长;

(3) 抗雷电和抗电磁干扰性能好;

(4) 无串音干扰、不易被窃听、数据不易被截取,保密性好;

(5) 体积小、重量轻;

(6) 经久耐用,若无外在因素的损坏,光纤可使用15年以上。

光纤分为单模光纤和多模光纤两种。

(1) 单模光纤(Single Mode Fiber,SMF)。

单模光纤又称为细光纤,或称为轴路径光纤。细光纤的工作原理是,光束是沿光纤的轴径进行传播(轴路径传播方式)的,如图2-15所示。由于光束是沿直线传播的缘故,致使单模光纤的信息传输量有限,但它却能进行远距离的传输,单段单模光纤的有效距离最长可达100km。

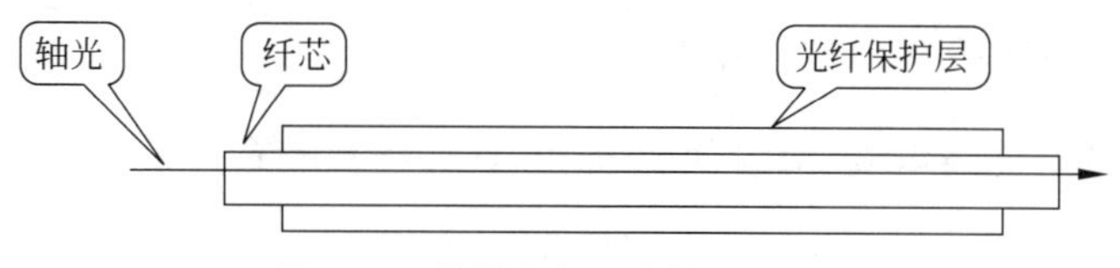

图 2-15 单模光纤信息传输示意图

(2) 多模光纤(Multi Mode Fiber,MMF)。

多模光纤又称为粗光纤,或称为非轴路径光纤。粗光纤的工作原理是,光束是以不同的角度进入光纤管道,并沿光纤管道壁间以反射(折射)的方式进行传播(非轴路径传播方式),如图2-16所示。由于光的折射,致使光束在非轴路径光纤中的传播距离比沿轴路径进行的直线传播的距离要长得多,所以多模光纤的传输速率比单模光纤的速率慢,而且传输距离也较近,一般单段多模光纤只能传输2km的距离,若希望有1000Mb/s的带宽,则单段多模光纤的长度不得超过600m。

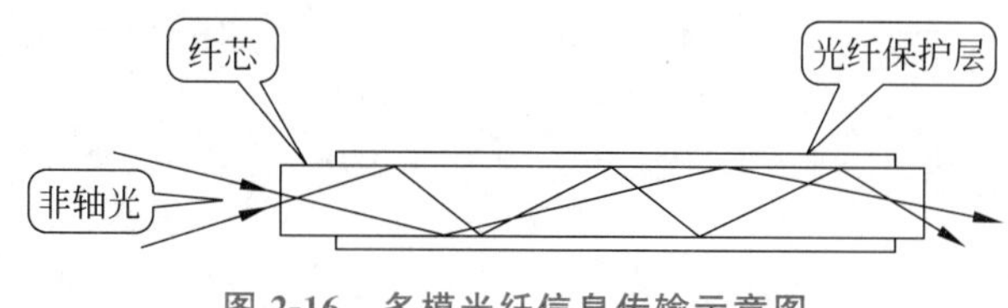

图 2-16 多模光纤信息传输示意图

这里的"模",即"射线"的含义。单模光纤中只有一条(单条)射线,多模光纤中有多条射线。

5. 电话线

计算机通过调制解调器和电话线与远程计算机相连,在这种连接方式下,同一条电话线既可以用来打电话,又可以用来上网。如果使用ADSL技术,则在同一时间既可用来打电话,又可用来上网。

6. 载波线缆

利用载波信号进行网络信号的传播。如早期的电力系统就是利用高压线上的载波信号进行电力行业的计算机网络的连接与通信的。其优点是节省线路投资费用,不足之处是信号噪声太大且信号不稳定,信号质量差。

7. 闭路电视线

家家户户使用的闭路电视线缆的频带是很宽的,而电视信号只占用高频段部分,低频段是空闲的,因此,其低频段部分可用来传输网络信号。在计算机网络普及之前,证券公司的股票信息就是通过闭路电视线传送到股民家中的,用户在接收股票信息的同时,可照常收看电视节目。

2.3.2 无线介质

无线通信介质有无线电波、微波、卫星通信、红外线及激光。

1. 无线电波

无线电波是一种全方位传播的电波,其传播方式有两种:一是直接传播,即电波沿地表面向四周传播,如图2-17所示;二是靠大气层中电离层的反射进行传播,如图2-18所示。

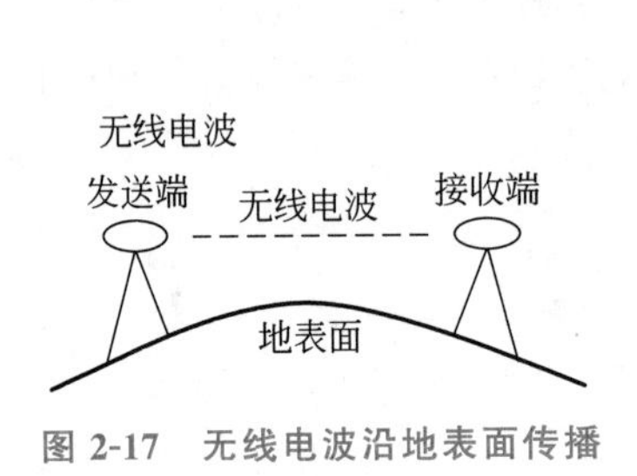

图2-17 无线电波沿地表面传播

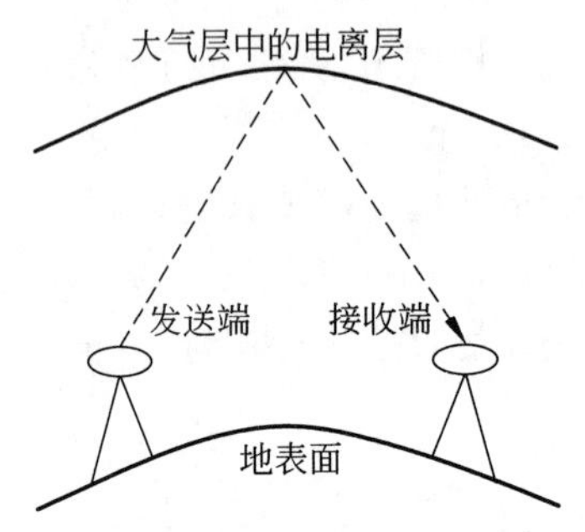

图2-18 无线电波靠大气层反射传播

2. 微波

微波是一种定向传播的电波,收发双方的天线必须相对应才能收发信息,即发送端的天线要对准接收端,接收端的天线要对准发送端,如图2-19所示。

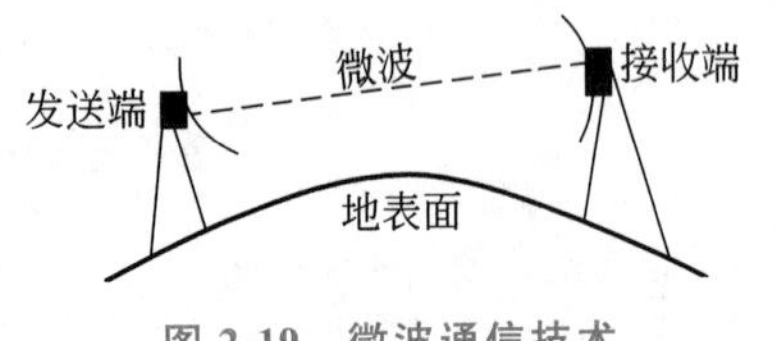

图2-19 微波通信技术

3. 卫星通信

卫星通信是典型的微波技术应用。利用同步通信卫星,可以进行更远距离的传输。收发双方都必须安装卫星接收及发射设备,且收发双方的天线都必须对准卫星,否则不能收发信息,如图2-20所示。

一颗同步通信卫星发射的电波能覆盖地球的1/3,因此,3颗同步通信卫星就能覆盖全球,也就是说,利用3颗同步通信卫星就能实现全球通信,如图2-21所示。

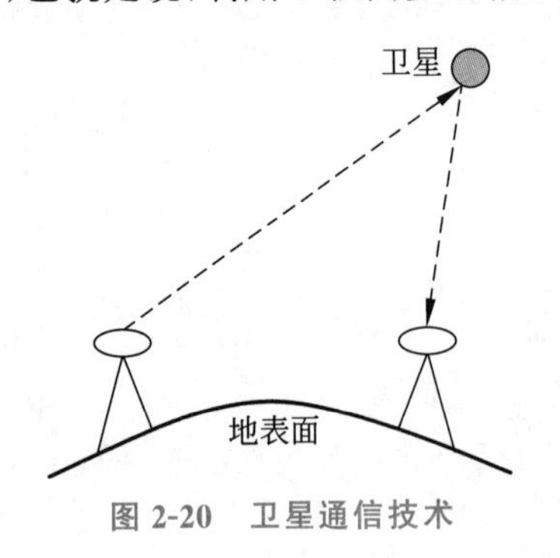

图2-20 卫星通信技术

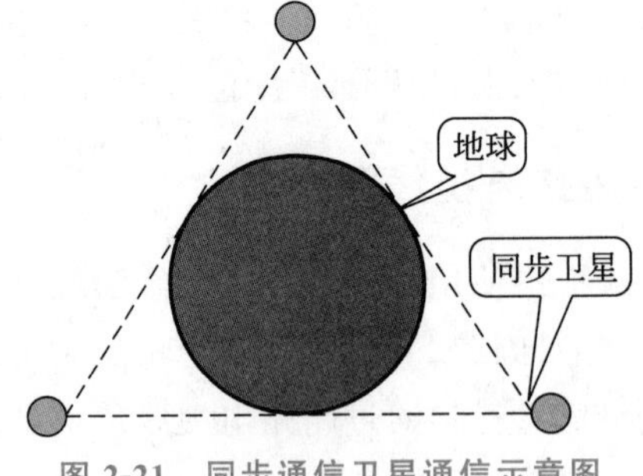

图2-21 同步通信卫星通信示意图

4. 红外线

红外线被广泛用于室内短距离通信。家家户户使用的电视机及音响设备的遥控器就是利用红外线技术进行遥控的。红外线是具有方向性的。

红外线的优点是制造工艺简单，价格便宜；缺点是传输距离有限，一般只限于室内通信，而且不能穿透坚实的物体（如砖墙等）。如果在室内发射红外电波，室外就收不到，这可避免各个房屋之间的红外电波的相互干扰，并可有效地进行数据的安全保密控制。

5. 激光

除了光纤上可以用光进行信息的传输外，激光束也可用于在空中传输数据。和微波通信一样，采用激光通信至少要有两个激光站点组成，每个站点都拥有发送信息和接收信息的能力。激光设备通常是安装在固定位置上，通常安装在高山上的铁塔上，并且天线相互对应。由于激光束能在很长的距离上得以聚焦，所以激光的传输距离很远，能传输几十千米。

和微波一样，激光束也是沿直线传播的。激光束不能穿过建筑物和山脉，但可以穿透云层。

2.4　网络系统结构

计算机网络共有 4 种系统结构，现分别介绍如下。

1. 主机系统 H

主机系统就是一台主计算机带上若干台终端所构成的多用户系统，如 IBM 360 机、VAX 机、TJ 2230 机等。

与前面叙述的联机系统不同的是，在主机系统中，用户终端可以是非智能终端，也可以是智能终端。值得注意的是，在主机系统中，当使用的用户终端是智能终端时，其终端上的资源仍不能提供给网上共享，只有主机上的资源才能提供共享。

2.工作站/文件服务器系统

将若干台用户计算机（工作站）与一台主机（文件服务器）通过通信手段连接在一起而组成的计算机网络系统称为工作站/文件服务器系统。在工作站/文件服务器系统中，网上的主机及所有用户计算机上的资源都可给网络系统提供共享。

3. 客户/服务器系统

客户/服务器系统（C/S）是在工作站/文件服务器系统的基础上，增加了后台处理能力而构成的。在 C/S 系统中，网上的用户终端可将部分工作交给主机去处理（即后台处理，或叫作后台作业）。NetWare 386、Windows NT、UNIX 都可以建立 C/S 网络系统。

后台处理结束后,自动将结果送回到前台进程中。值得注意的是,前台进程与后台处理是并行进行,互不干扰的。

4. 对等网络系统

在对等网络系统中,不需要专用的网络服务器,网上的计算机与计算机之间的地位都是平等的。在系统运行过程中,任何一台计算机随时可设置为工作站或主机(网络服务器)。典型的对等网络系统有D-Link、Windows NT、Windows等。

2.5 常用网络连接设备

网络连接设备很多,在这里列出的是最常用的网络连接设备,如表2-2所示。

表2-2 常用网络连接设备

序号	设备名称	主要功能	基本用途
1	中继器	信号复制和信号放大	用以连接两个网段
2	网桥	信息交换、信号放大	用以连接两个同类型的局域网络
3	网关	信息交换、信号放大	用以连接两个不同类型的局域网络
4	路由器	信息交换、信号放大、路由选择	用以组建广域网络和国际互联网络
5	集线器	信号复制、信号分流、信号放大	用以组建简单及小型LAN
6	交换机	信号复制、信号分流、信号放大、路由选择(核心交换机和三层交换机)	用以组建复杂及大型LAN
7	调制解调器	信号调制与解调	用以电话线组建网络
8	光纤收发器	光信号收发、光信号与数字信号转换	用以光纤连接的网络
9	网闸	链路的连接与断开	安全隔离
10	负载均衡器	任务分摊(服务器均衡)和流量分摊(线路均衡)	服务器均衡和线路均衡
11	宽带远程接入服务器	拨号上网、认证、计费	上网用户认证

1. 中继器

由于存在损耗,在线路上传输的信号功率会逐渐衰减,衰减到一定程度时将造成信号失真,会导致接收错误。中继器就是为解决这一问题而设计的。它完成物理线路的连接,对衰减的信号进行放大,保持与原数据相同。

中继器(Repeater)是连接网络线路的一种装置,常用于两个网络结点之间物理信号的双向转发工作,主要功能是对网线长度和网络覆盖范围进行扩充。中继器是最简单的网络互连设备,主要完成物理层的功能,负责在两个结点的物理层上按位传递信息,完成信号的复制、调整和放大功能，以此来延长网络的长度。中继器如图 2-22 所示，用中继器连接的网络拓扑如图 2-23 所示。

图 2-22 中继器实物图

一般情况下，中继器的两端连接的是相同的介质，但有的中继器可以完成不同介质的转接工作。从理论上讲，中继器的连接个数可以是无限的，网络也因此可以无限延长。事实上这是不可能的，因为网络标准中都对信号的延迟范围做了具体的规定，中继器只能在此规定范围内进行有效的工作，否则会引起网络故障。以太网络标准中就约定了在一个以太网上最多只允许出现 5 个网段，最多只能使用 4 个中继器；在一个网段上最多只允许连接两个中继器，而且其中只有 3 个网段可以挂接计算机终端，如图 2-24 所示。

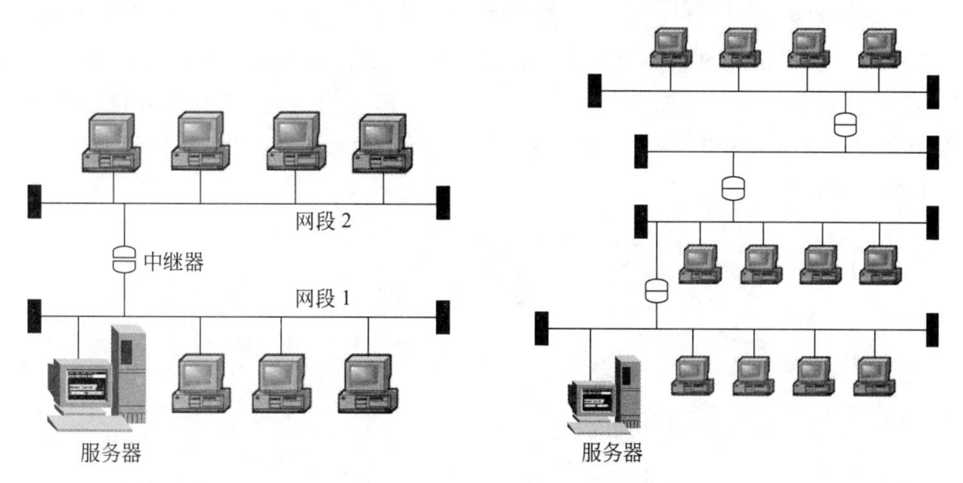

图 2-23 用中继器连接的网络拓扑结构图　　图 2-24 用多个中继器连接的网络拓扑图

中继器分为近程中继器和远程中继器两种。近程中继器用符号——表示，最大连接距离为 50m；远程中继器用符号——表示，最大连接距离为 1000m。其连接拓扑如图 2-25 所示。

2. 网桥

1）网桥工作原理

网桥(Bridge)工作在数据链路层，主要功能是将两个相同类型的 LAN 连起来，根据 MAC 地址来转发帧，网桥可以看作一个“低层的路由器”(路由器工作在网络层，根据网

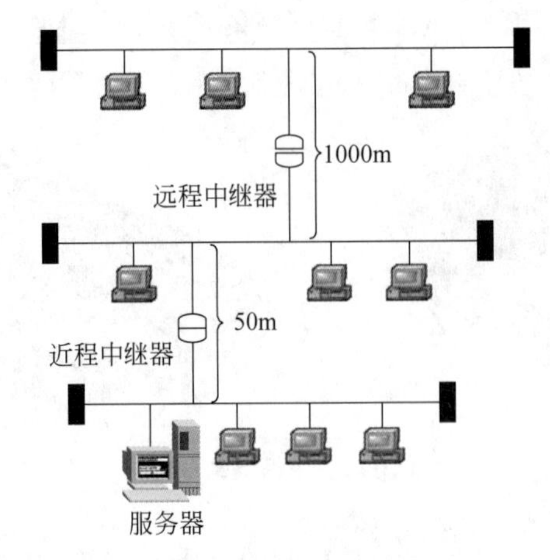

图 2-25 用近程中继器和远程中继器的连接拓扑图

络地址,如 IP 地址进行转发)。

远程网桥通过一个通常较慢的链路(如电话线)连接两个远程 LAN。对本地网桥而言,性能比较重要;而对远程网桥而言,在长距离上可正常运行是更重要的。

2) 网桥连接拓扑

最简单的网桥是在一台计算机中插入两块网卡,每一块网卡与一个局域网连接,再在这台计算机上运行相应的网桥软件而形成的(即这一台计算机具有网桥功能)。

网桥分为内部网桥(简称为内桥)和外部网桥(简称为外桥)两种。内桥由服务器担任,即在服务器上插上一块网卡并运行相应的网桥软件而构成的网桥。内桥连接的网络拓扑如图 2-26 所示。

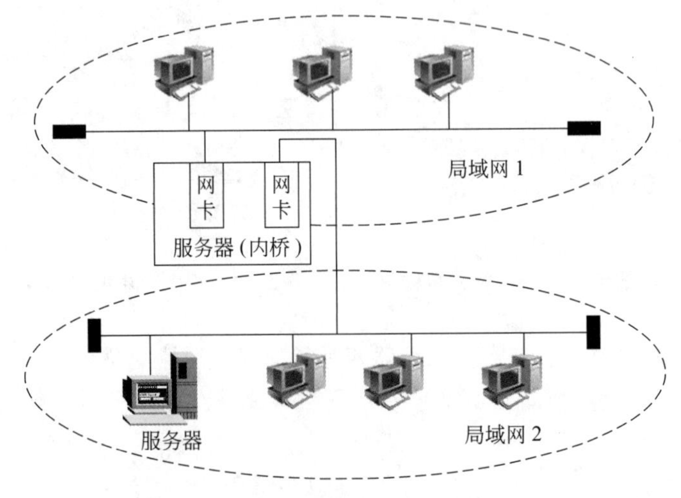

图 2-26 内桥连接拓扑图

早期的外桥可用一台单独的计算机来担任,即在计算机上插入两块网卡并运行相应的网桥软件而构成的网桥。用外桥连接的网络拓扑如图 2-27 所示。

后来,专门的外桥设备(如图 2-28 所示)问世,其网络连接拓扑与图 2-27 类似,只是将图 2-27 中用外桥专用设备取代 PC 做的桥接设备。

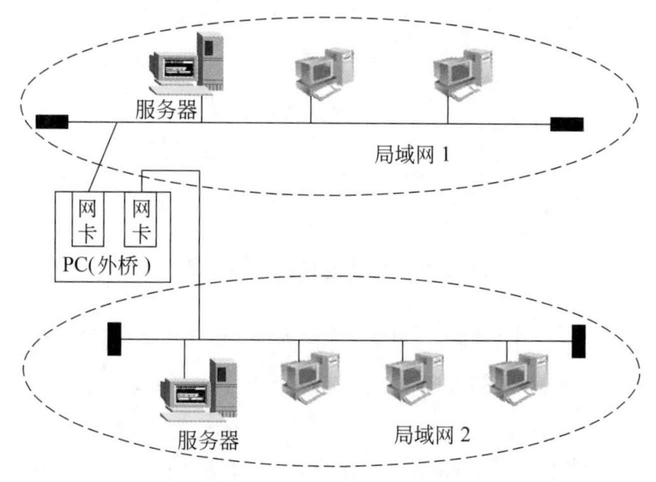

图 2-27　外桥连接拓扑图

图 2-28　外桥设备实物图

3）网桥与路由器的比较

由于路由器处理网络层的数据，因此它们更容易互连不同的数据链路层，如令牌环网段和以太网段。网桥通常比路由器更难以控制。像 IP 等协议有复杂的路由协议，使网管易于管理路由；IP 等协议还提供了较多的网络如何分段的信息。而网桥则只用 MAC 地址和物理拓扑进行工作。因此网桥一般适用于小型且较简单的网络。

3. 网关

当要进行两个不同类型的网络的连接时，就要使用网关设备。也就是说，网关是连接两个不同类型的局域网络的网络连接设备。

网关设备比网桥设备要复杂得多，这主要是因为在异类 LAN 中，由于网络操作系统的不同，通信协议的不一致而导致两个网络之间的通信变得异常复杂。因为在两个 LAN 的连接处，信息不能直接传送，而必须转换后才能通信。网关就是具有这种转换功能的设备。

用网关连接的网络拓扑如图 2-29 所示。

值得一提的是，现代路由设备兼有网关功能，换句话说，路由器是一种专用网关设备。

4. 路由器

路由器(Router)用于连接多个逻辑上分开的网络。逻辑网络是指一个单独的网络或

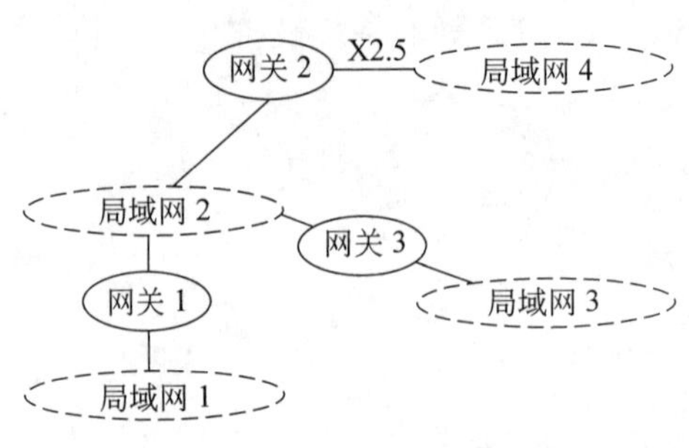

图 2-29　网关组网连接拓扑图

一个子网。当数据从一个子网传输到另一个子网时，可通过路由器来完成。因此，路由器具有判断网络地址和选择路径的功能，它能在多网络互连环境中建立灵活的连接，可用完全不同的数据分组和介质访问方法连接各种子网。路由器是属于网络应用层的一种互连设备，只接收源站或其他路由器的信息，它不关心各子网使用的硬件设备，但要求运行与网络层协议相一致的软件。路由器分为本地路由器和远程路由器两种，本地路由器是用来连接网络传输介质的，如光纤、同轴电缆和双绞线；远程路由器是用来与远程传输介质连接，并要求响应的设备，如电话线要配调制解调器，无线连接要通过无线接收机和发射机。路由器实物图如图 2-30 所示。

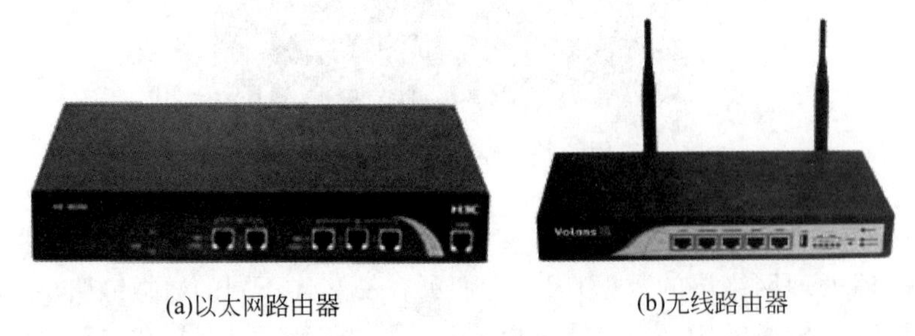

(a)以太网路由器　　(b)无线路由器

图 2-30　路由器实物图

路由器是用来连接两个异型网络的连接设备，其主要功能如下。

（1）网桥和网关功能；

（2）路由选择功能。

路由选择功能能自动选择最佳的路径进行信息传输。其工作原理是，每个路由器上都有一张路由表，当某计算机要与网上的远程计算机进行通信时，路由器先查找路由表，找到最佳的路径后再进行信息传输。用路由器连接的网络连接如图 2-31 所示。

路由又分为静态路由和动态路由两种。

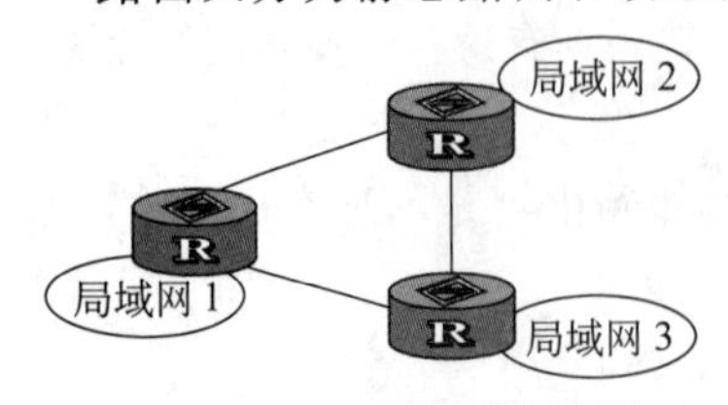

图 2-31　路由器连接拓扑图

（1）静态路由。它只能按照事先定义好的路由表进行路由选择。对于新增加路径，路由器不能自动修改路由表，更不能经过路径访问新增的远程结点（新增加的网络结点及路径必须人工写入路由表中才能使用）。

（2）动态路由。对于新增加的路径，路由器能自动修改路由表，即能将新增的路径自动插入路由表中。

5. 集线器

集线器(Hub)，如图 2-32 所示，可以说是一种高档中继器，作为网络传输介质间的中央转结点，它克服了介质单一通道的缺陷。以集线器为中心的优点是，当网络系统中某条线路或某结点出现故障时，不会影响网上其他结点的正常工作。集线器可以分为无源集线器、有源集线器和智能集线器三种。

图 2-32　集线器实物图

(1) 无源集线器只负责把多段介质连接在一起，对信号只进行转发而不做任何处理，每一种介质段只允许扩展到最大有效距离的一半，如双绞线只能扩充 50m。

(2) 有源集线器类似于无源集线器，但它具有对传输信号进行再生和放大从而扩展介质长度的功能，允许扩展到最大有效距离的一倍，如双绞线可扩充 100m。

(3) 智能集线器除具有有源集线器的功能外，还可将网络的部分功能集成到集线器中，如网络管理、选择网络传输线路等。

集线器技术发展迅速，已出现交换技术(在集线器上增加了线路交换功能)和网络分段方式，提高了传输带宽。

用集线器连接的网络拓扑图详见本章的星状网络拓扑结构图(图 2-1)和树状网络拓扑结构图(图 2-11)。

6. 交换机

随着网络技术的发展，各种各样的通信设备应运而生，交换机就是其中一员。实际上，交换机(Switch)是在集线器的基础上发展起来的，可以说“交换机就是高档集线器”。

1) 交换机的功能和特点

交换机的功能如下。

(1) 具有集线器的所有功能；

(2) 具有存储转发、分组交换能力；

(3) 具有子网和虚网管理能力；

(4) 各用户终端可以独占带宽；

(5) 交换机可以堆叠；

(6) 具有路由选择功能(核心交换机和三层交换机)。

前面介绍的集线器的特点是共享带宽,在共享带宽的集线器中,若接入集线器的用户有 n 个,则每个终端用户可用的带宽为总带宽的 $1/n$。例如,设集线器的入口总带宽为10Mb/s,若有4个用户连接在这个集线器上,则每个用户所能使用的带宽为2.5Mb/s。若终端用户增加到8个,则每个终端用户所能使用的带宽仅有集线器总带宽的1/8,即1.25Mb/s。由此看出,接入集线器的终端越多,每个用户所能使用的带宽就越窄,其网络效率随之下降。

由于交换机具有独占带宽的特性,无论接入交换机的用户有多少,每个用户所使用的带宽与交换机的接入带宽完全一致。例如,设交换机的接入带宽为100Mb/s,无论接入交换机的用户有多少个,每个用户占用的带宽均为100Mb/s。这一特性通常说成是"独占带宽100Mb/s到桌面"技术。

堆叠技术:交换机堆叠后,就可将若干个交换机当成一个交换机来使用,从而有效地保证交换机独占带宽的交换能力。

2) 交换机的分类

交换机的类别很多,交换机的名字更是形形色色,有些名字是由英语直译过来的,有些名字是厂商命名的。下面逐步加以介绍。

交换机包括电话交换机(PBX)和数据交换机(Switch)两种,这里介绍的交换机都是指数据交换机。

(1) 普通分类。

① 桌面型交换机。这是最常见的一种交换机,它区别于其他交换机的一个特点是支持的每端口MAC地址很少,广泛地使用于一般办公室、小型机房和业务受理较为集中的业务部门、多媒体制作中心、网站管理中心等部门。在传输速率上,现代桌面型交换机大都提供多个具有10/100Mb/s自适应能力的端口。

② 工作组型交换机。常用来作为扩充设备,在桌面型交换机不能满足需求时,大多直接考虑工作组型交换机。虽然工作组型交换机只有较少的端口数量,但却支持较多的MAC地址,并具有良好的扩充能力,端口的传输速率为100Mb/s。

③ 部门交换机。与工作组型交换机不同的是,它们的端口数量和性能级别有所差异。一个部门交换机通常有8~16个端口,通常在所有端口上支持全双工操作。其性能比工作组型交换机的性能要好,而且不低于所有端口带宽的半双工汇集带宽。

④ 校园网交换机。这种交换机应用相对较少,仅应用于大型网络,且一般作为网络的骨干交换机,并具有快速数据交换能力和全双工能力,可提供容错等智能特性,还支持扩充选项及第三层交换中的虚拟局域网(VLAN)等多种功能。

⑤ 企业交换机。类似于校园网交换机,不同的是企业交换机还可以接入一个大底盘。这些底盘产品通常支持许多不同类型的组件,如快速以太网中继器、FDDI集中器、令牌环MAU和路由器。企业交换机在建设企业级别的网络时非常有用,尤其是对需要支持一些网络技术和以前的系统。基于底盘设备通常有非常强大的管理特征,因此非常适合于企业网络的环境。不过,基于底盘设备的缺点是它们的成本都非常高。

(2) 按照ISO/OSI的分层结构分类。

按照ISO/OSI的分层结构分类,交换机可分为二层交换机、三层交换机和四层交换机等(见图 2-33),相对应的有二层交换技术、三层交换技术和四层交换技术。

(a)核心交换机 (b)四层交换机

(c) 三层交换机 (d) 二层交换机

图 2-33 交换机实物图

3) 二层交换技术和二层交换机

二层交换机:二层交换机指的就是传统的工作在 OSI 参考模型的第二层(数据链路层)上的交换机,主要功能包括物理编址、错误校验、帧序列以及流控。

在现代网络连接拓扑结构中,二层交换机通常用作接入层的连接设备,它通常连接到汇聚层交换机上。

二层交换技术:二层交换技术发展比较成熟,二层交换机属数据链路层设备,可以识别数据包中的 MAC 地址信息,根据 MAC 地址进行转发,并将这些 MAC 地址与对应的端口记录在自己内部的一个地址表中。具体的工作流程如下。

(1) 当交换机从某个端口收到一个数据包,它先读取包头中的源 MAC 地址,这样它就知道源 MAC 地址的机器是连在哪个端口上的;

(2) 再去读取包头中的目的 MAC 地址,并在地址表中查找相应的端口;

(3) 如表中有与这个目的 MAC 地址对应的端口,把数据包直接复制到这个端口上;

(4) 如表中找不到相应的端口则把数据包广播到所有端口上,当目的机器对源机器回应时,交换机又可以学习目的 MAC 地址与哪个端口对应,在下次传送数据时就不再需要对所有端口进行广播了。

不断地循环这个过程,对于全网的 MAC 地址信息都可以学习到,二层交换机就是这样建立和维护它自己的地址表的。

4）三层交换技术和三层交换机

一个纯第二层的解决方案，是最便宜的方案，但它在划分子网和广播限制等方面提供的控制最少。传统的路由器与外部的交换机一起使用也能解决这个问题，但现在路由器的处理速度已跟不上带宽要求。因此三层交换机、Web交换机等应运而生。

三层交换机是一个具有三层交换功能的设备，即带有第三层路由功能的二层交换机，它是二者的有机结合，但并不是简单地把路由器设备的硬件及软件叠加在局域网交换机上。

在现代网络连接拓扑结构中，三层交换机通常用作“汇聚层”的连接设备，它上连核心层的核心交换机，下连接入层的二层交换机。另外，它既可通过双绞线和光纤连接到近距离的二层交换机上，也可以通过光纤连接到远距离的三层交换机上。其连接示意图如图2-34所示。

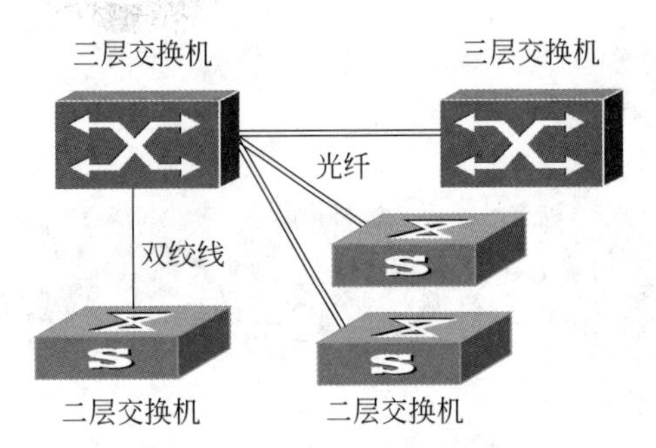

图2-34　三层交换机和二层交换机的联网拓扑图

一个具有三层交换功能的设备，是一个带有第三层路由功能的第二层交换机，但它是二者的有机结合，并不是简单地把路由器设备的硬件及软件叠加在局域网交换机上。

第三层交换工作在OSI七层网络模型中的第三层即网络层，是利用第三层协议中的IP包的报头信息来对后续数据业务流进行标记，具有同一标记的业务流的后续报文被交换到第二层数据链路层，从而打通源IP地址和目的IP地址之间的一条通路。这条通路经过第二层链路层。有了这条通路，三层交换机就没有必要每次将接收到的数据包进行拆包来判断路由，而是直接将数据包进行转发，将数据流进行交换。

5）四层交换技术和四层交换机

四层交换技术：OSI网络参考模型的第四层是传输层。传输层负责端到端通信，即在网络源和目标系统之间协调通信。在IP协议栈中这是TCP(传输控制协议)和UDP(用户数据报协议)所在的协议层。TCP和UDP包含端口号，它可以唯一区分每个数据包包含哪些应用协议(例如HTTP、FTP、Telnet等)。TCP/UDP端口号提供的附加信息可以为网络交换机所利用，四层交换机利用这种信息来区分包中的数据，这是第四层交换的基础。

四层交换机：第四层交换机主要功能是完成端到端交换，除此之外，它还能根据端口主机的应用特点，确定或限制它的交换流量。简单地说，第四层交换机是基于传输层数据包的交换过程的，是一类基于TCP/IP协议应用层的用户应用交换需求的新型局域网交换机。第四层交换机支持TCP/UDP第四层以下的所有协议，可根据TCP/UDP端口号

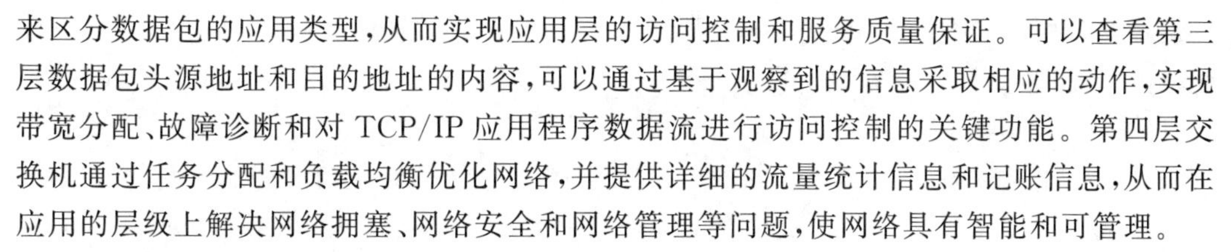

来区分数据包的应用类型，从而实现应用层的访问控制和服务质量保证。可以查看第三层数据包头源地址和目的地址的内容，可以通过基于观察到的信息采取相应的动作，实现带宽分配、故障诊断和对 TCP/IP 应用程序数据流进行访问控制的关键功能。第四层交换机通过任务分配和负载均衡优化网络，并提供详细的流量统计信息和记账信息，从而在应用的层级上解决网络拥塞、网络安全和网络管理等问题，使网络具有智能和可管理。

6）二、三、四层交换的区别

第二层交换实现局域网内主机间的快速信息交流，第三层交换可以说是交换技术与路由技术的完美结合，而第四层交换技术则可以为网络应用资源提供最优分配，实现应用服务质量、负载均衡及安全控制。四层交换并不是要取代谁，其实现在泾渭分明的二层交换和三层交换已融入四层交换技术。

7）七层交换技术与七层交换机

七层交换机的智能性能够对所有传输流和内容进行控制。由于可以自由地完全打开传输流的应用层和表示层，仔细分析其中的内容，因此可根据应用的类型而非仅根据 IP 和端口号做出更智能的负载均衡决定。这就可以不仅基于 URL 做出全面的负载均衡决策，还能根据实际的应用类型做出决策。这将使用户可以识别视频会议流，并根据这一信息做出相应的负载均衡决策。

在 Internet、Intranet 和 Extranet 中，七层交换机都大有施展抱负的用武之地，如企业到消费者的电子商务、联机客户支持，人事规划与建设、市场销售自动化，客户服务，防火墙负载均衡，内容过滤和带宽管理等。

8）核心层交换技术与核心交换机

核心层位于三层网络拓扑的顶层，主要负责可靠和迅速地传输大量的数据流。用户的数据是在分配层进行处理的，如果需要，分配层会将请求发送到核心层。如果这一层出现了故障将会影响到每一个用户，所以容错比较重要。所以在这一层不要做任何影响通信流量的事情，如访问表、VLAN 和包过滤等，也不要在这一层接入工作组。当网络扩展时（如添加路由器），应该避免扩充核心层。但是如果核心层的性能成了问题，就应该直接升级而不是扩充。在设计这一层时应该着重考虑传输速率，所以最好使用比较优秀的技术，如 FDDI、千兆以太网，甚至是 ATM。最后一点是要选择收敛时间短的路由协议，否则快速和有冗余的数据链路连接就没有意义。

核心层交换机一般都是三层交换机或者三层以上的交换机，采用机箱式的外观，具有很多冗余的部件。核心层交换机也可以说是交换机的网关。在进行网络规划设计时核心层的设备通常要占大部分投资，因为核心层设备对于冗余能力、可靠性和传输速度方面要求较高。

在现代网络连接拓扑结构中，核心交换机通常用作“核心层”的连接设备，它上面通过路由设备与 Internet 相连，下连到汇聚层的三层交换机上。

9）三种交换技术

（1）端口交换。端口交换技术最早出现在插槽式的集线器中，这类集线器的背板通常划分有多条以太网段（每条网段为一个广播域），不用网桥或路由连接，网络之间是互不相通的。以太主模块插入后通常被分配到某个背板的网段上，端口交换用于将以太模块的端口在背板的多个网段之间进行分配、平衡。根据支持的程度，端口交换还可细分为模块交换、端口组交换和端口级交换。

① 模块交换：将整个模块进行网段迁移。

② 端口组交换：通常模块上的端口被划分为若干组，每组端口允许进行网段迁移。

③ 端口级交换：支持每个端口在不同网段之间进行迁移。这种交换技术是基于OSI第一层上完成的，具有灵活性和负载平衡能力等优点。如果配置得当，那么还可以在一定程度进行容错，但没有改变共享传输介质的特点，从而未能称为真正的交换。

(2) 帧交换。帧交换是应用最广的局域网交换技术之一，它通过对传统传输介质进行分段，提供并行传送的机制，以减小冲突域，获得高的带宽。一般来讲，每个公司的产品的实现技术均会有差异，但对网络帧的处理方式一般有以下两种。

① 直通交换：提供线速处理能力，交换机只读出网络帧的前14B，便将网络帧传送到相应的端口上。

② 存储转发：通过对网络帧的读取进行验错和控制。

前一种方法的交换速度非常快，但缺乏对网络帧进行更高级的控制，缺乏智能性和安全性，同时也无法支持具有不同速率的端口交换。因此，各厂商把后一种技术作为发展重点。

有的厂商甚至对网络帧进行分解，将帧分解成固定大小的信元，该信元处理极易用硬件实现，处理速度快，同时能够完成高级控制功能(如美国MADGE公司的LET集线器)。

(3) 信元交换。ATM技术代表了网络和通信技术发展的未来方向，也是解决网络通信中众多难题的一剂"良方"，ATM采用固定长度53B的信元交换。由于长度固定，因而便于用硬件实现。ATM采用专用的连接技术进行连接，并行运行，可以通过一个交换机同时建立多个结点，但并不会影响每个结点之间的通信能力。ATM还允许在源结点和目标结点之间建立多个虚拟连接，以保障足够的带宽和容错能力。ATM采用了统计时分电路进行复用(统计时分复用又称异步时分复用)，因而能大大提高通道的利用率。ATM的带宽可以达到25MB、155MB、622MB甚至数GB的传输能力。

10) 现代网络连接模式

现代网络是由路由器、交换机和终端计算机组成的，其网络拓扑如图2-35所示。

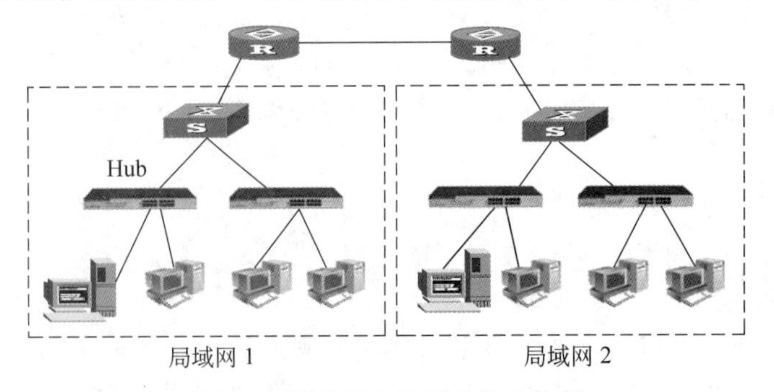

图2-35 现代网络连接拓扑结构图

现代局域网络架构主要由交换机组建,通常分成三层:核心层、汇聚层和接入层。核心层使用核心交换机,汇聚层使用三层交换机,而接入层使用二层交换机。其网络拓扑结构如图2-36所示。

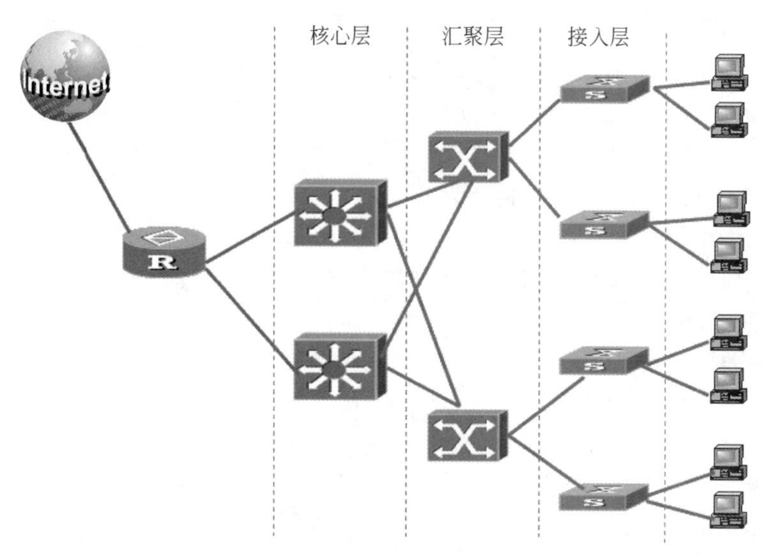

图2-36　三层网络拓扑结构图

7. 调制解调器

通过电话线拨号上网的用户终端,必须用调制解调器设备进行连接,调制解调器的功能就是调制与解调,以实现数字信号与模拟信号之间的转换。

调制解调器是同时具有调制和解调两种功能的设备,它是一种信号变换设备。在计算机网络通信系统中,作为信源的计算机发出的信号都是数字信号,作为信宿的计算机所能接收和识别的信号也要求必须是数字信号。在数据传输中,特别是在进行远程数据传输过程中,为了能利用廉价的电话公共交换网实现计算机间的远程通信,就必须先将信源发出的数字信号变换成能够在公共电话网上传输的模拟信号,传输到目的地后再将被变换的数字信号复原,前者被称为调制,后者被称为解调。

调制解调器在早期的计算机网络通信中是极其重要和不可缺少的设备。虽然称为综合业务数据网(ISDN)的全球数字通信系统已应用于全世界,但许多远程数据通信都需要使用调制解调器,目前,调制解调器已经被淘汰。

1) 调制解调器的主要功能

(1) 信号变换。信号变换是调制解调器最主要的功能,在信源端,它将信源发出的数字脉冲信号变换成与信道相匹配和适合模拟信道传输要求的模拟信号。在信宿端,它完成与信源变换相反的信号复原变换,并具有将带有畸变和干扰噪声的混合波形进行处理的功能。

(2) 在同步传输系统中,调制解调器所传送的数据流中有同步信息。在接收端,调制解调器将发送来的同步信息进行同步,用以产生与信源同频、同相的载波,供信宿产生定时和取样使用,以确保信源和信宿两端同步。

(3) 提高数据在传输过程中的抗干扰能力,补偿因某些有害因素造成的对信号的损害。

(4) 用以实现信道的多路复用,调制解调器是利用信号的正交性,采用不同的编码和调制技术实现信道多路复用的。调制是进行信道多路复用的基本途径。

常见的调制解调器速率有14.4kb/s、28.8kb/s、33.6kb/s、56kb/s等。b/s为每秒钟传输的数据量。调制解调器的工作速度越快,上网效果越好,价格也越高,但电话线路的通信能力制约了调制解调器的整体工作效率。

2) 调制解调器分类

调制解调器种类繁多,性能各异,分类如下。

(1) 按速度分类。

① 低速:1200b/s以下。

② 中速:2400～9600b/s。

③ 高速:9600b/s以上。

(2) 按调制方法分类。

① 频移键控。

② 相移键控。

③ 相位幅度调制。

(3) 按与计算机连接方式分类。

① 外置式Modem:外置式Modem具有与计算机、电话等连接的接口,如图2-37所示。

② 内置式Modem:内置式Modem是把调制解调器安装在计算机内(即在计算机内插入一块Modem卡),如图2-38所示。

图 2-37 外置式 Modem 连接图

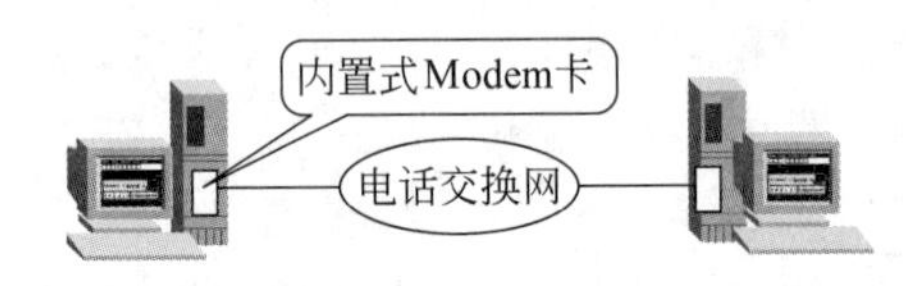

图 2-38 内置式 Modem 连接图

(4) 按先进性分类。

① 手动拨号调制解调器:使用时用与其相连接的电话来拨号码。

② 自动拨号/自动回答调制解调器:这种调制解调器在使用时只需在计算机键盘上输入要拨的电话号码即可。

③ 智能调制解调器:普通的调制解调器完全独立于计算机,不受计算机的任何控制,控制调制解调器是由人工进行,而智能调制解调器是通过计算机对其工作进行控制的。

智能调制解调器的功能非常强,它除了具备通常调制解调器的功能外,还具有数据自动检测、差错纠正、数据压缩、语言压缩、流量控制、发送和接收FAX(传真)、自动降速或恢复设定速率、诊断及线路状态监视等功能。

智能调制解调器都是以微处理器和大规模集成电路来实现的，体积小、重量轻、功能强、使用方便，利用“菜单”进行操作。

3）Modem 上网连接方式

使用 Modem 电话拨号上网，有以下 3 种连接方式。

（1）单机连接。单机连接指的是两台计算机之间的连接，每台计算机上接上一台 Modem，通过电话线连接起来，其连接拓扑结构如图 2-39 所示。

图 2-39　单机连接方式

（2）多机连接。多机连接指的是多台用户终端与一台主机相连接，其网络连接拓扑如图 2-40 所示。

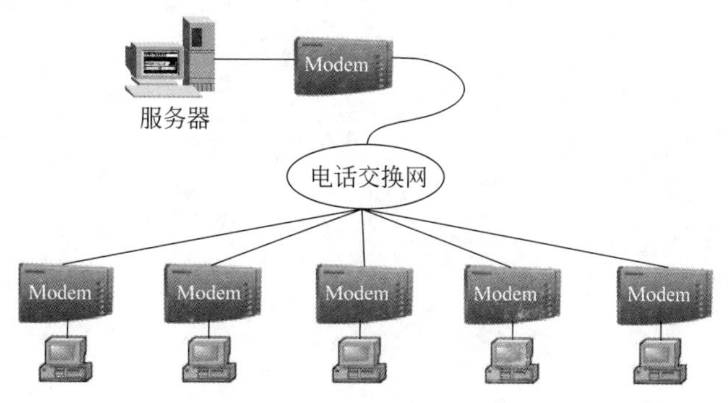

图 2-40　多机连接方式

（3）Modem Pool（Modem 池）。在上述的多机连接系统中，连接到主机上的只有一条电话线，当有两个以上的用户同时与主机连接时，就会出现电话线“占线”的现象，Modem 池就是为了有效地解决这一问题而诞生的 Modem 产品。Modem 池允许多个用户同时拨号上网。其网络连接拓扑如图 2-41 所示。

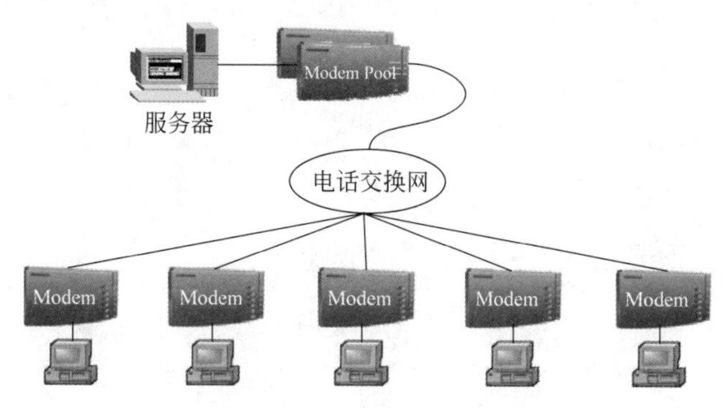

图 2-41　Modem 池连接方式

8. 光纤收发器

1) 光纤收发器概述

光纤收发器的实物图如图2-42所示,是一种将短距离的双绞线电信号和长距离的光信号进行互换的以太网传输媒体转换单元,在很多地方被称为光电转换器(fiber converter)。产品一般应用在以太网电缆无法覆盖、必须使用光纤来延长传输距离的实际网络环境中,且通常定位于宽带城域网的接入层应用;同时在帮助把光纤最后1km线路连接到城域网和更外层的网络上也发挥了巨大的作用。

图2-42 光纤收发器实物图

有了光纤收发器,也为需要将系统从铜线升级到光纤,为缺少资金、人力或时间的用户提供了一种廉价的方案。光纤收发器的作用是,将要发送的电信号转换成光信号,并发送出去,同时,能将接收到的光信号转换成电信号,传输到接收端。

2) 光纤收发器分类

(1) 单模光纤收发器:传输距离20～120km。

(2) 多模光纤收发器:传输距离2～5km。

3) 用光纤收发器连接的网络拓扑

光纤收发器连接的网络拓扑如图2-43所示。

9. 网闸

1) 网闸概述

网闸(见图2-44)的全称是“安全隔离网闸”,又名“物理隔离网闸”,用以实现不同安全级别网络之间的安全隔离,并提供适度可控的数据交换的软硬件系统。

安全隔离网闸是一种由带有多种控制功能专用硬件在电路上切断网络之间的链路层连接,并能够在网络间进行安全适度的应用数据交换的网络安全设备。

网闸的产生,最早出现在美国、以色列等国的军方,用以解决涉密网络与公共网络连接时的安全问题。

随着电子政务在我国的蓬勃发展,政府部门的高安全网络和其他低安全网络之间进行数据交换的需求日益明显,出于国家安全考虑,政府部门一般倾向于使用国内安全厂商的安全产品,种种因素促使了网闸在我国的产生。

2) 网闸的基本功能

由于职能和业务的不同,用户的应用系统及其数据交换方式也多种多样:各种审批系统、各种数据查询系统需要在网络间传输和交换指定数据库记录;各种汇总系统、各种数据采集系统需要在网络间传输和交换指定文件;各种复杂的应用系统需要传输和交换定制数据;内外网之间的邮件互通和网页浏览需求要求网络之间能够进行邮件转发和网页转发。

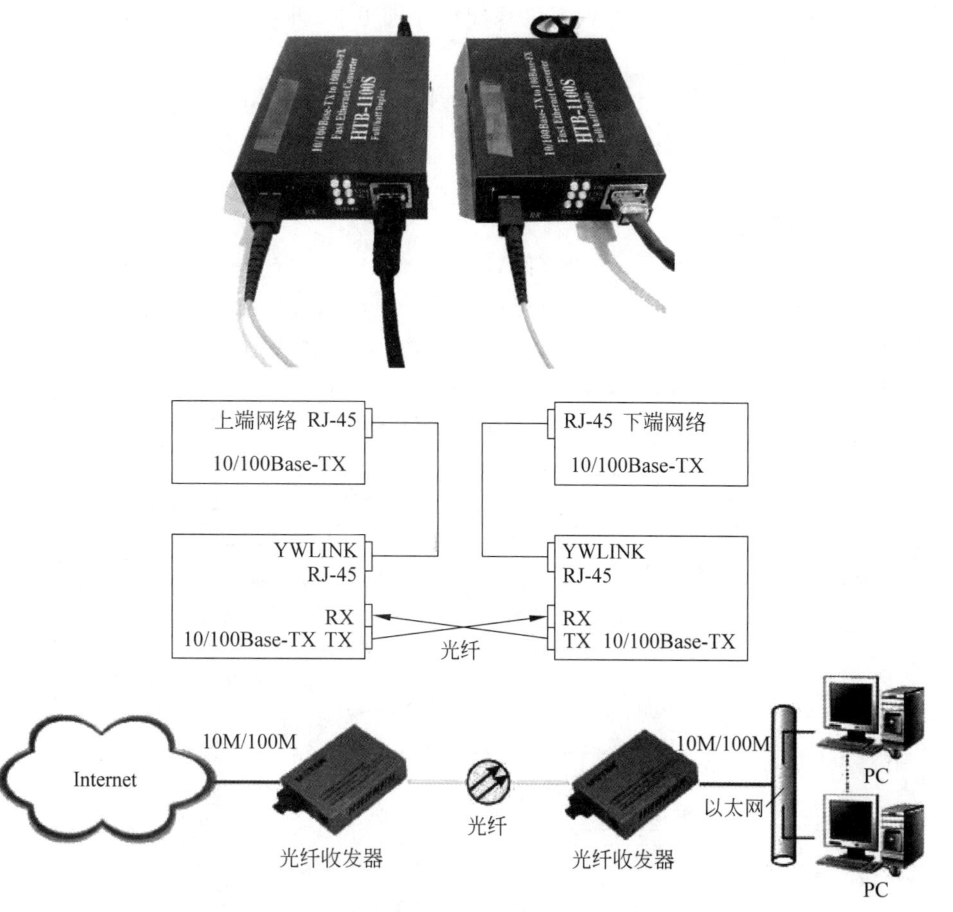

图 2-43 光纤收发器连接拓扑图

图 2-44 网闸实物图

主流的安全隔离网闸一般具有如下功能模块：数据库模块、文件模块、消息模块、邮件模块和浏览模块。

3）网闸的组成

安全隔离网闸是由软件和硬件组成的。隔离网闸分为两种架构，一种为双主机的 2+1 结构，另一种为三主机的三系统结构。2+1 的安全隔离网闸的硬件设备由 3 部分组成：外部处理单元、内部处理单元、隔离安全数据交换单元。安全数据交换单元不同时与内外网处理单元连接，为 2+1 的主机架构。隔离网闸采用 SU-Gap 安全隔离技术，创建一个内、外网物理断开的环境。三系统的安全隔离网闸的硬件也由 3 部分组成：外部处理单元(外端机)、内部处理单元(内端机)、仲裁处理单元(仲裁机),各单元之间采用了隔离安全数据交换单元。

安全隔离网闸是实现两个相互业务隔离的网络之间的数据交换,通用的网闸模型设计一般分为以下3个基本部分。

(1) 内网处理单元;

(2) 外网处理单元;

(3) 隔离与交换控制单元(隔离硬件)。

其中,3个单元都要求其软件的操作系统是安全的,也就是采用非通用的操作系统,或改造后的专用操作系统。一般为UNIX BSD或Linux的安全精简版本,或者其他嵌入式操作系统VxWorks等,但都要将底层不需要的协议、服务删除,使用协议优化改造,增加安全特性,同时提高效率。其工作流程如图2-45所示。

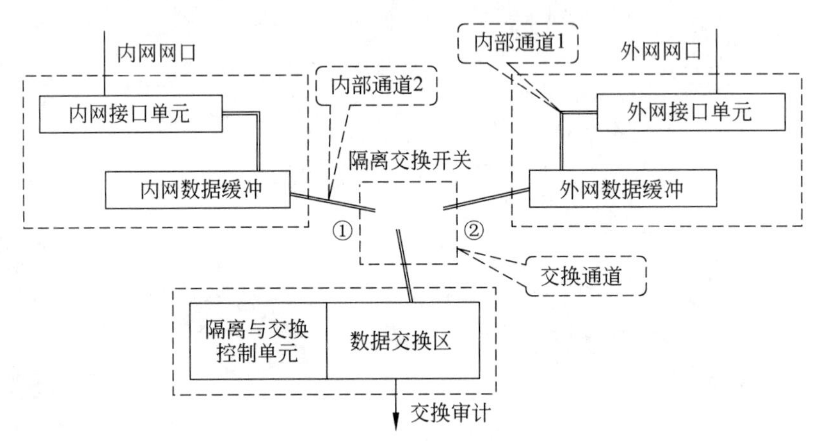

图2-45 网闸工作流程示意图

(1) 内网处理单元:包括内网接口单元与内网数据缓冲区。接口部分负责与内网的连接,并终止内网用户的网络连接,对数据进行病毒检测、防火墙、入侵防护等安全检测后剥离出"纯数据",做好交换的准备,也完成来自内网对用户身份的确认,确保数据的安全通道;数据缓冲区是存放并调度剥离后的数据,负责与隔离交换单元的数据交换。

(2) 外网处理单元:与内网处理单元功能相同,但处理的是外网连接。

(3) 隔离与交换控制单元:是网闸隔离控制的摆渡控制,控制交换通道的开启与关闭。控制单元中包含一个数据交换区,就是数据交换中的摆渡船。对交换通道的控制方式有两种技术:摆渡开关与通道控制。摆渡开关是电子倒换开关,让数据交换区与内外网在任意时刻的不同时连接,形成空间间隔(gap),实现物理隔离。通道方式是在内外网之间改变通信模式,中断了内外网的直接连接,采用私密的通信手段形成内外网的物理隔离。该单元中有一个数据交换区,作为交换数据的中转。

4) 网闸的连接拓扑

网闸连接拓扑如图2-46所示。

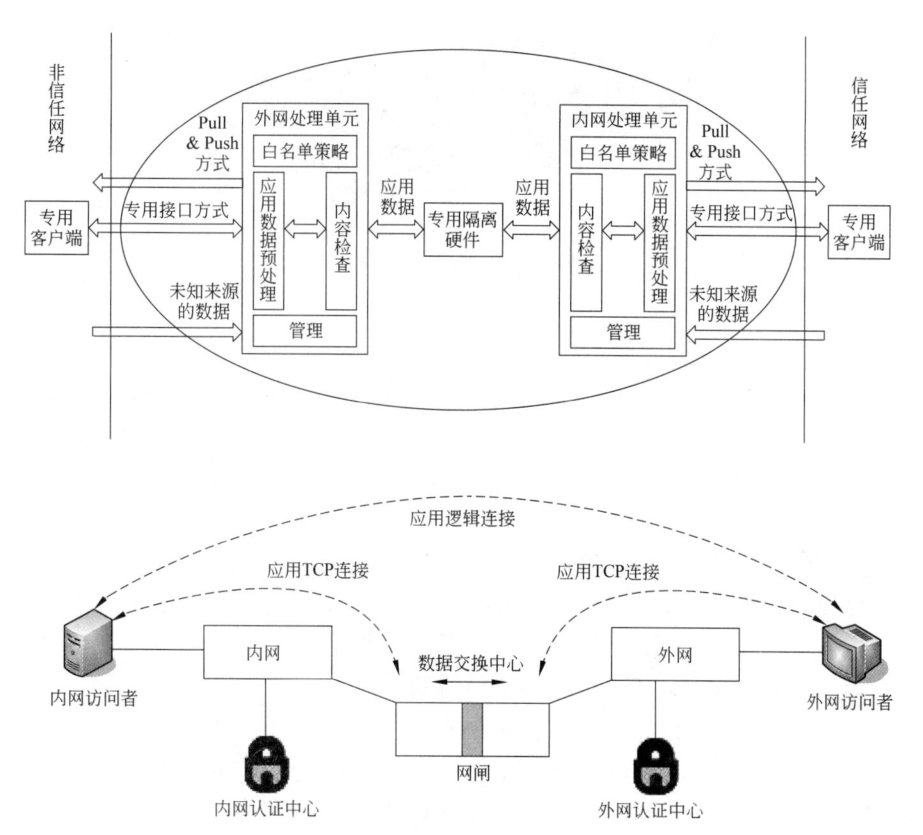

图 2-46 网闸连接拓扑图

10. 负载均衡器

1) 负载均衡技术概述

负载均衡(Load Balance,LB),其英文含义即分摊到多个操作单元上进行执行,例如 Web 服务器、FTP 服务器、企业关键应用服务器和其他关键任务服务器等,从而共同完成工作任务。

负载均衡建立在现有网络结构之上,它提供了一种廉价有效透明的方法扩展网络设备和服务器的带宽、增加吞吐量、加强网络数据处理能力、提高网络的灵活性和可用性。

负载均衡器是一种把网络请求分散到一个服务器集群中的可用服务器上去,管理进入的 Web 数据流量和增加有效的网络带宽。负载均衡器实物如图 2-47 所示。

2) 负载均衡器的基本功能与作用

内建 DNS 服务器,可维护多个网域(domain),每个网域又可以新增多个域名解析记录(A/CNAME/MX),达到 Inbound Load Sharing 的功能。

(1) Server Load Balancing。AboCom 服务器负载均衡提供了服务级(端口)负载均衡及备援机制,主要用于合理分配企业对外服务器的访问请求,使得各服务器之间相互进行负载和备援。

图 2-47 负载均衡器实物

(2) VPN Trunk 负载均衡。支持同时在多条线路上建立 VPN 连接,并对其多条 VPN 线路进行负载。不仅提高了企业总部与分支机构的 VPN 访问速度,也解决了因某条 ISP 线路断线造成无法访问的问题。进行 VPN 负载均衡时 VPN 访问数据将同时在多条 VPN 线路上进行传输。当一条 VPN 线路故障时,所有流量将自动切换到正常的 VPN 线路上进行传输。

(3) 带宽管理。个人带宽管理:可实现每个人的网络带宽分配、管理,可以设置保证带宽用以保障个人应用不受整体环境影响。每日带宽配额:可以针对个人、群组或部门等分别设置带宽配额,这样可以合理利用带宽资源,杜绝资源的浪费,也杜绝员工干与工作无关的事,如看在线电影、下载大容量文件资料等。

(4) 内容过滤。网络信息过滤:采用关键字进行内容过滤,可保护内网不受色情、暴力、反动、迷信等信息的入侵和干扰。聊天软件、P2P 软件控制:可针对 QQ、MSN、Yahoo、Skype、Google Talk 等聊天通信软件进行管控和限制,还可限制或禁止如 BT、电驴、迅雷等 P2P 软件的使用。

(5) SSL VPN。提供最佳远程安全存取解决方案,企业仅需透过最熟悉的网络浏览器接口(Web browser),即可轻松连接到企业内部网络;即使未携带企业管控的笔记本计算机,利用家用计算机、公用计算机、PDA 等,甚至是通过无线局域网络,都不影响安全联机的建立。

(6) 其他功能。实时图形化统计分析:记录所有网络封包的进出流量信息,可用作网络使用监控及统计记录;提供事件警报(event alert)及日志记录管理功能。

支持 3A 认证:Authentication、Authorization、Accounting,即认证、授权、审计。

交换机联合防御:利用指定交换机进行联合防护,提升整个网络的安全系数和安全强度。

HA 双机热备:支持双机备援,防止设备故障造成网络瘫痪,提升整个网络的可靠性。

远程唤醒(wake on LAN):远程启动计算机。

3) 负载均衡的关键技术

在门户网站设计中,如何容许大量用户同时访问,能够使网站有大量吞吐量是一个关键点。甚至有许多博客,当流量逐步增加时,为了使网站有大吞吐量,都会使用负载均衡这样低成本的技术,下面简单介绍常用负载均衡技术。

(1) 软件负载均衡技术。该技术适用于一些中小型网站系统,可以满足一般的均衡负载需求。软件负载均衡技术是在一个或多个交互的网络系统中的多台服务器上安装一个或多个相应的负载均衡软件来实现的一种均衡负载技术。软件可以很方便地安装在服务器上，并且实现一定的均衡负载功能。软件负载均衡技术配置简单、操作方便，最重要的是成本很低。

(2) 硬件负载均衡技术。由于硬件负载均衡技术需要额外增加负载均衡器，成本比较高，所以适用于流量高的大型网站系统。硬件负载均衡技术是在多台服务器间安装相应的负载均衡设备，也就是负载均衡器来完成均衡负载技术，与软件负载均衡技术相比，能达到更好的负载均衡效果。

(3) 本地负载均衡技术。本地负载均衡技术是对本地服务器群进行负载均衡处理。该技术通过对服务器进行性能优化，使流量能够平均分配在服务器群中的各个服务器上，本地负载均衡技术不需要购买昂贵的服务器或优化现有的网络结构。

(4) 全局负载均衡技术。全局负载均衡技术适用于拥有多个地域的服务器集群的大型网站系统。全局负载均衡技术是对分布在全国各个地区的多个服务器进行负载均衡处理，该技术可以通过对访问用户的IP地理位置判定，自动转向地域最近点。很多大型网站都使用这种技术。

(5) 链路集合负载均衡技术。链路集合负载均衡技术是将网络系统中的多条物理链路，当作单一的聚合逻辑链路来使用，使网站系统中的数据流量由聚合逻辑链路中所有的物理链路共同承担。这种技术可以在不改变现有的线路结构、不增加现有带宽的基础上大大提高网络数据吞吐量，节约成本。

4) 负载均衡器的连接拓扑

负载均衡器的连接拓扑如图2-48所示。

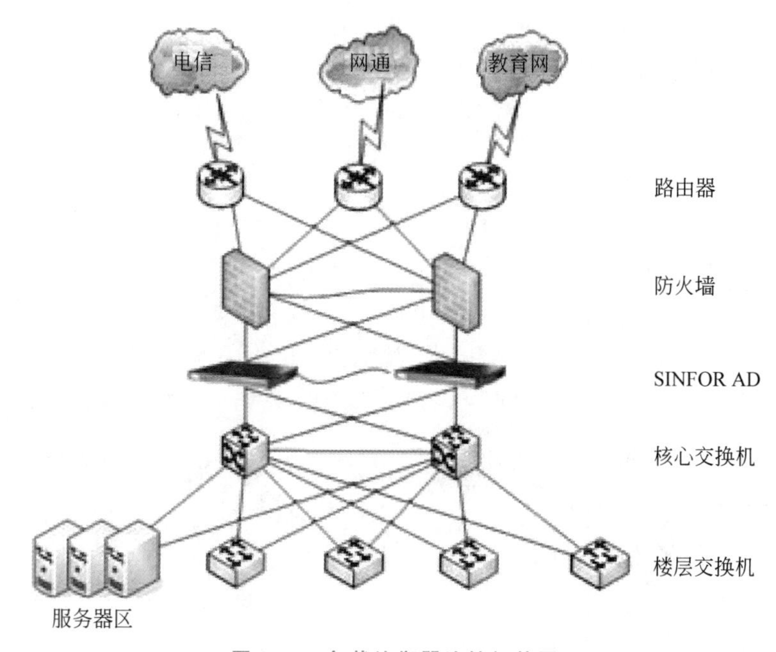

图2-48　负载均衡器连接拓扑图

11. 宽带远程接入服务器

1) BRAS 概述

宽带远程接入服务器(Broadband Remote Access Server,BRAS)是面向宽带网络应用的新型接入网关,它位于骨干网的边缘层,可以完成用户带宽的 IP/ATM 网的数据接入(接入手段主要基于 xDSL/Cable Modem/高速以太网技术(LAN)/无线宽带数据接入(WLAN)等),实现商业楼宇及小区住户的宽带上网、基于 IPSec(IP Security Protocol)的 IP VPN 服务、构建企业内部 Intranet、支持 ISP 向用户批发业务等应用。

BRAS 实物如图 2-49 所示。

图 2-49 BRAS 实物图

2) BRAS 的基本功能

BRAS 主要完成两方面的功能：一是网络承载功能,负责终结用户的 PPPoE(Point-to-Point Protocol Over Ethernet,是一种以太网上传送 PPP 会话的方式)连接、汇聚用户的流量功能;二是控制实现功能,与认证系统、计费系统和客户管理系统及服务策略控制系统相配合实现用户接入的认证、计费和管理功能。

3) BRAS 连接拓扑

BRAS 连接拓扑如图 2-50 所示。

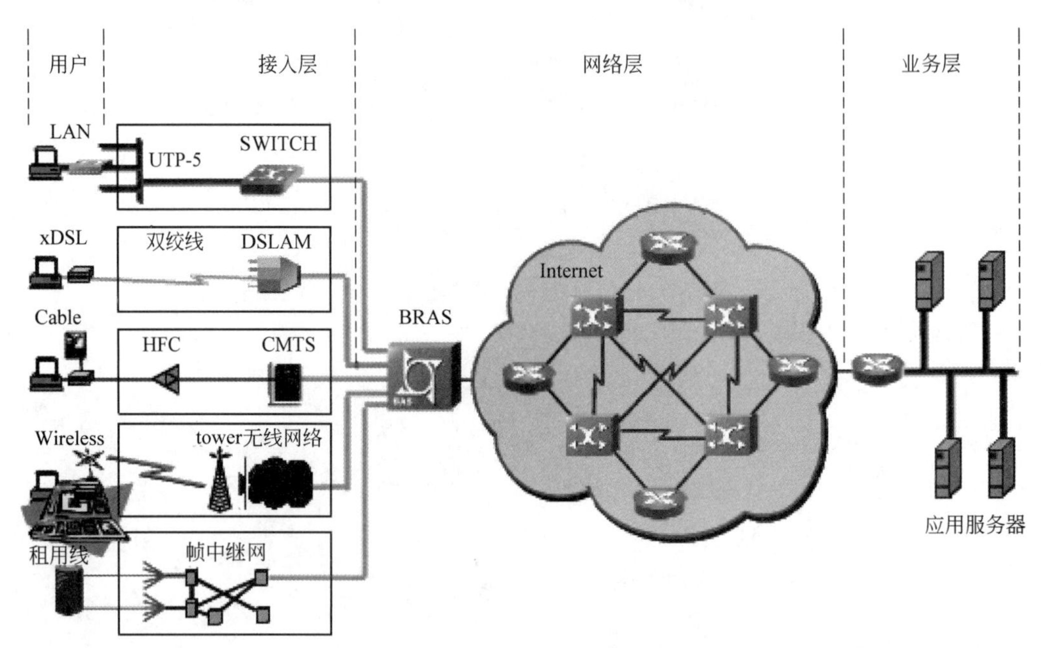

图 2-50 BRAS 连接拓扑图

2.6　网络协议标准

2.6.1　IEEE 802 概述

IEEE 是美国电气电子工程师协会(Institute of Electrical and Eletronic Engineer)的简称。IEEE 为局域网制定出了多种标准，这些标准统称为 IEEE 802 标准，又称为 IEEE 802 系列协议。

IEEE 802 标准只描述了微机局域网络的一部分，即 ISO/OSI 的最低两层：物理层和数据链路层，包括逻辑链路控制层(LLC)、介质访问控制(MAC)和物理层控制 PH 的标准，如图 2-51 所示。

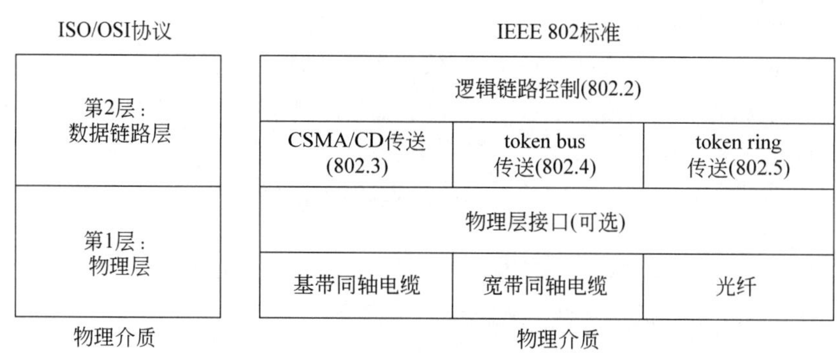

图 2-51　ISO/OSI 协议与 IEEE 802 标准对应关系

IEEE 802 系列是局域网的底层协议，对于高层协议 IEEE 802 未做规定，因此，各种局域网的高层协议都由自己定义。所以，几乎所有著名的微机网络尽管其高层协议不同，网络的操作系统也不尽相同，但由于其底层都采用了相同的 IEEE 802 协议标准而可实现互联。

2.6.2　IEEE 802 系列简介

IEEE 802 已被美国国家标准协会(ANSI)、美国国家标准局(NBS)和国际标准化组织(ISO)采用，成为国际标准。IEEE 802 系统协议标准如下。

(1) IEEE 802.1：IEEE 802.1 实质上是一个框架式的文件，它对 IEEE 802 系列标准做了介绍，并且它对接口原语进行了规定。在这个标准中还包括局域网体系结构，网络互联及网络管理与性能测试等内容。

① IEEE 802.1A：概述和系统结构。

② IEEE 802.1B：网络管理和网络互联。

(2) IEEE 802.2：该标准描述了数据链路层的上半部分，它使用的是 LLC(逻辑链路控制)协议，802.2 用于电话线连接。

(3) IEEE 802.3：该标准定义了CSMA/CD总线介质访问控制子层与物理层的规范，802.3用于传统以太网连接。

(4) IEEE 802.4：该标准定义了令牌总线(token bus)介质访问控制子层与物理层的规范。

(5) IEEE 802.5：该标准定义了令牌环(token ring)介质访问控制子层与物理层的规范。

(6) IEEE 802.6：该标准定义了城域网(MAN)介质访问控制子层与物理层的规范。

(7) IEEE 802.7：该标准定义了宽带技术规范。

(8) IEEE 802.8：该标准定义了光纤技术规范。

(9) IEEE 802.9：该标准定义了语音与数据综合局域网技术规范。

(10) IEEE 802.10：该标准定义了可互操作的局域网安全性规范。

(11) IEEE 802.11：该标准定义了无线局域网技术规范。

(12) IEEE 802.12：该标准定义了Demand-Priority高速局域网络(100CG-AnyLAN)局域网技术规范。

(13) IEEE 802.13：该编号标准未定义，原因是外国人忌讳数字13。

(14) IEEE 802.14：该标准定义了交互电视技术，本标准对交互式电视网(包括cable modem)进行了定义以及相应的技术参数规范。

(15) IEEE 802.15：该标准定义了短距离无线网络技术，即无线个人网技术标准，其代表技术是蓝牙(bluetooth)。

① IEEE 802.15.1：无线个人网络技术规范。

② IEEE 802.15.4：低速无线个人网络技术规范。

(16) IEEE 802.16：该标准定义了宽带无线接入技术规范。

(17) IEEE 802.17：该标准定义了可靠个人接入技术规范。

(18) IEEE 802.18：该标准定义了无线管理规章。

(19) IEEE 802.19：该标准定义了无线共存技术(Technical Advisory Group，TAG)，即以规范的方法来评估共存的无线网络。

(20) IEEE 802.20：该标准定义了移动宽带无线接入技术规范。

(21) IEEE 802.21：媒介独立换手(media independent handover)。

(22) IEEE 802.22：无线地域网技术规范(wireless regional area network)。

(23) IEEE 802.23：紧急服务工作组技术规范(emergency service work group)。

2.7 局域网络技术

2.7.1 局域网络的基本概念

1. 局域网概述

局域网(Local Area Network，LAN)是一个数据通信系统，它在一个适中的地理范围内,把若干独立的设备连接起来,通过物理通信信道,以适中的数据速率实现各独立设备之间的直接通信。

局域网技术是当前计算机网络技术领域中非常重要的一个分支,局域网作为一种重要的基础网络,在企业、机关、学校等单位和部门都得到广泛的应用。局域网还是建立互联网络的基础网络。本节就局域网络技术的基本内容做简单的介绍。

2. 局域网硬件

局域网硬件主要由网络服务器、工作站、网络适配器(网卡)、传输介质4部分组成。

1) 网络服务器

对局域网来说,网络服务器是网络控制的核心。一个局域网至少有一个服务器,特别是一个局域网至少应配备一个文件服务器,文件服务器要求由性能高、容量大的微型计算机或小型计算机担任。文件服务器的性能直接影响着整个局域网的性能。

2) 工作站

在网络环境中,工作站是网络的前端窗口,用户通过工作站来访问网络资源。在局域网中,工作站可以由计算机担任,也可以由输入输出终端担任,对工作站性能的要求主要根据用户需求而定。以微机局域网为例,作为工作站的机器可以是PIII、PIV或由与服务器性能相同的微机担任。根据实际需求,工作站可以带有硬盘,也可以没有硬盘,无硬盘的工作站称为无盘工作站。

3) 网卡

在局域网中,计算机相互通信都是通过网卡实现的。

4) 传输介质

网络传输介质是网络通信的物理基础之一。网络传输介质的性能特点对信息的传输速度、通信距离、联入网络的结点数量、数据传输的可靠性等都有很大的影响。

2.7.2 几种常用的局域网技术

1. 简单以太网

简单以太网(ethernet)又称为传统以太网,是由美国DEC、Intel和Xerox三家计算机公司联合研制的计算机局域网,其主要技术指标如下。

(1) 网络传输速率为10Mb/s。

(2) 网络拓扑方式:无根树。

(3) 访问方式:CSMA/CD。

(4) 传输类型:包交换。

(5) 网络距离:10km。

(6) 工作站个数≤1024。

(7) 连接方式:有线连接。

CSMA/CD技术就是载波监听、多路存取(多址访问)、冲突检查。即当多台网上的计算机同时发送报文而发生冲突时,则将自己的报文作废,延时一段时间后再试着重发(通常采用的是避退算法进行延时)。

载波监听的意思是,在每一个站点上都自动检测其他站点是否在传输数据,如果有其他站点在传输数据,则不会检查载波,也不可能传输数据。它一直在尝试获取“载波”直到网络空闲或载波可用。

冲突检查是指,若有两个站点试图同时发送数据,就会产生冲突,它们便停止传输,等候一段时间后再试发。

根据介质类型,简单以太网可以分为以下几种类型。

(1) 10Base-5:用粗同轴电缆组建的粗线总线网络。

(2) 10Base-2:用细同轴电缆组建的细线总线网络。

(3) 10Base-T:用双绞线连接组建的星状网络。

(4) 10Base-F:用光纤连接组建的局域网络。

简单以太网的特点是标准带宽为10Mb/s,采用共享介质带宽技术,随着用户终端数量的增加,系统的效率随之下降。

2. 令牌环网

令牌环是一种较早的基于环结构的局域网络技术。在令牌环网中,由控制站在网络上创建一个称为令牌的特殊实体,并使其在网络环上循环运行。令牌控制着网络数据发送的权利,只有拥有“令牌”的用户才有数据的发送权。

令牌环是一种高效、有序的网络结构,早期的令牌环网有传输速率为4Mb/s和16Mb/s两种类型。

3. 高速以太网

高速以太网是用超五类双绞线或光纤组建的局域网络,有如下几种类型。

(1) 100Base-T4:用4对8芯超五类双绞线连接的网络。

(2) 100Base-Tx:用2对4芯五类双绞线连接的网络。

(3) 100Base-Fx:用光纤连接组建的局域网。

100Base-xx被认为是传统以太网10Base-x的高速同族,它能在网上以高达100Mb/s的传输速率传输数据。

4. FDDI

FDDI即光纤分布式数据接口,是一种基于光纤的传输介质,其传输速率可达100Mb/s,通常用于组建大型骨干网络,也可以用来组建局域网与高速计算机网络相连接的临时网络。FDDI基于令牌环拓扑,通常使用的是双环结构进行信息的传输,其中一个环称为主环,另一个环称为辅环,环上各有一块令牌。为提高系统的可靠性、稳定性,减少运行错误,通常将两块令牌以相反的方向运行。FDDI双环拓扑结构如图2-52所示。

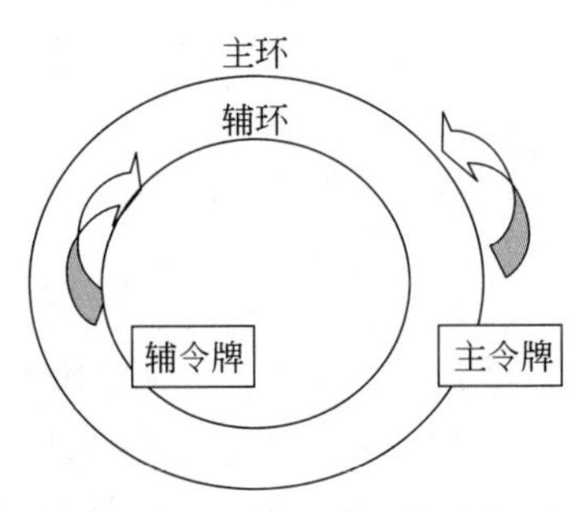

图2-52 FDDI双环拓扑结构图

FDDI可分为单模FDDI和多模FDDI,单模FDDI的传输距离为 4000～100 000m，而多模 FDDI 的传输距离为 2000m，其传输速率均为 1000Mb/s。

5. CDDI

CDDI 是铜线分布式数据接口，即用铜线取代 FDDI 中的光纤。其功能与 FDDI 类似。CDDI 的速率为 100Mb/s，传输距离为 100m。

6. 光纤信道

光纤信道(FC)是一种新型的智能连接方案，它不仅支持自身协议，还支持 FDDI、SCSI(将外围设备连接到计算机上的高性能总线接口)、IP(互联网络协议)以及其他几种技术。FC 是用来建立联网、存储数据及传输数据的标准。早期的 FC 只用于广域网络的连接，但在现代网络系统中，可应用于局域网络的连接。FC 的传输速率为 133～1062Mb/s。

7. ATM 网络

ATM 是异步传输模式，它是专用于宽带 ISDN(综合服务数字网，能同时传输声音和数字服务的网络)的通信标准。ATM 无论对局域网络还是对广域网络，都是一种高效的网络连接方案。ATM 使用一种高速的专用交换器，通过光纤连接到计算机上(一个交换器用于发送，一个交换机用于接收)。ATM 支持在一个网上同时传输声音、数据和视频信息。ATM 的速率为 25Mb/s，其设计速率为 155Mb/s，将来能扩展到千兆甚至更高的速率。

8. 千兆以太网

千兆以太网的传输速率高达 1000Mb/s，通常用光纤、六类非屏蔽双绞线进行连接组网，有如下几种类型。

(1) 1000Base-T(UTP)：速率为 1000Mb/s、基带信号、电缆长度 100m、用 6 类双绞线建立的以太网。

(2) 1000Base-FX(多模)：速率为 1000Mb/s，信号的类型是宽带、电缆的最大长度可达到 600m、通信介质为多模光纤建立的以太网。

(3) 1000Base-FX(单模)：指网络的速率为 1000Mb/s、信号的类型是宽带、电缆的最大长度可达到 100km、通信介质为单模光纤建立的以太网。

(4) 1000Base-T(同轴电缆)：指网络的速率为 1000Mb/s、信号的类型是基带、电缆长度 25m、通信介质为同轴电缆建立的以太网。

9.万兆以太网

万兆以太网的传输速率高达 10 000Mb/s，主要用以组建万兆主干网络。

2.7.3 虚拟局域网络

1. 虚拟局域网概述

虚拟局域网(Virtual Local Area Network，VLAN)是一组逻辑上的设备和用户，这些设备和用户并不受物理位置的限制,可以根据功能、部门及应用等因素将它们组织起来,相互之间的通信就好像它们在同一个网段中一样,由此得名虚拟局域网。VLAN工作在OSI参考模型的第二层和第三层,一个VLAN就是一个广播域,VLAN之间的通信是通过第三层的路由器来完成的。与传统的局域网技术相比较,VLAN技术更加灵活,它的优点是网络设备的移动、添加和修改的管理开销减少,可以控制广播活动,可以提高网络的安全性。

在计算机网络中,一个二层网络可以被划分为多个不同的广播域,一个广播域对应了一个特定的用户组,默认情况下这些不同的广播域是相互隔离的。不同的广播域之间想要通信,需要通过一个或多个路由器。这样的一个广播域就称为VLAN。

VLAN可以是由混合的网络类型设备组成,例如10M以太网、100M以太网、令牌网、FDDI、CDDI等,可以是工作站、服务器、集线器、网络上行主干等。

VLAN除了能将网络划分为多个广播域,从而有效地控制广播风暴的发生,以及使网络的拓扑结构变得非常灵活的优点外,还可以用于控制网络中不同部门、不同站点之间的互相访问。

物理位置不同的多个主机如果划分属于同一个VLAN,则这些主机之间可以相互通信。物理位置相同的多个主机如果属于不同的VLAN,则这些主机之间不能直接通信。VLAN通常在交换机或路由器上实现,在以太网帧中增加VLAN标签来给以太网帧分类,具有相同VLAN标签的以太网帧在同一个广播域中传送。

2. 虚拟局域网的划分

从技术角度讲,VLAN的划分可以依据不同的原则,一般有以下几种划分方法。

1) 基于端口划分

这种划分是把一个或多个交换机上的几个端口划分一个逻辑组,这是最简单、最有效的划分方法。该方法只需网络管理员对网络设备的交换端口进行重新分配即可,不用考虑该端口所连接的设备。

2) 基于MAC地址划分

MAC地址其实就是指网卡的标识符,每一块网卡的MAC地址都是唯一且固化在网卡上的。MAC地址由6字节的十六进制数(48位)表示,前三个字节(24位)为网卡的厂商标识(OUI),后三个字节(24位)为网卡标识(NIC)。网络管理员可以按MAC地址把一些站点划分为一个逻辑子网。

3) 基于路由划分

路由协议工作在网络层,相应的工作设备有路由器和路由交换机(即三层交换机)。

4) 基于地域划分

可以将一个院子、一栋或相关的几栋大楼划分为一个VLAN,如在高校,可将办公区、教学实验区、教工宿舍区和学生宿舍区各划为一个VLAN。

5) 基于部门划分

可以将一个或几个相关的部门划为一个VLAN,如在高校,可将党务工作部门、行政工作部门、教学单位、辅助教学单位各划为一个VLAN。

2.8 结构化综合布线系统

结构化综合布线系统与智能大厦的发展紧密相关，是智能大厦的实现基础。

1. 结构化布线的概念

结构化布线系统是一个能够支持任何用户选择的话音、数据、图形、图像应用的电信布线系统。系统应能支持话音、图形、图像、数据、多媒体、安全监控、传感等各种信息的传输，支持非屏蔽双绞线、屏蔽双绞线、光纤、同轴电缆等各种传输载体，支持多用户多类型产品的应用，支持高速网络的应用。

结构化布线系统又称为开放式布线系统，是一种在建筑物和建筑群中综合数据传输的网络系统，是整个智能大厦的神经网络。综合布线系统采用结构化设计和分层星状拓扑结构把建筑物内部的语音交换、智能型处理设备及其他广义的数据通信设施相互连接起来，并采用必要的设备同建筑物外部数据网络或电话线路相连接。

2. 布线系统的构成

结构化综合布线系统主要包括6个子系统：建筑群主干子系统、设备间子系统、垂直主干子系统、管理子系统、水平支干线子系统和工作区子系统。

(1) 建筑群主干子系统：提供外部建筑物与大楼内布线的连接点。EIA/TIA569标准规定了网络接口的物理规格，其主要功能是实现建筑群之间的连接。

(2) 设备间子系统：EIA/TIA569标准规定了设备间的设备布线。它是布线系统最主要的管理区域，所有楼层的资料都由电缆或光纤电缆传送至此。通常，此系统安装在计算机系统、网络系统和程控系统的主机房内。设备间子系统就是将各种公共设备(如计算机主机、数字程控交换机、各种控制系统及网络互连设备)与主配线架连接起来。

(3) 垂直主干子系统：主要功能是将主配线架与各层楼的配线架连接起来。它连接通信室、设备间和入口设备，包括主干电缆、中间交换和主交换、机械终端和用于主干到主干交换的接口或插头。主干布线采用星状拓扑结构。

(4) 管理子系统：此部分放置电信布线系统设备。管理子系统即是将垂直主干线缆与各楼层水平布线子系统连接起来。

(5) 水平支干线子系统(水平区间子系统)：将电缆从楼层配线架到各用户工作区上的信息插座上，一般处在同一层上。即连接管理子系统至工作区，包括水平布线、信息插座、电缆终端及交换。指定的拓扑结构为星状拓扑。水平布线可选择的介质有3种：100Ω UTP电缆、150Ω STP电缆及62.5/125μm光缆。最远的延伸距离为90m，除了90m水平电缆外，工作区与管理子系统的接插线和跨接电缆的总长可达10m。

(6) 工作区子系统：工作区由信息插座延伸至站设备。工作区布线要求相对简单，这样就容易移动、添加和变更设备。

结构化综合布线系统拓扑结构如图2-53所示。

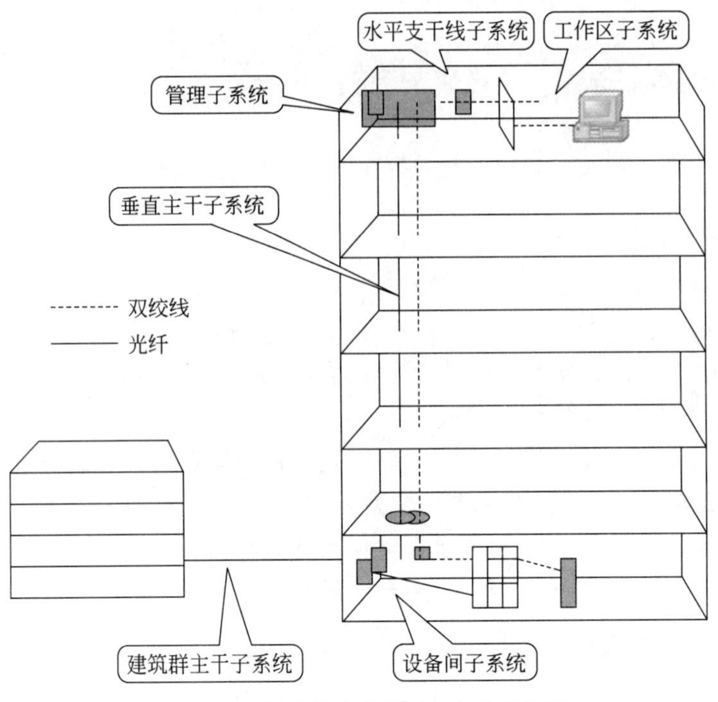

图 2-53 结构化综合布线系统拓扑结构图

2.9 应用实例

本节内容可以扫描左侧的二维码获取。

习题

1. 局域网的定义是什么?
2. 局域网有什么特点?
3. 什么是网络拓扑结构?
4. 交换机有哪些特点?
5. 路由器的主要功能是什么?
6. 外置式 Modem 卡和内置式 Modem 卡各自的优、缺点是什么?
7. 双绞线有多少种类型?
8. 屏蔽双绞线的优、缺点是什么?
9. 单模光纤和多模光纤的优、缺点各是什么?
10. C/S 有什么特点?

11. Internet、Intranet 和 Extranet 的含义是什么？

12. 局域网设计。设一栋办公大楼有 30 层，每层高度为 4m，每层楼有 30 个房间，每个房间的距离为 8m（即楼房的宽度是 240m）。要求：

(1) 说明要设置几个配线间，每个配线间设在什么位置；

(2) 说明采用哪种网络结构；

(3) 画出网络连接拓扑图；

(4) 说明所需的网络设备、配件、线缆，并列出其名称、规格型号和数量。

13. 填空题

(1) 现代网络的基本思想是将网络划分为________子网和________子网。

(2) 局域网络的基本拓扑结构有 3 种，即________、________和________。

(3) 以网络的覆盖区域来分类，计算机网络可以分为________、________、________和________。

(4) 若要求网络能自动选择最佳的路线进行信息传输，则必须安装________。

(5) 网桥是用来连接两个________ 的网络连接设备。

(6) ________和________是连接在物理层的网络连接设备。

第3章　广域网与 Internet

在第 2 章介绍了局域网络的组成和架构，由于局域网络范围是有限的，资源更是有限的，必须建立不受区域限制的网络，以便信息交流和资源共享，因此，广域网络应运而生。

广域网就是广泛区域的网络，而国际互联网 Internet 则是典型的广域网络。

知识培养目标

- 了解广域网络的拓扑结构；
- 了解中国早期的四大互联网络；
- 了解中国教育与科研计算机网及其成就；
- 了解 IP 地址、域名、子网的概念及其用途；
- 了解 Internet 的接入技术。

能力培养目标

- 具备绘制广域网络拓扑结构的能力；
- 具备 IP 地址分配与管理的能力；
- 具备广域网络设计与建设的能力；
- 具备广域网络故障诊断和简单维护的能力。

课程思政培养目标

课程内容与课程思政培养目标关联表如表 3-1 所示。

表 3-1　课程内容与课程思政培养目标关联表

节	知识点	案例及教学内容	思政元素	培养目标及实现方法
3.1	国际互联网络		由于互联网络，拉近了人和人之间的距离，拉近了国家与国家之间的地理位置，使得世界和平又有了进步	培养学生爱祖国、爱和平的理念，“太平世界，环球同此凉热”
3.4.2	中国教育与科研计算机网		了解中国教育与科研计算机网对我国教育事业所取得的巨大成就	培养学生树立教育是强国的根本的意识，立志学好知识和本领，为建设社会主义强国做贡献

3.1　广域网络技术

3.1.1　广域网络的基本概念

如前所述，局域网络是局部区域的网络，一般是一栋大楼、一个大院、一座工厂或一所大学所建立的管理网络，如贵州大学校园网络、清华大学校园网络等。其接入网络的计算机终端数量是有限的，网络覆盖的范围也是有限的。要想扩大网络的规模和地理范围，必须对网络进行扩展，即将不同地区、不同行业、不同单位所拥有的局域网络通过网络连接设备连接起来，使得局域网络与局域网络之间能够相互进行信息交流和资源共享。如何用网络连接设备扩展网络是这一节要介绍的主要内容。通过网络连接设备扩展的网络拓扑结构如图 3-1 所示。

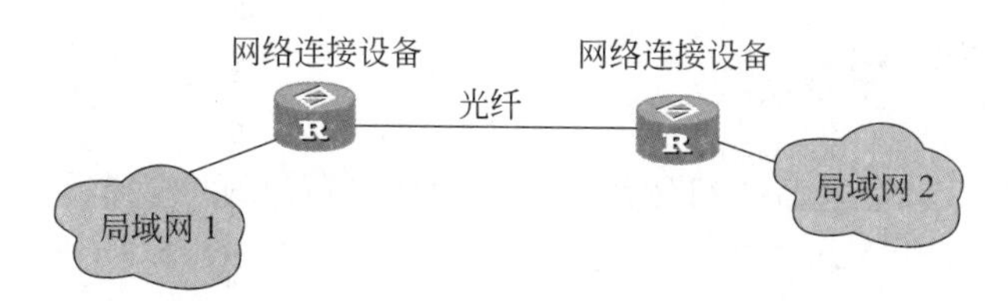

图 3-1　通过网络连接设备扩展的网络拓扑结构图

在现代网络结构中，依据网络的规模和网络覆盖范围分为局域网、广域网、城域网、行业网、国家或地区网、因特网(Internet)等。

(1) 局域网：通过网桥、网关或路由器等网络连接设备进行连接而形成的大型网络。同类型局域网络可用网桥连接，也可用网关或路由器连接；异类型的局域网络则必须用网关或路由器连接。

(2) 广域网：覆盖范围可从几十千米、几百千米到数万千米。根据网络的覆盖范围可分为城域网络、行业网络、国家或地区网络以及 Internet。

(3) 城域网：又称为城市网络，其网络覆盖范围是一个大城市，如北京市城域网、贵阳市城域网。

(4) 行业网：覆盖某行业的广域网络，如面向我国金融系统的金桥网(ChinaGBN)、面向我国教育系统的中国教育与科研计算机网(CERNET)以及面向我国科研系统的中国科技网(CSTNET)等。

(5) 国家或地区网：其网络覆盖范围是一个国家或一个地区，如中国网(ChinaNet)、中国台湾地区网络等。

(6) 因特网：又称为网间网，其网络覆盖范围是全世界。

3.1.2　局域网与广域网的连接

局域网通过网络连接设备(一般是路由器)和网络通信介质(一般是光纤和微波)连入

广域网。在这里,给出一个基于令牌环 100Mb/s FDDI(光纤分布式接口)局域网络与远程广域网络的连接方案,如图 3-2 所示。

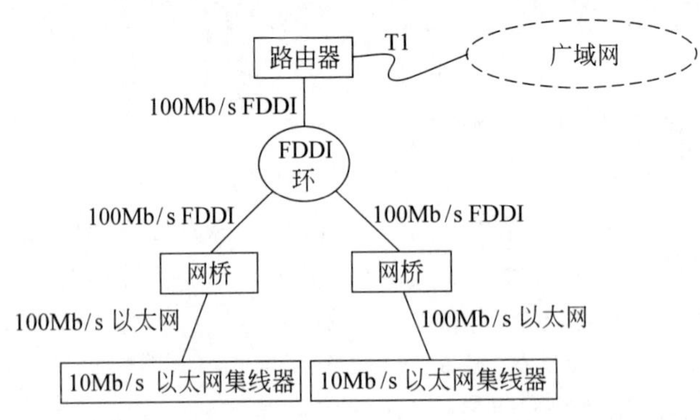

图 3-2 局域网与广域网的连接拓扑结构图

3.1.3 T-n 和 DSn

DSn(n=1,2,3,4)是电话公司使用的 T 载波电缆提供的连接通信服务。通常将载波电缆称为 T-1、T-2、T-3 和 T-4。

T 载波电缆,是数字传输线路的美国标准,也是国际标准,通常用以连接广域网络。

T 载波及载波电缆的技术指标如表 3-2 所示。

表 3-2 T 载波及载波电缆的技术指标

服务	T 载波	声音通道	传输速率/(Mb/s)
DS-1	T-1	24	1.544
DS-2	T-2	96	6.312
DS-3	T-3	672	43.836
DS-4	T-4	4032	273.276

注:载波是指能被另一种信号调制的连续波,其目的是屏蔽噪声。

3.1.4 广域网络拓扑结构

1. 对等网络拓扑结构

一个对等网络可以使用专用线路,也可以使用一般的通信介质。广域网络中的对等网络,是用"一条"通信线缆将若干局域网络连接在一起而形成的网络系统,类似于局域网络中的"总线结构",如图 3-3 所示。

图中的 User Location 指的是"局域网络结点"。

对等网络是连接少量结点(在这里,一个结点指的是一个局域网络)的网络结构,网络

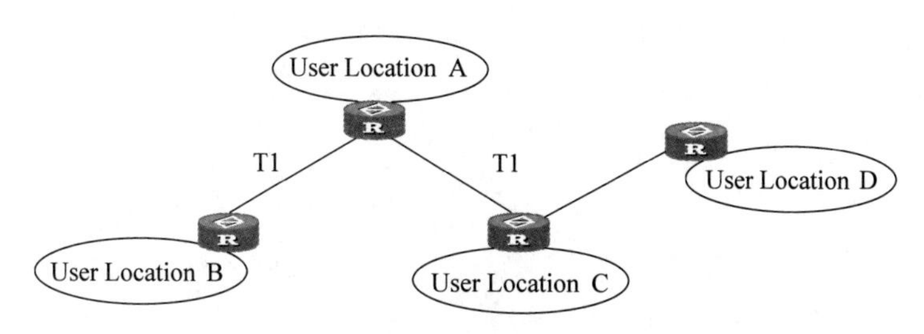

图 3-3　对等网络拓扑结构图

连接设备通常是路由器,路由策略通常采用静态路由。

对等网络有以下两个局限性。

(1) 可扩充性差:当在对等网络中间增加新的结点时,在任意两个结点之间的跳数会改变。

(2) 部件或设备在任何地方出现问题都会使对等广域网络被分裂(一分为二或更多)。

术语:一跳。通信线缆每经过一个桥接设备(如网桥、网关、路由器)称为一跳。在网络系统设计时,以跳数越少越好。在图 3-3 中,结点 B 到结点 A 的距离为 1 跳,结点 B 到结点 D 的距离为 3 跳。

2. 环状网络拓扑结构

环状结构是在对等网络结构的基础上发展得到的,即在对等网络的两终端的路由器上分别增加一个连接端口,并增加一个传输设备和一条通信线路即可。环状网络结构可以实现动态路由技术,如图 3-4 所示。环状网络拓扑结构的优、缺点如下。

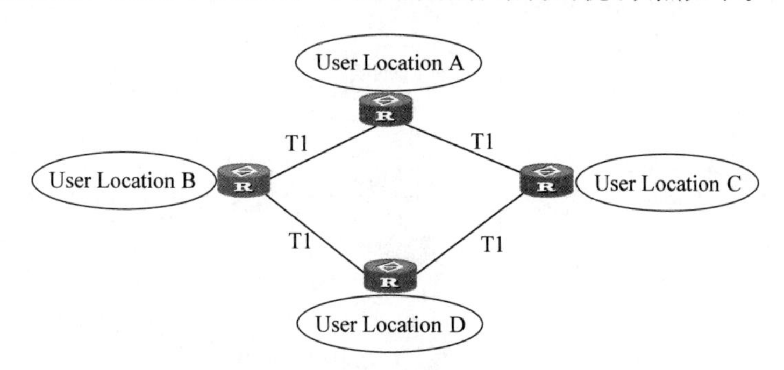

图 3-4　环状网络拓扑结构图

优点:系统可使用动态路由功能,增加了系统的可靠性并提高了系统的效率。

缺点:增加结点即要增加跳数;而且,不宜多用户连入网络,因此,环状结构网络只适用于主干网络的建设。

3. 星状网络拓扑结构

对等网络结构的另一个变形是星状结构,这种网络拓扑结构几乎可以用任何传输设备建成。星状网络拓扑结构如图 3-5 所示,其优、缺点如下。

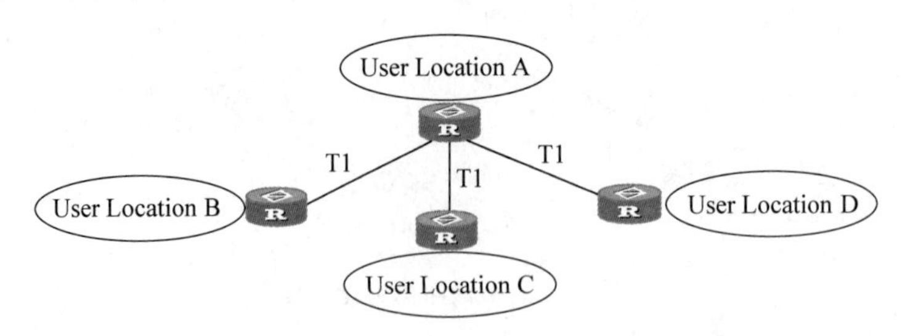

图 3-5 星状网络拓扑结构图

优点:扩展性好;任何两个结点之间最多只有“两跳”的距离;星状结构实现所需设备比环状结构要少。

缺点:从图 3-5 可以看出,结点 A 是整个系统的“主结点”,若结点 A 上的路由器发生故障,将导致整个网络系统瘫痪。所以,在结点 A 上的路由器一定要选用高性能的路由器。

4. 半网状网络拓扑结构

半网状结构是一种非常灵活的网络拓扑结构,可以有各种不同的配置,这种网络结构的特点就是路由器比其他几种基本结构要连接得更紧密一些,但又不像全网状结构那样全连接。

半网状结构可以减少广域网结点之间的“跳数”(hops),减少建立和维护的费用开支,其费用容易被用户接受,而且与全网状结构相比,其可扩展性更好。

半网状结构的网络是在星状网络结构的基础上增加少量的结点连线而形成的网络系统,其网络拓扑结构如图 3-6 所示。

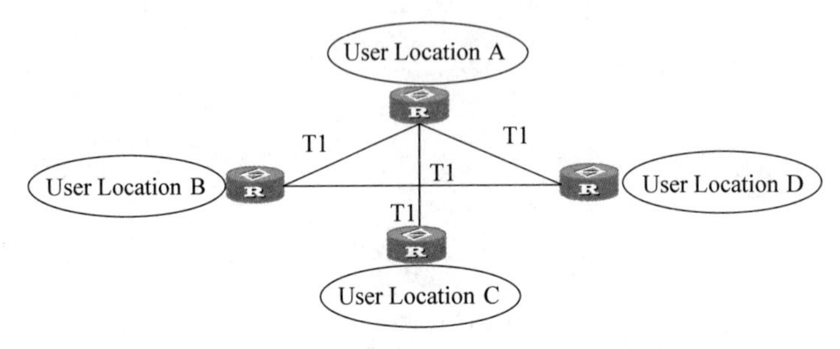

图 3-6 半网状网络拓扑结构图

5. 全网状网络拓扑结构

将任意两个结点都用线缆进行互连而形成的网络系统称为全网状结构,如图 3-7 所示。全网状网络拓扑结构的优、缺点如下。

优点:把任意两个结点之间的“跳数”减少到最少,即“一跳”,使系统的可靠性和稳定性达到最高。

缺点:系统的扩展性差、线缆耗量太大,系统造价太高。

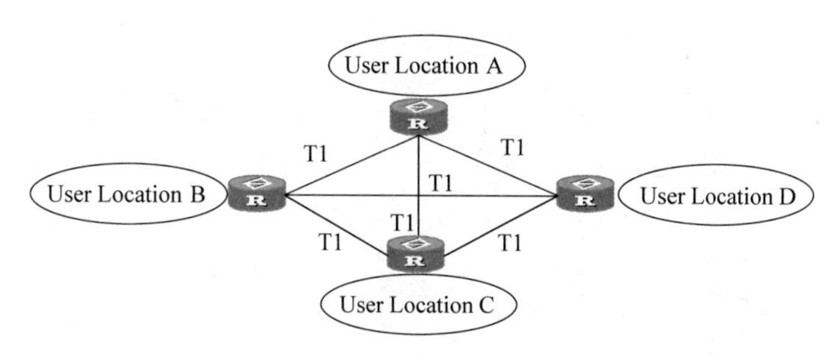

图 3-7　全网状网络拓扑结构图

由于全网状结构的成本太高，而且扩展性极差，因此，全网状结构只是一个理想的网络结构，实际上应用得极少。

6. 双层网络拓扑结构

双层网络拓扑结构是星状拓扑结构的一种变形结构，如图 3-8 所示。它使用两个或多个路由器（作为中心路由器）与其他结点相连接（图 3-8 中使用了两个中心路由器），而不像星状结构那样只使用一个中心路由器。所以，双层网络结构纠正了星状结构的脆弱性的同时，又不影响其效率和扩展性。双层网络拓扑结构的优、缺点如下。

优点：提高了系统的可靠性和系统的容错性，系统的可扩展性也得到充分的保证。

缺点：系统的费用较高，用户难以接受。

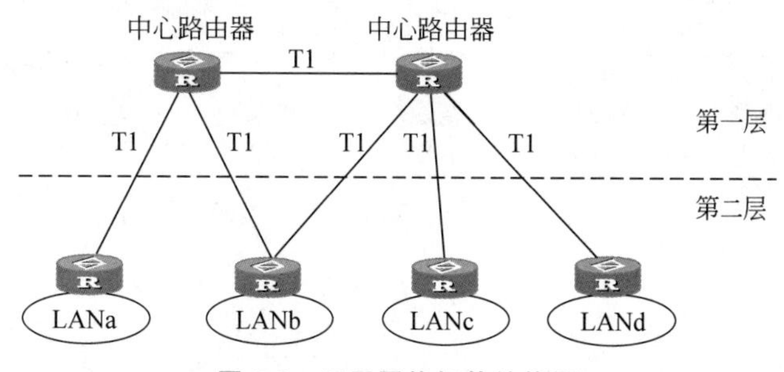

图 3-8　双层网络拓扑结构图

7. 三层网络拓扑结构

在三层网络拓扑结构网络中，以一个高性能的路由器作为主路由器，由主路由器接出有限个路由器作为中心路由器，用户结点路由器与一个或多个中心路由器相连，如图 3-9 所示。三层网络拓扑结构的优、缺点如下。

优点：三层结构比两层结构的容错性更强，扩充性好。

缺点：三层结构网络的建设、维护都相当昂贵，因此，它仅应用于主干网络。

8. 混合网络拓扑结构

一个有效的混合网络拓扑应该是一个多层广域网，它的主干结点间是全网状结构，这样

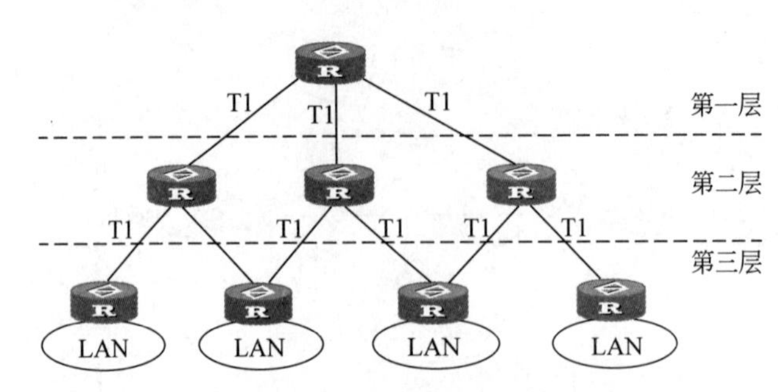

图 3-9 三层网络拓扑结构图

做的目的是主干网络具有容错性,具有全网状结构的最小跳数,有效地避免了全网状结构在可扩展性上的局限性。混合网络拓扑结构如图 3-10 所示。混合拓扑结构的优、缺点如下。

优点:系统的稳定性和可靠性高,可扩展性好。骨干层用 T3 线缆连接,保证了骨干网络的高效性。

缺点:线缆耗量大,系统建设和维护费用太高。

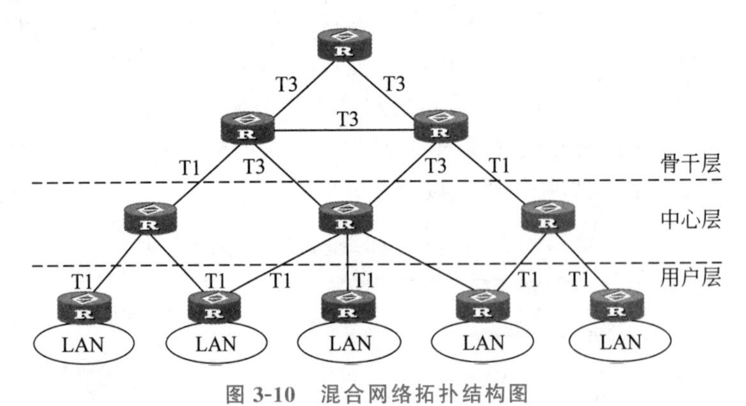

图 3-10 混合网络拓扑结构图

3.2 Internet 概述

3.2.1 Internet 的定义

Internet 是国际互联网络,又称为因特网,是广域网络的进一步扩展。如前所述,因特网是将世界上各个国家和地区成千上万的同类型和异类型网络互联在一起而形成的一个全球性大型网络系统。Internet 的前身是美国国防部在 20 世纪 60 年代研制的 ARPAnet。该网络最初是为国防应用设计的,后来高等院校及应用商的介入,使之逐步转向民用,最终成为国际网络标准。

Internet 是世界上最大、流行最广的计算机互联网络,它连接了上千万个局域网络和数亿个用户。除去设备规模、统计数字、使用方式、发展方向上的明显优势外,Internet 正以一种令人难以置信的速度发展。

从表 3-3 可以看出 Internet 惊人的发展速度。

表 3-3　Internet 发展统计表

时　间	入网网络数	入网计算机数	时　间	入网网络数	入网计算机数
1988 年	305	56 000	1994 年	41 520	4 000 000
1989 年	837	159 000	2000 年	1 000 000	100 000 000
1990 年	2063	313 000	2014 年	30 000 000	3 000 000 000
1992 年	7354	1 136 000	2020 年	3 500 000 000	4 540 000 000

从网络通信技术的角度看，Internet 是一个以 TCP/IP 网络协议连接各个国家、各个地区以及各个机构的计算机网络的数据通信网。从信息资源的角度看，Internet 是一个集各个部门、各个领域的各种信息资源为一体，供网上用户共享的信息资源网。今天的 Internet 已远远超过了网络的含义，它是一个社会。虽然至今还没有一个准确的定义概括 Internet，但是这个定义应从通信协议、物理连接、资源共享、相互联系、相互通信的角度综合考虑。因此，Internet 的定义应包含下面 3 个方面的内容。

（1）Internet 是一个基于 TCP/IP 协议族的网络；

（2）Internet 是一个网络用户的集团，网络使用者在使用网络资源的同时，也为网络的发展壮大贡献自身的力量；

（3）Internet 是所有可被访问和利用的信息资源的集合。

3.2.2　Internet 的特点

Internet 的特点如下。

（1）支持资源共享；

（2）采用分布式控制技术；

（3）采用分组交换技术；

（4）使用通信控制处理机；

（5）采用分层的网络通信协议。

3.3　Internet 的历史和发展

3.3.1　Internet 的历史

Internet 最早来源于美国国防部高级研究计划局（Defense Advanced Research Projects Agency，DARPA）的前身 ARPA 建立的 ARPAnet，该网于 1969 年投入使用。从 1960 年开

始,ARPA就开始向美国国内大学的计算机系和一些私人有限公司提供经费,以促进基于分组交换技术的计算机网络的研究。1968年,ARPA为ARPAnet项目立项,这个项目基于这样一种主导思想:网络必须能够经受住故障的考验而维持正常工作,一旦发生战争,当网络的某一部分因遭受攻击而失去工作能力时,网络的其他部分应当能够维持正常工作和通信。

1972年,ARPAnet在首届计算机后台通信国际会议上首次与公众见面,并验证了分组交换技术的可行性,由此,ARPAnet成为现代计算机网络诞生的标志。

ARPAnet在技术上的另一个重大贡献是TCP/IP协议族的开发和应用。1980年,ARPA投资把TCP/IP加进UNIX(即BSD 3.2版本)的内核中,在BSD 3.3版本以后,TCP/IP协议即成为UNIX操作系统的标准通信模块。1982年,Internet由ARPAnet和MILNET等几个计算机网络合并而成,作为Internet的早期骨干网,ARPAnet试验并奠定了Internet存在和发展的基础,较好地解决了异种计算机网络互联的一系列理论和技术问题。

1983年,ARPAnet分裂为两部分:ARPAnet和纯军事用的MILNET。同年1月,ARPA把TCP/IP协议作为ARPAnet的标准协议。后来,人们把以ARPAnet为主干网的网际互联网称为Internet。

目前,Internet正朝着IPv6、云计算方向发展。

3.3.2 Internet的未来

从目前的情况来看,Internet市场具有巨大的发展潜力,未来其应用将涵盖从办公室共享信息到市场营销、服务等广泛领域。另外,Internet带来的电子贸易正改变着现代商业活动的传统模式,其提供的方便而广泛的互联必将对未来社会生活的各个方面带来影响。

(1) 随着世界各国信息高速公路计划的实施,Internet主干网的通信速度将大幅度提高;

(2) 有线、无线等多种通信方式将更加广泛、有效地融为一体;

(3) Internet的商业化应用将大量增加,商业应用的范围将不断扩大;

(4) Internet的覆盖范围、用户入网数以令人难以置信的速度发展;

(5) Internet的管理与技术将进一步规范化;

(6) 网络技术不断发展,用户对话框更加友好;

(7) 各种令人耳目一新的使用方法不断推出,最新的发展包括实时图像和话音的传输。

3.4 Internet在中国

3.4.1 Internet在中国的发展

在我国,回顾Internet发展的历史,可以粗略地划分为以下两个阶段。

第一阶段：1987—1993 年，我国的一些科研部门开展了和 Internet 联网的科研课题和科技合作，通过拨号上网实现了和 Internet 电子函件转发系统的连接，并在小范围内为国内的一些重点院校、研究所提供了国际 Internet 电子函件的服务。

第二阶段：从 1994 年开始至今，实现了和 Internet 基于 TCP/IP 的连接，从而开通了 Internet 的全功能服务。

我国于 1994 年 4 月正式连入 Internet，中国的网络建设进入了大规模发展阶段，为了规范发展，1996 年 2 月，国务院令第 195 号《中华人民共和国计算机信息联网国家管理暂行规定》中明确规定，只允许 4 家互联网络拥有国际出口：中国教育与科研计算机网(CERNET)、中国科技网(CSTNET)、中国公用计算机互联网(又称为中国邮电网，ChinaNet)、中国金桥信息网(ChinaGBN)。前两个网络主要面向教育和科研机构，属于非营利性网络，后两个网络是以经营为目的，属于商业性的 Internet。同时由 4 家单位管理 Internet 的国际出口，它们分别是国家教育委员会、中国科学院、原中华人民共和国邮电部、中国吉通网络通讯有限公司。在这里，国际出口指的是中国四大因特网络与国际 Internet 连接的端口及通信线路。同时规定，这四大网络在北京通过中国互联网络交换中心(CNNIC，其网址为 www.cnnic.net.cn)进行连接，如图 3-11 所示。

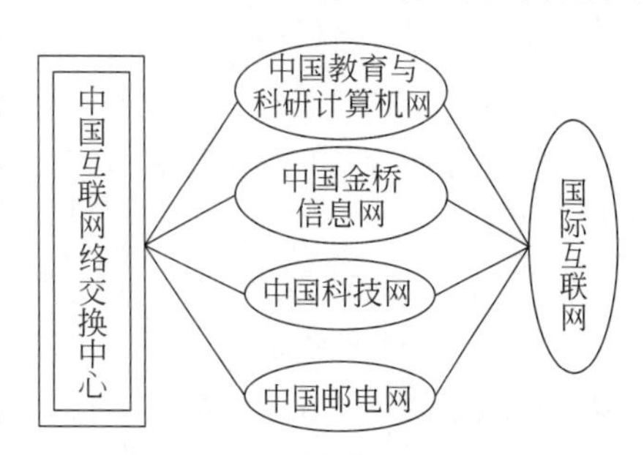

图 3-11　中国互联网络交换中心

3.4.2　中国四大互联网络简介

1. 中国科技网

中国科学院主管的 CSTNET 早期有两个国际网络出口，一个是为高能物理所所内科研服务，不对外经营；另一个是 1994 年 5 月与 Internet 连接的中国国家计算机与网络设施(National Computing and networking Facility of China，NCFC)。NCFC 经历了几个不同的工程发展阶段，即 NCFC、CASNET 和 CSTNET。

始建于 1990 年的中国国家计算机与网络设施(NCFC)是由世界银行贷款的“重点学科发展项目”中的一个高技术信息基础设施项目，由国家计划委员会、国家科学技术委员会、中国科学院、国家自然科学基金委员会、国家教育委员会配套投资和支持建设。该项目由中国科学院主持，联合北京大学、清华大学共同实施。1991 年 6 月，中国科学院高能物理所取得了 Decnet 的授权，直接连入了美国斯坦福大学的斯坦福线性加速器中心；1994 年 4 月正式开通与 Internet 的专线连接；1994 年 5 月 21 日完成我国最高域名“.cn”的注册和主服务器的设置，实现与 Internet 的 TCP/IP 连接，从而可向 NCFC 的各成员组织提供 Internet 的全功能服务。

CASNET 是中国科学院的全国性网络建设工程，分为两大部分：一部分为分院区域网络工程；另一部分为广域网工程。随着 NCFC 的成功建设，中国科学院系统全国联网计划“百所联网”项目于1994年5月开始进行,并于1995年12月基本完成。该项目实现了国内各学术机构的计算机网络互联,并接通Internet。

CSTNET是以中国科学院的NCFC及CASNET为基础,连接了中国科学院以外的一批中国科技单位而构成的网络。当年接入CSTNET的单位有农业、林业、医学、电力、地震、气象、铁道、电子、航空航天、环境保护等科研行业及国家自然科学基金委、国家专利局等科技管理部门。

2. 中国教育与科研计算机网

中国教育与科研计算机网(China Education and Research NETwork,CERNET)于1994年启动,由国家计委投资、国家教委主持建设。CERNET的目标是建设一个全国性的教育科研基础设施,利用先进、实用的计算机技术和网络通信技术,把全国大部分高等院校和有条件的中小学连接起来,改善教育环境,提供资源共享,推动我国教育和科研事业的发展。该项目由清华大学、北京大学等10所高等学校承担建设,网络总控中心设在清华大学。

CERNET包括全国主干网、地区网、省级网络中心和校园网4级层次结构。CERNET网络管理中心负责主干网的规划、实施、管理和运行。地区网络中心分别设在北京、上海、南京、沈阳、西安、广州、武汉、成都等高等学校集中地区,这些地区网络中心作为主干网的结点负责为该地区的校园网提供接入服务。整个工作分两期进行。首期工程(1994—1995年)着重于各级网络中心的建设、主干网的建设和国际通道的建立,CERNET计划建立3条国际专线和Internet相连。1995年年底已开通了连接美国的128kb/s国际专线和全国主干网(共11条64kb/s DDN的专线),当时有一百多所高校实现与CERNET的联网。第二期工程(1996—2000年),全国大部分高等院校入网,而且有数千所中学、小学加入CERNET中。同时,将提高主干网的传输速率,并采用各种最新技术为全国教育科研部门提供更丰富的网络资源和信息服务。

3. 中国公用计算机互联网

原邮电部主管的中国公用计算机互联网(ChinaNet)于1994年开始建设,首先在北京和上海建立国际结点,完成与因特网和国内公用数据网的互联。它是目前国内覆盖面最广,向社会公众开放,并提供互联网接入和信息服务的互联网。

1994年8月,原邮电部与美国Sprint公司签订协议,通过Sprint出口接通Internet。1995年2月,ChinaNet开通了北京、上海两个出口,同年3月,北京结点向社会推出免费试用,6月正式对外服务。

ChinaNet是一个分层体系结构,由核心层、区域层、接入层3个层次组成,以北京网管中心为核心,按全国自然地理区域分为北京、上海、广州、沈阳、南京、武汉、成都、西安8个大区,构成8个核心层结点,围绕8个核心结点形成8个区域,共31个结点,覆盖全国各省、市、自治区,形成我国Internet的骨干网;以各省会城市为核心,连接各省主要城市形成地区网,各地区网有各自的网管中心,分别管理由地区接入的用户。各地区用户由地区网接入,通过骨干网通达ChinaNet全国网。

4. 中国金桥信息网

原电子工业部系统的中国金桥信息网(ChinaGBN)从 1994 年开始建设,1996 年 9 月正式开通。它同样是覆盖全国,实行国际联网,并为用户提供专用信道、网络服务和信息服务的主干网,网管中心设在原电子工业部信息中心,现为中国吉通网络通讯有限公司。ChinaGBN 已在全国各省市发展了数万个本地和远程仿真终端,并与科学院国家信息中心等各部委实行了互联,开始了全面的信息服务。

由于上述四大网络体系所属部委在国民经济中所扮演的角色不同,其各自建立和使用 Internet 的目的和用途也有所差别。CSTNET 和 CERNET 是为科研、教育服务的非营利性 Internet;ChinaNet 和 ChinaGBN 是为社会提供 Internet 服务的经营性 Internet。

3.4.3 "三金工程"

面对各国发展信息高速公路的热潮,中国人表现出了极大的热情,同时也面临一次巨大的挑战和机遇。

为此,我国政府有关部门制定了信息化的重大战略举措,"三金工程"便是其中之一。"三金"为"金桥""金关""金卡"工程。

"金桥"工程又称为经济信息通信网工程,是建设国家公用经济信息通信网、实现国民经济信息化的基础设施。这项工程的建设,对于提高我国宏观经济调控和决策水平以及信息资源共享、推动信息服务业的发展,都具有十分重要的意义。

"金关"工程又称为海关联网工程,其目标是推广电子数据交换(EDI)技术,以实现货物通关自动化、国际贸易无纸化。

"金卡"工程又称为电子货币工程,是借以实现金融电子化和商业流通现代化的必要手段。

按照"三金工程"的蓝图,中国的信息高速公路将从应用信息系统和国家通信网两个方面考虑,有计划、有步骤地推进。

3.4.4 中国教育与科研计算机网

中国教育与科研计算机网(CERNET)是由国家投资建设,教育部负责管理,清华大学等高等学校承担建设和管理运行的全国性学术计算机互联网络。它主要面向教育和科研单位,是全国最大的公益性互联网络。

CERNET 分 4 级管理,分别是全国网络中心、地区网络中心和地区主结点、省级网络中心和校园网。CERNET 全国网络中心设在清华大学,负责全国主干网的运行管理。地区网络中心和地区主结点分别设在清华大学、北京大学、北京邮电大学、上海交通大学、西安交通大学、华中科技大学、华南理工大学、成都电子科技大学、东南大学、东北大学 10 所高校,负责地区网的运行管理和规划建设。

CERNET 是我国开展现代远程教育的重要平台。为了适应国家"面向 21 世纪教育振兴行动计划"中远程教育工程的要求，1999年，CERNET开始建设自己的高速主干网。利用国家现有光纤资源，在国家和地方共同投入下，到2001年年底，CERNET已经建成20 000km的DWDM/SDH高速传输网，覆盖我国近30个主要城市，主干总容量可达40Gb/s；在此基础上，CERNET高速主干网已经升级到2.5Gb/s，155M的CERNET中高速地区网已经连接到我国35个重点城市；全国已经有一百多所高校的校园网以100～1000Mb/s速率接入CERNET。

CERNET是中国的教育信息网站，接入的单位主要是高等院校和科研机构，也有少量的政府部门和管理机构。

2002年下半年，国家对西部地区、省级网络中心的150多所高校投入了大量的资金进行CERNET的扩建。整个工程于2006年全部完成，该工程的实施，使得这150多所高校不但网络的性能和速度大大地提高，而且Internet覆盖了大部分的教学实验楼、办公楼、教工宿舍和学生宿舍。CERNET现已覆盖所有高校。

CERNET由8大地区网络组成，各地区网络中心负责地区网络的建设、运行、管理和信息资源服务。

1. 华北地区网络

网络中心1：清华大学(http://www.tsinghua.edu.cn　116.111.3.200)。
管辖：北京。
网络中心2：北京大学(http://pku.edu.cn　162.105.129.11)。
管辖：北京、天津、河北。
网络中心3：北京邮电大学(http://www.bupt.edu.cn　202.205.11.3)。
管辖：北京、山西、内蒙古。

2. 西北地区网络

网络中心：西安交通大学(http://www.xanet.edu.cn　202.112.11.132)。
管辖：陕西、甘肃、宁夏、青海、新疆。

3. 西南地区网络

网络中心：电子科技大学(http://www.cdnet.edu.cn　202.112.13.265)。
管辖：四川、重庆、贵州、云南、西藏。

4. 华南地区网络

网络中心：华南理工大学(http://www.gznet.edu.cn　202.112.17.38)。
管辖：广东、广西、海南。

5. 华中地区网络

网络中心：华中理工大学(http://www.whnet.edu.cn　202.112.70.148)。
管辖：湖北、湖南、河南。

6. 华东(北)地区网络

网络中心：东南大学(http://www.njnet.edu.cn　202.112.23.262)。
管辖：江苏、安徽、山东。

7. 华东(南)地区网络

网络中心：上海交通大学(http://www.shnet.edu.cn　202.112.26.33)。
管辖：上海、浙江、江西、福建。

8. 东北地区网络

网络中心：东北大学(http://www.synet.edu.cn　202.112.17.38)。
管辖：辽宁、吉林、黑龙江。

3.5　Internet 的资源及应用服务

本节内容可以扫描右侧的二维码获取。

3.6　如何接入 Internet

3.6.1　拨号接入技术

拨号接入技术是利用 PSTN(Published Switched Telephone Network，公用电话交换网)通过调制解调器拨号实现用户接入 Internet 的方式。这种接入方式是利用现有电话系统实现的一种接入方式。

用户通过拨号接入 Internet 的示意图如图 3-12 所示。图中，用户计算机利用调制解调器和电话线相连接入 PSTN，再通过网络接入服务器(NAS)起到网关的作用，实现从 PSTN 到 Internet 的接入，并对用户完成授权、认证和计费等功能。

计算机处理的信号为数字信号，而普通电话线上传输的是电脉冲模拟信号，为了使一台计算机能够通过电话线路与另一台计算机通信，就需要将准备发送或接收的信息(数字信号)转换成可以通过连接线路传送的电脉冲信号，即利用调制解调器实现调制/解调。

PSTN 拨号接入的主要缺点是带宽有限，速率一般为 56kb/s，这种速率远远不能满足宽带多媒体信息的传输需求。另外，当拨号上网时，一般情况下，通信线路被全程占用，不能同时实现语音通话、传真等业务，但由于电话网非常普及，用户终端设备调制解调器很便宜，而且不用申请就可开户，只要有计算机，把电话线接入调制解调器就可以直接上

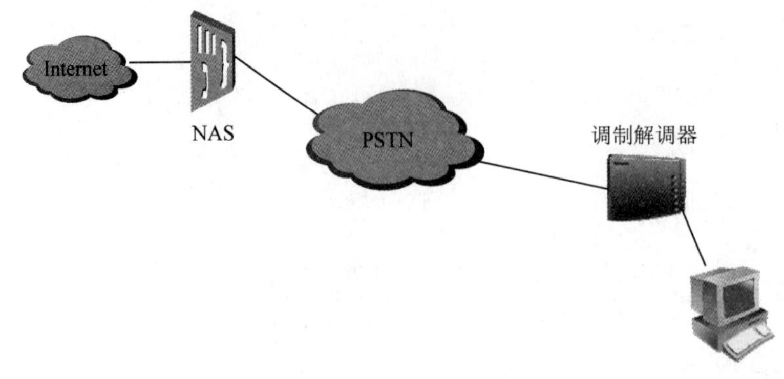

图 3-12 拨号接入示意图

网。因此,PSTN 拨号接入方式比较方便,至今用于网络接入。

通过电话系统拨号接入 Internet 的优点是比较灵活,只要有电话的地方就能上网,成本不高。因此,对于访问次数不频繁的用户比较适合。

3.6.2 ISDN 接入技术

ISDN(Integrated Service Digital Network,综合业务数字网)俗称为"一线通",它采用数字传输和数字交换技术,将电话、传真、数据、图像等多种业务综合在一个统一的数字网络中进行传输和处理。ISDN 可以分为窄带 ISDN 和宽带 ISDN 两种。窄带 ISDN 采用基本速率接口(Basic Rate Interface,BRI),基本速率接口包括两个能独立工作的 B 信道(64kb/s)和一个 D 信道(16kb/s),其中,B 信道用来传输话音、数据和图像,D 信道用来传输信令或分组信息,所以 BRI 的速率为 144kb/s,当用户同时占用两条 B 信道接入 Internet 时,数据的传输速率最高可为 128kb/s。

宽带 ISDN 采用基群速率接口(Primary Rate Interface,PRI),根据 PCM 系统划分时隙不同,PRI 分为 30B+D 和 23B+D。中国采用的是 30B+D 的 PRI 形式,支持 30 条 64kb/s 的 B 信道和 1 条 64kb/s 的 D 信道。

窄带 ISDN 接入 Internet 的过程与调制解调器拨号类似,如图 3-13 所示。首先是由 NT1 设备向远端的接入服务器发起建立请求,通过验证后,接入服务器从空闲的链路中选择两条分配给该用户,并通过链路捆绑技术将其合并为一条逻辑线路实现数据传输的负荷分担。这样,用户就可以获取 128kb/s 的接入速率了。ISDN 的传输是纯数字过程,通信质量大大提高,经测试表明,ISDN 数据传输比特误码性能比传统电话线路至少改善十倍。此外,它的连接速度非常快,通常只有几秒就可以拨通。

如图 3-13 所示,在用户侧,根据几个功能点,可以将所有的设备以参考点为界分为几个功能群。

U 接口:网络与用户之间的线路接口,也称为 U 参考点。它规定了传输线路的码型。我国 U 接口采用的传输线路码型是 2B1Q 码,即线路上传输的是 4 个电平,每一个电平表示两位二进制码的一种组合。这样可以使传输线路上的速率比二进制码速率降低

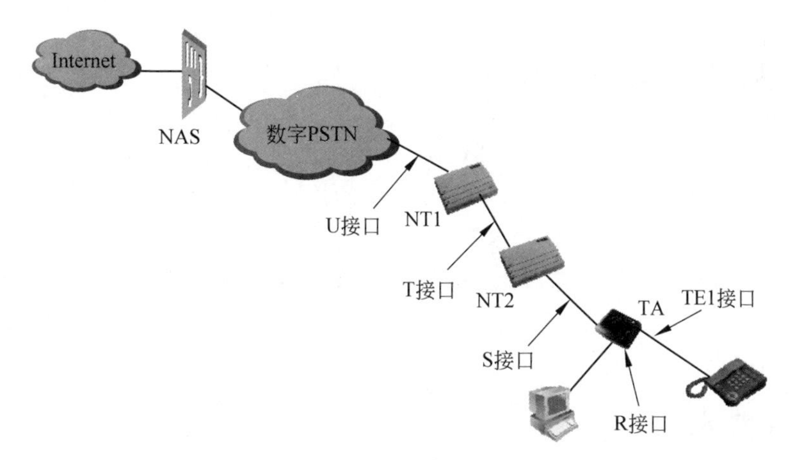

图 3-13　ISDN 接入示意图

一半，减小传输衰耗。

S、T 接口：用户端与网络终端之间或一类网络终端与二类网络终端之间的线路接口，也称为 S 和 T 参考点。当二类网络终端设备不存在时，S、T 合并称为 S/T 接口。它规定了传输线路码型，采用的是四线传输方式，两线发两线收，线路码型为三位进制码。S、T 接口上的信号采用固定长度的帧。

R 接口：非标准 ISDN 终端接口，又称为 R 参考点。

NT1（Network Termination 1，一类网络终端）：用于连接 ISDN 终端和 ISDN 交换设备，完成用户终端信号和线路信号的转换。NT1 一般提供一个 U 接口插槽，两个 S/T 接口插槽，可以同时连接两台终端设备。U 接口采用 RJ11 的插头，S/T 采用 RJ45 的插头。大多数的用户终端设备必须通过 NT1 与用户线路连接，不能直接与用户线路连接。

NT2（Network Termination 2，二类网络终端）：相当于 PABX、LAN 路由器等终端控制设备。

TE1（Terminal Equipment Type 1，一类终端设备）接口：ISDN 标准终端，具有标准的 S 接口，可以通过 S 接口与 NT1、NT2 直接相连。常见的设备有 G4 传真机、ISDN 数字电话机等。

TA（Terminal Adapter，终端适配器）：TA 能和各种 PC 相连，使得现有的非 ISDN 标准终端（例如模拟话机、G3 传真机、分设备、PC）能够在 ISDN 上运行，为用户在现有终端上提供 ISDN 业务。

ISDN 能够利用一条用户线路实现综合数据传输。由于采用端到端的数字传输，传输质量明显提高。只需一个入网接口，使用一个统一的号码，就能从网络得到所需要使用的各种业务，使用灵活方便。用户在这个接口上可以连接多个不同种类的终端，而且有多个终端可以同时通信。上网速率虽可达到 128kb/s，但是速度还不够快，长时间在线费用会很高，初期设备费用也比较贵。

3.6.3 DDN专线接入技术

DDN(Digital Data Network,数字数据网)是利用光纤、数字微波或卫星等数字信道,提供永久或半永久性电路,以传输数据信号为主的信号网络。它区别于传统模拟电话专线的显著特点是数字专线,传输质量高,时延小,通信速度可以根据需要在2.4kb/s~2Mb/s之间选择。用DDN方式接入Internet,传输速率可以达到64kb/s~2Mb/s。采用DDN接入方式,可以免费获得IP地址,但是它必须支付初装费、安装调试费、端口租用费和信息流量费。

1. DDN网络结构

DDN由数字传输电路和相应的数字交叉复用设备组成。其中,数字传输主要以光缆传输电路为主,数字交叉连接复用设备对数字电路进行半固定交叉连接和子速率的复用。组成DDN的基本单位是结点,各结点间通过光纤连接,构成网状的拓扑结构,数据终端设备(DTE)通过数据服务单元(DSU)与就近的结点机相连。

DTE:数据终端设备,表示接入DDN的用户端设备,可以是普通计算机或局域网服务器,也可以是一般的传真机、电传机、电话机等。DTE和DTE之间是全透明传输。

DSU:数据服务单元,可以是调制解调器或基带传输设备,以及时分复用、语音/数字复用等设备。

NMC:网管中心,可以方便地进行网络结构和业务的配置,实时监视网络运行情况,进行网络信息、网络结点告警、线路利用等情况的收集和统计工作。

DDN专线接入网络拓扑如图3-14所示。

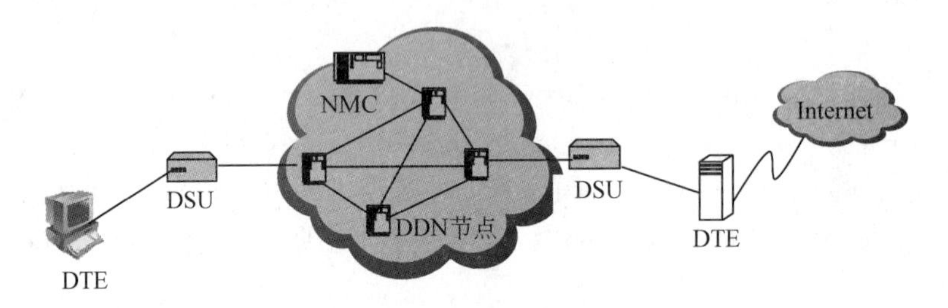

图3-14 DDN专线接入网络拓扑

DDN专线接入Internet是指用户与ISP之间以通过物理线路的实际连接来传输数字数据,达到接入互联网的目的。常见的固定DDN专线按传输速率可分为13.4kb/s、28.8kb/s、64kb/s、128kb/s、256kb/s、512kb/s、768kb/s、1.544Mb/s(T1线路)及43.863Mb/s(T3)9种,目前DDN可达到的最高传输速率为155Mb/s,平均时延≤450μs。

DDN的主干传输为光纤传输,采用数字信道直接传送数据,所以传输质量高。采用专线连接的方式而不必选择路由,直接进入主干网络,所以时延小、速度快,13.4k的DDN绝对比13.4k的拨号上网快很多、采用点对点或点对多点的专用数据线路,特别适用于业务量大、实时性强的用户。

DDN 专线不仅需要铺设专用线路从用户端进入主干网络，所以使用专线除了要和使用拨号上网一样要付两种费用：一是电信月租费，就像拨号上网要付电话费一样；二是网络使用费，另外还有电路租用费等费用，用户端还需要专用的接入设备和路由器，其花费对于普通用户来说是承受不了的。

2. DDN 的特点

由于 DDN 是采用数字传输信道传输数据信号的通信网，因此，它可提供点对点、点对多点透明传输的数据专线出租电路，为用户传输数据、图像、声音等信息。DDN 具有如下特点。

(1) DDN 是透明传输网。

(2) 传输速率高，网络时延小。

(3) DDN 可提供灵活的连接方式。

(4) 灵活的网络管理系统。

(5) 保密性高。

3.6.4　xDSL 接入技术

数字用户线(Digital Subscriber Line，DSL)是美国贝尔通信研究所于 1989 年为推动视频点播(VOD)业务开发出的用户线高速传输技术，后因 VOD 业务受挫而被搁置了很长一段时间。近年来随着 Internet 的迅速发展，对固定连接的高速用户线需求日益高涨，基于双绞铜线的 xDSL(各种类型 DSL 的总称)技术因其以低成本实现用户线高速化而重新崛起，打破了高速通信由光纤独揽的局面。

xDSL 是以铜电话线为传输介质的点对点传输技术。xDSL 技术在传统的电话网络(POTS)的用户环路上支持对称和非对称传输模式，解决了经常发生在网络服务供应商和最终用户间的“最后一千米”的传输瓶颈问题。由于电话用户环路已经被大量铺设，因此充分利用现有的铜缆资源，通过铜质双绞线实现高速接入就成为运营商成本最小、最现实的宽带接入网解决方案。xDSL 技术已经得到大量应用，是非常成熟的接入技术。

1. 数字用户线技术主要类型

(1) HDSL(High-data-rate Digital Subscriber Line，高速率数字用户线路)。

HDSL 是一种对称的高速数字用户环路技术，上行和下行通信提供相等的带宽，传输速率可达到 T1/E1，一般采用两对电话线进行全双工通信，有效传输距离只有 5km，其典型的应用是代替现有的 T1 方式将远程办公室连接起来。通过两对或三对双绞线提供全双工 1.544/2.048Mb/s(T1/E1)的数据信息传输能力。通常采用 2B1Q 或 CAP 两种线路编码方式，其无中继传输距离视线径不等，约为 4～7km。HDSL 的缺点是用户需要第二条电话线，并且产品可选厂商还比较少。

(2) ADSL(Asymmetric Digital Subscriber Line，非对称数字用户线路)。

ADSL 是一种上行和下行传输速率不对称的技术。ADSL 上行速率为 224～640kb/s，最大可以达到1Mb/s,下行传输速率1.544～9.2Mb/s,最大可以达到24Mb/s;传输距离在2.7～5.5km,主要适用于用户远程通信、中央办公室连接。ADSL技术的优势是其以标准形式出现,只使用一对电话线路,传输距离长;其不足为传输速率和距离相互制约。ADSL技术是目前应用得比较好的一种DSL技术。

(3) SDSL(Single-pair/Symmetric Digital Subscriber Line,单对线路/对称数字用户线路)。

使用一对铜双绞线对在上、下行方向上实现E1/T1传输速率的技术,是HDSL的一个分支。它采用2B1Q线路编码,上行与下行速率相同,传输速率由几百kb/s到2Mb/s,传输距离可达3km左右。

(4) RADSL(Rate-Adaptive Digital Subscriber Line,速率自适应数字用户线路)。

RADSL能够自动地、动态地根据所要求的线路质量调整自己的速率,为远距离用户提供质量可靠的数据网络接入手段。RADSL是在ADSL基础上发展起来的新一代接入技术,其传输距离可达5.5km左右。

(5) VDSL(Very-high-data-rate Digital Subscriber Line,超高速率数字用户线路)。

VDSL和ADSL一样,也是一种上行和下行传输速率不对称的技术。VDSL使用一条电话线,获得下行传输速率可达到13～52Mb/s,上行速率为1.5～2.3Mb/s,传输距离为300m～1.3km,其主要用于视频和多媒体等相关场合。可以看出,VDSL最大的优点是可以得到极高的数据传输速率;但其传输距离短,传输速率不稳定,并且没有标准。

(6) IDSL(ISDN-based Digital Subscriber Line,基于ISDN数字用户线路)。

IDSL可以认为是ISDN技术的一种扩充,它用于为用户提供基本速率BRI(128kb/s)的ISDN业务,但其传输距离可达5km,其主要应用场合有远程通信和远程办公室连接。

到目前为止,xDSL采用的调制解调技术仍未形成较为集中的统一标准,无论是国际上还是国内,均未得到大规模的发展和推广,仍仅应用于特殊场合下。如专线大用户要求高速(2Mb/s以上)接入附近的通信部门。由于高速接入应用实际上集中在高速接入Internet,即实现Web上的视音频点播、动画等高带宽应用;而这些应用的特点是上下行数据传输量不平衡,下行传送大量的视音频数据流,需高带宽,而上行只是传送简单的检索及控制信息,需要很少的带宽——这些都是ADSL技术的特点。因而在高速接入的竞争中,电信部门主要推出ADSL接入手段去占领市场,而且也比较成功。接下来就来看看ADSL技术的具体实现。

2. ADSL

ADSL是近年发展的一种宽带接入技术,是利用双绞线向用户提供两个方向上速率不对称的宽带信息业务。其下行速率高达1.5～9Mb/s,传输距离可达3～5km,典型的下行速率有T1、E1、DS2(6.312Mb/s)、E2(8.448Mb/s)。上行速率低,随各公司产品而不同,通常为16～640kb/s。

ADSL在一对电话线上同时传送一路高速下行数据、一路较低速率数据、一路模拟电话。各信号间采用频分复用方式占用不同频带,低频段传送话音;中间窄频带传上行信道数据及控制信息;其余高频段传下行信道数据、图像或高速数据。

ADSL 技术利用现有双绞线传输宽带业务，可降低成本，特别适用于大量分散的住宅用户。它被广泛用于 Internet 接入、远端 LAN 接入、视频点播（VOD）、远程教学、多媒体检索等宽带业务的接入与传输。目前，ADSL 技术及其应用正不断发展，与之相应的 ADSL 调制与处理芯片大量推向市场，电信设备厂商生产出不同类型的 ADSL 调制解调产品并积极开拓市场，使 ADSL 系统在接入网中不断拓宽应用。

3. ADSL 系统结构

ADSL 使用一对电话线，在用户线两端各安装一个 ADSL Modem，该调制解调器采用了频分复用（FDM）技术，将带宽分为 3 个频段部分：最低频段部分为 0～4kHz，用于普通电话业务；中间频段部分为 20～50kHz，用于速率为 16～640kb/s 的上行数据信息的传递；最高频段部分为 150～550kHz 或 140kHz～1.1MHz，用于 1.5～9Mb/s 的下行数据信息的传送。

（1）分离器：ADSL 技术能同时提供电话和高速数据业务，为此应在已有的双绞线的两端接入分离器，分离承载音频信号的 4 kHz 以下的低频带和 ADSL Modem 调制用的高频带。分离器实际上是由低通滤波器和高通滤波器合成的设备，为简化设计和避免馈电的麻烦，通常采用无源器件构成。

（2）ADSL Modem：用户端的 ADSL Modem 内部结构与 V.34 等模拟 Modem 几乎相同。主要由处理 D/A 变换的模拟前端、进行调制/解调处理的数字信号处理器（DSP）以及减小数字信号发送功率和传输误差，利用“网格编码”和“交织处理”实现差错校正的数字接口构成。

交换局端的接入产品大多具有多路复用功能，多条 ADSL 线路传来的信号在接入设备中进行复用，通过高速接口向主干网的路由器等设备转发，这种配置可节省路由器的端口，布线也得到简化。目前已有将数条 ADSL 线路集束成一条 10Base-T 的产品和将交换机架上全部数据综合成 155Mb/s 的 ATM 端口的产品。ADSL 组网拓扑如图 3-15 所示。

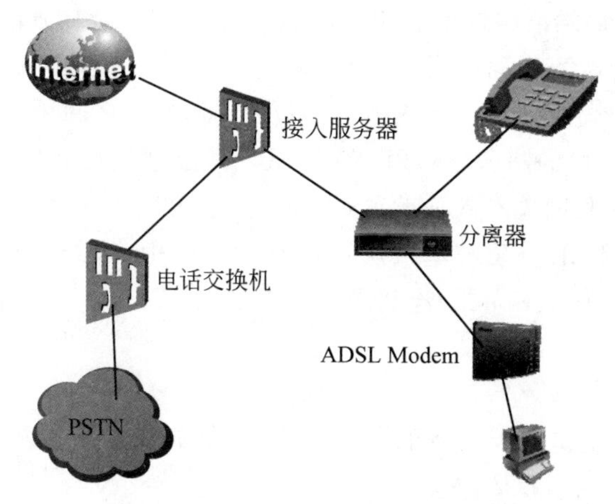

图 3-15　ADSL 组网拓扑结构示意图

4. ADSL的调制技术

ADSL的调制技术是ADSL的关键所在。在ADSL调制技术中,一般均使用高速数字信号处理技术和性能更佳的传输码型,用以获得传输中的高速率和远距离。在信号调制技术上,ADSL调制解调器主要采用CAP和DMT技术。

CAP(Carrierless Amplitude and Phase Modulation,无载波幅相调制)。CAP是AT&T提出的调制方式,数据信号在发送前被压缩,然后沿电话线发送,在接收端重组。CAP的主要优点为载波频率可变,在一个频率周期传输2～9位二进制数据,因此在相同的传输速率下,占用更少的带宽,传输距离更远。

DMT(Discrete MultiTone Modulation,离散多音调制)。DMT采用多载波调制技术,可用频段划分为多个(典型为256个)子信道,每个子信道的带宽为4kHz,对应不同频率的载波,并根据子信道发送数据的能力将数据分配给各子信道,不能载送数据的子信道被关掉。DMT用离散快速傅里叶变换进行编解码,DMT尝试可能的最高速率,根据线路的噪声和衰减特性分配数据。DMT已成为ANSI制定的ADSL的调制标准: T1.413。

由于CAP信号传输占用全部信道带宽,所以频域和时域噪声都会对它造成影响。DMT的每个很窄的子信道频带内的电缆特性可以近似认为是线性的,因此脉冲混叠可以减到最低程度。在每个子信道内传送的比特率可以按该信道内信号和噪声的大小自适应地变化,故DMT技术可自动避免工作在干扰较大的频段。

5. ADSL接入类型

专线入网方式: 用户拥有固定的静态IP地址,24小时在线。

虚拟拨号入网方式: 并非真正的电话拨号,而是用户输入账号、密码,通过身份验证,获得一个动态的IP地址,可以掌握上网的主动性。

6. ADSL设备的安装

ADSL安装包括局端线路调整和用户端设备安装。在局端方面,由服务商将用户原有的电话线中串接入ADSL局端设备,只需两三分钟;用户端的ADSL安装也非常简易方便,只要将电话线连上滤波器,滤波器与ADSL Modem之间用一条两芯电话线连上,ADSL Modem与计算机的网卡之间用一条交叉网线连通即可完成硬件安装,再将TCP/IP协议中的IP、DNS和网关参数项设置好,便完成了安装工作。

局域网用户的ADSL安装与单机用户没有大的区别,只需再多加一个集线器,用直连网线将集线器与ADSL Modem连起来就可以了。

7. ADSL的应用

ADSL能很好地支持范围广阔的高带宽应用,例如高速互联网接入,远程通信,虚拟专用网(VPN)和稳定的多媒体内容。

(1) 用作专线网的接入线: 专线提供上、下行速率对称的通信业务,因此可采用ADSL Modem,终端通过V.35或X.21等串口与其相连,其双向传输速率为128kb/s～2Mb/s。

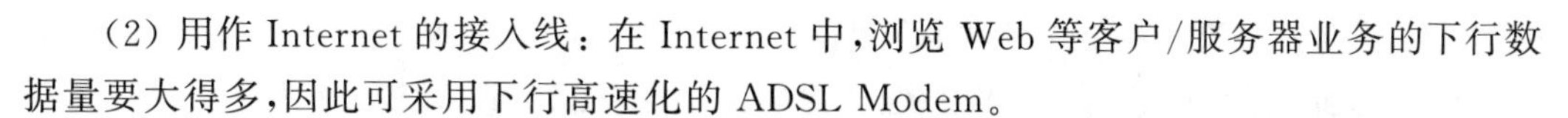

(2) 用作 Internet 的接入线：在 Internet 中，浏览 Web 等客户/服务器业务的下行数据量要大得多，因此可采用下行高速化的 ADSL Modem。

(3) 用作 ATM 的接入线：主干线路 ATM 化已成为全球通信发展的趋势，因此如何使 xDSL 用作 ATM 业务的接入线已成为当前研究与开发的热点。ANSI、ETSI、ITU-T、ADSL 论坛和 ATM 论坛等机构也正在对 ATM over ADSL 技术进行标准化。

8. 新一代 ADSL 技术的应用

2002 年 7 月，ITU-T 公布了 ADSL 的两个新标准(G.992.3 和 G.992.4)，即所谓的 ADSL2。到 2003 年 3 月，在第一代 ADSL 标准的基础上，ITU-T 又制定了 G.992.5，也就是 ADSL2plus，又称为 ADSL2+。

ADSL2 利用现有电话铜缆资源，可在开通话音业务(POTS、ISDN)的同时，利用高频段提供宽带数据业务。其中，ATU-C、ATU-R 分别为局端和用户端的 ADSL2 收发单元，话音和数据业务通过分离器(splitter)隔开。

3.7　IP 地址与域名

在日常生活中，需要记住各种类型的地址以便与他人通信联络，如邮政地址、街道地址、门牌编号、住宅电话号码、商业电话号码、传真号码等。在 Internet 上也是这样。

如果一个通信系统允许任何一台主机与其他任何主机通信，就说这个通信系统提供了通用通信服务(universal communication service)。为了识别这种通信系统上的计算机，需要建立一种普遍接受的标识方法。这就如同通过邮局寄信，信封上必须有收件人的地址，包括国家、城市、街道、门牌号以及邮政编码。Internet 就是能够提供通用通信服务的系统，它定义了两种方法来标识网上的计算机，分别是 Internet 的 IP 地址和域名。

3.7.1　IP 地址

1. 公网 IP 地址

连入 Internet 的计算机成千上万，Internet 为了能识别每一台计算机，为了使每个上网的计算机之间能够相互进行资源共享和信息交换，Internet 给每一台上网的计算机分配了一个 32 位的二进制数字编号，这个编号就是所谓的 IP 地址。任何一台计算机上的 IP 地址在全世界范围内都是唯一的。

IP 地址又称为 Internet 地址，共 32 位，分为 4 段，每个段称为一个地址节，每个地址节长 8 位。为了书写方便，每个地址节用一个十进制数表示，每个数的取值范围为 0～255，地址节之间用小数点“.”隔开，如贵州大学主机 IP 地址为 210.40.0.33。最小的 IP 地址为 0.0.0.0，最大的 IP 地址为 255.255.255.255。IP 地址又分为 A、B、C、D 和 E 5 类。A 类地址适用于大型网络，B 类地址适用于中型网络，C 类地址适用于小型网络，D 类地址适用于组播，

E 类地址适用于实验。一个单位或部门可拥有多个 IP 地址,如可拥有两个 B 类地址和 50 个 C 类地址。地址的类别可从 IP 地址的最高 8 位进行判别,如表 3-4 所示。

表 3-4　IP 地址分类表

IP 地址类	高 8 位数值范围	最高 4 位的值	IP 地址类	高 8 位数值范围	最高 4 位的值
A	0～127	0×××	D	224～239	1110
B	128～191	10××	E	240～255	1111
C	192～223	110×			

例如,清华大学的 IP 地址 116.111.3.220 是 A 类地址,北京大学的 IP 地址 162.105.129.11 是 B 类地址,贵州大学的 IP 地址 210.40.0.58 是 C 类地址。

IP 地址用网络号+主机号的方式来表示,A 类地址用高 8 位表示网络号,其中最高位固定为 0(实际只用 7 位),用低 24 位表示主机号;B 类地址用高 16 位表示网络号(实际只用 14 位),低 16 位表示主机号;C 类地址用高 24 位表示网络号(实际只用 21 位),用低 8 位表示主机号,如图 3-16 所示。

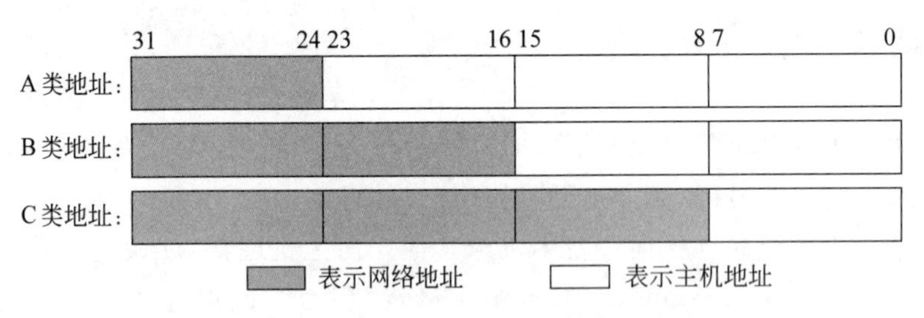

图 3-16　3 类 IP 地址网络号与主机地址

在 Internet 中,各种类别地址所能包含的网络个数是不一样的,A 类地址只有 128 个网络,但每个网络拥有 16 777 216 个主机数;而 C 类地址拥有 2 097 152 个网络,每个网络只能拥有 256 台主机,如表 3-5 所示。

表 3-5　IP 地址分类表

类别	网络号位数	最大网络数	主机位数	最大主机数	实际主机数
A 类	7	128	24	16 777 216	16 777 214
B 类	14	16 384	16	65 536	65 534
C 类	21	2 097 152	8	256	254

由于每一个网络都存在两个特殊 IP 地址(全“0”或全“1”),所以实际能够分配的主机数比最大主机数少 2。

2. 私网 IP 地址

前述的公网 IP 地址,是全世界统一分配,固定给一个机构或一台计算机使用的 IP 地址。公网地址一旦分配后，只允许该机构或该台计算机使用，其他机构和计算机是不能使用的。

由于 IP 地址有限(IP 地址现已几乎分配完毕)，不可能给所有的机构和所有的电子设施都分配公网地址，为了解决这一突出问题，提出了私网 IP 地址的概念。

所谓的私网 IP 地址又称为私有 IP 地址或内网 IP 地址，就是在国际上分配 IP 时，留出一部分 IP，专用于内部局域网，虽然其功能与公网一样，但不能在 Internet 上使用，属于非注册地址，专门为组织机构内部使用。

私网 IP 地址可在任何一个机构中自由使用，不用申请和注册。

与公网 IP 地址一样，私网 IP 地址分为三大类，如下所示。

A 类：10.0.0.0～10.255.255.255。

B 类：172.16.0.0～172.31.255.255.255。

C 类：192.168.0.0～192.168.255.255.255。

使用私网保留地址的网络只能在内部网络中进行通信，而不能与其他网络互联。因为私有网络中的保留地址同样也可能被其他网络使用，如果进行网络互联，那么寻找路由时就会因为地址的不唯一而出现问题。

进一步说，当局域网通过路由设备与广域网连接时，路由设备会自动将私网地址段的信号隔离在局域网内部，因此不必担心所使用的私网 IP 地址与其他局域网中使用的同一地址段的私网 IP 地址发生冲突。所以完全可以放心大胆地根据自己需要，选用适当的私网地址段，设置自己内部局域网 IP 地址。小型企业或家庭网络可以选择 192.168.0.0 地址段，大中型企业网络可以选择 172.16.0.0 或 10.0.0.0 地址段。

这些使用私网保留地址的网络可以通过将本网络内的保留地址翻译转换成公网地址的方式实现与外部网络的互联，这也是保证网络安全的重要方法之一。

3.7.2　特殊 IP 地址

对于任何一个网络号，其全为 0 或全为 1 的主机地址均为特殊 IP 地址，例如，210.40.13.0 和 210.40.13.255 都是特殊的 IP 地址。特殊的 IP 地址有特殊的用途，不分配给任何用户使用，如表 3-6 所示。

表 3-6　特殊 IP 地址

网络地址	主机地址	地址类型	用　途
全 0	全 0	本机地址	启动时使用
网络号	全 0	网络地址	标识一个网络
网络号	全 1	直接广播地址	在特殊网上广播
全 1	全 1	有限广播地址	在本地网上广播
127	任意	回送测试地址	回送测试

1. 网络地址

网络地址又称为网段地址。网络号不空而主机号全0的IP地址表示网络地址,即网络本身。例如,地址210.40.13.0表示其网络地址为210.40.13。

2. 直接广播地址

网络号不空而主机号全1表示直接广播地址,表示这一网段下的所有用户。例如,210.40.13.255就是直接广播地址,表示210.40.13网段下的所有用户。

3. 有限广播地址

网络号和主机号都是全1的IP地址是有限广播地址。在系统启动时,在还不知道网络地址的情形下进行广播就是使用这种地址对本地物理网络进行广播。

4. 本机地址

网络号和主机号都为全0的IP地址表示本机地址。

5. 回送测试地址

网络号为127而主机号任意的IP地址为回送测试地址。最常用的回送测试地址为127.0.0.1。

3.7.3 域名

由于IP地址是用32位二进制表示的,不便于识别和记忆,即使换成4段十进制表示仍然如此。

为了使IP地址便于记忆和识别,Internet从1985年开始采用域名管理系统(Domain Name System,DNS)的方法来表示IP地址,域名采用相应的英文或汉语拼音表示。域名一般由4部分组成,从左到右依次为:分机名、主机域名、机构性域名和地理域名,中间用小数点“.”隔开,即:

分机名.主机域名.机构性域名.地理域名

机构性域名又称为顶级域名,表示所在单位所属的行业或单位的性质,用3个或4个缩写英文字母表示。地理域名又称为高级域名,以两个字母的缩写代表一个国家或地区的高级域名。例如,贵州大学数学系的域名为“mat.gzu.edu.cn”。这里的mat为分机名,是mathematics(数学系)的缩写;gzu为主机域名,是Gui Zhou University(贵州大学)的缩写;edu为机构性域名,是education(教育行业)的缩写;cn为地理域名,是China(中国)的缩写。“mat.gzu.edu.cn”的含义就是“中国教育与科研网络贵州大学网站下的数学系”。

域名和IP地址必须严格对应,换句话说就是,表示一台主机可以用其IP地址,也可以用其域名。例如,IP地址“210.40.0.58”和域名“gzu.edu.cn”都表示贵州大学网站。

常用的机构域名和国家及地区域名分别如表3-7和表3-8所示。

表 3-7　常用的机构域名

机构域	类　型	全　　称	机构域	类　型	全　　称
aero	宇航业	aeronautics	int	国际性机构	international organization
biz	用于商业	business	mil	军队	military
com	商业机构	commercialization	museum	博物馆业	museum
coop	合作性企业	cooperate	name	用于个人	name
edu	教育机构	educational institution	net	网络机构	networking organization
gov	政府部门	government	org	非营利机构	non-profit organization
info	普通网站	information	pro	用于专业	profession

表 3-8　部分国家及地区域名

国家域	国家及地区	全　　称	国家域	国家及地区	全　　称
ar	阿根廷	Argentina	in	印度	India
at	奥地利	Austria	ie	爱尔兰共和国	Republic of Ireland
au	澳大利亚	Australia	jp	日本	Japan
br	巴西	Brazil	mx	墨西哥	Mexico
ca	加拿大	Canada	no	挪威	Norway
ch	瑞士	Switzerland	nz	新西兰	New Zealand
cn	中国	China	pa	巴拿马	Panama
cu	古巴	Cuba	ph	菲律宾	Philippines
de	德国	Germany	pl	波兰	Poland
dk	丹麦	Denmark	ru	俄罗斯	Russia
es	西班牙	Spain	se	瑞典	Sweden
fr	法国	France	sg	新加坡	Singapore
gr	希腊	Greece	uk	英国	United Kingdom
hu	匈牙利	Hungary	us	美国	United States

注：瑞士(Switzerland)又名 Confederation Helvetia；
西班牙(Spain)又名 Espana；
德国(Germany)又名 Deutschland。

3.8 子网及子网掩码

3.8.1 子网的概念

下面从一个实例开始,引入子网(subnet)的概念。

【例3-1】 设某企业有8个部门,每个部门有25台计算机,共计200台计算机连入Internet。Internet地址管理机构只能给该企业分配一个C类地址(一个C类地址可连入254台计算机)。也就是说,不可能给该企业的每一个部门都分配一个C类地址。但在企业内部,希望在网上仍能以部门为单位进行管理。要想解决这一问题,就要在内部网络中进行子网的划分。

在Internet上,接入的网络用户是以IP地址为单位进行管理的。例如,在一个C类地址上接入了200台计算机(设其IP地址分别为202.200.10.1～202.200.10.200),则把这200台计算机作为一个组来看待。但在局域网内部,将200台计算机作为一个整体很难进行管理。因此,有必要对其进行分组,即可将这200个计算机用户分成若干个小组,如分成8个组,每组平均25台计算机,每一个小组就是一个子网。可以按用户的性质来划分子网,也可以按地理区域划分子网,还可以按部门划分子网。如贵州大学可以按学院划分子网,也可以按办公楼划分子网。

3.8.2 子网地址

前面讲过,IP地址由网络号和主机号两部分组成,引进了子网的概念后,则将IP地址中的主机号地址部分再一分为二,一部分作为"本地网络内的子网号",另一部分作为"子网内主机号",这样一来,IP地址则是由网络号、子网号、子网内主机号3部分组成。在例3-1中,可用3位表示子网号,即000表示第一个子网,001表示第二个子网,010表示第三个子网,……,111表示第8个子网。而用低5位表示子网内部主机号(5位地址位最大可表示32个主机号)。

3.8.3 子网掩码

在局域网络内部,规划好子网后,就要用到子网掩码(subnet masks)。

子网掩码用以区别IP地址中哪一部分是子网号,哪一部分是子网内部的主机号。

和IP地址的一样,子网掩码也是由32位组成,也是由4个十进制数表示,中间用"."进行分隔。例如,255.0.0.0、255.255.0.0、255.255.255.0分别为A、B、C三类IP地址的默认子网掩码。

在例3-1中,第1个子网掩码为255.255.255.0、第2个子网掩码为255.255.255.32、

第 3 个子网掩码为 255.255.255.64、第 4 个子网掩码为 255.255.255.96、第 5 个子网掩码为 255.255.255.128、第 6 个子网掩码为 255.255.255.160、第 7 个子网掩码为 255.255.255.192、第 8 个子网掩码为 255.255.255.224。

对于一个 IP 地址，如何计算其归属哪一个子网，其在子网中的主机号又是多少？其实，只要按子网划分的方法，将 IP 地址中的子网位和子网内部主机位分离出来即可。

【例 3-2】 判断例 3-1 中 IP 地址为 202.200.10.175 属于哪一个子网，其子网内部主机号是多少？

先将十进制数 175 展开成二进制数，即 10101111。根据前面的约定，前 3 位为子网号，后 5 位为子网内部主机号。所以，202.200.10.175 属于第 6 个子网，其子网内部的主机号为 15。

在实际应用中，是用下述方法计算子网地址及子网内部的主机地址的。

用子网掩码和 IP 地址相“与”便得到其所属的网段地址（Network ID，即网络号＋子网号），用子网掩码的反码和 IP 地址相“与”便得到其所属子网的内部主机号（Host ID）。

3.8.4　子网掩码的用途

子网掩码有两个用途：第一个用途是将网络分成若干个子网，使得一个单位或部门尽可能节省 IP 地址，又便于管理；第二个用途是用以区分 IP 地址中的子网号和主机号。在同一个类 IP 地址中，不同网段的用户之间是不能相互访问的，这也就间接地起到了保护用户不被非法访问的作用。同时，还能有效地防止广播风暴。详见 3.9.2 节。

3.9　应用实例

3.9.1　网卡的安装与配置

本节内容可以扫描右侧的二维码获取。

3.9.2　子网掩码的应用

设在一个局域网上有 4 台计算机 Host A、Host B、Host C 和 Host D 的 IP 地址和子网掩码的配置，如表 3-9 所示。

表 3-9　子网掩码配置

主　机	IP 地址	子网掩码	网 段 号	网段内主机号
Host A	202.200.10.135	255.255.255.128	202.200.10.128	7
Host B	202.200.10.200	255.255.255.128	202.200.10.128	72

续表

主 机	IP 地址	子网掩码	网 段 号	网段内主机号
Host C	202.200.10.66	255.255.255.192	202.200.10.64	2
Host D	202.200.10.85	255.255.255.224	202.200.10.64	21

根据在局域网内同一网段的计算机才能互相访问的原则,从表3-9的配置情况,可得到下述4种结果。

(1) Host A 和 Host B 属于同一个网段(202.200.10.128),因此,Host A 和 Host B 之间可以相互访问。

(2) Host C 和 Host D 属于同一个网段(202.200.10.64),因此,Host C 和 Host D 之间可以相互访问。

(3) Host A 与 Host C 及 Host D 不属于同一个网段,因此,Host A 既不能与 Host C 相互访问,也不能与 Host D 相互访问。

(4) Host B 与 Host C 及 Host D 不属于同一个网段,因此,Host B 既不能与 Host C 相互访问,也不能与 Host D 相互访问。

3.9.3 如何用 ping 命令测试网络

1. ping 命令的装入

ping 命令是 Windows 自带的命令组件,在启动 Windows 时将 ping 命令一起装入内存。因此,在启动了 Windows 后,就可以直接使用 ping 命令。

2. ping 命令的用途

使用 ping 命令,可以测试用户所关心的用户终端是否在 Internet 上。其基本方法是,由本机用 ping 命令发一个 IP 分组信息,该分组信息可发送到网上任何一个用户终端上,对方机器收到该信息后,自动将该分组信息返回。如果本机能收到对方机器的返回信息,则说明对方机器是活动的(即已上网);若收不到对方机器返回来的分组信息,则说明对方机器没有在网上。其原因一般有下列几种。

(1) 对方没有开机;

(2) 对方已开机但没有连接上网(即有意将网断开了);

(3) 对方机器发生故障,网卡发生故障或网线发生故障;

(4) 对方网络配置有误;

(5) 网络发生故障;

(6) 本机网卡发生故障,网线发生故障;

(7) 本机网络配置有误。

3. ping 命令的启动

ping 命令的启动有两种方式,一种是 MS-DOS 方式,另一种是“运行”执行方式。

1）MS-DOS 方式

第一步：在 Windows 桌面下，选择“开始”→“程序”→“MS-DOS 方式”命令，即进入 MS-DOS 命令窗口。

第二步：在 MS-DOS 窗口下输入相应的 ping 命令（如 ping 210.40.0.33）并按回车键即可得到图 3-17 所示的结果。

```
C:\>ping 210.40.0.33

Pinging 210.40.0.33 with 32 bytes of data:

Reply from 210.40.0.33: bytes=32 time=169ms TTL=254
Reply from 210.40.0.33: bytes=32 time=150ms TTL=254
Reply from 210.40.0.33: bytes=32 time=146ms TTL=254
Reply from 210.40.0.33: bytes=32 time=147ms TTL=254

Ping statistics for 210.40.0.33:
    Packets: Sent = 4, Received = 4, Lost = 0 (0% loss),
Approximate round trip times in milli-seconds:
    Minimum = 146ms, Maximum =  169ms, Average =  153ms
```

图 3-17　ping 命令显示窗口

2）“运行”执行方式

第一步：在 Windows 桌面下，选择“开始”→“运行”命令，得到图 3-18 所示的窗口。

图 3-18　“运行”命令操作对话框

第二步：在“打开”栏中输入相应的 ping 命令（如 ping 210.40.0.33），单击“确定”按钮即可，得到图 3-17 所示的结果。

发出 ping 命令后，如果出现图 3-19 所示的信息，则 ping 失败，说明对方没有连接上网。

```
C:\>ping 210.40.50.33

Pinging 210.40.50.33 with 32 bytes of data:

Request timed out.
Request timed out.
Request timed out.
Request timed out.

Ping statistics for 210.40.50.33:
    Packets: Sent = 4, Received = 0, Lost = 4 (100% loss),
Approximate round trip times in milli-seconds:
    Minimum = 0ms, Maximum =  0ms, Average =  0ms
```

图 3-19　ping 命令“失败”信息显示窗口

4. ping 命令格式

ping 命令格式为

```
ping  [<开关参数>]  <对方主机 IP 地址或域名>
```

例如,ping 210.40.0.33　或　ping gzu.edu.cn。

ping 命令有若干个开关参数,如表 3-10 所示。

表 3-10　ping 命令主要开关

开　关	含　义
-j hosts	指定分组信息所经过的中间路由,hosts 是一系列的主机名
-n x	指定要做 x 次 ping 检查,默认为 4 次
-t	连续执行 ping 操作,直到按下 Ctrl+C 键时为止
-w x	指定超时时间间隔(x ms)。默认值为 1000ms

例如,ping -n　2　210.40.0.33。

执行结果是进行两次 ping 命令检查,如图 3-20 所示。如果不带-n x 开关,则进行 4 次 ping 检查。

```
C:\>ping -n 2 210.40.0.33

Pinging 210.40.0.33 with 32 bytes of data:

Reply from 210.40.0.33: bytes=32 time=141ms TTL=254
Reply from 210.40.0.33: bytes=32 time=141ms TTL=254

Ping statistics for 210.40.0.33:
    Packets: Sent = 2, Received = 2, Lost = 0 (0% loss),
Approximate round trip times in milli-seconds:
    Minimum = 141ms, Maximum =  141ms, Average =  141ms
```

图 3-20　两次 ping 信息显示窗口

3.9.4　网络地址转换及其应用

本节内容可以扫描左侧的二维码获取。

习题

1. 广域网络拓扑结构中的对等网络结构与局域网络拓扑结构中的总线网络结构和环状网络结构有什么相似的地方和不同的地方?

2. Internet 的含义是什么?

3. Internet 是在哪种网的基础上发展起来的?

4. Internet 有什么特点?

5. 中国的四大因特网是指哪 4 个网络?

6. 我国的“三金工程”指的是哪 3 个工程?

7. Internet 能够提供哪些服务?

8. Internet 的主要用途有哪些?

9. Internet 有哪几种连入方式?

10. IP 地址、域名地址、主机名各自的作用、区别与联系是什么?

11. 给定一个 IP 地址,如何判断其是 A 类地址、B 类地址,还是 C 类地址?

12. 判断下列 IP 地址各属于哪一类。

101.011.12.145　210.40.0.33　13.35.36.254　130.10.0.145

225.223.323.322　241.243.0.34　200.201.202.203　02.03.03.05

13. 子网掩码的用途是什么?

14. 设某台计算机的 IP 地址为"168.95.11.9",而其子网掩码为"255.255.255.0",计算出这台计算机的 Network ID 和 Host ID 值。

15. 一个局域网中申请了 3 个 C 类地址,问该局域网最多可支持多少台终端计算机?为什么?(计算时,不考虑桥接设备所需的 IP 地址。)

16. 特殊的 IP 地址有哪些? 各有什么用途?

17. 一个 C 类地址最大能表示 256 个 IP 地址,为什么最多只能连接 254 台主机?

18. 除了用 ping 命令可检查另一台主机是否上网以外,还可以用什么手段检查另一台主机是否上网?

第4章　无线网络技术

无线局域网(Wireless Local Area Network,WLAN)是利用无线通信技术在一定的局部范围内建立的网络,是计算机网络与无线通信技术相结合的产物,它使用无线多址信道的有效方法来支持媒体之间的通信,提供传统有线局域网(Local Area Network,LAN)的功能,能够使用户真正实现随时、随地、随意的宽带网络接入。随着笔记本电脑和掌上电脑等移动设备的广泛使用和无线通信技术的快速发展,无线局域网在社会生活中的作用越来越重要。

知识培养目标

- 了解无线网络的基本概念;
- 了解无线网络的协议标准;
- 了解无线网络设备的性能指标及配置方法;
- 了解无线网络的架构及组网设计;
- 了解校园无线网络的设计和家用无线网络的配置。

能力培养目标

- 具备无线局域网络设计、配置与建设的能力;
- 具备家用无线网络设计、配置的能力;
- 具备无线网络设备维护的能力;
- 具备家用无线网络建设与维护的能力。

课程思政培养目标

课程内容与课程思政培养目标关联表如表4-1所示。

表4-1　课程内容与课程思政培养目标关联表

节	知识点	案例及教学内容	思政元素	培养目标及实现方法
	无线网络		网络无处不在,监控无处不在,净化网络环境,人人有责	培养学生自觉遵守网规,文明上网

4.1 无线网络概述

4.1.1 WLAN的构成

WLAN的构成与有线局域网不同。WLAN由无线网卡、无线接入点(Wireless Access Points,WAP)、计算机和有关设备组成,如图4-1所示。WLAN中的工作站是指能够发送和接收无线网络数据的计算机设备,如内置无线网卡的PC或笔记本电脑。AP类似于有线局域网中的集线器,是一种特殊的无线工作站,其作用是接收无线信号发送到有线网。通常一个AP能够在几十米至上百米的范围内连接多个用户。在同时具有有线和无线网络的情况下,AP可以通过标准的Ethernet电缆与传统的有线网络相连,作为无线网络和有线网络的连接点。

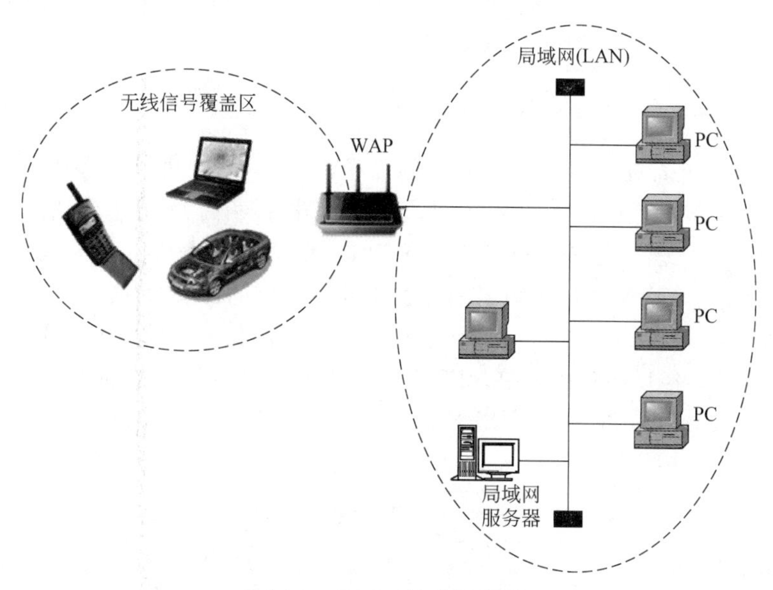

图4-1 WLAN结构示意图

无论是固定场所的固定设备,还是经常改变使用场所的固定设备,还是在移动中访问网络的移动设备,在IEEE 802.11规范中,这些无线网络设备都统称为站点(Station,STA),也可以分别称为固定站点、半移动站点和移动站点。由一组相互直接通信的站点构成一个基本服务集(Basic Service Set,BSS)。由一个基本服务集覆盖的无线传输区域称为基本服务区域(Basic Service Area,BSA),多个基本服务区域可以是部分重叠、完全重叠,其覆盖范围取决于无线传输的环境和收发设备的特性。基本服务区域使基本服务集中的站点保持充分的连接,一个站点可以在基本服务区域内自由移动,如果它离开了基本服务区域就不能直接与其他站点建立连接。由一组基本服务集连在一起的系统称为分发系统(Distribution System,DS)。DS可以是传统以太网或ATM等网络,各个站点通过接入点(Access Point,AP)来访问分发系统。

无线局域网通过无线信道连接,而无线介质没有确定的边界,即无法保证符合物理层收发器规定的无线站点在边界不能收到网络中传播的信号(这一点对于网络安全性具有很大的影响)。此外,无线介质中传播的信号很容易被窃听和干扰,信号的可靠性不高。通过无线介质,无法保证每个STA都能够接收到其他STA信号。

4.1.2 WLAN的标准

在无线局域网标准中,最著名的是IEEE 802.11系列,此外制定WLAN标准的组织还有ETSI(欧洲电信标准组织)和HomeRF工作组。ETSI提出的标准有HiperLAN1和HiperLAN2,HomeRF工作组的两个标准是HomeRF和HomeRF2。其中,IEEE 802.11系列标准由于对以太网标准IEEE 802.3影响很大,而得到最广泛的支持,尤其在数据业务上。

在WLAN中,常用的标准主要有IEEE 802.11b、IEEE 802.11a、IEEE 802.11g、Bluetooth、HomeRF、IrDA、HiperLAN2等。

1. IEEE 802.11

IEEE 802.11是最初制定的一个局域网标准,主要用于解决办公室网络和校园网中用户终端的无线接入,业务主要限于数据存取,速率最高只能达到2Mb/s,工作在2.4GHz开放频段。这一标准于1997年6月公布,是无线网络技术发展的一个里程碑。由于IEEE 802.11在速率和传输距离上都不能满足人们的需要,因此,IEEE又相继推出了IEEE 802.11b和IEEE 802.11a两个新标准,三者之间技术上的主要差别在MAC子层和物理层(PHY)。经过多年的发展,IEEE 802.11家族已经从最初的IEEE 802.11发展到IEEE 802.11a、IEEE 802.11b、IEEE 802.11i及IEEE 802.16d、IEEE 802.16e等,如表4-2所示。

表4-2 无线局域网标准

标准名称	标准描述
IEEE 802.11	无线局域网物理层与介质访问控制层规范
IEEE 802.11a	传输标准,5GHz波段,速率54Mb/s
IEEE 802.11b	传输标准,2.4GHz波段,速率11Mb/s
IEEE 802.11d	多国漫游的特殊要求
IEEE 802.11e	服务质量(QoS)
IEEE 802.11f	接入点第二层(MAC层)漫游
IEEE 802.11g	传输标准,2.4GHz波段,速率54Mb/s
IEEE 802.11h	物理层动态频率选择与传输功率控制

续表

标准名称	标准描述
IEEE 802.11i	增强无线通信安全的规范
IEEE 802.11j	4.9～5GHz 波段传输标准
IEEE 802.11k	无线电频率资源管理
IEEE 802.11m	对 IEEE 802.11 规范的改进
IEEE 802.11n	传输标准,5GHz 波段,速率 100Mb/s
IEEE 802.11o	VoWLAN
IEEE 802.11p	车载环境中的通信
IEEE 802.11q	VLAN 的支持机制
IEEE 802.11r	快速漫游
IEEE 802.11s	接入点无线 Mesh 网络
IEEE 802.11t	无线网络性能预测
IEEE 802.11u	与其他网络的交互性
IEEE 802.11v	无线网络管理
IEEE 802.11x	无线安全认证
IEEE 802.16d	高速无线城域网(固定应用)
IEEE 802.16e	高速无线城域网(移动应用)

2. Bluetooth

Bluetooth(蓝牙)(IEEE 802.15)是于1998年5月由5家著名计算机和通信公司提出的。Bluetooth是一种低成本、低带宽、短距离、低功耗的无线数据传送技术,主要用于PDA、手机、笔记本电脑等设备。对于IEEE 802.11来说,Bluetooth的出现不是为了竞争而是相互补充。蓝牙比IEEE 802.11更具移动性,但蓝牙主要是点对点的短距离无线发送技术,本质上或者是RF,或者是红外线。严格来讲,它不算是真正的局域网技术。

3. HiperLAN

HiperLAN是欧洲电信标准组织在1992年提出的一个WLAN标准,有HiperLAN1和HiperLAN2两套标准,可以收发数据、图形及语音数据。HiperLAN2是HiperLAN1的后续版本,HiperLAN2部分建立在GSM基础上,使用频段为5GHz。在物理层上HiperLAN2和IEEE 802.11a几乎完全相同:它采用OFDM技术、最大数据速率为54Mb/s。它和IEEE 802.11a最大的不同是HiperLAN2不是建立在以太网基础上的,而是采用TDMA结构,形成一个面向连接的网络,这一特性使它容易满足QoS要求,可以为每个连接分配一个指定的QoS,确定这个连接在带宽、延迟、拥塞、比特错误率等方面的要求。这种QoS支持与高传输速率一起保证了不同的数据序列(如视频、语音和数据等)可以同时进行高速传输。HiperLAN2虽然在技术上有优势,然而它在开发过程中却落后于IEEE 802.11a,不过因为它是欧洲的标准,所以一直得到欧洲政府的支持。

4. HomeRF

HomeRF是数字增强无绳电话(Digital Enhanced Cordless Telephone,DECT)技术和无线局域网技术相互融合的产物。HomeRF主要为家庭网络设计,是IEEE 802.11与数字无绳电话标准的结合。HomeRF采用扩频技术,工作在2.4GHz频带,能同步支持4条高质量语音信道。目前,HomeRF的传输速率已达100Mb/s。在HomeRF中进行数据通信时,采用的是IEEE 802.11规范中的TCP/IP传输协议;进行语音通信时,则采用了DECT规范。

不同于其他技术,HomeRF从一开始就定位于构建家庭网络,充分考虑了家居环境中的各种因素,因此适合今后家庭的宽带通信。HomeRF无线家庭网络除了具有家庭所应用的信息、资源共享的特点外,还支持高质量的语言与数据传输,这就为无线家庭网络的应用开辟了新的天地。但是对HomeRF的意见不统一,2003年1月,Intel宣布不再支持HomeRF技术,而全力支持IEEE 802.11系列无线局域网标准,随后HomeRF工作组宣布解散。

表4-3给出了几种WLAN标准的比较。

表4-3 现有的WALN标准比较

WLAN标准	物理层数据速率/(Mb/s)	实际数据速率/(Mb/s)	最大传输距离/m	频率/GHz	QoS支持	推出时间
802.11b	11	6	100	2.4	无	1999年
802.11a	54	31	80	5	无	2001年
802.11g	54	22	150	5	无	2003年
HomeRF2	10	6	50	2.4	有	2002年
HiperLAN2	54	31	80	5	有	2003年

4.2 无线局域网的通信方式

IEEE 802.11标准规定了3种物理层规范:采用红外线通信方式、直接序列扩频(DSSS)通信方式和2.4GHz频段的无线电波的跳频扩频(FHSS)通信方式,后两种规范的传输速率为1Mb/s或2Mb/s。

1. 红外线通信方式

红外线局域网采用波长小于1μm的红外线作为传输媒体,有较强的方向性,受阳光干扰大。它具有 1～2Mb/s 的数据速率，适于近距离通信。使用红外线传输时不受法规的限制，并能达到较高的数据传输速率，但一般仅限于室内，需要天花板反射信号，无法穿透非透明障碍物。

2. 直接序列扩频通信方式

直接序列扩频(Direct Sequence Spread Spectrum，DSSS)使用具有高码率的扩频序列，在发射端扩展信号的频谱，而在接收端用相同的扩频码序列进行通信，支持 1～2Mb/s 的数据速率。DSSS 方式成本较高，能量耗费大，可提供的通道数少，但发送范围比 FHSS 大。

3. 跳频扩频通信方式

跳频扩频(Frequency-Hopping Spread Spectrum，FHSS)技术与直接序列扩频技术完全不同，是另外一种扩频技术，是在同步且同时的情况下，接收两端以特定形式的窄频载波来传送信号。跳频的载波受一个伪随机码的控制，在其工作带宽范围内，其频率按有机规律不断改变频率。接收端的频率也按随机规律变化，并保持与发射端的规律一致。跳频的高低直接反映跳频系统的性能，跳频越高，抗干扰的性能越好，军用的跳频系统可以达到每秒上万跳。实际上移动通信的 GSM 系统也是跳频系统。出于成本的考虑，商用跳频系统跳速都较慢，一般在每秒 50 跳以下。由于慢跳频系统实现简单，因此低速 WLAN 常常采用这种技术。FHSS 局域网支持 1Mb/s 数据速率，共 22 组跳频图案，包括 79 个信道，输出的同步载波经解调后，可获得发送端送来的信息。FHSS 方式成本低，能量消耗低，信号抗干扰能力强，发送范围小于 DSSS，但大于红外线物理层。

DSSS 和 FHSS 无线局域网都使用无线电波作为媒体，覆盖范围大，发射功率较自然背景的噪声低，基本避免了信号的偷听和窃取，通信安全性高。同时，无线局域网中的电波不会对人体健康造成损害，具有抗干扰、抗噪声、抗衰减和保密性好等优点。无线局域网在性能和能力上的差异，主要取决于采用全频带传送数据，速度较快。DSSS 技术适用于固定环境中，或对传输品质要求较高的应用。因此，在工厂、医院、社区等应用中，大多是 DSSS 无线技术产品。FHSS 则大多用于需快速移动的端点，如移动电话在无线传输技术部分，即 FHSS 技术。

4.3 无线局域网的主要设备

无线局域网的硬件设备主要有无线网卡、无线 AP、无线路由器和无线天线等，如图 4-2 所示。下面进行详细介绍。

1. 无线网卡

无线网卡(见图 4-2(a))的作用和普通网卡是一样的，是实现计算机与其他无线设备连接的接口，计算机要想与其他设备进行无线连接，必须安装一块无线网卡。

无线网卡根据接口类型的不同，一般分为 3 种：PCI 无线网卡、PCMCIA 无线网卡和

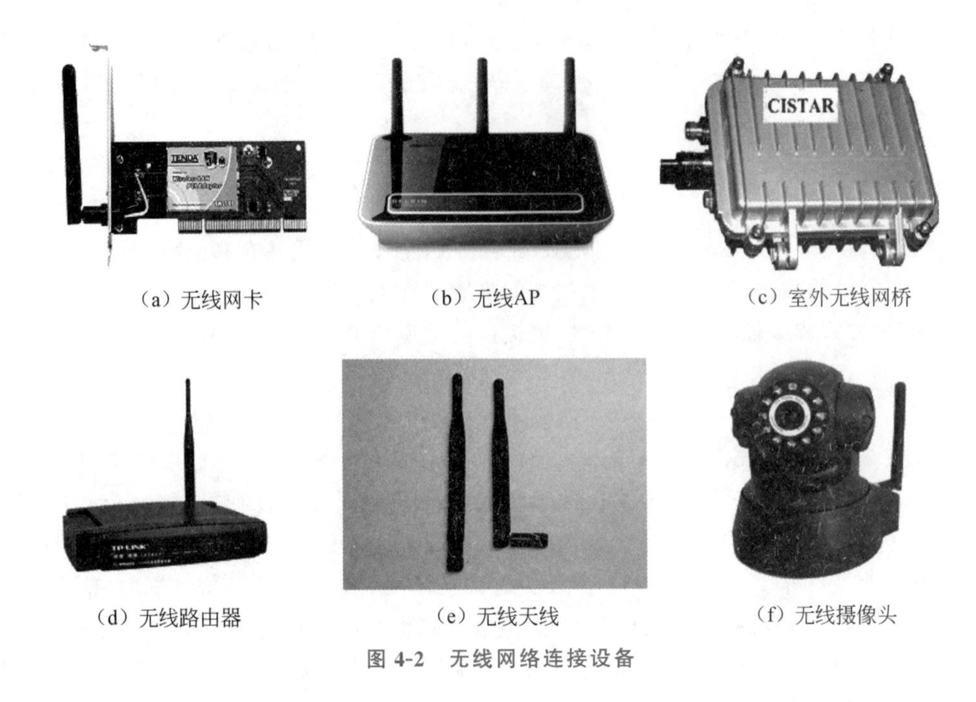

(a) 无线网卡　(b) 无线AP　(c) 室外无线网桥

(d) 无线路由器　(e) 无线天线　(f) 无线摄像头

图 4-2　无线网络连接设备

USB 无线网卡。

(1) PCI 无线网卡适用于普通的台式计算机,接在计算机主板的 PCI 插槽中,不支持热插拔。

(2) PCMCIA 无线网卡一般用于笔记本电脑,支持热插拔,使用时把网卡插入笔记本电脑的 PCMCIA 插槽中。

(3) USB 无线网卡在笔记本电脑和台式计算机上都可以使用,支持热插拔,使用时把网卡插入计算机 USB 接口中就可以了。

2. 无线 AP

无线 AP(Access Point)又称为无线接入点,如图 4-2(b)所示。无线 AP 如没有特别的说明,可以理解为单纯性无线 AP,以和无线路由器加以区分。它相当于以太网中的 Hub 或者交换机,一个无线 AP 可以支持多达几十台计算机的接入,最大覆盖距离可达 300m。

为了实现无线与有线网络的连接,无线 AP 都拥有一个或多个以太网接口,可以将安装双绞线网卡的计算机与安装无线网卡的计算机连接在一起,这样就可以将分布在各处的无线 AP 利用网线连接在一起,扩大无线网络的覆盖范围。

另外,借助于无线 AP,还可以实现若干固定网络的远程连接,不需要布线施工。安装于室外的无线 AP 通常称为室外无线网桥,如图 4-2(c)所示。

3. 无线路由器

无线路由器如图 4-2(d)所示,一般既有无线 AP 的功能,又有路由器的功能。可以用

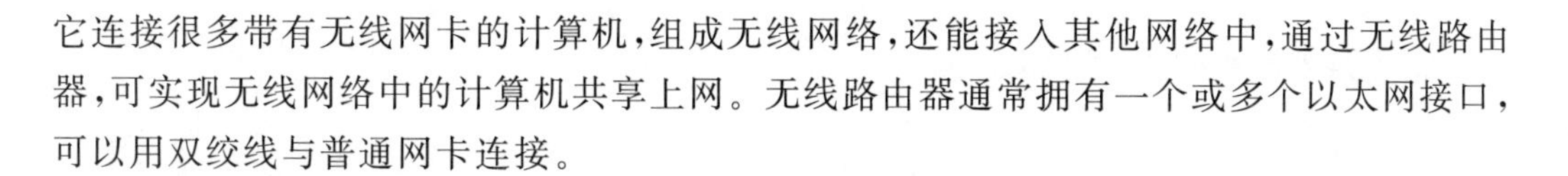
它连接很多带有无线网卡的计算机，组成无线网络，还能接入其他网络中，通过无线路由器，可实现无线网络中的计算机共享上网。无线路由器通常拥有一个或多个以太网接口，可以用双绞线与普通网卡连接。

4. 无线天线

一般无线网络新产品都要自带天线，天线主要起到增强无线信号的作用，可以把它理解为无线信号的放大器。而根据方向性的不同，天线有全向和定向两种，全向天线无方向性，对四周都有信号放大的效果，一般用于以一个点为中心而四周有很多点分布的网络环境；定向天线一般是指天线指向的方向、网络信号特强，而其他方向的网络信号较弱或没有信号，一般适合于远距离点对点通信。图4-2(e)所示是一种棒状的无线天线。

5. 其他无线设备

随着无线网络技术的发展和广泛应用，无线设备会越来越多，如无线摄像头，如图4-2(f)所示，用于过程监控，还有无线打印机、无线投影机等。

4.4　无线网络的设计

1. 无线局域网的设计思想

IEEE 802.11定义的WLAN的类型决定了它们的应用场合，同时决定了它们在设计时的不同。针对用户数较少且距离较近时，可以考虑Ad-Hoc结构。由于省去了无线AP，Ad-Hoc无线局域网的网络架设过程十分简单，不过一般的无线网卡在室内环境下传输距离通常为40m左右，当超过此有效传输距离时，就不能实现彼此之间的通信；因此该种模式非常适合一些简单甚至是临时性的无线互联需求。

针对用户数较多时，要考虑采用结构型设计，相对来说就要复杂一些。由于在相同无线覆盖面积的情况下，所使用接入点的数量直接关系到用户的网络建设成本，同时注意到两个邻近接入点之间覆盖范围重叠会导致网络性能下降，因此在设计覆盖范围时，一方面应尽可能分离各个接入点，以最大限度地降低成本；另一方面，又必须避免覆盖缝隙的存在，以保证用户的可用服务。

无线局域网设计的原则是在确保所有用户服务(容量导向)的前提下，最大限度减少接入点的数目(覆盖导向)。覆盖导向设计最大限度降低了无线网络建设的成本，但针对用户数量密集的高容量区域，就必须以容量导向为前提，使用多个接入点。

无线局域网设计的主要步骤如下：首先根据用户的需求，确定无线网络的覆盖面积和系统的容量；其次根据建筑物的实际环境，进行接入点定位的初始规划并根据初始的规划，在建筑物的实际环境里进行测量(如信号的强度)；再次利用测量的结果，调整最初的设计，接着重复测量和调整这两个步骤，直至找到理想的结果，并给出无线覆盖图；最后为相应的接入点设定信道，利用频率复用技术来降低邻近接入点间的信道干扰。

2. 无线局域网的优化设计

网络结构是进行优化设计的基础。大型WLAN应用的网络结构以基础设施网络为主。基础设施网络提供对其他网络的访问,带有转发功能和介质访问控制等功能。在基于这种结构的网络中,通信只发生在无线结点和AP之间,而不是两个无线结点之间直接通信。AP起到了桥接其他无线或有线网络的作用。这种网络结构典型的使用场景为校园、办公室、超市和仓库。

WLAN优化设计的目的是使无线接入设备覆盖所有期望覆盖的区域,并且具有足够承担预期负载的能力。由于环境的复杂性,WLAN的设计必须通过实际的测量才能达到理想效果。其中,AP的定位和频率分配是WLAN优化设计的两个重要方面。

AP的位置首先应根据实际的场景和需求初步进行选择,然后再通过实地测量进行调整。定位需要遵循以下原则:AP的覆盖区域之间无间隙,AP之间重叠区域最小。第一条原则保证所有的区域都能覆盖到,而第二条原则是要尽可能减少所需的AP数量。

AP覆盖区域的确定需要根据接收到的信号强度来决定,做法是先设定一个信号强度阈值,例如,为满足某个区域的无线终端点播流媒体课件的需求,通过测量得知信噪比SNR=10dB是能够保证点播流媒体课件质量稳定的最低信号强度,所以可将10dB作为阈值,凡是信号强度不低于这个阈值的区域就确定为AP的覆盖区域;然后进行实地测量并记录,产生AP的覆盖区域图;最后根据定位原则进行调整,直到满意为止。

由于各个区域的用户密度不同,一般情况下用户密度大的区域情况更复杂,所以应先在用户密度高的区域进行AP的布置,然后再布置用户密度低的区域。在空旷的户外可用对称圆形和球形来划定AP覆盖区域;而在规则的狭长或矩形建筑物内可用线形或矩形将AP对称分布。但是由于室内建筑结构的复杂性,例如金属防盗门、铝合金门窗等,应当在初步选择AP位置后进行仔细的测量,以确保所布置的AP能够覆盖所有区域。

在AP的位置已经固定,覆盖范围也已经确定之后,要考虑的是频率分配的问题。IEEE 802.11b的工作频率为2.4~2.4835GHz,每个信道带宽为22MHz,两个相邻频道的中心距仅为5MHz。在多个频道同时工作的情况下,为保证频道之间的相互干扰最小,可以使用3个互相不重叠的频道。频率分配实质上类似于一个用3种颜色给地图涂色的问题。

另外,WLAN的优化设计不仅要从覆盖范围的角度来考虑,还要考虑其负载能力,以保证服务质量。以布置无线教室为例,假设实际的需求是要保证30个学生同时点播多媒体课件,一个AP不能满足要求,需要在同一教室里面布置两个AP。由于用户需求是动态变化的,AP的实际负载可能会加重或减轻,这些变化可以通过对WLAN监视得知。网络管理员应根据实际变化对AP的数量和分布做出调整。总之,良好的WLAN设计不仅可以保证较好的服务质量,也可以减少AP的使用数量从而节约成本,其前提是事先经过充分的实地测量和评估。

4.5　应用实例

4.5.1　校园无线网络架构设计

在这里，以我国某高校校园无线网络为蓝本，介绍高校校园无线网络架构的设计与实现技术。

1. 学校建筑物分布及无线网络覆盖范围

该校的建筑物分布如图 4-3 所示，由行政办公楼、教学实验区、教工宿舍区和学生宿舍区构成。无线网络主要用于不便于布线的区域或者人员密集的区域，覆盖范围有行政办公楼、天池、荷花池、两个会议大厅（逸夫会议大厅和喀斯特会议大厅）、体育馆、图书馆、三个食堂、两个运动场（足球场和田径运动场）。

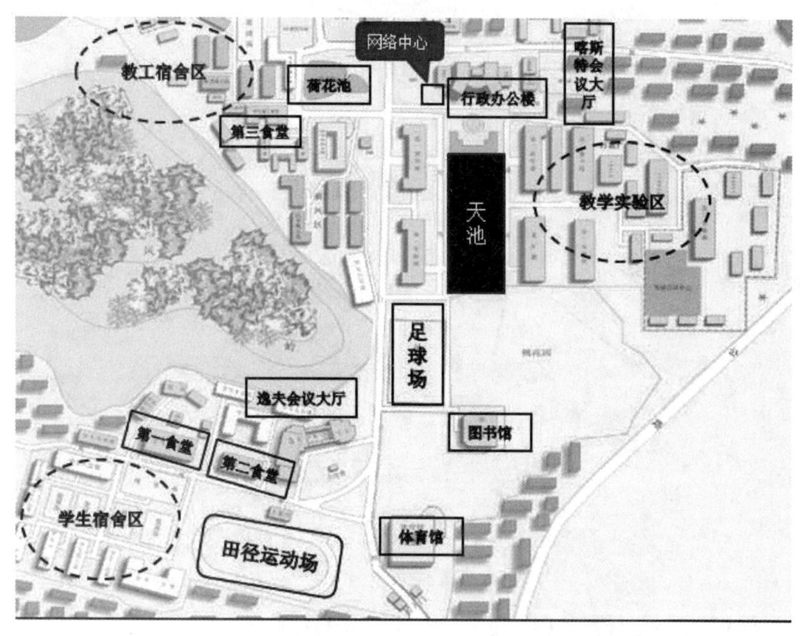

图 4-3　校园建筑物分布图

2. 校园无线网络架构设计

所需主要设备如表 4-4 所示。用一台宽带远程接入服务器 BRAS 作为校园无线网络的接入与认证设备，该台 BRAS 上连到网络中心的核心交换机上，下连无线网络专用的汇聚层交换机（三层交换机）上，无线 AP 就近连接到接入层交换机（二层交换机），二层交换机上连到汇聚层交换机上，其网络拓扑如图 4-4 所示。

表 4-4 设备配置清单

设备名称	配置说明	数量	单位
三层交换机	1000Mb/s	4	台
二层交换机	100Mb/s	13	台
BRAS 认证设备	支持无线网络认证和计费	1	台
无线控制器	盒式 AC 主机,管理 256 台 AP,两个交流电源,两个电源避雷器	1	台
室内无线 AP	支持 IEEE 802.11n,室内普通型,2×2 双频,内置天线,POE 电源	200	台
室外无线 AP	支持 IEEE 802.11n,室外增强型,2×2 双频	50	台
无线网络管理软件	管理软件,标准版本,能够管理 300 个设备结点,其中含 250 个无线 AP 结点	1	套

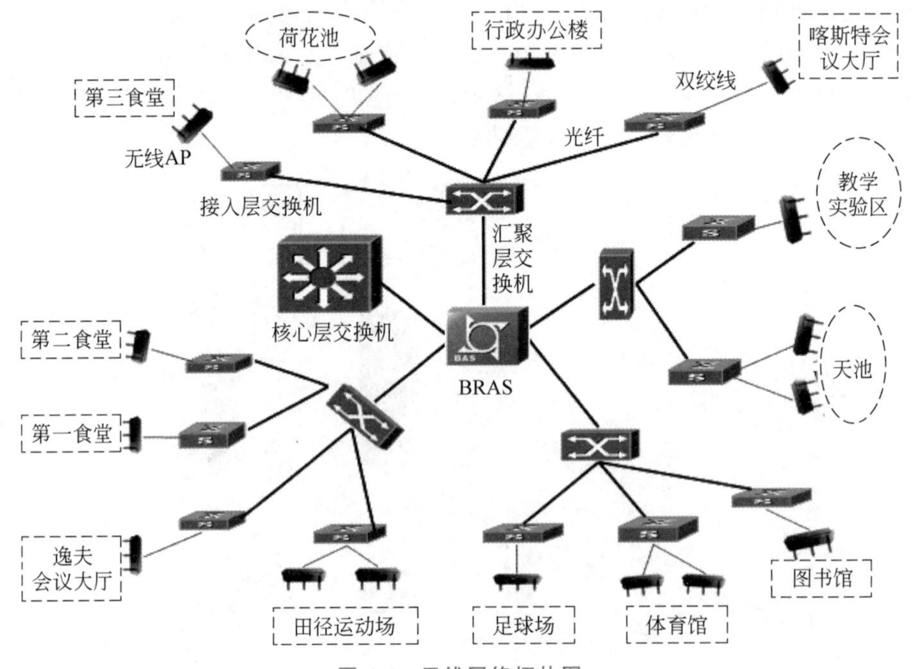

图 4-4 无线网络拓扑图

4.5.2 家庭无线网络的配置及其应用技术

本节内容可以扫描左侧的二维码获取。

习题

1. 无线局域网有哪些主要标准？哪些是现在的主流技术的依据？
2. 按照 IEEE 802.11 标准组建的局域网有哪两种类型？各自特点是什么？

3. 针对 IEEE 802.11 提供的两种类型进行无线局域网设计，适合于哪些场合？各自怎么设计？

4. 简述 IEEE 802.11 的认证过程。

5. 无线局域网设备有哪些？查阅资料，了解无线天线的种类与作用。

6. 根据无线网络组网技术、要求及规范，设计一个小区的无线网络架构，同时列出设备清单及线材清单。

第5章 Internet实用技术

在这一章中,介绍几种 Internet 实用工具的基本功能和使用技术,主要内容有浏览器、搜索引擎、电子邮件、FTP、Telnet、微信、个人博客、支付宝、电子政务。

知识培养目标

- 了解搜索引擎的基本概念及其应用;
- 了解电子邮件收发应用;
- 了解 FTP 的功能和应用;
- 了解 Telnet 远程登录的方法;
- 了解微信、个人博客的建立和应用;
- 了解支付宝的应用;
- 了解电子政务的概念和架构。

能力培养目标

- 具备收发电子邮件的能力;
- 具备建立个人博客的能力;
- 具备建立支付宝和应用的能力。

课程思政培养目标

课程内容与课程思政培养目标关联表如表 5-1 所示。

表 5-1 课程内容与课程思政培养目标关联表

节	知识点	案例及教学内容	思政元素	培养目标及实现方法
5.1、5.2	浏览器和网络搜索引擎		了解 Internet 网络在人类生活中和学习中的应用及网络对人类社会所做的贡献	引导学生应用网络加强知识面的学习和拓展,树立学习信心和社会责任感,努力学好知识、学好技术,以回报父母,回报社会
5.9、5.10	腾讯 QQ 和微信		QQ 和微信给现代人类生活带来了方便,但 QQ 和微信也存在不安全的因素。不接收和传播色情、暴力及低级趣味的言论和图片,不传播谣言,是每个公民应尽的义务	引导学生树立正确、积极的心态,弘扬正能量,杜绝负能量信息和负面信息。不浏览低级趣味的信息,不信谣、不传谣

5.1　浏览器

5.1.1　Web 网页和浏览器

Internet 把所有上网信息组织成超文本 Web 网页文件存放在 Web 服务器(又称为 WWW 服务器)上,Web 服务器之间以超链接的方式相互链接。只要在网页上单击相应的标题或图标,就能在 Internet 得到所需的信息资源。

Web 网页文件是用超文本标记语言(HTML)编写的超文本文件。网页文件除了文字描述以外,还有图形、动画、音频和视频。

浏览器是一个网页浏览的应用软件,不但可以浏览文本信息,还可以浏览图形、音频和视频信息。

目前,普遍使用的浏览器 IE(Internet Explorer,Internet 探测者)是 Windows 自带的一个应用软件。

5.1.2　IE 浏览器

IE 是 Windows 的应用组件,在安装 Windows 时,已自动安装 IE 软件,启动 Windows 后可直接使用。

另外,在 http://www.msn.com 网站上有许多优秀的免费软件,其中包括 IE 的各种版本,可以在该网站下载所需的 IE 版本,下载完后,双击 Setup.exe 文件进行安装。

IE 的启动:在 Windows 桌面上,选择"开始"→"程序"→Internet Explorer 命令,即进入 IE 主窗口,如图 5-1 所示。

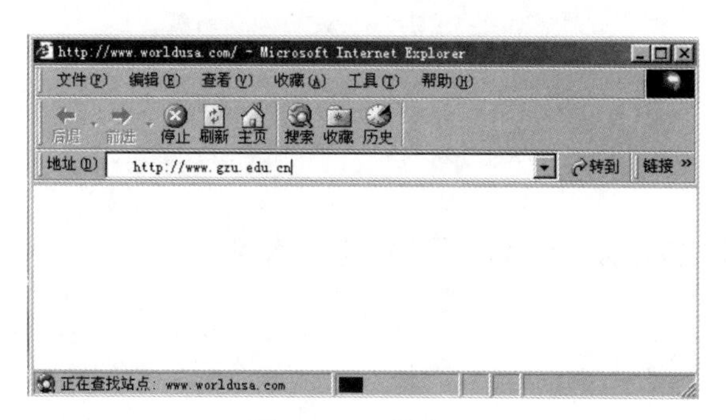

图 5-1　IE 主窗口

1. 如何用 IE 浏览网上信息

启动 IE 后,在"地址"栏中输入相应的网址并按 Enter 键即可进入网站的主页。例如,在地址栏中输入"http://www.gzu.edu.cn"并按 Enter 键即进入贵州大学网站的主页;输入“http://www.pku.edu.cn”即进入北京大学网站的主页。进入主页后,单击感兴趣的标题或图标,则进入相应的网页或相应的网站。例如,在贵州大学网站主页上选择“贵大概况”,即进入“贵州大学概况介绍”网页;在贵州大学主页上选择“国内大学”→“北京”→“清华大学”即进入(链接到)清华大学网站。

2. 为 Web 页面指定语言编码

在IE的“查看”菜单上,选择“编码”,然后选择所需的语言。若正在浏览的是国内的中文网站的网页,一般选择“简体中文(GB2312)”;但若要浏览中国台湾网站,则必须选择“繁体中文(Big5)”。

3. 如何设置 IE 自动访问主页

如果希望每次打开 Internet Explorer 时自动访问某一网站或某一网页,则可事先对其进行设置。例如,若希望在启动 Internet Explorer 时自动进入“北大天网”主页,则在“工具”→“Internet 选项”→“常规”窗口的“地址”栏中输入北大天网的网址:http://e.pku.edu.cn,并单击“确定”按钮,如图5-2所示。

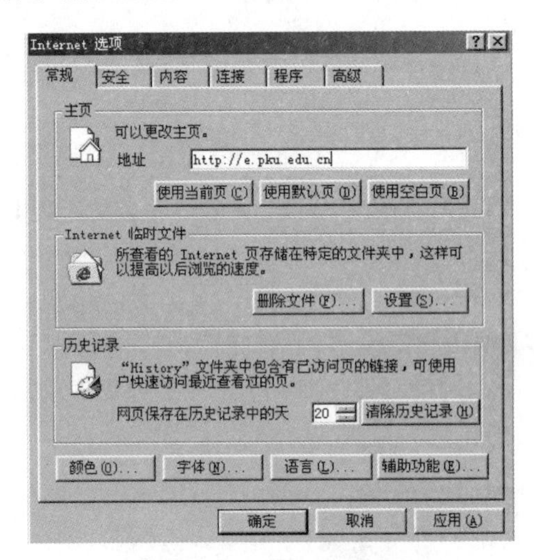

图 5-2 自动浏览网页设置

4. 关闭图形以加快所有 Web 页的显示速度

在 Internet Explorer 的“工具”菜单上,选择“Internet 选项”,再选择“高级”标签。在“多媒体”区域,取消选中“显示图片”“播放动画”“播放视频”和“播放声音”等全部或部分复选框。

即使取消选中了“显示图片”或者“播放视频”复选框,也可以通过右击相应图标,然后选中“显示图片”,则选中的单幅图片或动画会重新显示出来。清除“显示图片”复选框后,如果当前页上的图片仍然可见,可选择“查看”→“刷新”命令,以隐藏此图片。

5. 将 Web 页添加到收藏夹

转到要添加到收藏夹列表的 Web 页。在“收藏”菜单上,选择“添加到收藏夹”,输入该网页的新名称。

要打开收藏的 Web 页,可选择“收藏”菜单,然后选择要打开的 Web 页。当收藏的 Web 页不断增加时,可以将它们组织到一个文件夹中。

6. 合理使用 Cookie

Cookie 是一个在网站上能自动保存用户访问过程的文件。

Cookie 包含的信息与用户的爱好有关。例如,如果用户在某家航空公司的站点上查阅了航班时刻表,该站点就在用户的硬盘上创建了包含用户的旅行计划的 Cookie。也可能它只记录了用户在该站点上曾经访问过的 Web 页,由此帮助该站点在用户再次访问时根据用户的情况对显示的内容进行调整。

Internet Explorer 允许创建 Cookie。但是,用户可以指定当某个站点要在计算机上创建 Cookie 时是否给出提示,这样就可以选择允许或拒绝创建 Cookie,也可以禁止 Internet Explorer 接受任何 Cookie。

可对不同的安全区域指定不同的设置。如果站点位于“可信站点”区域或“本地 Intranet”区域,则允许站点创建 Cookie;如果位于“Internet 区域”,则在创建 Cookie 之前给出提示;如果位于“受限站点”区域,则不允许创建任何 Cookie。

7. 使用分级审查控制访问

Internet 提供了访问各类信息的广阔天地。但是,并非所有信息都适合每位浏览者,如应防止小孩看到有关暴力或色情等方面的内容。

Internet Explorer 使用分级审查控制计算机在 Internet 上可以访问的内容类型。当用户定义了分级审查功能时,以后浏览 Web 页时将只能显示满足或不超过标准的分级内容。用户可以查看和调整在语言、裸体和暴力等方面的分级设置,规定哪些内容不经允许就可查看,哪些必须经过允许才能查看。即可建立其他人不能查看的 Web 站点的列表,也可建立其他人都可以查看的 Web 站点的列表。

8. 为每个区域设置安全级

Internet Explorer 将 Internet 按区域划分,以便将 Web 站点分配到适当安全级的区域,主要有以下 4 个区域。

(1) Internet 区域。默认情况下,该区域包含未分配到其他任何区域的所有站点。Internet 区域的默认安全级为“中”。

(2) 本地 Intranet 区域。该区域通常包含按照系统管理员的定义不需要代理服务器的所有地址。包括在“连接”选项卡中指定的站点、网络路径和本地 Intranet 站点。也可以将站点添加到该区域。本地 Intranet 区域的默认安全级为“中低”。

(3) 可信站点区域。该区域包含信任的站点,将用户认为是可信的站点分配到该区域。可信站点区域的默认安全级为“低”。

(4) 受限站点区域。该区域包含不信任的站点,可将不信任的站点分配到该区域。受限站点区域的默认安全级为“高”。

Internet Explorer 状态栏的右侧显示当前 Web 页处于哪个区域。无论何时打开或下载 Web 上的内容，Internet Explorer 都将检查该 Web 站点所在区域的安全设置。

在 Internet Explorer 的"工具"菜单上，选择"Internet 选项"→"安全"标签。选择要设置安全级的某个区域。向上移动滑块可调高安全级，向下移动滑块则调低安全级。

5.1.3 Maxthon 浏览器

傲游浏览器(Maxthon Browser)原名为 MyIE2，是基于微软 Internet Explorer 或 Gecko 核心、多功能、多页面的网页浏览器，是由 Bloodchen 在畅游所写的 MyIE 代码基础上修改而来。它允许在同一窗口内打开任意多个页面，减少浏览器对系统资源的占用率，提高网上冲浪的效率。同时能有效防止恶意插件，阻止各种弹出式、浮动式广告，加强网上浏览的安全。傲游浏览器的主要特点：多标签浏览界面；鼠标手势；超级拖曳；隐私保护；广告猎手；RSS 阅读器；IE 扩展插件支持；外部工具栏；自定义皮肤。傲游浏览器的官方下载地址为 http://www.maxthon.cn/。Maxthon 浏览器主页如图 5-3 所示。

图 5-3 Maxthon 浏览器主页

5.2 网络搜索引擎

搜索引擎(search engines)是 Web 网页的组成部分(许多网站的主页上都有搜索引擎，如 263 网站 http://www.263.net)，它能对 Internet 上的所有信息资源进行搜集整理，以供用户查询。它包括信息搜集、信息整理和用户选择查询 3 部分。

搜索引擎为用户提供信息“综合检索”服务，它使用特殊手段把 Internet 上的所有信息归类，以帮助人们在茫茫网海中搜寻到自己所需要的信息。

在搜索引擎的检索文本框中输入关键词，便可将相关的网站和网页全部列出供挑选。例如，当在搜索引擎检索文本框中输入“计算机网络”一词后再单击“搜索”按钮，便会自动将与“计算机”“网络”及“计算机网络”有关的网站、论文论著、软件、网络设备、课程安排、会议通知等全部在网页上列出来，以供挑选。

目前全世界拥有许多网络搜索引擎，分为普通搜索引擎、集成搜索引擎和专业搜索引擎 3 类，专业搜索引擎本书不做介绍。

5.2.1　普通搜索引擎

普通搜索引擎均提供分类目录及关键词检索，而这些搜索引擎的基本用法是在输入框内输入要查找内容的关键字或词，再单击“搜索”或 Search 等按钮即可。用户只需通过搜索引擎提供的链接地址，就可以访问到相关信息。但是用这种方法检索可能会找到许多内容，为了提高检索的精确度，检索时应尽量用高级检索语法来检索，这样可以得到更精确的检索结果。当然各个搜索引擎的高级检索语法不尽相同。下面介绍几种著名的中文搜索引擎及其使用方法。

1. 搜狐网

在浏览器的 URL 栏中输入“http://www.sohu.com/”并按 Enter 键，进入搜狐网站主页，如图 5-4 所示。

图 5-4　搜狐网站主页

搜狐中文检索系统的核心是在全文检索产品 Search'97 引擎的基础上发展起来的，能够非常快捷地对各种网络资源，尤其是对中文资源进行检索。在检索文本栏中输入要查询的关键字，并单击“搜索”按钮，即将与关键字相关的内容全部列出以供选择。搜狐中文检索系统返回的检索结果有4个方面：搜狐分类(符合查询条件分类目录)、搜狐网站(符合查询条件的网站)、全球网页(符合查询条件的网页)、搜狐新闻(符合查询条件的新闻)。可以在以上这4个分类中任意切换，得到所需要的检索结果。搜狐中文检索系统兼容传统的搜索引擎中所有标准语法和逻辑操作符，还可以运用检索的语法。

(1) AND 表示前后两个词是“与”的逻辑关系。例如，输入关键字：“北京 AND 大学”，将检索出包含“北京”且包含“大学”的网站，如图 5-5 所示。

图 5-5 检索“北京 AND 大学”

(2) OR 表示前后两个词是“或”的逻辑关系。例如，输入关键字：“电脑 OR 计算机”，将检索出所有包含“电脑”或者包含“计算机”的网站。

2. 新浪网

在浏览器的 URL 栏中输入“http://www.sina.com.cn/”并按 Enter 键，进入新浪网站主页，如图 5-6 所示。

新浪网是一家为世界各地的华人提供全面 Internet 信息服务的国际性网站。其目标

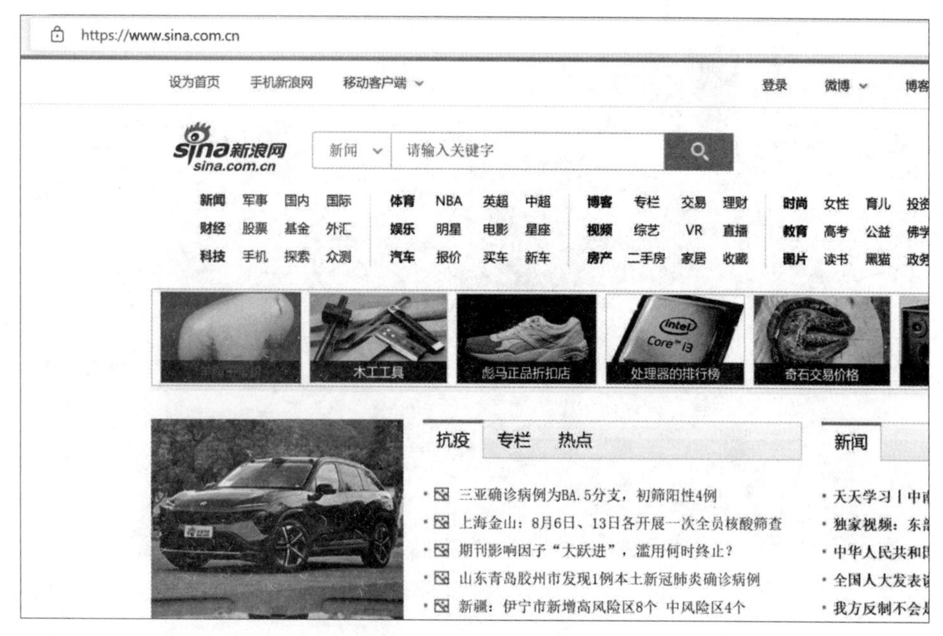

图 5-6　新浪网站主页

是通过提供全面、及时的中文信息内容和高效、方便的网络工具，建立功能多元化、使用简单快捷的中文网络空间。其搜索引擎提供 15 个目录的分类层次，并可按中文网页、英文网页、新闻、软件、游戏进行搜索。单击首页上的高级搜索链接可以限定条件进行高级搜索，有网站、网页和新闻检索选项，在搜索栏中输入要查询资料的关键字。

（1）每个搜索栏中可以输入一个或多个关键词，中间用空格隔开表示“且（and）”关系。

例如，输入关键字：“贵州 大学”，会找出包含“贵州”并且包含“大学”的网站。

（2）利用“＋”实现限定的关键字一定要出现在结果中，利用“－”实现限定的关键字不出现在结果中。

3. 悠游网

在浏览器的 URL 栏中输入“https://www.iyoyo.com.cn/”并按 Enter 键，进入悠游网站主页，如图 5-7 所示。

悠游中文搜索引擎是世界上第一个中文智能搜索引擎，于 1997 年 5 月投入使用。它是以香港中文大学科研成果为基础，专为中文设计开发的产品。除具备以西文为基础的搜索引擎的优点外，还由于融入了计算机人工智能技术，可自动分析中文网页进行分词处理，并自动提取关键词，建立以关键词为基础的查询数据库，因而降低了系统开销，大大提高了查询效率。悠游推出的针对特定站点的搜索服务，既可用于各网站自身，又可组合成为查询特定行业（如新闻、金融等）相关网站的专业搜索引擎，此服务将会在中文互联网行业产生深远的影响。

图 5-7 悠游网站主页

5.2.2 集成搜索引擎

集成搜索引擎网站一般没有自己的数据库,当用户在这种搜索引擎中输入关键词并单击"搜索"按钮后,该网站将检索要求发往多个搜索引擎,并返回搜索结果,有些搜索引擎还支持将搜索结果用 E-mail 发送。这特别适合对于需要快速获得大量查找信息的情况。

5.3 电子邮件

5.3.1 电子邮件概述

1. 电子邮件的概念

电子邮件(Electronic mail,E-mail 或 Email)是 Internet 上最早开发、最常用的服务,它通过计算机以电子形式利用网络传递信件。使用 E-mail 简单、方便、快捷、经济,而且 E-mail 可以传递各种形式的信件,如公文、学术论文、私人信件、各种多媒体文件等。

1) 电子邮件的特点

(1) 速度快;

(2) 异步传输;

(3) 广域性;

(4) 费用低。

2) 电子邮件的传送过程

电子邮件的传送采用“存储转发”的工作方式，网络常采用数据交换技术。邮件需经多台主机中转，才能到达目的地。

传送过程：发送方计算机(客户机)拆分邮件并封装成 TCP 邮包→包装成 IP 邮包→附上目的计算机地址(IP 地址)→客户机软件启动与下一台计算机联系→联系成功；IP 邮包→网络→路径选择(过程中)→存储转发→目的计算机→接收 IP 邮包；取出信息部分→复原为初始的邮件→服务器邮箱。

出错处理：发现 IP 邮包丢失或检验有误码时，要求发送端重发。

目的地计算机有故障或未开机：采用“延迟传递”的机制，把邮件存储在缓冲区中，并进行试探发送(spooling)。

3) 电子邮件的地址格式

和日常生活中一样，一封电子邮件必须要有对方的收件地址，其地址格式为

```
用户名@ 主机域名
```

例如：abc@163.com。

说明：

(1) 用户名可以是字母和数字的任意组合，不区分大小写；

(2) 当用户在同一个域中发送电子邮件时，可以只用用户名；

(3) @符号不可少，表示某个用户在某个服务器上，而后面的如 163.com 即为服务器主机域名；

(4) 例中的邮件地址意为在网易上申请的一个用户名为 abc 的电子邮箱地址。

电子邮件系统不只支持两个用户之间通信，它的一个非常有用的功能是利用所谓邮寄表向多个用户发送同一封邮件。邮寄表是一组 E-mail 地址并有一个共同的名称，也称为“别名”。发给该“别名”的邮件会自动分发给它所包含的每个 E-mail 地址。

2. 邮件传输系统

电子邮件传输系统包括两部分：报文传输代理(Message Transfer Agent，MTA)和邮件用户代理(User Agent，UA)。

报文传输代理为用户发送和接收邮件，相当于邮局。电子邮件系统的任务不仅是投递邮件，还帮助用户书写邮件等。

邮件用户代理就是邮件系统的用户界面，它帮助用户阅读、编辑和管理邮件。当 UA 按照用户的命令准备好一个要发送的邮件后，它就交给 MTA。

运行报文传输代理的主机就是邮件服务器。邮件服务器不间断地运行，它为用户发送、接收和保存邮件。每个机构一般使用网上一台或几台主机(如 UNIX 工作站)作为本域的邮件服务器，它运行报文传输代理，并为本机构用户在其上建立账号。

报文传输代理在邮件服务器上运行，但邮件用户代理既可以在邮件服务器上运行，也可以在用户主机上运行。

报文传输代理要遵循简单邮件传输协议(SMTP)的标准,也就是说,邮件服务器之间必须使用SMTP通信。而独立的邮件用户代理要遵循第3版的邮局协议(POP3)或第4版的Internet报文存取协议(IMAP4)。接收的邮件在Internet中是以SMTP传递的,而到了邮件服务器后,从邮件服务器到PC这最后一程是使用POP3传递的。电子邮件传输系统的工作过程如图5-8所示。

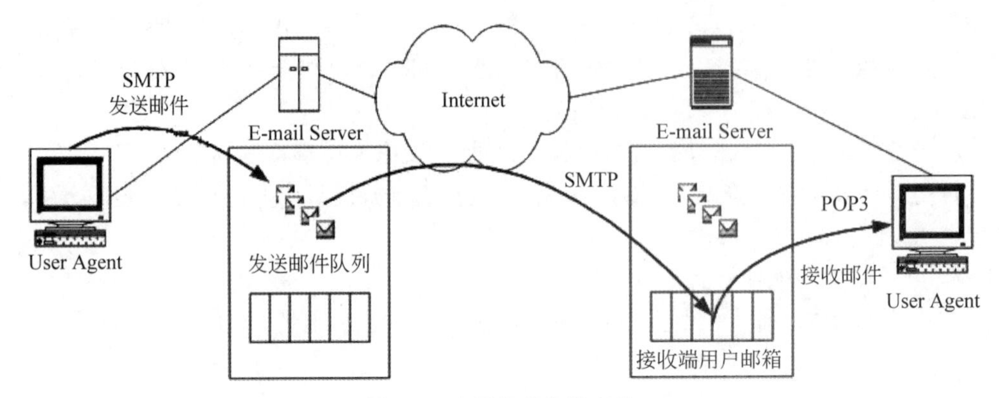

图5-8 电子邮件传输系统

5.3.2 Outlook 邮件系统

1. Outlook 的配置

在Windows桌面上,选择"开始"→"设置"→"控制面板"→"邮件"命令,即进入Outlook邮件系统设置的"Internet 账号"对话框,如图5-9所示。

图5-9 "Internet 账号"对话框

单击"添加"按钮,进入图5-10所示的对话框。

在"显示姓名"栏后输入姓名,如Tom,单击"下一步"按钮进入图5-11所示的对话框。

在"电子邮件地址"栏后输入E-mail地址,如"tom@gzu.edu.cn"(如果使用163免费邮箱,则输入"tom@163.com")。单击"下一步"按钮,进入图5-12所示的对话框。

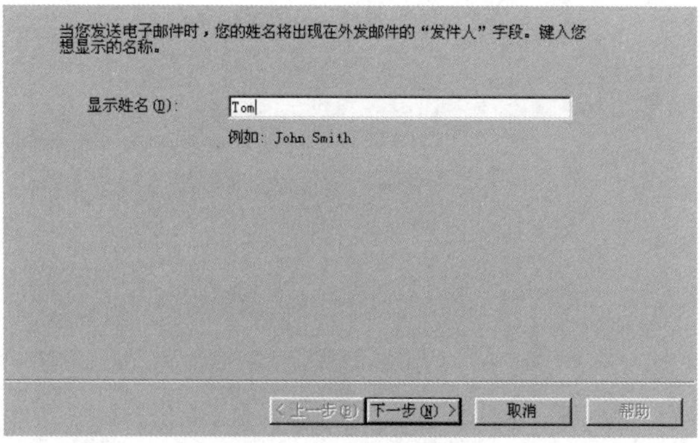

图 5-10 输入发件人姓名

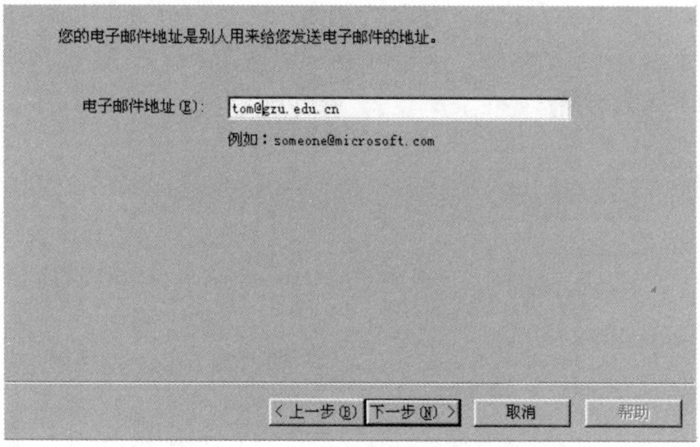

图 5-11 输入“电子邮件地址”

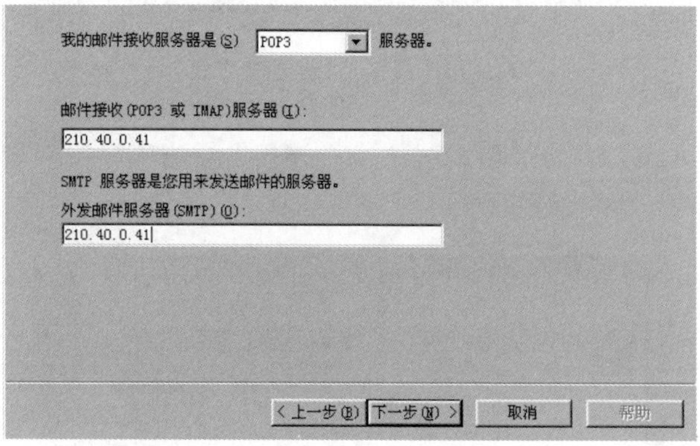

图 5-12 输入邮件服务器

在“我的邮件接收服务器是”后填入 POP3，在“邮件接收(POP3 或 IMAP)服务器”和“外发邮件服务器(SMTP)”栏后分别填上邮件接收服务器和外发邮件服务器的域名或 IP 地址，如“210.40.0.41”。也可以使用 163 免费邮箱，即在“邮件接收(POP3 或 IMAP)服务器”和“外发邮件服务器 SMTP”栏后分别填上“pop3.163.com”和“smpt.163.com”。单击

"下一步"按钮,进入图5-13所示的对话框。

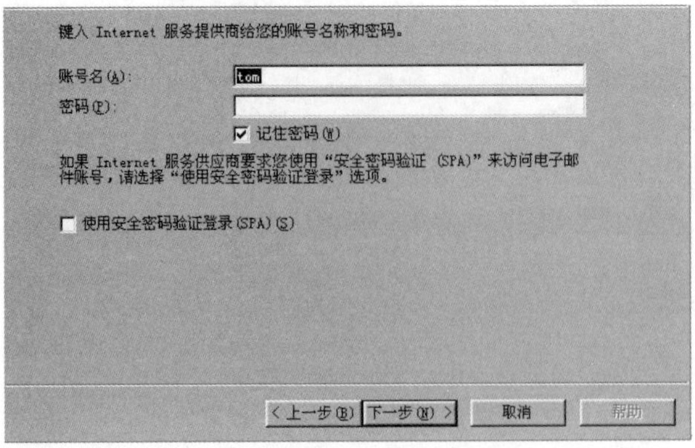

图5-13　输入"账号名"及"密码"

在"账号名"文本框中填入账号,如tom,并在"密码"栏后填入密码,单击"下一步"按钮,进入图5-14所示的对话框。

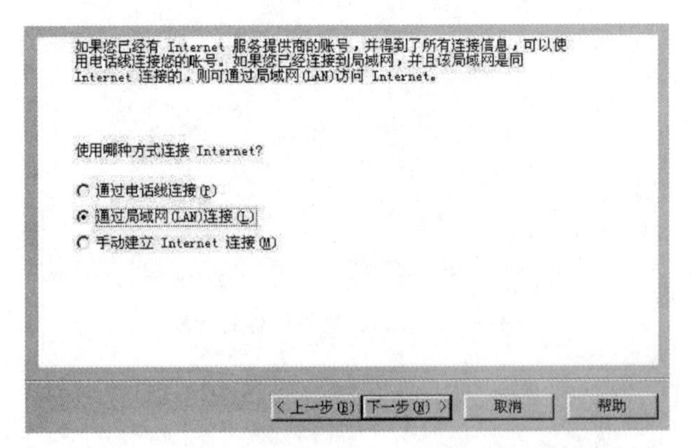

图5-14　选择"网络连接方式"

选择一种连接方式,如"通过局域网(LAN)连接",单击"下一步"按钮,再单击"完成"按钮,即可进入图5-15所示的对话框。

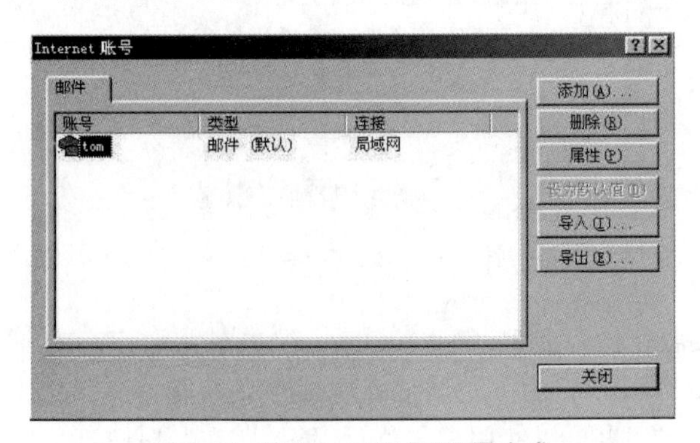

图5-15　"Internet账号"设置完成

至此，Outlook 的配置完毕。

2. Outlook 的安装与启动

因为 Microsoft Outlook 是 Office 办公组件的一个组成部分，所以它可以在安装 Office 时自动安装。

在 Windows 桌面上，选择“开始”→“程序”→Microsoft Outlook 命令，即进入 Outlook Express 主界面，如图 5-16 所示。

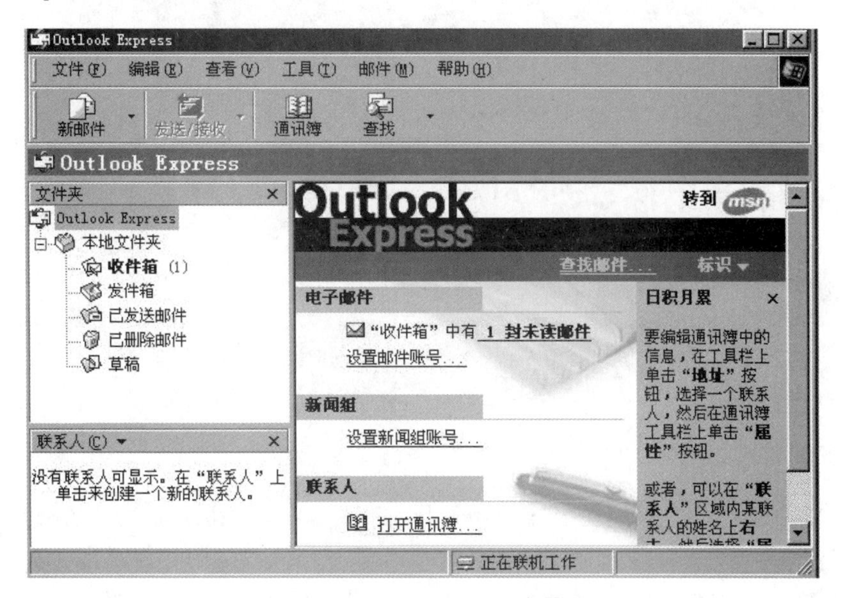

图 5-16　Outlook Express 主界面

3. 收件箱

1）检查新邮件

多数情况下，可自动接收邮件并让邮件在“收件箱”中出现。但是，Outlook 设置不同，检查新邮件的方法也不同。检查新邮件时，Outlook 检查发送给用户的邮件并送达要发送给其他人的邮件。根据特定的设置，可以在“收件箱”中尝试以下方法：单击“工具”菜单中的“检查”按钮。如果在用户配置文件中设置了多个信息服务，单击“工具”菜单中的“检查”按钮，然后选中合适的复选框。如果使用脱机文件夹，选择“工具”菜单上的“同步处理”命令，然后单击“此文件夹”。

2）创建新邮件

（1）选择“文件”菜单中的“新建”命令，然后选择“邮件”功能。

（2）在“收件人”和“抄送”框中，输入收件人姓名。若要从列表中选择收件人姓名，可以单击“收件人”或“抄送”。

（3）在“主题”框中，输入邮件主题。

（4）在邮件正文框中，输入邮件内容。

(5) 单击“发送”按钮,如图5-17所示。

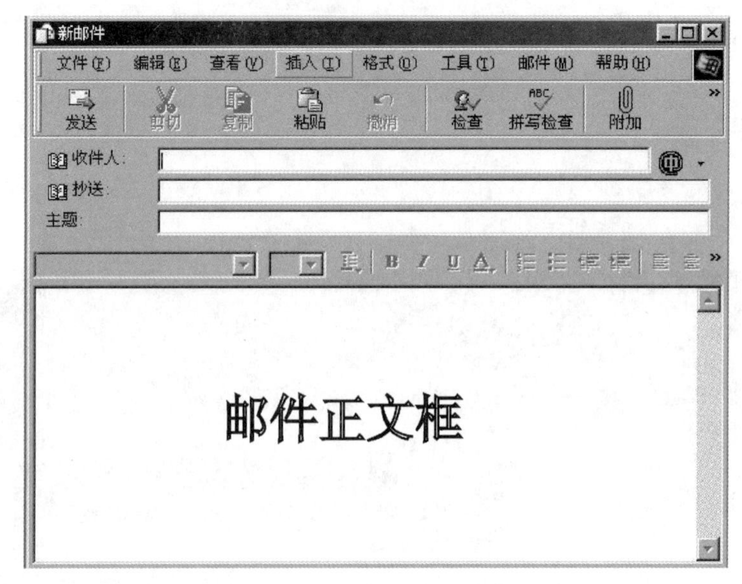

图5-17 “新邮件”操作窗口

4. 在邮件中插入附件

打开“新邮件”窗口,从“插入”菜单中选择“附件”,或者单击工具栏上的回形针图标,从“插入附件”对话框中选择要插入的文件,然后单击“添加”按钮。这时正文编写窗口会一分为二,它的下方会显示刚才加入的文件图标。用同样的方法,可以在一个邮件中插入多个附件,不过每次只能插入一个。

在收到的邮件中若带有附件,则可在信件预览窗口上看到一个回形针图标,单击该图标可以打开附件。

5. 对“垃圾邮件”的处理

在“工具”菜单栏中选择“收件箱助理”,单击“添加”按钮,该窗口分为上、下两部分,上面是“处理条件”,下面是“处理方法”。如经常收到发信地址为“qingzhu@990.net”的垃圾邮件,如果想从今以后不再收到它,可以在“处理条件”栏目中选择“发件人”,并在其中填入上述地址;接着在“处理方法”中选择“从服务器上删除”;单击“确定”按钮后,可以看到在描述框内,出现了“如果发件人地址中包含'qingzhu@990.net',则直接从服务器上删除”的描述,这就达到了处理垃圾邮件的目的。

6. 如何解决乱码显示

使用电子邮件最大的烦恼是收到乱码邮件,Outlook Express 5提供了解决乱码的方法:一种方法是选择乱码邮件,单击“查看”菜单“编码”命令中的“简体中文(GB2312)”,也可以选择“编码”命令中的“其他”,这里提供了“阿拉伯字符”“波罗的海字符”“中欧字符”等19种字符选择，只需选择“简体中文”即可。另一种方法是首先选择乱码邮件，右击，打开邮件快捷菜单，选择“属性”命令；然后在出现的对话框中单击“详细资料”标签，单击右下角的“邮件源文件...”按钮，这时就会打开邮件的源文件码，就可以看到邮件的内容。

对 Outlook Express 5 进行设置，能够从根本上解决电子邮件的乱码，操作过程如下。

(1) 打开 Outlook Express 5，选择“工具”菜单中的“选项”命令，单击“阅读”标签。

(2) 单击“字体”按钮，选择“简体中文(GB2312)”并把它设置为默认值，设置好后单击“确定”按钮回到“阅读”对话框。

(3) 单击“国际设置”按钮，选中“为接收的所有邮件使用默认的编码”，单击“确定”按钮退出。再次打开所有邮件，中文邮件就不会有乱码了。

5.3.3 QQ 邮件系统

1. QQ 邮件系统概述

QQ 邮箱是腾讯公司于 2002 年推出，向用户提供安全、稳定、快速、便捷电子邮件服务的邮箱产品，已为超过一亿的邮箱用户提供免费和增值邮箱服务。QQ 邮件服务以高速电信骨干网为强大后盾，有独立的境外邮件出口链路，免受境内外网络瓶颈影响，可以全球收发邮件。采用高容错性的内部服务器架构，确保任何故障都不影响用户的使用，随时随地稳定登录邮箱，收发邮件畅通无阻。

2. QQ 注册

在使用 QQ 邮件之前，必须注册 QQ，申请一个 QQ 号，关于 QQ 的注册申请，详见 5.9 节。获得 QQ 号后，加上 QQ 邮箱后缀“@qq.com”，即 QQ 邮箱号。

3. QQ 邮箱的开通

申请得到 QQ 号后，还要开通邮箱才能用 QQ 邮箱收发电子邮件。

启动 QQ 聊天室后，进入“个人资料”对话框，单击电子邮件图标，之后根据提示开通电子邮箱即可。

4. 启动 QQ 邮箱

第 1 步：启动 IE 浏览器。

第 2 步：启动腾讯 QQ。

在 IE 浏览器的 URL 中输入“http://www.qq.com”单击“邮箱”，进入 QQ 邮箱登录对话框，如图 5-18 所示。

在图 5-18 所示的对话框中，输入账户名(QQ 号)及密码，单击“登录”按钮，即进入 QQ 邮箱主界面，如图 5-19 所示。

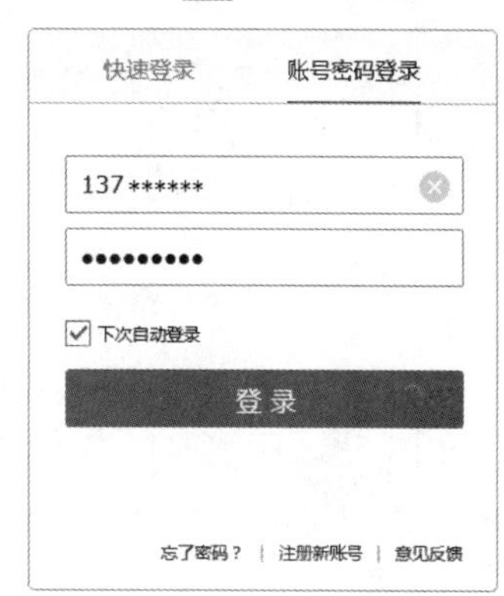

图 5-18 QQ 邮箱登录对话框

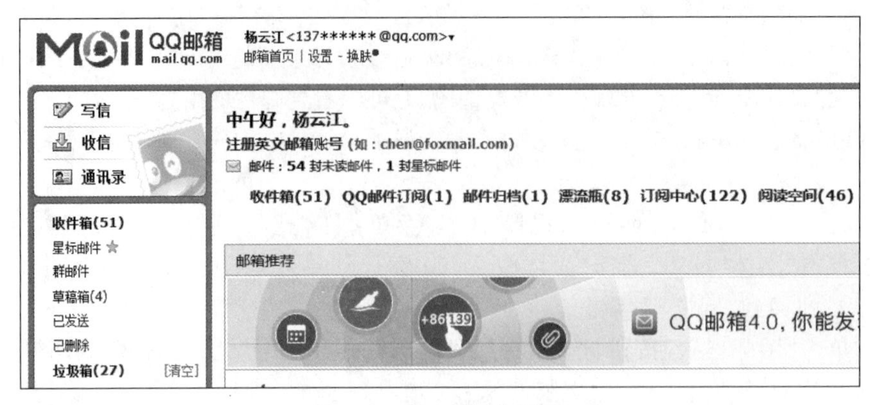

图 5-19 QQ 邮箱主界面

5. 收信

在图 5-19 所示的 QQ 邮箱主界面中，选择左上角的“收信”功能，即进入“收件箱”窗口，如图 5-20 所示。

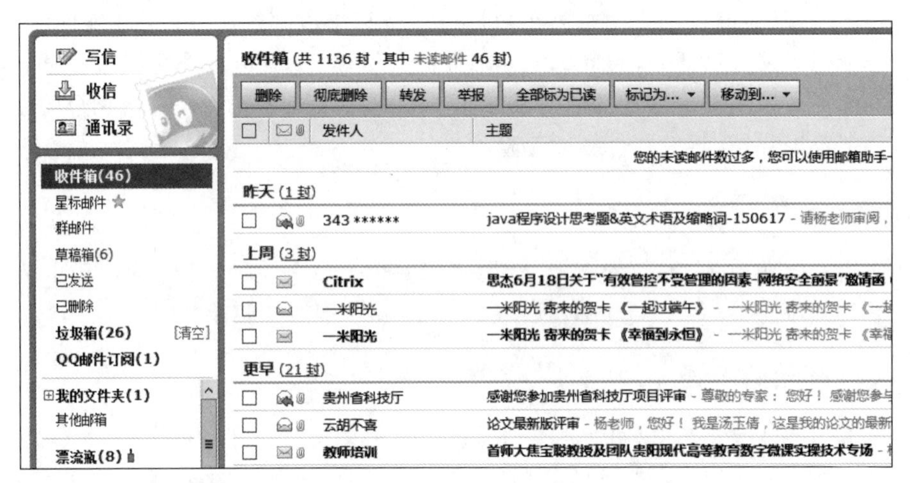

图 5-20 “收件箱”窗口

在图 5-20 所示的窗口中，单击要阅读的邮件所在的行，如发件人为 343******的邮件，得到图 5-21 所示的邮件阅读界面。

6. 复信

单击图 5-21 中的“回复”按钮，得到图 5-22 所示的复信窗口。

在图 5-22 所示的窗口中，在“正文”框中填写好邮件内容，单击“发送”按钮，回信即发送出去。

图 5-21　邮件阅读界面

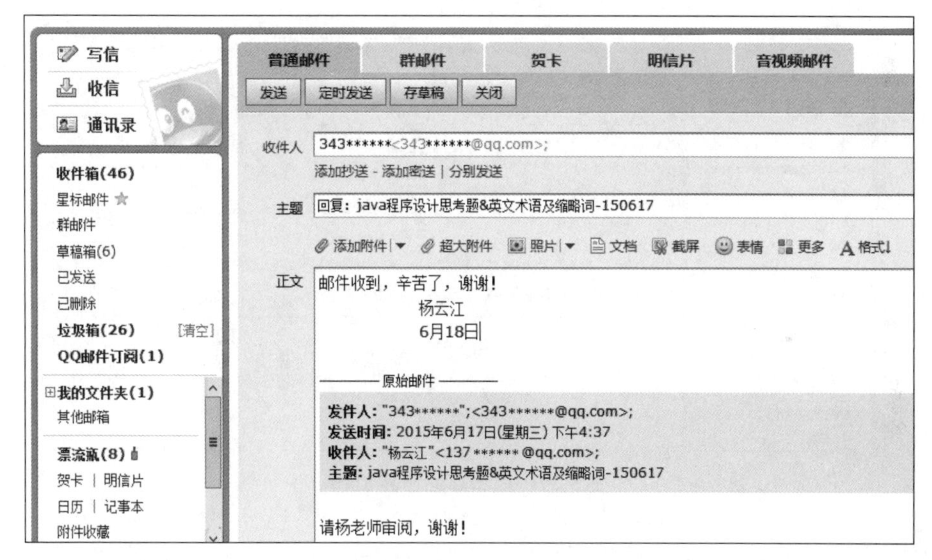

图 5-22　复信窗口

7. 写信

在图 5-19 所示的 QQ 邮箱主界面中，选择左上角的“写信”功能，得到图 5-23 所示的写信窗口。

在图 5-23 所示的窗口中，在“收件人”框中填写收件人的电子邮件地址，在“主题”框中填写一个邮件主题，在“正文”框中填写邮件内容，之后单击“发送”按钮即可。

8. 粘贴附件

若要发送一个文件、一张照片或一首歌曲，可在图 5-23 所示的窗口中单击“添加附件”按钮，并在提示下添加相应的附件，得到图 5-24 所示的添加邮件附件窗口。

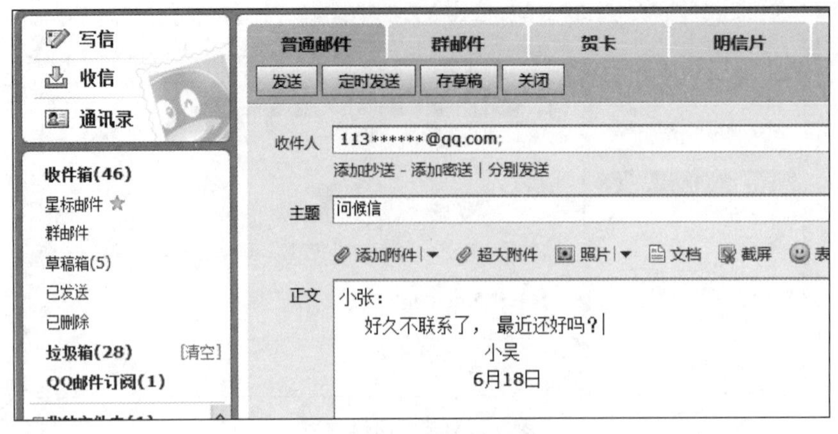

图 5-23 写信窗口

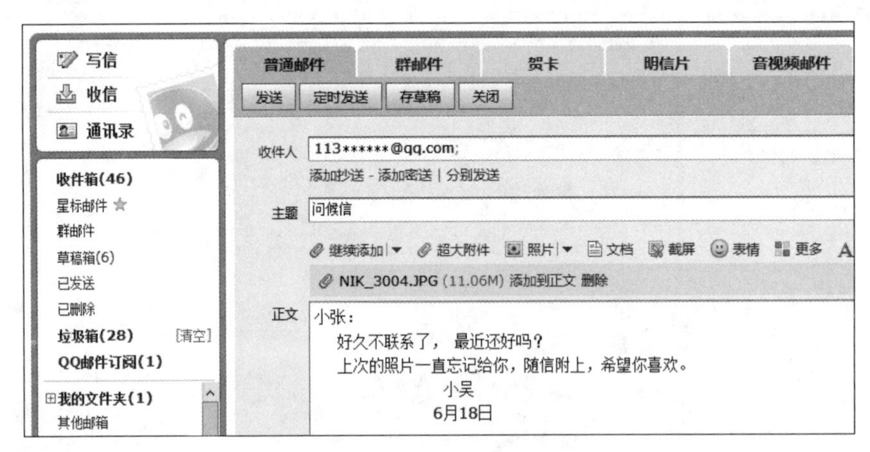

图 5-24 添加邮件附件窗口

在一封电子邮件中，可以同时添加多个附件，只需反复单击“继续添加”按钮即可。

5.4 NetAnts

NetAnts(网络蚂蚁)是一个优秀的文件下载软件，它具有其他下载软件没有的两大特点，其一是支持断点续传，其二是同时可下载5个文件。

5.4.1 软件下载、安装及启动

1. 软件的下载和安装

第1步：软件下载，下载网址为 http://www.netants.com/gb。下载完毕后，用解压

工具解压。

第 2 步：软件的安装，双击解压缩后的文件 setup.exe，即可进行安装。

2. 软件的启动

选择“开始”→“程序”→NetAnts 命令，即进入 NetAnts 主窗口，如图 5-25 所示。

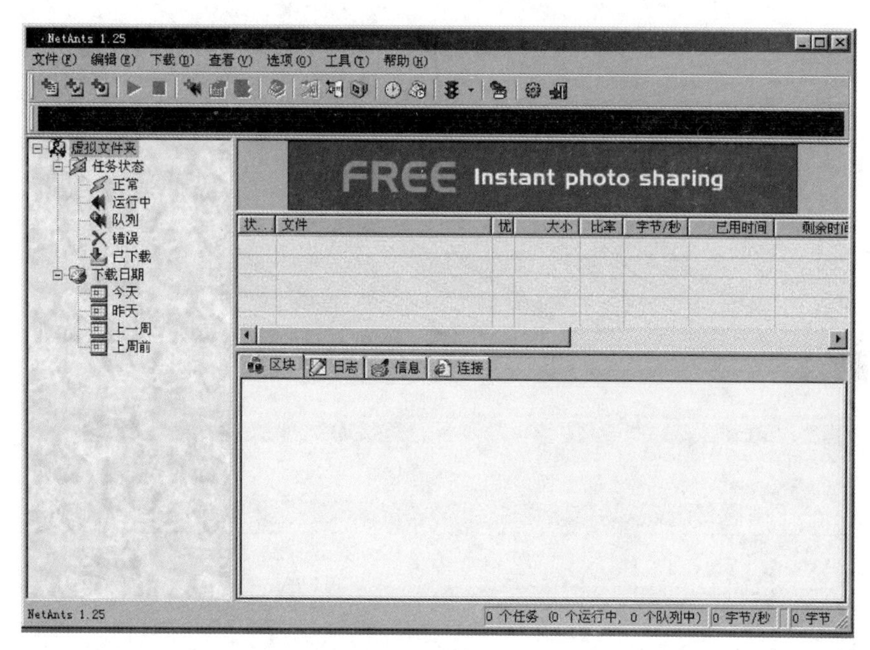

图 5-25　NetAnts 主窗口

5.4.2　用 NetAnts 下载文件

下面以下载 Foxmail 5.0 简体中文版为例，介绍 NetAnts 软件的下载方法。Foxmail 5.0 下载链接为 http://fox.foxmail.com.cn/download/fm50ch2.exe。

第 1 步：在图 5-25 所示的窗口下，选择“编辑”下的“添加任务”命令，得到图 5-26 所示的“添加任务”对话框。

第 2 步：在“添加任务”对话框中的 URL 栏中输入相应的网站地址和文件名，例如“http://fox.foxmail.com.cn/download/fm50ch2.exe”。在“保存到”栏中输入文件保存的盘符及文件夹，选中“立即下载”复选框。单击“确定”按钮后，进入 NetAnts 的下载界面，开始下载文件，如图 5-27 所示。

第 3 步：当出现“任务”完成窗口时，说明文件已下载完毕，即可关闭 NetAnts。

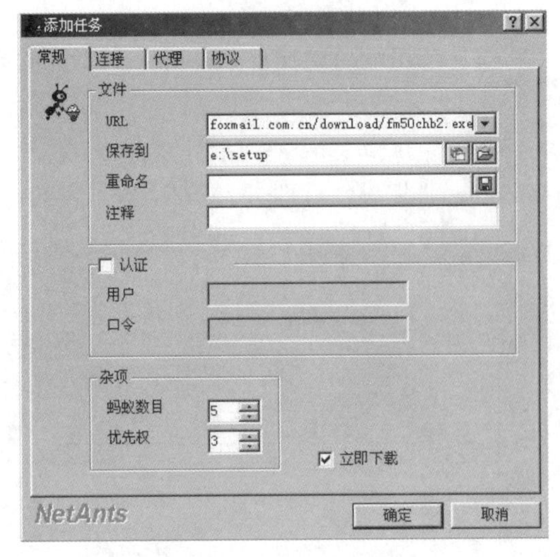

图 5-26 “添加任务”对话框

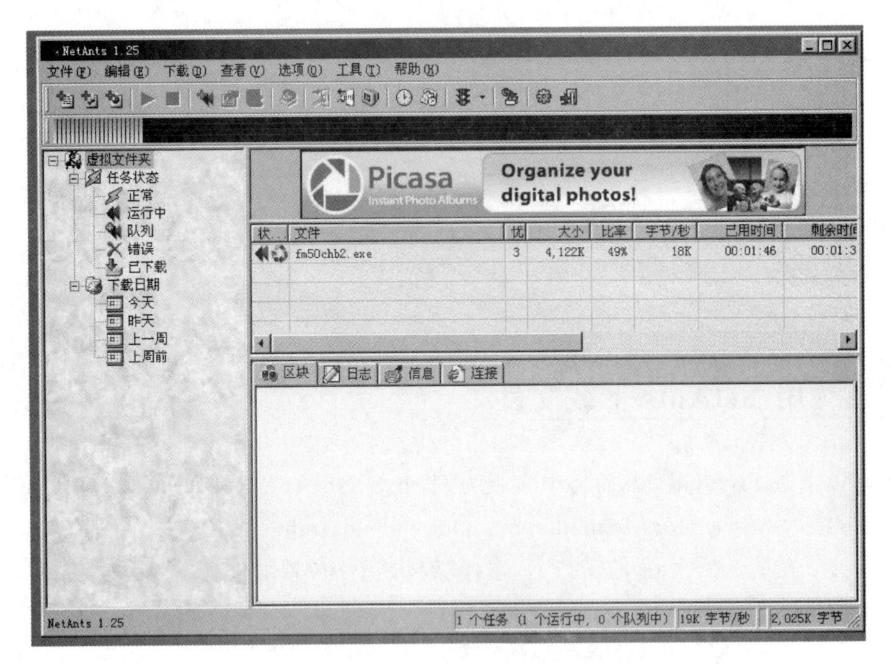

图 5-27 “文件下载”窗口

5.5 文件传输 FTP

本节内容可以扫描左侧的二维码获取。

5.6　远程登录 Telnet

本节内容可以扫描右侧的二维码获取。

5.7　网络新闻组 Usenet

本节内容可以扫描右侧的二维码获取。

5.8　电子公告板 BBS

本节内容可以扫描右侧的二维码获取。

5.9　腾讯 QQ

本节内容可以扫描右侧的二维码获取。

5.10　微信

本节内容可以扫描右侧的二维码获取。

5.11　博客

本节内容可以扫描右侧的二维码获取。

5.12　电子商务

本节内容可以扫描右侧的二维码获取。

5.13 电子政务

本节内容可以扫描左侧的二维码获取。

习题

1. 什么是WWW？什么是主页？
2. HTTP的含义是什么？其功能是什么？
3. 目前的主流浏览器有哪几种？
4. 目前的主流电子邮件工具有哪几种？
5. 如何改变IE浏览器的系统默认开始页？
6. 搜索引擎的功能是什么？可分为哪几种类型？
7. 在进行网上搜索时，如果要想精确地查找关键词“网络拓扑结构”，应如何操作？
8. 什么是FTP？
9. FTP服务器分为哪两类？它们的区别是什么？
10. FTP的文件传输类型有几种？各指哪些文件？
11. 试述FTP下载文件的步骤。
12. NetAnts支持多点传输功能，它最多可支持多少个链接？
13. 试述BBS与QQ的区别。
14. 建立一个个人博客。
15. 试述电子商务的运作模式。
16. 试述电子政务的主要功能。

第6章 网络体系结构

计算机网络的通信是一个非常复杂的过程，因此通信双方都应遵循一定的规则和规程。这里所说的规则和规程，就是下面要介绍的网络通信协议。

20世纪70年代中期，计算机网络技术发展到了一个新的阶段，各计算机厂家纷纷研制出了自己的网络产品，它们的体系结构各不相同。特别是由于各种网络产品的体系结构不同，使各种不同的网络产品很难互联。随着网络技术的广泛应用和发展，人们迫切需要有一套标准化的体系结构，能使各种网络产品都符合标准的规定，达到简化通信手续，便于在不同计算机上实现互联的目的。为此，国际标准化组织（ISO）于1978年专门设立了一个分委员会，主要研究网络结构实现标准化的问题。

知识培养目标

- 了解通信协议及其应用；
- 了解网络体系结构的定义；
- 掌握ISO/OSI网络体系结构及协议；
- 掌握TCP/IP网络体系结构及协议。

能力培养目标

- 具备理解和应用通信协议的能力；
- 具备理解和应用网络体系结构的能力。

课程思政培养目标

课程内容与课程思政培养目标关联表如表6-1所示。

表6-1 课程内容与课程思政培养目标关联表

节	知识点	案例及教学内容	思政元素	培养目标及实现方法
6.1.3	OSI分层结构	OSI系统是分层结构，层与层之间是相互关联，分工合作的，为了一个共同的目标：网络畅通而努力工作	人类社会是一个大团体，人与人之间也应该是团结互助，相互关爱，共同努力，社会才会进步	培养学生的团队合作精神，具有社会意识，只有将自己融入团体，融入社会，才能发挥自身的才能，才能体现自身的价值

续表

节	知识点	案例及教学内容	思政元素	培养目标及实现方法
6.3	物理层、数据链路层和网络层	物理层只知道接收数据,但不知道接收到的数据正确与否,更不知道该数据送往何方,这些工作都得靠数据链路层和网络层来完成。数据链路层能识别物理层接收到的数据是否正确并负责纠错,而网络层则指引数据传向何方。可以说,物理层离开数据链路层和网络层则一事无成	学校是传授知识的地方,学校和老师有责任和义务引导学生掌握正确的学习方法,学好专业知识,同时要进行思政教育和素质教育,引导学生树立正确的学习观和社会观	培养学生树立正确的学习观和社会观,自觉遵守学校管理规定,尊重老师,团结同学,虚心向老师和同学请教和学习,学好每一门专业知识。自觉用思政理念约束自己,做一个高素质的、对社会有用的技能型人才

6.1 网络体系结构概述

6.1.1 通信协议

通信协议就是在网络信息传输过程中对数据通信格式的约定,是在网络中规定信息怎样流动的一组规则。它包括控制格式、分时和纠错的有关内容,它的基本功能是对外来信息进行译码。协议一般成组应用在网络上,每种协议完成一种类型的通信功能。

协议代表着标准化,它是一组规则的集合,是进行交互的双方必须遵守的约定。在网络系统中,为了保证数据通信双方能正确而自动地进行通信,针对通信过程的各种问题,制定了一整套约定,这就是网络系统的通信协议。通信协议是一套语义和语法规则,用来规定有关功能部件在通信过程的操作。通信协议一般具有如下特点。

1. 通信协议具有层次性

这是由于网络系统体系结构是有层次的,通信协议分为多个层次,在每个层次内又可以分成若干子层次,协议各层次有高低之分。

2. 通信协议具有可靠性和有效性

如果通信协议不可靠就会造成通信混乱和中断,只有通信协议有效,才能实现系统内各种资源共享。

网络协议的三要素是语法、语义和同步。

(1) 语法是数据与控制信息的结构或格式,如数据格式、编码、信号电平等。

(2) 语义是用于协调和进行差错处理的控制信息,如需要产生何种控制信息,完成何种动作,做出何种应答等。

(3) 同步(定时)是对事件实现顺序的详细说明,如速度匹配、排序等。

用通俗的话来说："语法"规定了协议要做什么，"语义"规定怎么做，而"同步"则规定什么时间做什么。

协议只确定计算机各种规定的外部特点，不对内部的具体实现做任何规定。这同人们日常生活中的一些规定是一样的，规定只说明做什么，对怎样做一般不加以描述。计算机网络软硬件厂商在生产网络产品时，是按照协议规定的规则生产的，使生产出的产品符合协议规定的标准。但生产厂商选择什么电子元件、采用什么样的生产工艺、使用何种语言是不受约束的。

6.1.2　网络系统的体系结构

计算机网络的结构可以从网络体系结构、网络组织和网络配置 3 方面来描述。网络组织是从网络的物理构成、网络实现等方面来描述计算机网络的；网络配置是从网络应用方面来描述计算机网络的布局、硬件、软件和通信线路的；网络体系结构则是从功能上来描述计算机网络结构的，网络体系结构又称为网络逻辑结构。计算机网络的体系结构是抽象的，是对计算机网络通信所需要完成的功能的精确定义。而对于体系结构中所确定的功能如何实现，则是网络产品制造者遵循体系结构进行研究和实现的问题。

计算机网络系统的体系结构，类似于计算机系统多层的体系结构，它是以高度结构化的方式设计的。所谓结构化是指将一个复杂的系统分解成一个一个容易处理的子问题，然后加以解决。这些子问题相对独立，又相互联系。所谓层次结构是指将一个复杂的系统设计问题划分成层次分明的一组一组容易处理的子问题，各层执行自己所承担的任务。层与层之间有接口，它们为层与层之间提供了组合的通道。层次结构是结构化设计中常用、主要的设计方法之一。

网络体系结构是分层结构，它是网络各层及其协议的集合。实质上是将大量的、多类型的协议合理地组织起来，并按功能顺序的先后进行逻辑分割。网络体系结构的研究内容包括如何分层，每一层应具有什么样的功能，各层之间的联系和接口是什么，对应层之间应遵守什么样的协议等。

在网络分层结构中，N 层是 $N-1$ 层的用户，同时是 $N+1$ 层的服务提供者。对 $N+1$ 层来说，$N+1$ 层的用户直接使用的是 $N+1$ 层提供的服务，而事实上 $N+1$ 层的用户(第 N 层)是通过 $N+1$ 层提供的服务享用到了 N 层内所有层的服务。

6.2　ISO/OSI 网络体系结构

任何计算机网络系统都是由一系列用户终端、计算机、具有通信处理和数据交换能力的结点(如路由器)、数据传输链路等组成的。完成计算机与计算机、用户终端的通信都要具备下述基本功能，这是任何一个计算机网络系统所具有的共性。

(1) 保证存在一条有效的传输路径；

(2) 进行数据链路控制、误码检测、数据重发，以保证实现数据无误码地传输；

(3) 实现有效的寻址和路径选择，保证数据准确无误地到达目的地；

(4) 进行同步控制,保证通信双方传输速率的匹配;

(5) 对报文进行有效的分组和组合,适应缓冲容量,保证数据传输质量;

(6) 进行网络用户对话管理和实现不同编码、不同控制方式的协议转换,保证各终端用户进行数据识别。

根据这些特点,国际标准化组织(ISO)推出了开放系统互连(OSI)协议,简称 ISO/OSI 7 层结构的开放式互连参考模型(所谓开放是指系统按 OSI 标准建立的系统,能与其他按 OSI 标准建立的系统相互连接)。OSI 开放系统模型把计算机网络通信分成 7 层,即物理层、数据链路层、网络层、传输层、会话层、表示层、应用层,如图 6-1 所示。

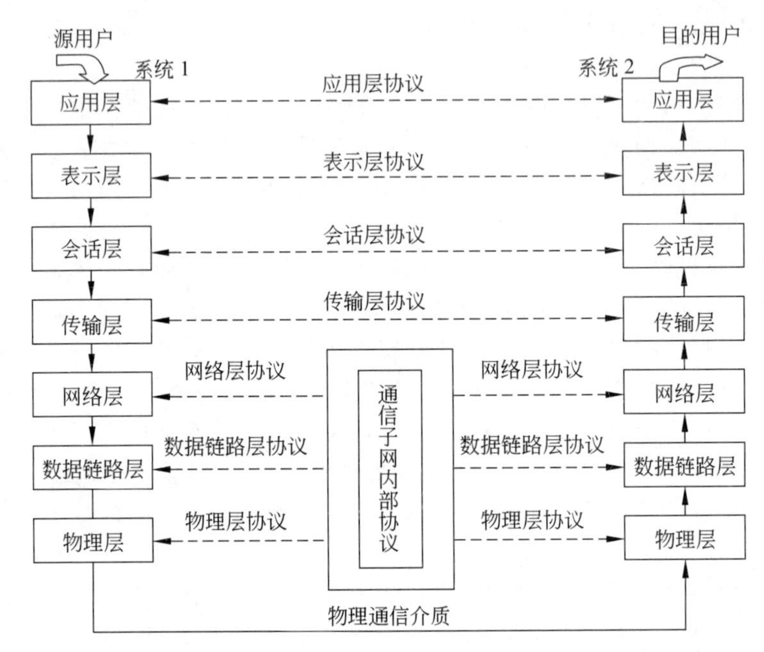

图 6-1　ISO/OSI 参考模型

OSI 参考模型定义了不同计算机互连标准的框架结构,得到了国际上的承认。它通过分层结构把复杂的通信过程分成了多个独立的、比较容易解决的子问题。在 OSI 模型中,下一层为上一层提供服务,而各层内部的工作与相邻层是无关的。

ISO/OSI 参考模型各层数据单元及协议标准集如表 6-2 所示。

表 6-2　各层数据单元及协议标准集

层　次	名　称	数据单元	主要协议标准
7	应用层	报文	FTP、Telnet、SMTP、SNMP
6	表示层	报文	VTP、RPC
5	会话层	报文	NetBIOS、DNA SCP、NFS、ODBC、DRDA
4	传输层	报文	TCP、UDP、ICMP、SPX
3	网络层	分组	IP、IPX
2	数据链路层	帧	PPP、IEEE、FDDI、SDLC、HDLC
1	物理层	比特	Ethernet、ARCnet、RS232C

表 6-2 中各协议含义如下。

FTP：文件传输协议；

Telnet：远程登录协议；

SMTP：简单邮件传输协议；

SNMP：简单网络管理协议；

VTP：虚拟终端协议；

RPC：远程过程调用协议；

NetBIOS：网络基本输入输出系统协议；

DNA SCP：数字网络结构会话控制协议；

NFS：网络文件服务标准协议；

ODBC：开放式数据库互连协议；

DRDA：分布式关系数据库结构协议；

TCP：传输控制协议；

UDP：用户数据报协议；

ICMP：Internet 控制报文协议；

SPX：顺序报文分组交换协议；

IP：网际协议；

IPX：互联网数据包交换协议；

PPP：点对点协议；

IEEE：局域网接入控制协议；

FDDI：光纤分布式数据接口协议；

SDLC：同步数据链路协议；

HDLC：高级数据链路控制协议；

Ethernet：以太网协议；

ARCnet：ARC 网络控制协议；

RS232C：计算机 RS-232C 接口协议。

6.3　OSI 分层结构

6.3.1　物理层

1. 物理层的基本概念

物理层(physical layer)是 OSI 分层结构体系中的最底层，也是最重要、最基础的一层。它是建立在通信介质基础上的，实现设备之间的物理接口。特别要指出的是，物理层并不是指连接计算机的具体物理设备或具体传输介质，而是指在物理介质之上为上一层(数据链路层)提供传输原始比特流的物理连接。

ISO/OSI模型对物理层的定义为在物理信道实体之间合理地通过中间系统,为比特传输所需的物理连接的激活、保持提供机械特性、电气特性、功能特性和规程特性的手段。激活就是建立,当发送端要发送一个比特时,在接收端要做好接收该比特的准备,准备好接收该比特所需的必要资源,如缓冲区。当发送端发送完比特流后,接收端要释放为接收比特流而准备和占用的资源。

物理层是利用物理、电气、功能和规程特性在DTE(数据终端设备)和DCE(数据通信设备)之间实现对物理信道的建立、保持和拆除功能。其中,DTE指的是数据终端设备,是对所有联网的用户设备或工作站的通称,如数据输入输出设备、通信处理机、计算机等。DTE既是信源,又是信宿,它具有根据协议控制数据通信的功能。DCE指的是数据电路端接设备或数据通信(传输)设备,如调制解调器、自动呼叫应答机等。

物理层协议是为了把信号由一方经过物理介质传到另一方,物理层所关心的是如何把通信双方连起来,为数据链路层实现无差错的数据传输创造环境。物理层不负责传输的检错和纠错任务,检错和纠错工作由数据链路层完成。物理层协议规定了为此目的进行建立、维持与拆除物理信道有关的特性。这些特性分别是物理特性(机械特性)、电气特性、功能特性和规程特性。

2. 物理层的基本功能

物理层的基本功能如下。

(1) 实现实体之间的按位传输。保证按位传输的正确性,并向数据链路层提供一个透明的位流传输。即将原始比特流从一台计算机传送到另一台计算机。

(2) 在数据终端设备、数据通信和数据交换设备之间完成对数据链路的建立、保持和拆除操作。

物理层涉及的参数有信号电平、比特宽度、通信方式(单工、半双工、全双工)。

3. 物理层连接的网络连接设备

网卡、中继器、光纤收发器及调制解调器是连接在物理层的网络连接设备。

6.3.2 数据链路层

1. 数据链路层的基本概念

物理层是通过通信介质实现实体之间链路的建立、维护和拆除,形成物理连接。物理层只是接收和发送一串比特位信息,不考虑信息的意义和信息的结构。物理层不能解决真正的数据传输与控制,如异常情况处理、差错控制与恢复、信息格式、协调通信等。为了进行真正有效的、可靠的数据传输,就需要对传输操作进行严格的控制和管理,这就是数据链路传输控制规程,也就是数据链路层协议。数据链路层协议是建立在物理层基础上的,通过数据链路层协议,在不太可靠的物理链路上实现可靠的数据传输。

2. 数据链路层的基本功能

数据链路层的功能包括检测和纠正由物理层提供的原始比特流中的差错，为网络层提供设计良好的链路层服务接口，即将网络层提供的比特流组合成帧传送给网络层。

由于系统中所传输的数据是任意模式的二进制位，所以数据链路层的功能就是实现实体间二进制信息块的正确传输，通过必要的同步控制、差错控制、流量控制，为网络层提供可靠、无差错的数据信号。

在数据链路层将分组信息以“帧”为基本单位进行传输。数据链路层的主要功能如下。

(1) 帧同步。帧同步是指接收方应当从收到的比特流中准确地区分帧的起始与终止。

(2) 链路管理。链路管理就是数据链路层连接的建立、维持和释放操作。

(3) 差错控制。常用的差错控制有两种，一种是前向纠错，另一种是检错重发。前向纠错是接收方收到有差错信息时，能够自动将其错误纠正过来。检错重发是接收方发现错误信息后，要求发送方将出错的信息帧重新发一次。

(4) 流量控制。在数据传输过程中，如果对信息流量控制不好就会产生严重的数据过载、阻塞和死锁现象，造成数据不能正常传输。对数据传输加以流量控制，即可防止在数据传输过程中的数据过载、阻塞和死锁现象的发生。

(5) 透明传输。在数据链路层中，对所传输的数据无论它们是由什么样的比特组合起来的，在数据链路上都应该能够正确地传输，这就叫作透明传输。

(6) 识别数据和控制。在多数情况下数据和控制信息处于同一帧中，并且它们由同一通信信道传输，因此要有使接收方能将它们区分开来的方法和措施。

(7) 寻址。在多点连接进行数据传输时，要保证每一帧数据送到指定的地方，接收方要能知道数据的发送方是谁，这就需要系统具有寻址功能。

(8) 通信控制规程。通信控制规程又称为传输控制规程。它是为实现传输控制所制定的一些规格和顺序。数据通信过程包括 5 个阶段：线路连接、确定发送关系、数据传输、传输结束、拆除线路。

3. 数据链路层连接的网络连接设备

网桥、网关及二层交换机是连接在数据链路层上的网络连接设备。

6.3.3　网络层

1. 网络层基本概述

网络层(network layer)也称为通信子网层。网络层是通信子网的最高层，是高层与低层协议之间的接口层。网络层用于控制通信子网的操作，是通信子网与资源子网的接口。网络层关系到通信子网的运行控制，体现了网络应用环境中资源子网访问通信子网的方式。

两台主计算机之间的通信是非常复杂的。它们之间通常包括许多段链路，这些链路构成了两台计算机的通信通路。数据链路层研究和解决的问题是两个相邻的结点之间的通信问题，实现的任务是在两个相邻结点间透明的、无差错的帧信息传送。

2. 网络层的基本功能

网络层的主要功能就是实现整个网络系统内连接，为传输层提供整个网络范围内两个终端用户之间数据传输的通路。网络层所研究和解决的问题如下。

(1) 为上一层，即传输层提供服务。

(2) 路径选择。路径选择又称为路由选择，它解决的问题是在具有许多结点的广域网中，通过哪一条或哪几条通路能将数据从信源主计算机传送到信宿主计算机中。

(3) 流量控制。数据链路层的流量控制是针对数据链路相邻结点进行的。网络层的流量控制是对整个通信子网内的流量进行控制，是对进入分组交换网的通信量进行控制。流量控制的主要目的是避免发方快发而收方慢收时发生信息淹没而导致丢失信息的恶果，同时也是防止线路拥塞的有效措施。

(4) 连接的建立、保持和终止。网络层实现在通信子网内把报文分组从信源结点送到信宿结点。网络层所提供的服务有两个大类：面向连接的网络服务和无连接的网络服务。所谓连接是两个对等实体为进行数据通信而进行的一种结合。

3. 网络层连接的网络连接设备

路由器、三层交换机是连接在网络层的网络连接设备。

6.3.4 传输层

1. 传输层的基本概念

传输层(transport layer)又称为运输层，是建立在网络层和会话层之间的一个层次。实质上它是网络体系结构中高低层之间衔接的一个接口层。传输层不仅是一个单独的结构层，而且是整个分层体系协议的核心，没有传输层整个分层协议就没有意义。

从不同的观点来看传输层，传输层可以被划入高层，也可以被划入低层。如果从面向通信和面向信息处理的角度看，传输层属于面向通信的低层中的最高层，属于低层。如果从网络功能和用户功能的角度看，传输层则属于用户功能的高层中的最低层，属于高层。

2. 传输层的基本功能

从前述物理层、数据链路层和网络层的作用中可知：物理层是在各链路上透明地传送比特流；数据链路层使得相邻结点所构成的不太可靠的链路能够传输无差错的帧；而网络层是在链路层的基础上提供路由选择、流量控制、防止阻塞和死锁现象的产生，并提供网络互联服务功能。

对通信子网的用户来说，希望得到的是端到端的可靠通信服务。通过传输层的服务来弥补各通信子网提供的有差异和有缺陷的服务。通过传输层的服务，增加服务功能，使通信子网对两端的用户都变成透明的。也就是说传输层对高层用户来说，它屏蔽了下面通信子网的细节，使高层用户看不见实现通信功能的物理链路是什么，看不见数据链路的规程是什么，看不见下层有多少个通信子网和通信子网是如何连接起来的。传输层使高层用户感觉到好像是在两个传输层实体之间有一条端到端的可靠通信通路。

简言之，传输层的功能就是在网络层的基础上，完成端对端的差错纠正和流量控制，并实现两个终端系统间传送的分组无差错、无丢失、无重复且分组顺序无误。

6.3.5　会话层

1. 会话层的基本概念

会话层(session layer)又称为会晤层，其服务就如两个人进行对话。会话层可以看成用户与网络之间的接口，其基本任务是负责两台主机之间的原始报文的传输。通过会话层提供的一个面向用户的连接服务，为合作的会话层用户之间的对话和活动提供组织和同步所必需的手段，并对数据的传输进行控制和管理。

会话是提供建立连接并有序传输数据的一种方法，在 OSI 体系结构中，会话可以使一个远程终端登录到远地的计算机上，并进行文件传输或进行其他的应用。

2. 会话层的基本功能

会话层提供的主要功能有会话连接管理和会话数据交换两大部分。

会话连接管理使一个应用层的进程在一个完整的活动中，通过表示层提供的服务，与对等应用进程建立和维持一条畅通的通信信道。

会话数据交换为两个进行通信的应用进程提供在信道上交换对话的单元手段。对话单元是一个活动中数据的基本交换单元。

除此之外，会话层还提供下述功能。

(1) 隔离服务；

(2) 交互管理服务；

(3) 会话连接服务；

(4) 异常报告服务。

6.3.6　表示层

1. 表示层的基本概念

表示层(presentation layer)向上对应用层服务，向下接受来自会话层的服务。表示层为在应用过程之间传送的信息提供表示方法的服务，它只关心信息发出的语法和语义。

表示层为应用层提供的服务有 3 项内容：语法转换、语法选择和连接管理。

(1) 语法转换：语法转换涉及代码转换和字符集的转换、数据格式的修改、数据结构操作的适配、数据压缩、数据加密等。

(2) 语法选择:语法选择是提供初始选择的一种语法和随后修改这种选择的手段。

(3) 连接管理:利用会话层提供的服务建立表示连接,管理在这一连接之上的数据运输和同步控制,以及正常或非正常地终止连接。

2. 表示层的基本功能

(1) 网络的安全和保密管理;

(2) 文本的压缩与打包;

(3) 虚拟终端协议(VTP)。

6.3.7 应用层

1. 应用层的基本概念

应用层(application layer)中包含若干独立的、用户通用的服务协议模块。网络应用层是 OSI 参考模型的最高层,为网络用户之间的通信提供专用的应用程序(如 WWW、FTP、Telnet 等)。应用层的主要内容取决于用户的各自需要,这一层涉及的主要内容有分布数据库、分布计算技术、网络操作系统和分布操作系统、远程文件传输、电子邮件、终端电话及远程作业录入与控制等。

应用层是直接面向用户的一层协议,用户的通信内容要由应用进程解决,这就要求应用层采取不同的应用协议来解决不同类型的应用要求,并且保证不同类型的应用所采取的低层通信协议是一样的。

2. 应用层的基本功能

应用层的作用不是把各种应用进行标准化,而是把应用进程经常使用到的应用层服务、功能及实现这些功能所要求的协议进行标准化。换句话说,应用层是直接为用户的应用进程提供服务的。

6.4 Internet 协议簇

6.4.1 TCP/IP 体系结构

TCP/IP 协议又称为 TCP/IP 模型,是 Internet 的协议簇,也是一种分层的结构,共分为 4 层:网络接口层(network interface layer)、互联网层(internet layer)、传输层(transport layer)和应用层(application layer)。其中,网络接口层对应于 OSI 模型的第 1 层(物理层)和第 2 层(数据链路层),互联网层对应于 OSI 模型的第 3 层(网络层),传输层对应于 OSI 模型的第 4 层(传输层),应用层对应于 OSI 模型的第 5 层(会话层)、第 6

层(表示层)和第 7 层(应用层)。其对应关系如图 6-2 所示。

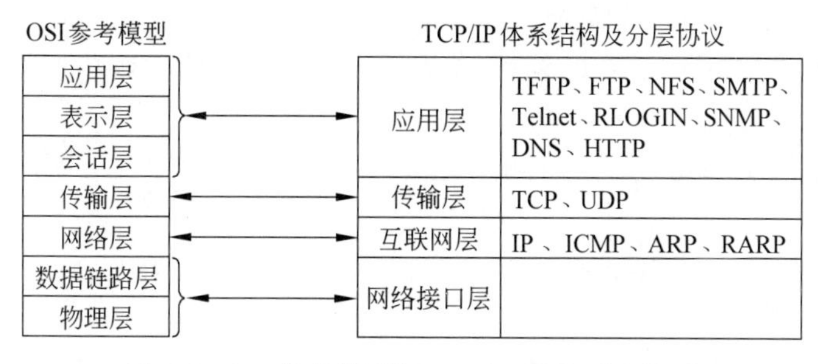

图 6-2　OSI 参考模型与 TCP/IP 协议对应关系

6.4.2　TCP/IP 协议

1. TCP/IP 网络接口层

网络接口层提供 TCP/IP 协议与各种物理网络的接口,提供数据包的传送和校验,并为上一层(互联网层)提供服务。

由于 TCP/IP 网络接口层完全对应于 OSI 模型的物理层和数据链路层,因此,其协议与 OSI 模型的最低两层协议基本相同。

2. TCP/IP 互联网层

互联网层又称为网间网层。网络接口层只提供简单的数据流传送任务,而不负责数据的校验和处理,这些工作正是互联网层的主要任务。

互联网层最主要的协议是 IP 协议,其主要功能如下。

(1) 管理 IP 地址;

(2) 路由选择;

(3) 数据包的分片与重组。

互联网层的主要协议有以下几个。

IP(Internet Protocol,网际协议)为其上层(传输层)提供互联网络服务,并提供主机与主机之间的数据报服务。

ICMP(Internet Control Message Protocol,Internet 控制报文协议)提供控制和传递消息的功能。

ARP(Address Resolution Protocol,地址解析协议)将已知的 IP 地址映射到相应的 MAC 地址。

RARP(Reverse Address Resolution Protocol,反向地址解析协议)将已知的 MAC 地址映射到相应的 IP 地址。

3. TCP/IP 传输层

传输层中的 TCP 提供了一种可靠的传输方式,解决了 IP 协议的不安全因素,为数据包正确、安全地到达目的地提供可靠的保障。

传输层的主要协议有以下两个。

TCP(Transmission Control Protocol,传输控制协议)是一种基于连接、可靠的字节流传输控制协议。

UDP(User Datagram Protocol,用户数据报协议)是一种基于无连接的、不可靠的报文传输协议。

4. TCP/IP 应用层

应用层包含会话层和表示层及所有高层协议,主要提供用户与网络的应用接口及数据的表示形式。

应用层的主要协议有以下几个。

1) 简易文件传送协议

TFTP(Trivial File Transfer Protocol,简易文件传送协议)用以实现简单的文件传输。

FTP(File Transfer Protocol,文件传输协议)用以实现主机之间的文件传输。

NFS(Network File Standard,网络文件服务标准)协议。

2) 电子邮件协议

SMTP(Simple Mail Transfer Protocol,简单邮件传输协议)提供主机之间的电子邮件传输服务。

3) 远程登录协议

Telnet(Telecommunication Network,远程登录)协议用以实现远程登录,即提供终端到主机交互式访问的虚拟终端访问服务。

RLOGIN(Remote Login,远程注册)协议用以对远程主机进行登录。

4) 网络管理协议

SNMP(Simple Network Management Protocol,简单网络管理协议)用以监测连接到网络上的设备的运行状态。

5) 域名管理协议

DNS(Domain Name Service,域名服务)协议用以提供域名和 IP 地址间的转换服务。

6) 超文本传输协议

HTTP(Hyper Text Transfer Protocol,超文本传输协议)用于对 Web 网页进行浏览。

习题

1. 网络体系结构是什么?
2. 什么是网络协议?
3. 网络协议的主要特点是什么?
4. 网络协议的三要素是什么?

5. TCP 和 IP 各自的含义是什么?

6. ISO/OSI 的含义是什么?

7. 简述物理层、数据链路层和网络层的基本功能及这 3 层之间的联系。

8. 网卡、调制解调器、路由器各应连接在 OSI 模型的第几层?

9. TCP/IP 的体系结构共有几层?它的每一层与 OSI 模型的对应关系是什么?

10. 在网络通信中,为什么要进行流量控制?

11. 网络分层结构给网络通信带来了极高的效率,是不是网络分层越多越好?为什么?

12. 简述 OSI 7 层协议的功能。

第7章　网络通信技术

网络通信技术是计算机网络的基础，从通信的基本概念着手，着重介绍网络通信过程中的数据传输与数据交换技术、多路复用技术和差错控制技术。

知识培养目标

- 了解网络通信的基本概念；
- 掌握网络数据传输和交换技术；
- 掌握差错控制技术；
- 认识和掌握多路复用技术。

能力培养目标

- 具备通信网络的设计能力；
- 具备数据通信差错识别和差错控制的能力；
- 具备多路复用技术应用的能力。

课程思政培养目标

课程内容与课程思政培养目标关联表如表7-1所示。

表7-1　课程内容与课程思政培养目标关联表

节	知识点	案例及教学内容	思政元素	培养目标及实现方法
7.3.2	存储转发技术	人们乘坐火车外出旅行，中途要多次转车，每到一个中转站都要在车站等候，等待换乘的车辆到站后才能出发	千里之行，始于足下。无论是做人还是做事，都必须要一步一个脚印地、踏踏实实地做好每一个环节，才能完成伟大的目标	引导学生上好每一堂课，学好每一个知识点的自觉性，培养学生具有厚积薄发的意识
7.5.5	异步时分复用技术	引入我国自主设计和建立的高铁运行图，说明如何在一条轨道上运行多组高铁车组。 如何在一个站台上进行多个车组的进站和出站管控	展示国人的聪明才智和高端科研能力、自主创新的能力和民族自豪感	培养学生具有爱科学、爱祖国的情怀

7.1　数据通信

7.1.1　数据通信的基本概念

1. 通信

将信息从一个地方传送到另一个地方的过程称为通信。用以实现通信过程的系统称为通信系统。通信系统的三要素是信源、通信介质、信宿，如图 7-1 所示。

信源 → 通信介质 → 信宿

图 7-1　通信过程的三要素示意图

2. 通信系统的基本构成

通信系统的构成是在图 7-1 的基础上增加了信号转换器，如图 7-2 所示。

信源 → 信号转换器 → 通信介质 → 信号反转器 → 信宿

图 7-2　通信系统结构图

7.1.2　数据通信过程

数据从信源端发出到数据信宿端接收的整个过程称为通信过程。

数据通信过程通常分为以下 5 个基本阶段。

（1）建立通信链路；

（2）建立数据传输链路；

（3）传输数据及控制信号；

（4）数据传输结束；

（5）通信结束，断开通信线路。

7.1.3　模拟通信系统和数字通信系统

在通信过程中，采用离散的电信号表示的数据称为数字数据，而采用连续电信号表示的数据称为模拟数据。

1. 模拟通信系统

在数据通信系统中，两台数据终端设备之间的传输信号为模拟信号的通信系统称为模拟通信系统。典型的模拟通信系统是以电话线为传输介质的通信系统,如图7-3所示。

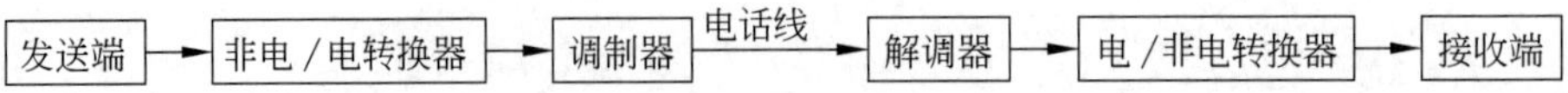

发送端 → 非电/电转换器 → 调制器 —电话线→ 解调器 → 电/非电转换器 → 接收端

图7-3 模拟通信系统结构图

2. 数字通信系统

数字通信系统是数据通信系统中处于数据终端设备(DTC)之间的信号为数字信号的通信系统。

数字通信系统的通信模型有4种。第一种情况是,收发双方都是数字信号,在这种情况下不需要转换就可直接进行传输,如图7-4(a)所示。第二种情况是,收发双方都是模拟信号,发送方要进行A/D(即模/数)转换,而接收方要进行D/A(即数/模)转换,如图7-4(b)所示。第三种情况是,发送方是模拟信号而接收方是数字信号,只需在发送方进行A/D转换即可,如图7-4(c)所示。第四种情况是,发送方是数字信号,而接收方是模拟信号,发送方不用转换而直接发送,但在接收方要进行D/A转换,如图7-4(d)所示。

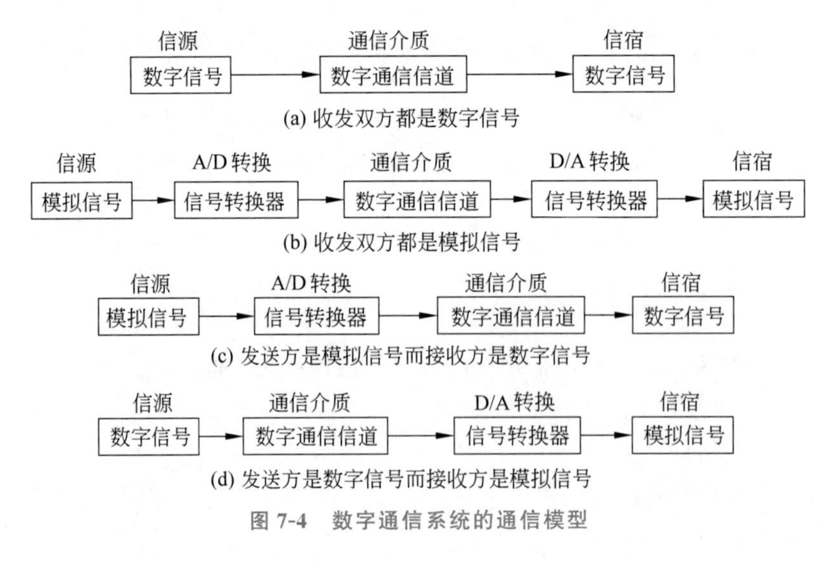

(a) 收发双方都是数字信号

(b) 收发双方都是模拟信号

(c) 发送方是模拟信号而接收方是数字信号

(d) 发送方是数字信号而接收方是模拟信号

图7-4 数字通信系统的通信模型

模拟通信系统和数字通信系统的特点分别如下。

(1) 模拟通信系统通过信道的信号频谱较窄,抗干扰能力差。

(2) 数据通信系统通过信道的信号频谱较宽,抗干扰性强,是数据通信中普遍采用的通信方式。

7.1.4 通信线路的连接方式

1. 点对点的连接

点对点的连接分为两种:其一是两台计算机直接相连,如图7-5(a)所示;其二是通过

Modem 连接,如图 7-5(b)所示。

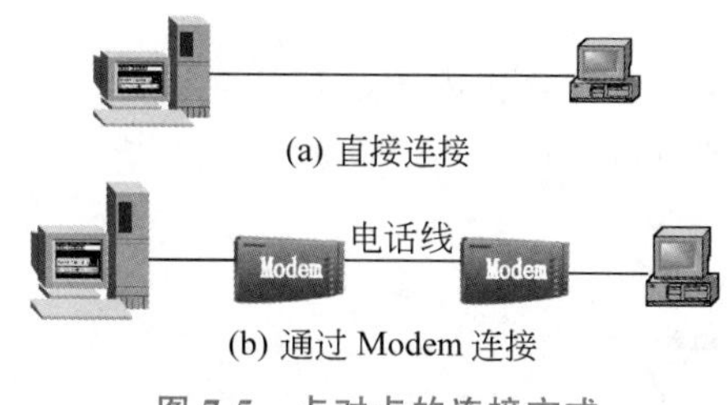

(a) 直接连接

(b) 通过 Modem 连接

图 7-5　点对点的连接方式

2. 分支式连接

分支式连接是一条通信线路(通常使用的是电话线)连接两个以上终端结点进行通信的方式。

第一种连接方式是通过集中器与多台主机相连,如图 7-6(a)所示;第二种连接方式是通过 Modem 与多台主机相连,如图 7-6(b)所示。

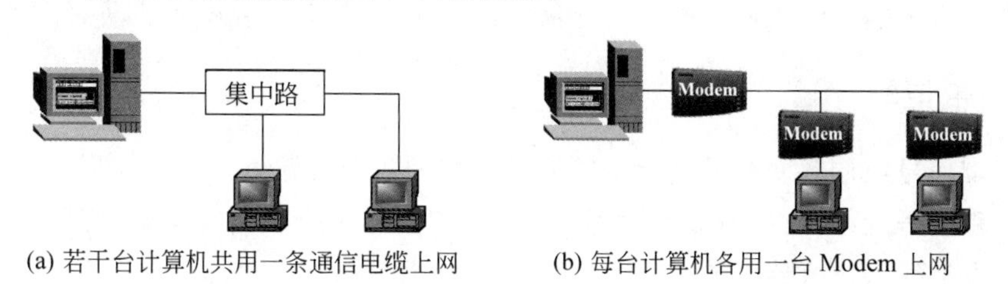

(a) 若干台计算机共用一条通信电缆上网　　(b) 每台计算机各用一台 Modem 上网

图 7-6　分支式连接方式

7.1.5　通信线路的通信方式

无论是早期的无线电通信方式还是现代的网络通信方式,都有单工通信方式、半双工通信方式和全双工通信方式 3 种。

(1) 单工通信方式:传输的信息始终是只有一个方向的通信方式,如广播、会议通知等。

(2) 半双工通信方式:通信双方都可收发信息,但同一时刻只能有一方传输信息。当一方在传输信息时,另一方只能接收信息,如对讲机、基带以太网络的信息交换等。

(3) 全双工通信方式:两个端点可以同时进行收发信息,如电话机、实时聊天等。

7.1.6　数据传输方式

数据传输方式有两种,并行数据传输方式及串行数据传输方式。

(1) 并行数据传输方式:速度快,可同时传 8 位、16 位或 24 位等,但成本高,只适用于短距离传输。

(2) 串行数据传输方式：只能一位一位地传输，速度慢，但成本低，普遍用于网络远距离通信。

并行数据传输一般只应用于计算机内部及其外围设备(如打印机、移动磁盘)的连接，串行数据传输一般应用于计算机与计算机之间的远程连接。

7.2 数据传输技术

7.2.1 基带传输、频带传输与宽带传输

1. 基带传输

基带是指调制前原始信号所占用的频带，它是原始信号所固有的基本频带，在信道中直接传送基带信号称为基带传输(未经调制的原始信号称为基带信号)。进行基带传输的系统称为基带传输系统。局域网中的通信大都采用的是基带传输，但也可采用频带传输。

2. 频带传输

将基带信号经调制变换后进行传输的过程称为频带传输。

如远程拨号网络，收发双方都通过 Modem 将信号进行调制或解调，信号是以模拟信号在公用电话线上进行传输的。

3. 宽带传输

早期的宽带是指比音频带宽(14.4kb)更宽的频带，信号用宽带进行的传输称为宽带传输，这样的系统称为宽带传输系统。在现代网络通信系统中，宽带是指 100Mb/s 以上带宽的频带。

7.2.2 数据编码

1. 数字数据的数字信号编码

数字数据的数字信号编码就是将二进制数字数据用两个电平来表示，形成矩形脉冲电信号。

1) 全宽单极码脉冲

全宽单极码脉冲是用电压或电流的有和无来表示数据的，无电信号表示数码 0，有电信号表示数码 1。

所谓单极码，其脉冲信号是单极的，即只有正脉冲信号，而无负脉冲信号，如图 7-7 所示。

图 7-7 是一个理想的方波示意图，在实际传输过程中，其波形如图 7-8 所示。

在图 7-8 中，取样时间在每一码元时间的中间，判决门为半幅度电平。当接收电平值

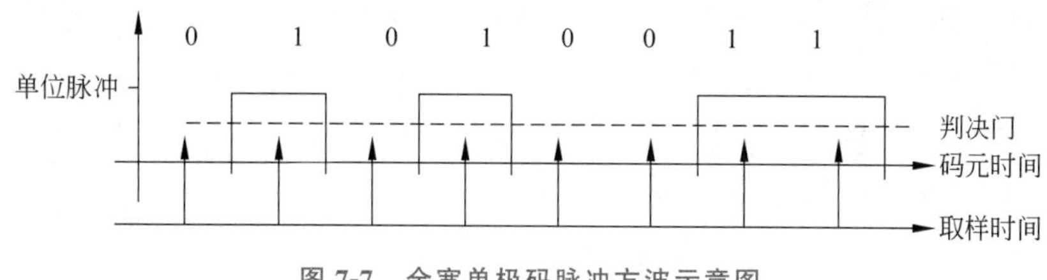

图 7-7　全宽单极码脉冲方波示意图

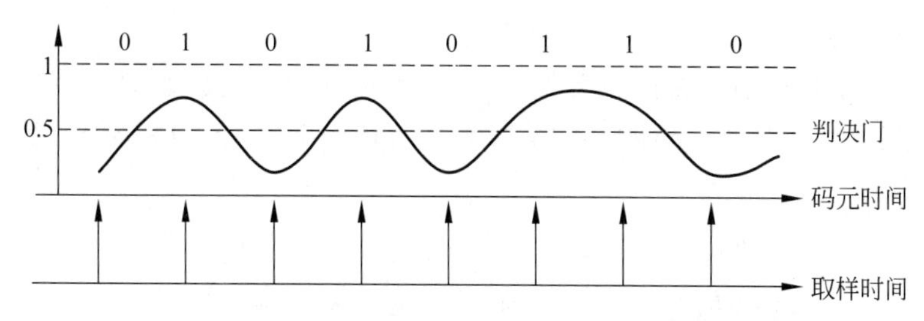

图 7-8　实际的全宽单极码脉冲方波示意图

在 0～0.5 就认定为 0 码，电平值≥0.5 时就认定为 1 码。

2）全宽双极码脉冲

全宽双极码脉冲是用恒定的负电压表示 0，用恒定的正电压表示 1，两种信号波形也是在一码元全部时间内发出或不发出电信号表示，如图 7-9 所示。

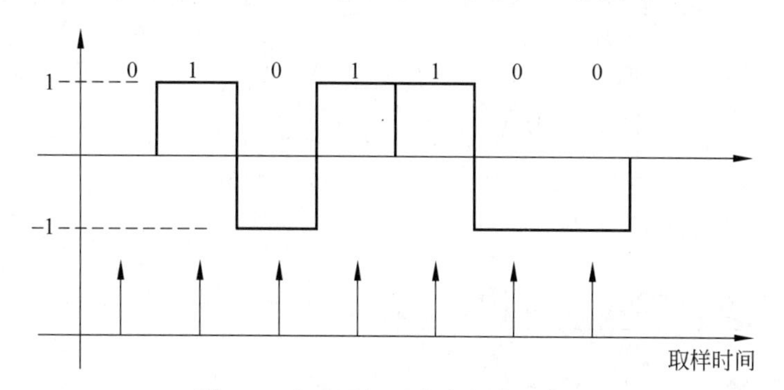

图 7-9　全宽双极码脉冲方波示意图

在图 7-9 中，判决门为 0 电平，当接收信号的值在 0～－1 就判定为 0 码，当接收信号的值在 0～＋1 就判定为 1 码。

2. 数字数据的模拟信号编码

计算机网络的远程通信通常采用频带传输。频带传输的基础是载波，它是恒定的连续模拟信号，因此，它是利用调制技术将基带脉冲信号调制成合适的模拟信号。通常的调制技术有幅移键控（ASK）法、频移键控（FSK）法和相移键控（PSK）法 3 种。

1）幅移键控法

幅移键控法是把频率和相位固定为常量，而将振幅定义为变量，每个振幅值代表一种信息位,即用振幅调制二进制信号。在传输过程中,有振幅表示信息1,无振幅表示信息0,如图7-10所示。

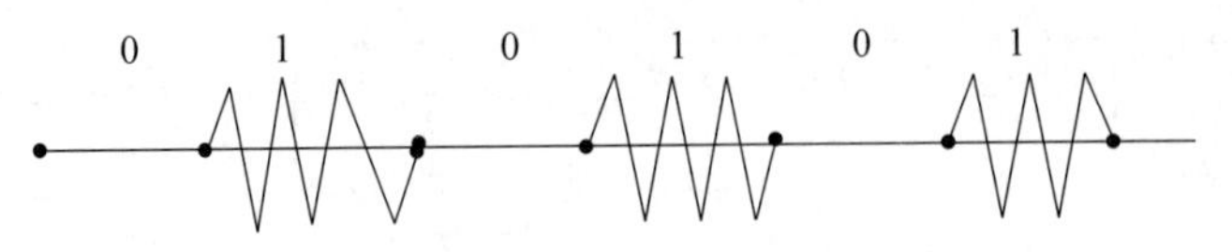

图7-10 幅移键控法脉冲示意图

2)频移键控法

频移键控法是将振幅和相位定义为常数,而用频率的变化代表数字脉冲的两种信息位。在传输过程中,频率高(脉冲窄)的信号表示信息0,频率低(脉冲宽)的信号表示信息1,如图7-11所示。

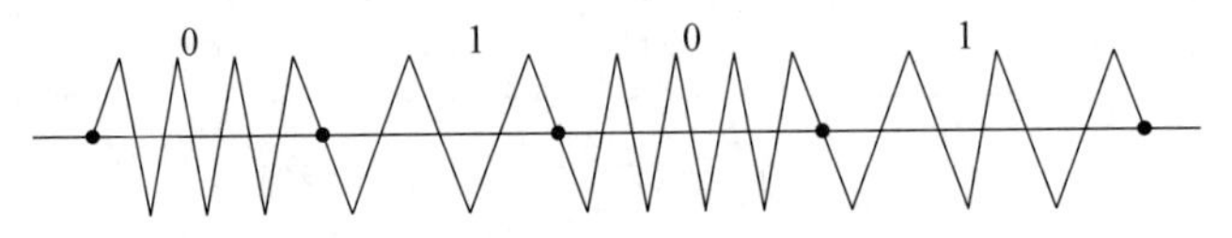

图7-11 频移键控法脉冲示意图

3)相移键控法

相移键控法是将振幅和频率定义为常数,而用正弦波的起始相位来表示信息位。若正弦波起始相位为正表示信息1,正弦波起始相位为负表示信息0,如图7-12所示。

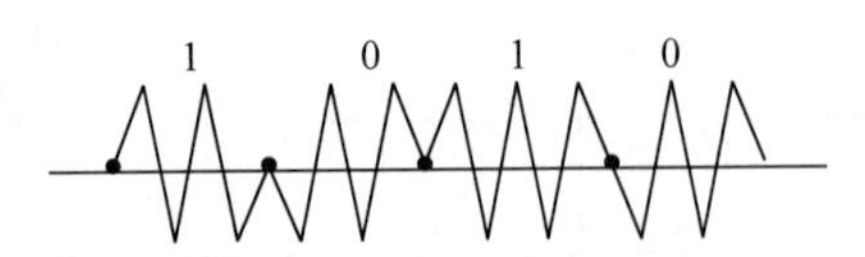

图7-12 相移键控法脉冲示意图

7.2.3 同步传输与异步传输

1. 同步传输

同步传输采用的是按位同步的同步技术进行信息传输。在同步传输过程中,每个数据位之间都有一个固定的时间间隔,这个时间间隔由通信系统中心的数字时钟确定。在同步传输过程中,不要求每个字符都有起始位和结束位,而是若干字符共用一个起始位和一个结束位,即在一个起始位和一个结束位之间可传输若干字符。在通信过程中,要求接收端和发送端的数据序列在时间上必须取得同步。

2. 异步传输

异步传输又叫作异步通信,采用的是群同步技术进行信息传输。

异步传输的原理是将信息分成若干等长的小组("群"),每次传输一个"群"的信息码。具体过程是,每个"群"为8个或5个信息位,每个"群"前面放一个起始码,后面放一个停止码。一般来说，起始码为 1 比特，通常用 0 表示，而停止码为 1 或 2 比特，通常用 1 表示。当无数据发送时，就连续地发送 1 码，接收端收到第一个 0 后，就开始接收数据。

同步传输与异步传输的区别在于，前者要求时间同步，而后者不要求时间同步。

7.3　数据交换技术

前面说过，现代网络的通信是一种分组交换技术的通信。分组交换技术有以下两种。

1. 电路交换技术

(1) 空分交换；

(2) 时分交换。

2. 存储转发技术

(1) 报文交换；

(2) 分组交换。

7.3.1　电路交换技术

电路交换又称为线路交换，是一种直接交换技术，多个输入线和多个输出线之间直接形成传输信息的物理链路。

1. 空分交换

空分交换技术是一种早期的电话交换技术，电话交换机上是由若干条横向排列的线缆和若干条纵向排列的线缆交叉组成的，每一条横线和每一条纵线之间都有一个连接开关，要想两个用户通信，就用这两个用户所对应的开关进行连接，如图 7-13 所示。

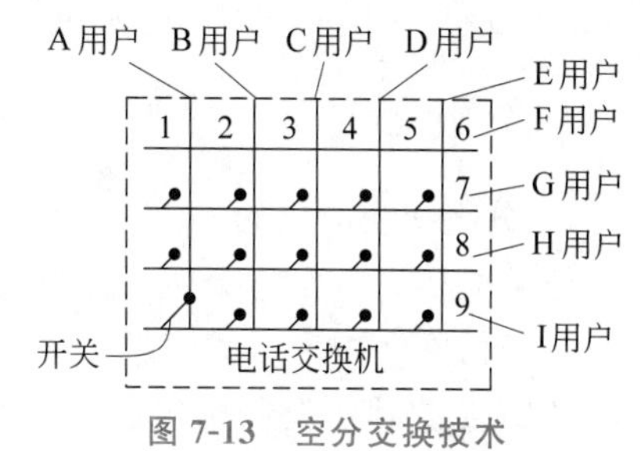

图 7-13　空分交换技术

图 7-13 所示的是一个电话交换机示意图(空分交换机)，有 A 用户、B 用户、C 用户等 9 个用户，分别与交换机中的第 1 条、第 2 条到第 9 条线相连，在交换机内，任意两条线之间都有一个连线开关，任意两条线需要连通则用相应的开关连接。图 7-13 中第 1 条线与第 9 条线相连，表示 A 用户与 I 用户已连接。

2. 时分交换

时分交换即时分复用技术在数据交换中的利用。典型的例子是，在图 7-13 中，每隔一定的时间(如 1ms)自动接通某两个用户。如第 1ms 接通 A 用户和 F 用户，第 2ms 接通A用户和G用户,第3ms接通A用户和H用户,第4ms接通A用户和I用户,第5ms接通B用户和F用户,第6ms接通B用户和G用户等。

值得注意的是,时分交换只适用于数据交换通信,不能作为语音交换通信。

7.3.2 存储转发技术

电路交换是一种较早的交换技术,在现代计算机网络通信中,一般采用的是存储转发技术,很少使用电路交换。

存储转发技术的数据交换原理是每台路由器中都有一个缓冲区,先将要传递的分组信息存放在该缓冲区中,当线路空闲时由交换机将分组信息传输到下一跳的缓冲区去。

通常,从数据源到目的地要进行多级转发,即要通过多个路由器进行传递,每经过一个路由器称为一"跳",每跳都有缓冲区。

存储转发技术的特点:可靠性高,可采用差错控制技术和重发措施,并可使用不同的线路进行重发。

例7-1是存储转发技术的经典实例。

【例7-1】 人们乘坐火车外出旅行,中途要多次转车,每到一个中转站都要在车站等候,等待换乘的车辆到站后才能出发。

1. 报文交换

从逻辑意义上讲,一个完整的数据段称为一个报文,一个报文可以是一个数据、一条记录或一个文件,一个报文的大小通常为数千字节。

(1) 报文的构成:报头+正文。

(2) 报文交换就是以报头加正文的形式进行数据交换的。

(3) 报文交换的优点:线路利用率高。

(4) 报文交换的缺点:时延过长。

2. 分组交换

1) 分组交换的概念

分组交换又叫作包交换。分组交换是一种特殊的报文传送方式。其基本思想是,将需要在通信网络中传送的信息分割成一块一块较小的信息单位,每块信息再加上信息交换时所需要的呼叫控制信号(如分组序号、发送端地址、接收端地址等)和差错控制信号(如奇偶校验位等)。每个分组信息就是一个"包","包交换"的概念即由此而来。

分组信息先存入与发送端主机相连的交换设备的缓冲区中。系统根据分组信息中的目的地址,利用数据传输的路径算法确定分组传输的路径。就这样,分组被一步一步地传下去,直到目标计算机接收为止。

在网络通信过程中,分组信息是作为一个独立体进行交换的。在信息传输过程中,分组与分组之间不存在任何联系,各分组信息可以断续地传输,也可经由不同的路径进行传输。分组信息到达目的地后,由接收处理机将它们按原来的顺序装配起来。

值得一提的是，分组信息在发送端可以按顺序依次发送出去，但由于分组在传送过程中所经由的路径可能各不相同，所以分组信息到达目的地的时间会大相径庭，有可能后发出的分组信息先收到，而先发出的分组信息后收到。这与日常生活中收发信件一样，对于同一个收件人和发件人，完全有可能先发出的信件后收到，而后发出的信件先收到。

分组交换的优点：减少了时延，对缓冲区的大小要求不高，出错率也低，重传的时间短、速度快，提高了通信效率。

2）分组交换的特点

（1）通信子网中结点暂时存储的是一个一个的分组，而不是整个文件。

（2）分组信息保存在通信子网结点的内存中，保证了交换的高速和高效。

（3）分组交换采用的是动态分配信道的策略，极大地提高了线路的利用率。

（4）分组数据不必连续传输，即允许传输完一个分组后，可隔一段时间再传下一个分组。这可有效地避免线路拥塞。

（5）一个分组信息必须一次传完，一个分组数据是一个不可再分割的整体。

3）应用实例

【例 7-2】 在图 7-14 中，H1、H2、H3、H4、H5 和 H6 为主机结点，A、B、C、D、E、F、G 和 H 为交换结点。若主机 H2 要向主机 H6 发送信息，其过程如下。

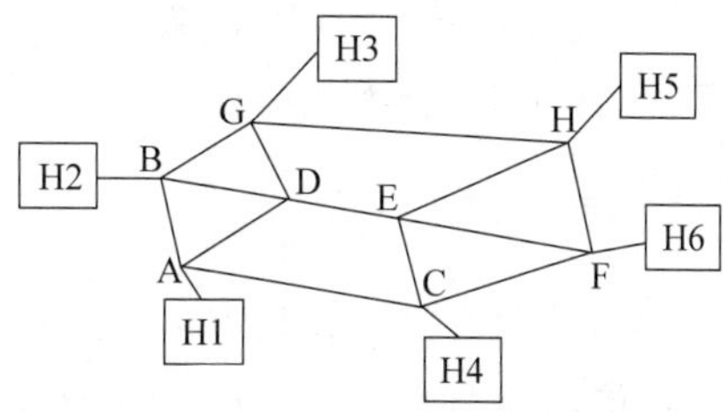

图 7-14　分组交换技术示意图

第 1 步：主机 H2 将数据进行分组。

第 2 步：主机 H2 将分组信息送到与 H2 相连的交换设备 B 的缓冲区中。

第 3 步：根据路径算法，计算出每一分组信息的传输路径。并将分组信息往下传(由交换机或路由器往下传)，直到将所有分组信息传输到 F 结点为止。每个分组在传输过程中，所经过的路径可能各不相同。

第 4 步：接收端主机 H6 从 F 结点接收分组信息，并按原来的分组序号进行组装。

7.4　差错控制

7.4.1　差错的基本概念

1. 差错

所谓差错就是在数据通信中，接收端接收到的数据与发送端发出的数据不一致的现象。差错包括以下两种。

（1）数据传输过程中有位丢失；

（2）发出的位值为 0 而接收到的位值为 1，或发出的位值为 1 而接收到的位值为 0，即发出的位值与接收到的位值不一致。

2. 热噪声

这里所说的噪声是指不正常的干扰信号。在网络通信中要尽量避免噪声或减少噪声对信号的影响。

热噪声是影响数据在通信介质中正常传输的各种干扰因素,热噪声分为随机热噪声和冲击热噪声两大类。

随机热噪声是通信信道上固有的持续存在的热噪声。这种热噪声具有不固定性,所以称为随机热噪声。

冲击热噪声是由外界某种原因突发产生的热噪声。

3. 差错的产生

数据传输中所产生的差错都是由热噪声引起的。由于热噪声会造成传输中的数据信号失真,产生差错,因此在传输中要尽量减少热噪声。

4. 差错控制

差错控制就是指在数据通信过程中,发现差错,检测差错,对差错进行纠正,从而把差错尽可能限制在数据传输所允许的误差范围内所采用的技术和方法。

在数据传输中,没有差错控制的传输通常是不可靠的。

5. 差错控制编码

差错控制的核心是差错控制编码。差错控制编码的基本思想是通过对信息序列实施某种变换,使原来彼此独立、没有相关性的信息码元序列,经过变换产生某种相关性,接收端据此来检查和纠正传输序列中的差错。不同的变换方法构成不同的差错控制编码。

用以实现差错控制的编码分为检错码和纠错码两种。检错码是能够自动发现错误但不能自动纠错的传输编码;纠错码是既能发现错误,又能自动纠正传输错误的编码。

7.4.2 差错控制方法

差错控制方法主要有自动请求重发、前向纠错和反馈校验法。

1. 自动请求重发

自动请求重发(Automatic Repeat reQuest,ARQ)又称为检错重发。它是利用编码的方法在数据接收端检测差错,当检测出差错后,设法通知发送数据端重新发送出错的数据,直到无差错为止。ARQ的特点是只能检测出错码是在哪些接收码之中,但不能确定错码的准确位置,应用ARQ需要系统具备双向信道,如图7-15所示。

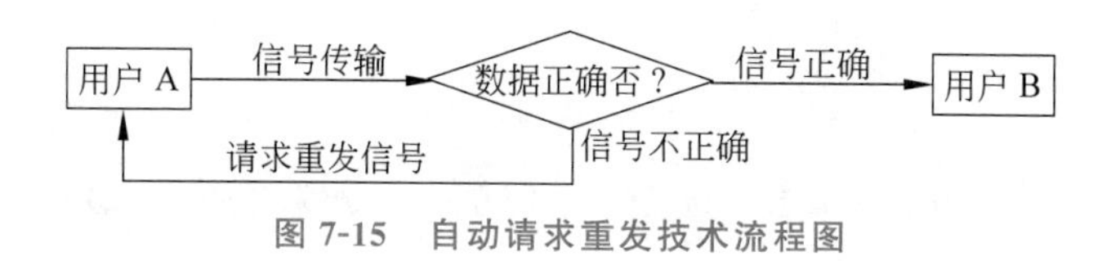

图 7-15 自动请求重发技术流程图

2. 前向纠错

前向纠错(Forward Error Correct,FEC)是利用编码方法,在接收端不仅能对接收的数据进行检测,而且当检测出错误码后能自动进行纠正。FEC 的特点是接收端能够准确地确定错误码的位置,从而可自动进行纠错。应用 FEC 不需要反向信道,不存在重发延时问题,所以实时性强,但纠错设备比较复杂。其纠错过程如图 7-16 所示。

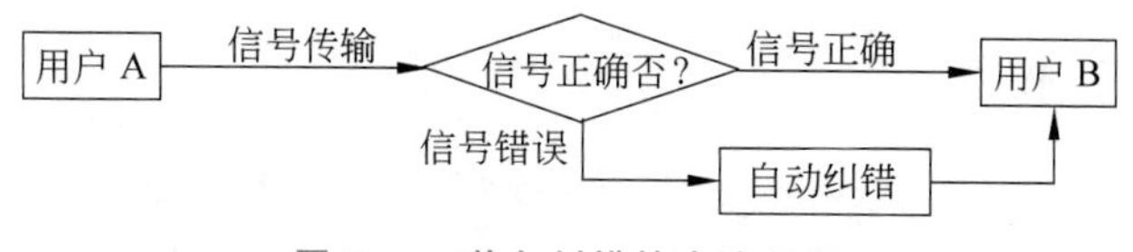

图 7-16 前向纠错技术流程图

前向纠错是利用编码方法,在接收端检测出有数据错误,并能定位是哪位编码错误后,可自动纠错。纠错很简单,将错误位的数码求反,将 0 变为 1,将 1 变为 0 即可。

3. 反馈校验法

反馈校验法(Feedback Verify Method,FVM)是接收端将收到的信息码原封不动地发回发送端,再由发送端用反馈回来的信息码与原发信息码进行比较,如果发现错误,发送端进行重发。反馈校验的特点是其方法、原理和设备都比较简单,但需要系统提供双向信道,因为每个信息码都至少传输两次,所以传输效率低,如图 7-17 所示。

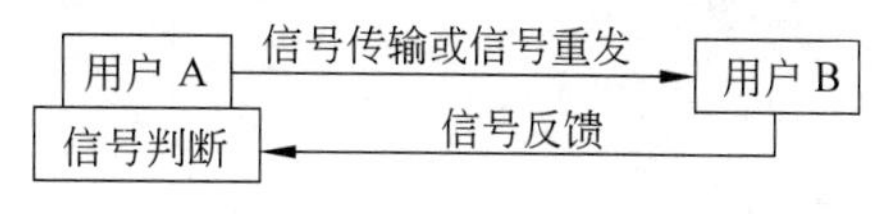

图 7-17 反馈校验法技术流程图

7.4.3 检错编码方法

差错检测方法很多,如垂直奇偶校验检测、水平垂直奇偶校验检测、定比检测、正反检测、循环冗余码检测及海明检测等方法。所有这些方法分别采用了不同的差错控制编码技术。下面介绍几种常用的检错控制编码方法。

1. 垂直奇偶校验法

垂直奇偶校验是以字符为单位的一种校验方法。以 ASCII 为编码的字符为例,一个字符由 8 位组成,其中低 7 位是信息位,最高位是校验位。

奇校验的规则是,确保发出的一组信息码中含 1 的个数为奇数;偶校验的规则是,确保发出的一组信息码中含 1 的个数为偶数。根据奇偶校验的规则,校验位值如表 7-2

所示。

表 7-2 奇偶校验表

校验方式	信息位中含1的个数	校验位的值	校验方式	信息位中含1的个数	校验位的值
奇校验	偶数 奇数	1 0	偶校验	偶数 奇数	0 1

例如,如果一个字符的7位信息码为1001101,采用奇校验编码,求其校验位的值。

由于这个字符的7b代码中有1的个数为偶数(4个),所以其校验位的值为1。即整个8b发送编码为11001101(最高位为核验位)。

在传输中,当接收端接收到字符8b编码后,即开始检测,若检测出其含1的个数为奇数,则被认为传输正确,否则就被认为传输中出现差错。

2. 水平奇偶校验法

水平奇偶校验是以字符组为单位的一种校验方法。对一组中的相同位进行奇偶校验。数据传输以字符为单位进行传输,传输按字符一个一个地进行,最后传输一字节的校验码。

假设水平奇偶校验以7字节数据外加1字节的校验码为一组(共8字节)进行奇偶校验。其构成的水平奇偶校验(采用奇校验)的例子如表7-3所示。

表 7-3 水平奇校验编码表

字节 \ 位	0	1	2	3	4	5	6	7
1	0	1	1	0	1	0	1	1
2	1	0	0	1	0	0	1	0
3	1	1	1	1	0	1	1	1
4	0	1	0	1	0	1	0	0
5	1	0	1	0	0	0	0	1
6	1	1	0	0	1	1	1	0
7	0	1	1	1	0	0	0	0
8(校验码)	1	0	1	1	1	0	1	0

3. 水平垂直奇偶校验法

水平垂直奇偶校验是同时进行水平和垂直奇偶校验的校验。其具体实现过程如下。

(1) 组成一个字符组(8B一个组);

(2) 对每个字符增加一个校验位(7个数据位,1个校验位);

(3) 对每组字符相同的位增加一个校验位(即多传输1B的校验信息)。

水平垂直奇偶校验码(采用奇校验)的例子如表7-4所示。

表 7-4　水平垂直奇校验编码表

字节＼位	0	1	2	3	4	5	6	7(水平校验位)
1	0	1	1	0	1	0	0	0
2	1	0	0	1	0	0	0	1
3	1	1	1	1	0	1	1	1
4	0	1	0	1	0	1	1	1
5	1	0	1	0	0	0	0	1
6	1	1	0	0	1	0	1	1
7	0	1	1	1	0	1	0	1
8(垂直校验位)	1	0	1	1	1	0	0	1

具体传输过程是,先按水平奇偶校验法进行数码传输和校验,待一组字符(8B)全部传输完毕后,再进行垂直校验。

水平垂直奇偶校验法的可靠性高,但编码复杂,检测时间长。

7.4.4　前向纠错技术

前向纠错就是在接收端不但能自动检测错误,并能进行错误编码的定位,从而能自动进行纠错。纠错很简单,将错误码求反即可,关键是如何定位错误码的位置。

1. 半进位运算规则

在自动纠错算法中,要用到半进位运算,所以,在这里先介绍半进位的运算规则。

(1) 半进位加法(又叫作按位加法运算):按二进制加法进行加运算,不保留进位位。

(2) 半借位减法(又叫作按位减法运算):按二进制减法进行减运算,不存在借位。

半进位运算又叫作逻辑异或运算,由以上运算规则可以看出,相同两数码异或得 0,不同两数码异或得 1。

2. 前向纠错算法

1) 前向校验公式及校验码

这里,以传输一个 4 位数据为例,介绍一种前向纠错的算法。

每个字符除了 4 位数码外,还要增加 4 个校验位,即一组信息共 8 位。从左到右其二进制编码分别用 C1～C8 表示,校验码计算公式如下:

$$C1 \oplus C2 \oplus C3 \oplus C4 \oplus C5 = 0 \quad (1)$$

$$C1 \oplus C2 \oplus C3 \oplus C6 = 0 \quad (2)$$

$$C1 \oplus C3 \oplus C4 \oplus C7 = 0 \quad (3)$$

$$C1 \oplus C2 \oplus C4 \oplus C8 = 0 \quad (4)$$

即

$$C5 = C1 \oplus C2 \oplus C3 \oplus C4 \tag{5}$$

$$C6 = C4 \oplus C5 \tag{6}$$

$$C7 = C2 \oplus C5 \tag{7}$$

$$C8 = C3 \oplus C5 \tag{8}$$

2) 校验方法

在发送端,用式(5)～(8)分别计算出校验码C5、C6、C7和C8,连同前4位数码一起发给接收端;在接收端,用式(1)～(4)分别进行校验。若4个式子计算结果都为0,则传输正确,只要有一个式子的计算结果为1,说明传输有错。

【例7-3】 设信息码为1101,即C1=1、C2=1、C3=0、C4=1,求出4位校验位C5、C6、C7、C8。根据上述计算公式(5)～(8)计算得到:

$$C5 = 1 \oplus 1 \oplus 0 \oplus 1 = 1$$

$$C6 = 1 \oplus 1 = 0$$

$$C7 = 1 \oplus 1 = 0$$

$$C8 = 0 \oplus 1 = 1$$

因此,得到8位发送编码如下:

C1	C2	C3	C4	C5	C6	C7	C8
1	1	0	1	1	0	0	1

在接收端收完8位数码后即用式(1)～(4)分别进行校验,若接收端收到的8位编码都正确,则4个式子的计算结果肯定均为0,如果有一位错误,则至少有一个式子的结果不为0。例如,接收端收到的C4=0,而其余位正确,将C1～C8代入式(1)～(4),则:

$$1 \oplus 1 \oplus 0 \oplus 0 \oplus 1 = 1$$

$$1 \oplus 1 \oplus 0 \oplus 0 = 0$$

$$1 \oplus 0 \oplus 0 \oplus 0 = 1$$

$$1 \oplus 1 \oplus 0 \oplus 1 = 1$$

3) 差错判断法则

若式(1)、(2)、(3)、(4)全错,则C1必错;

若式(1)、(2)、(4)错而式(3)不错,则C2必错;

若式(1)、(2)、(3)错而式(4)不错,则C3必错;

若式(1)、(3)、(4)错而式(2)不错,则C4必错;

若只有式(1)错,则C5必错;

若只有式(2)错,则C6必错;

若只有式(3)错,则C7必错;

若只有式(4)错,则C8必错。

值得注意的是,上述介绍的几种检错及纠错方法中,只能检测出一位编码错误,对于两位以上的错误是检验不出来的。在实际通信过程中,误码本身是小概率事件,对于在一组数码中同时出现两位或两位以上的错误的概率则更小，几乎为 0，所以在实际应用过程中，只考虑发生一位编码错误的情况，即只对一位编码错误进行校验和纠错。

在实际应用中，只判断前 4 位数据编码的正确性，即 C1、C2、C3 和 C4，后 4 位是无须判断的，也无须进行纠错。这样能节省错误判断和纠错的时间，以提高数据传输的速度和效率。

特别说明：本前向纠错算法是本书主编杨云江教授于 2004 年创建的，算法经过严格的数学证明，其算法及其证明过程参见参考文献[10]。

7.5 多路复用技术

多路复用技术是指多个用户使用同一条通信信道同时传输信息所采用的技术。

7.5.1 频分复用技术

频分复用(Frequency Division Multiplexing，FDM)技术将一个有足够带宽的信道划分成若干等宽的子频段(每个频段称为一个子信道)，事先固定将每个频段分配给一个用户专用。即一个频段只传送一个用户的信息。值得注意的是，在划分子信道时，两个子信道之间要预留一定的间隙，以防止相邻的两个子信道的信号相互重叠和干扰，造成信号的失真，如图 7-18 所示。

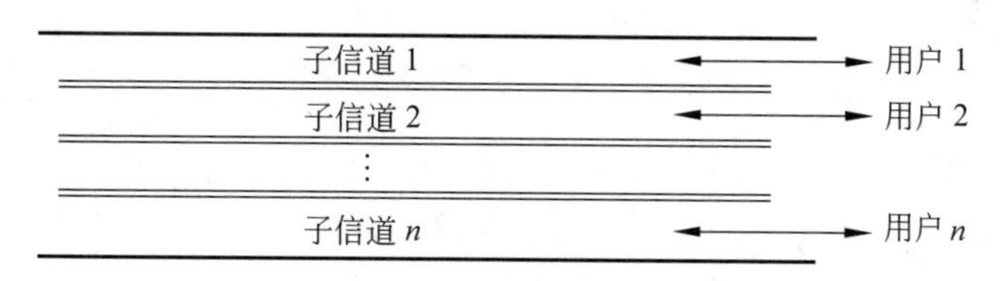

图 7-18 频分复用技术示意图

7.5.2 时分复用技术

频分复用技术存在的问题是，随着用户数量的增加，子信道频带越来越窄，为解决这一问题，引入了时分复用技术。

时分复用(Time Division Multiplexing，TDM)技术是在通信信道上形成一种时间上的逻辑子信道。信道不再细分，而是作为一整条通道来使用，每个用户预先分配一个等宽的时间片，任一个用户是在固定的时间片中进行信息的传输，如图 7-19 所示。

图 7-19 中的 U1～U*n* 是指用户 1(User1)到用户 *n*(User*n*)。

频分复用技术通常用以传输连续信号，时分复用技术通常用以传输离散信号。

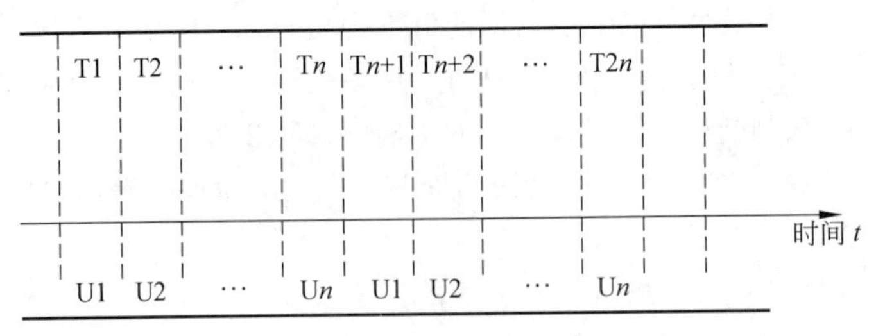

图 7-19　时分复用技术示意图

7.5.3　排队复用技术

排队复用(Queueing Division Multiplexing,QDM)技术是按先来先服务的原则进行信道分配,用户要发送的数据先放在缓冲区中排队,先来的用户数据传输完后才能进行排在后面的数据的传输,如图 7-20 所示。排队复用技术的优点是,临时将整个信道都分配给一个用户使用,在传输数据时效率较高,而且这种技术实现比较简单。缺点是用户等待的时间过长,尤其是对信息量不大的用户,有时为了发送几十字节的数据而要等待几十分钟甚至几小时的时间。在现代网络系统中,很少使用排队复用技术。

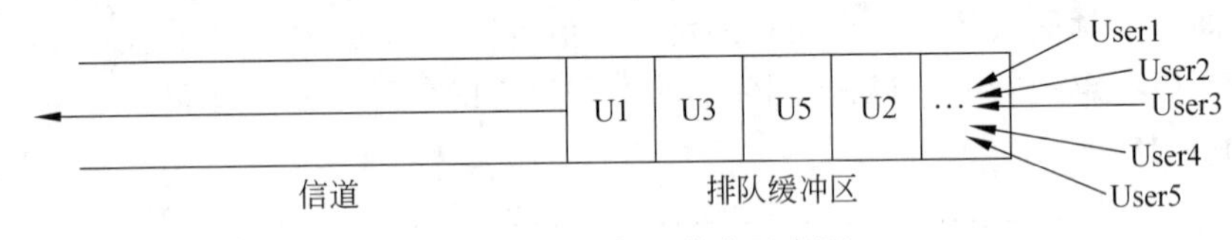

图 7-20　排队复用技术示意图

7.5.4　波分复用技术

在传统的时分复用(TDM)光纤传输系统中,支路信号的复用和解复用、发送和接收单元、时钟提取电路、信号再生器都工作于高速复用信号速率上,使得这些器件的速率和带宽日益成为提高传输速率的瓶颈,因为微电子大规模集成芯片对于运行速率有一定的限度。另外,光纤线路传输性能也会遇到困难,这是因为单模光纤本身的传输容量虽有很大潜力,但每一光载波如传输过高的数字速率,将受到光纤色散和偏振模式色散及光纤接头引起反射等因素的限制。所以按照目前的技术情况,TDM 适合的数字速率高到 2.5Gb/s 较为合适,最高不宜超过 10Gb/s,所以波分复用方式已成为提高光纤传输容量的必然选择。

波分复用(Wavelength Division Multiplexing,WDM)技术就是不同波长的光载波同在一根光纤上传输,它的本质就是光纤上频分复用技术,每个通路通过频域的分割实现,每个通路占用一部分光纤的带宽。

波分复用系统分为两类:集成系统和开放系统。

集成系统就是 SDH(Synchronous Digital Hierarchy,同步数字系列)终端具有满足

G.692 的光接口;有标准的光波长、满足长距离的光源。整个系统构造比较简单,但是不能直接接纳老式 SDH 系统和不同厂家的系统。

开放系统就是波分复用器前端加入波长转移单元 OUT,将当前 SDH 的 G.957 接口波长转换为 G.692 的标准波长光接口。可以接纳过去的老式 SDH 系统,并实现不同厂家互连,但 OUT 的引入可能对系统性能带来一定的负面影响。

WDM(波分复用):WDM 利用光复用器将不同光纤中传输的波长结合到一根光纤中传输,在链路的接收端,利用解复用器将分解后的波长分别送到不同的光纤,并连接到不同的接收设备。

DWDM(密集波分复用):DWDM 具有巨大带宽和传输数据的透明性,无疑是当今光纤应用领域的首选技术,人们自然希望能将其作为城域网的传输平台。城域网具有传输距离短、拓扑灵活(环状、星状、网状网等)和业务接口复杂多样化的特点。但 DWDM 一般不提供低速接口,成本太高,不能适应城域网复杂的各种接入方式,主要用于长途传输的 DWDM。同时,DWDM 对城域网的灵活多样性难以适应。是否有可能以较低的成本享用 WDM 呢?面对这一宽带需求,CWDM(粗波分复用)应运而生。

CWDM(粗波分复用):CWDM 是一种波分复用技术,它能够延续 DWDM 的技术优势,具有 DWDM 技术所不具备的多业务接口、低成本、低功耗、小尺寸等优点。它利用光复用器,可以把在不同光纤中传输的波长复用到一根光纤中传输;在链路的接收端,利用解复用器再将波长恢复为原来的波长。相对于 DWDM 来说,CWDM 复用波长之间间隔比较宽,为 20nm,最多可复用 8 个波。因此 CWDM 对激光器、复用/解复用器的要求大大降低,同时在不需要放大器的情况下可以传输 50～80km,采用这种方式建设城域网或网络扩容,可极大地减少组网成本。

7.5.5 异步频分复用技术和异步时分复用技术

前面介绍的“频分复用技术”和“时分复用技术”分别称为“同步频分复用技术”(或固定信道频分复用技术)和“同步时分复用技术”。在这两种复用技术中,子信道和时间片是固定分配给用户的,也就是说,一个子信道(或一个时间片)是被某一个用户独占使用的。由于所有用户不可能任何时刻都在传输信息,当用户不传输信息时,该子信道(或时间片)就空着,而又不能给其他用户使用,从而会造成子信道或时间片的浪费。为了解决这一问题,引入了“异步频分复用技术”和“异步时分复用技术”。

1. 异步频分复用技术

异步频分复用技术(又称为随机分配信道技术),是将一个信道划分成有限的 m 个子信道,事先并不将任何子信道进行分配,而是在系统运行过程中,动态地将这 m 个子信道分配给 n 个($m<n$)用户使用。

具体实施过程是,用户在传输信息前,先向系统申请一个子信道。系统收到用户申请后,立即在空闲的子信道中分配一个给该用户使用(若无空闲的子信道,用户必须等待)。当用户信息传输完毕,系统及时收回该子信道,以备其他用户使用。

2. 异步时分复用技术

与异步频分复用技术相似,异步时分复用技术是将系统时间划分成有限的 m 个时间片,事先并不将任何时间片进行分配,而是在系统运行过程中,动态地将这 m 个时间片分配给 n 个($m<n$)用户使用。

具体实现过程是,用户在传输信息前,先向系统申请一个时间片,系统收到用户申请后,立即在空闲的时间片中分配一个给该用户使用(若无空闲的时间片,用户必须等待),当用户信息传输完毕,系统及时收回该时间片,以备其他用户使用。

在现实生活中,异步复用技术的例子比比皆是。如机场的跑道与飞机的起飞和降落,不可能为每架飞机修一条跑道,因为在一天24h中,一架飞机在一个机场的起落时间是有限的,也就几分钟。因此,任何一个机场的跑道数量是有限的,而起落飞机的数量在理论上可以是无限的(因为时间是无限的)。机场在一架飞机起落前,才确定该架次飞机使用哪一条跑道。

【例 7-4】 我国自主设计和建设的高铁运行网络。由于成本和场地的限制,不可能为每个车组铺设一条高铁道路,实际情况是,任何一段高铁线路中,一个方向只有一条高铁铁轨道路,而每一经过该段铁轨的车组理论上是无限的,系统则是为每个车组分配一个固定的时间片段来通过该段铁轨道路。这就是经典的时分复用技术。

而高铁进出站则是异步频分复用技术的经典应用案例。高铁站的铁轨数量(站台)是有限的,而每天进出站的高铁车组理论上是无限的。所以,不可能为每个车组固定分配一个站台,也不可事先为一个车组固定使用一个站台,只能是列车进站前才分配一个空闲的站台供其使用。

【课堂思考】 上网查询我国高铁建设的发展史,对我国自行设计的、超一流的高铁系统有何感想和体会?

7.6 应用实例:前向检错技术的应用

设要将Computer这一字符串(共7个字符)发送给远程计算机,采用奇校验的方式对数据进行编码。

Computer对应的ASCII码的十六进制及二进制表示方式如表7-5所示。

表 7-5 Computer 编码表

序号	字符	十六进制编码	二进制编码	序号	字符	十六进制编码	二进制编码
1	C	43	01000011	5	u	75	01110101
2	o	6F	01101111	6	t	74	01110100
3	m	6D	01101101	7	e	65	01100101
4	p	70	01110000	8	r	72	01110010

因为 ASCII 码的高位都是 0，为了方便编码和传输，将每个字符 ASCII 码的高位 0 去掉，每个字符的编码只剩下 7 位，再给每个字符的 7 位编码都加上一个奇校验码，正好构成一字节，如表 7-4 所示。

在发送端，按表 7-4 列出的编码一字节一字节地发给接收端，接收端收到信息后，按 8 位(一字节)一组进行校验，若每组中含 1 的个数是奇数，说明传输正确；若一组中的 8 位编码中含 1 的个数是偶数，则可断定传输错误，请求发送端将该组编码重传。全部字符接收完毕并校验正确后，去掉每组字符的最低位(校验位)，再在高位上补充一个 0，则还原成字符的 ASCII 码。

下面仍以发送字符串 Computer 为例，介绍 7.4.4 节中的前向纠错技术的应用。

将每个字符的 8 位二进制编码(如表 7-6 所示)分成两段，即高 4 位和低 4 位，分别求出其自动纠错码(校验码也是 4 位)。

表 7-6 水平奇校验编码表

字节＼位	0	1	2	3	4	5	6	7
1	1	0	0	0	0	1	1	0
2	1	1	0	1	1	1	1	1
3	1	1	0	1	1	0	1	0
4	1	1	1	0	0	0	0	0
5	1	1	1	0	1	0	1	0
6	1	1	1	0	1	0	0	1
7	1	1	0	0	1	0	1	1
8(校验位)	0	1	0	1	0	1	0	0

前向纠错编码用 7.4.4 节中的式(5)～(8)计算，其校验码如表 7-7 所示。表中的“传输码”是由信息编码的 4 位再加上 4 位校验码组成的。

表 7-7 Computer 自动纠错编码表

序号	字符	ASCII 码(二进制编码)			校验码	传输码
1	C	01000011	高 4 位	0100	1101	01001101
			低 4 位	0011	0101	00110101
2	o	01101111	高 4 位	0110	0011	01100011
			低 4 位	1111	0111	11110111
3	m	01101101	高 4 位	0110	0011	01100011
			低 4 位	1101	1001	11011001
4	p	01110000	高 4 位	0111	1000	01111000
			低 4 位	0000	0000	00000000

续表

序号	字符	ASCII码(二进制编码)			校验码	传输码
5	u	01110101	高4位	0111	1000	01111000
			低4位	0101	0110	01010110
6	t	01110100	高4位	0111	1000	01111000
			低4位	0100	1101	01001101
7	e	01100101	高4位	0110	0011	01100011
			低4位	0101	0110	01010110
8	r	01110010	高4位	0111	1000	01111000
			低4位	0010	1110	00101110

接收端收到信息后,按8位一组进行校验和纠错,即按7.4.4节中的式(1)~(4)进行校验,若这4个式子计算的结果都为0,则说明这一组字符传输正确,否则可断定传输有错,按7.4.4节中介绍的差错判断法进行错误码定位,再按位求反即可。全部字符接收完毕并校验正确后,去掉每组字符的低4位(校验位),再两两组合起来(即第2组的4位码加到第1组的4位码后面,第4组的4位码加到第3组的4位码后面……),则还原成原字符的ASCII码。

习题

1. 网络通信系统的三要素是什么?
2. 数据通信过程通常有哪5个基本阶段?
3. 线路通信方式有哪几种?各有什么特点?
4. 并行传输和串行传输各有什么特点?
5. 什么是基带传输和频带传输?
6. 试述同步传输和异步传输的基本原理。
7. 数据交换技术有哪两种?简述用两种交换技术实现数据交换的过程。
8. 什么是噪声?噪声对通信数据有何影响?
9. 噪声是影响数据通信错误的唯一因素吗?
10. 简述数据校验、数据检错、数据自动纠错的基本概念。
11. 试述计算机网络通信系统中自动请求重发、前向纠错及反馈校验法技术各自的优、缺点。
12. 本章介绍的自动纠错技术是否可纠正所有数据传输错误?
13. 设信息码为1001011,求出其奇校验码。
14. 举例说明频分复用技术和时分复用技术在日常生活中的应用。
15. 设信息码为1110,求出其4位前向纠错码。

第8章　IPv6技术

Internet已风靡全世界，人们的生活及工作都已离不开Internet，但由于基于IPv4的Internet的地址已枯竭而极大地阻碍了Internet的发展，由此引入了IPv6。自20世纪90年代初提出了IPv6的概念之后，包括中国在内的许多国家都投入了大量的人力、物力和财力进行IPv6的研究，无论在理论上还是在实际应用中，IPv6都取得了突破性的进展。毫无疑问，IPv6最终将取代IPv4是一种必然趋势，因此，学习和掌握IPv6技术是当务之急。

知识培养目标

- 了解IPv6网络的基本概念；
- 掌握IPv6的地址体系结构及寻址模式；
- 掌握IPv6的地址分配模式；
- 掌握“隧道技术”；
- 掌握IPv6的过渡技术。

能力培养目标

- 具备通信网络的设计能力；
- 具备“隧道”的建立和应用的能力；
- 具备IPv4与IPv6相互通信的能力；
- 具备设计和搭建IPv6架构的能力。

课程思政培养目标

课程内容与课程思政培养目标关联表如表8-1所示。

表8-1　课程内容与课程思政培养目标关联表

节	知识点	案例及教学内容	思政元素	培养目标及实现方法
	IPv6技术		了解IPv6技术的应用范畴及对人类社会的贡献	树立学好IPv6技术的理念，树立用IPv6技术服务社会和国家的理想
8.1.1	IPv6地址		因IPv4的地址枯竭而产生了IPv6，而IPv6的产生则让互联网络的发展产生了巨大的变革	培养学生善于思考和观察，具有发现问题和解决问题的思维能力

续表

节	知 识 点	案例及教学内容	思 政 元 素	培养目标及实现方法
8.1.1	IPv6 的发展		了解 IPv6 对人类社会所做的贡献,了解 IPv6 对 Internet 及下一代网络发展的重要性	培养学生具有学好网络知识和 IPv6 网络知识的意识,为建设下一代网络做贡献
8.2.2	IPv6 寻址模式	可集聚全球单播地址	IPv6 地址因广泛包含地理信息能够迅速定位而备受青睐和关注,人类则是因知识渊博而受到尊重和重用	培养学生多读书,读好书,用知识武装自己,立志做一个知识渊博、被人尊重,对社会有用的人才
8.3.1	隧道技术		在 IPv6 初级阶段,IPv4 和 IPv6 是相辅相成的,IPv6 信息必须利用隧道技术通过 IPv4 网络进行传输。同理,在 IPv6 后期,IPv4 信息也必须利用隧道技术通过 IPv6 网络进行传输。【类比】人类社会也是相互依存的	培养学生认识到自己是人类社会的一员,是国家和家庭的成员。要具有集体意识、社会意识和国家意识。具有帮助别人、回报社会和国家的意识

8.1 IPv6 的产生与发展

8.1.1 IPv6 概述

1. 什么是 IPv6

现有的互联网是在 IPv4 协议的基础上运行的。IPv6(IP version 6)是下一版本的互联网协议,也可以说是下一代互联网的协议,它的提出最初是因为随着互联网的迅速发展,IPv4 定义的有限地址空间将被耗尽,地址空间的不足必将妨碍互联网的进一步发展。为了扩大地址空间,拟通过 IPv6 重新定义地址空间。IPv4 采用 32 位地址长度,只有大约 43 亿个地址,现在已分配完毕,而 IPv6 采用 128 位地址长度,几乎可以不受限制地提供 IP 地址。

2. IPv6 的特点

IPv6 具有下列显著的特点。

(1) 扩大了地址空间,采用 128 位地址长度,可以不受限制地提供 IP 地址,从而确保了端到端连接的可能性。

(2) 提高了网络的整体吞吐量。由于 IPv6 的数据包可以远远超过 64KB,应用程序可以利用最大传输单元(MTU),获得更快、更可靠的数据传输,同时在设计上改进了选路结构,采用简化的报头定长结构和更合理的分段方法,使路由器加快数据包处理速度,提高了转发效率，从而提高网络的整体吞吐量。

(3) 服务质量得到很大改善。报头中的业务级别和流标记通过路由器的配置可以实现优先级控制和 QoS 保障，极大地改善了 IPv6 的服务质量。

(4) 安全性有了更好的保证。采用 IPSec 可以为上层协议和应用提供有效的端到端安全保证，能提高在路由器水平上的安全性。

(5) 支持即插即用和移动性。设备接入网络时通过自动配置可以自动获取 IP 地址和必要的参数，实现即插即用，简化了网络管理，易于支持移动结点。IPv6 不仅从 IPv4 中借鉴了许多概念和术语，还定义了许多移动 IPv6 所需的新功能，更好地实现了多播功能。IPv6 的多播功能限定了路由范围，可以区分永久性与临时性地址，更有利于多播功能的实现。

3. IPv6 与下一代网络

为了适应以 IP 业务为代表的数据业务的迅猛发展及数据业务量将大大超过话音业务量的发展趋势，为了适应客户/服务器等应用方式引起的网络流量分布变化及 IP 业务特有的自相似性和收发不对称性，为了支持层出不穷、越来越多的网上应用，世界各国都在探索与试验可持续发展下一代网络。下一代网络技术的出现使得运营商们开始投入对下一代网络的研究和探索。中国的电信运营商已经开始了下一代网络的试验网络建设，以软交换、IPv6 等为核心的下一代网络技术日趋成熟，国内外各大通信厂商相继推出下一代网络的产品和技术。随着业务需求和技术的发展及网络体系结构的演变，下一代网络已经成为通信网络发展的热点。

下一代网络将是 IP 网络、光网络、无线网络的世界。下一代网络是基于 IPv6 技术的，这一点在业界已达成共识，即从核心网到用户终端，信息的传递以 IPv6 的形式进行。除了互联网的各种应用不断深入和普及外，各种传统的电信业务也不断向基于 IPv6 的网络转移。宽带的发展需求迎来了光通信的快速发展，光通信现已渗入网络的各个层面，从广域网、城域网，一直到局域网；从长途网、本地网、接入网，一直到用户驻地网，光纤宽带网的发展为日益广泛的宽带应用提供了广阔的发展前景。无线网使人摆脱了线缆的束缚，可以不受地理位置限制随时随地地获得通信与信息服务。移动通信方式已逐渐占领传统有线网的中心舞台，把网络从地上的线缆移至空中的无线电波。

8.1.2 IPv6 的产生

IPv4 面临一系列难以解决的问题，IP 地址即将耗尽无疑是最为严重的。为了彻底解决 IPv4 存在的问题，从 1995 年开始，因特网工程任务组(IETF)就开始着手研究开发下一代 IP 协议，即 IPv6。IPv6 具有长达 128 位的地址空间，可以彻底解决 IPv4 地址不足的问题，除此之外，IPv6 还采用分级地址模式、高效 IP 包头、完善服务质量(QoS)和 IPSec 技术、主机地址自动配置、认证和加密等许多新技术。

8.1.3 IPv6与IPv4的区别

与IPv4相比较,IPv6有以下几方面的不同。

(1) IPv4可提供4 294 967 296个地址,IPv6将原来的32位地址空间增大到128位,数目是2的128次方,能够为地球上每平方米(含海洋面积)提供6.659×10^{23}个网络地址,由此可见,在可预估的时间内,IPv6地址是不会耗尽的。

(2) IPv4使用地址解析协议(ARP),IPv6使用多点传播neighbor solicitation消息取代地址解析协议(ARP)。

(3) IPv4中路由器不能识别用于服务质量的QoS处理的payload(有效载荷)。IPv6中路由器使用flow label字段可以识别用于服务质量的QoS处理的payload。

(4) IPv4网络的回路测试地址为127.0.0.1,IPv6网络的回路测试地址为0000:0000:0000:0000:0000:0000:0000:0001(可以简写为::1)。

(5) 在IPv4中,动态主机配置协议(DHCP)实现了主机IP地址及其相关配置的自动设置。一个DHCP服务器拥有一个IP地址池,主机从DHCP服务器租借IP地址并获得有关的配置信息(如默认网关、DNS服务器等),由此达到自动设置主机IP地址的目的。IPv6继承了IPv4的这种自动配置服务,并将其称为"全状态自动配置"(stateful autoconfiguration),以区别于无状态自动配置。

(6) IPv4使用Internet组管理协议(IGMP)管理本机子网络群组成员身份,IPv6使用Multicast Listener Discovery(MLD)消息取代IGMP。

(7) 内置的安全性。IPSec由IETF开发,是确保秘密、完整、真实的信息穿越公共IP网的一种工业标准。IPSec不再是IP协议的补充部分,在IPv6中,IPSec是IPv6自身所具有的功能。IPv4只是选择性支持IPSec,IPv6是全自动支持IPSec。

(8) 更好地支持QoS。QoS是网络的一种安全机制,通常情况下不需要QoS,但是对关键应用和多媒体应用十分必要。当网络过载或拥塞时,QoS能确保重要业务量不受延迟或丢弃,同时保证网络的高效运行。在IPv6的包头中定义了如何处理与识别传输,IPv6包头中使用flow label来识别传输,可使路由器标识和特殊处理属于一个流量的封包。流量是指来源和目的之间的一系列封包,因为是在IPv6包头中识别传输,所以即使(通过)IPSec加密的封包payload,仍可实现对QoS的支持。

8.2 IPv6寻址模式及地址分配

8.2.1 IPv6地址体系结构

1. 地址表示方式

1) IPv4地址表示方式

IPv4地址长32位,由4个地址节组成,每个地址节长8位,用十进制书写,每个地址节之间用点“.”分隔，下面是一些合法的IPv4地址。

10.5.3.1

127.0.0.1

201.199.244.101

2）IPv6地址表示方式

IPv6地址长度4倍于IPv4地址，表达起来的复杂程度也是IPv4地址的4倍。IPv6地址长128位，由8个地址节组成，每个地址节长16位，用十六进制书写，地址节之间用冒号“:”分隔，其基本表达方式是X:X:X:X:X:X:X:X，其中X是一个4位十六进制整数。下面是一些合法的IPv6地址。

CDCD:910A:2222:5498:8475:1111:3900:2020

2001:250:2100:2:1::5

1030:0:0:0:C9B4:FF12:48AA:1A2B

2000:0:0:0:0:0:0:1

地址中的每个整数都必须表示出来，但左边的0可以不写（其中第二个地址是贵州大学IPv6网站的IP地址）。

可以看出，IPv4地址是“点分十进制地址格式”，而IPv6地址是“冒分十六进制地址格式”。这是一种比较标准的IPv6地址表达方式，此外还有两种更加清楚和易于使用的方式。有些IPv6地址中可能包含一长串的0（如上面的第3个和第4个地址）。当出现这种情况时，IPv6地址中允许用简写成双冒号来表示这一长串的0。例如，地址“2000:0:0:0:0:0:0:1”可以简写成：“2000::1”。在这种表示方法中，只有当16位组全部为0时才会被两个冒号取代，且两个冒号在一个地址中只能出现一次，否则就会产生二义性而导致IP地址错误。

在IPv4和IPv6的混合环境中还有第三种表示方法。IPv6地址中的最低32位可以用于表示IPv4地址，该地址可以按照一种混合方式表达，即X:X:X:X:X:X:d.d.d.d，其中X表示一个16位十六进制整数，而d表示一个8位十进制整数。

例如，0:0:0:0:0:0:210.0.0.1就是一个基于IPv6网络的IPv4地址的表示，该地址也可以表示为::210.0.0.1。

IPv6地址分为单播地址、组播地址和泛播地址3种，将在后面介绍。

3）IPv6地址前缀

IPv6地址前缀就是IPv6地址中的高位部分，属于128位地址空间范围之内。地址前缀部分或者有固定的值，或者是路由或子网的标识。其表示方式为“地址/前缀长度”。例如：

12AB:0:0:CD30::/60

2. 地址体系结构

IPv4地址只是一台终端计算机的网络代号，不能表达网络路由结构，而IPv6地址则能充分表达网络路由结构信息，即为点对点通信设计了一种具有分级结构的地址，这种地址被称为可聚合全球单点广播地址（又称为可聚合全球单播地址）。其地址最开头的3个地址位是地址类型前缀,用于区别其他地址类型。其后是13位TLA ID、32位NLA ID、16位SLA ID和64位主机接口ID,分别用于标识分级结构中的TLA(Top Level Aggregator,顶级聚合体)、NLA(Next Level Aggregator,下级聚合体)、SLA(Site Level Aggregator,站点级聚合体)和主机接口。TLA是与长途服务供应商和电话公司相互连接的公共网络接入点,它从国际互联网注册机构(如IANA)处获得地址。NLA通常是大型ISP,它从TLA处申请获得地址,并为SLA分配地址。SLA可以称为订户(subscriber),它可以是一个机构或一个小型ISP。SLA负责为属于它的订户分配地址。SLA通常为其订户分配由连续地址组成的地址块,以便这些机构可以建立自己的地址分级结构以识别不同的子网。分级结构的最底级是网络主机。

IPv6地址的体系结构体现在可聚合全球单播地址的分层结构上,IPv6可聚合全球单播地址具有以下3个层次。

(1) 公共拓扑(public topology)是提供公用Internet传送服务的网络提供商和网络交换商群体;

(2) 站点拓扑(site topology)是本地的特定站点或组织,其功能是提供本站点之内的传输服务;

(3) 网络接口拓扑(Interface topology)是用于标识链路上的网络接口。

8.2.2 IPv6寻址模式

如上所述,IP地址有3种类型:单播、组播和泛播。广播地址已不再有效。RFC 2373中定义了以下3种IPv6地址类型。

1.单播地址

1) 单播地址的概念

单播地址是一个单接口的标识符,送往一个单播地址的包将被传送至该地址标识的接口上。

单播地址标识了一个单独的IPv6接口。一个结点可以具有多个IPv6网络接口。每个接口必须具有一个与之相关的单播地址。单播地址可被认为包含一段信息,这段信息被包含在128位字段中:该地址可以完整地定义一个特定的接口。此外,地址中数据可以被解释为多个小段的信息。但无论如何,当所有的信息被放在一起后,将构成标识一个结点接口的128位地址。

IPv6地址本身可以为结点提供关于其结构的或多或少的信息,这主要根据是由谁来观察这个地址,以及观察什么。例如,结点可能只需简单地了解整个128位地址是一个全球唯一的标识符,而无须了解结点在网络中是否存在。另外,路由器可以通过该地址来决定,地址中的一部分标识了一个特定网络或子网上的一个唯一结点。

例如,一个IPv6单播地址可看成一个两字段实体,其中一个字段用来标识网络,而另一个字段则用来标识该网络上结点的接口。在后面讨论特定的单播地址类型时还会看到,网络标识符可被划分为几部分,分别标识不同的网络部分。IPv6单播地址功能与

IPv4 地址一样受制于 CIDR,即在一个特定边界上将地址分为两部分。地址的高位部分包含选路用的前缀,而地址的低位部分包含网络接口标识符。

最简单的方法是把 IPv6 地址作为不加区分的一块 128 位的数据,而从格式化的观点来看,可把它分为两段,即接口标识符和子网前缀。RFC 2373 中表示的格式如图 8-1 所示。接口标识符的长度取决于子网前缀的长度。两者的长度是可以变化的,这取决于谁对它进行解释。对于非常靠近寻址的点接口(远离骨干网)的路由器可用相对较少的位数来标识接口。而离骨干网近的路由器,只需用少量地址位来指定子网前缀,这样,地址的大部分将用来标识接口标识符。下面要讨论的是可集聚的单播地址,它的结构更为复杂。

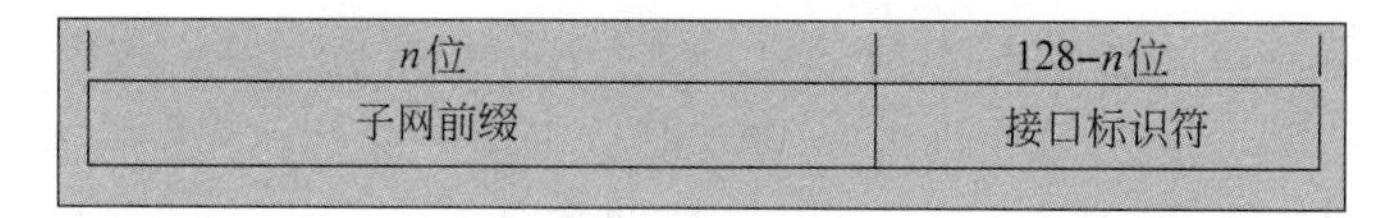

图 8-1　单播地址格式

2) 单播地址格式

RFC 1884 给出了几种不同类型的通用 IPv6 地址。

(1) 接口标识符。

在 IPv6 寻址体系结构中,任何 IPv6 单播地址都需要一个接口标识符。接口标识符非常像 48 位的介质访问控制(MAC)地址,MAC 地址由硬件编码在网络接口卡中,由厂商烧入网卡中,而且地址具有全球唯一性,不会有两个网卡具有相同的 MAC 地址。这些地址能用来唯一标识网络链路层上的接口。

IPv6 主机地址的接口标识符基于 IEEE EUI-64 格式。该格式基于已存在的 MAC 地址来创建 64 位接口标识符,这样的标识符在本地和全球范围是唯一的。RFC 2373 包括的附录解释了如何创建接口标识符。有关 IEEE EUI-64 标准更多的信息,请访问 IEEE 标准协会网站。

这些 64 位接口标识符能在全球范围内逐个编址,并唯一地标识每个网络接口。这意味着理论上可多达 264 个不同的物理接口,大约有 1.8×10^{19} 个不同的地址,而且这也只用了 IPv6 地址空间的一半。这至少在可预见的未来是足够的。

(2) 可集聚全球单播地址。

可集聚全球单播地址是另一种类型的集聚,它是独立于 ISP 的。基于供应商的可集聚地址必须随着供应商的改变而改变,而基于交换局的地址则由 IPv6 交换实体直接定位。由交换局提供地址块,而用户和供应商为网络接入签订合同。这样的网络接入或者直接由供应商提供,或者通过交换局间接提供,但选路通过交换局。这就使得用户改换供应商时,无须重新编址。同时也允许用户使用多个 ISP 来处理单块网络地址。

可集聚全球单播地址包括地址格式的起始三位为 001 的所有地址(此格式可在将来用于当前尚未分配的其他单播前缀)。地址格式化为如图 8-2 所示的字段。

FP 字段:IPv6 地址中的格式前缀,长 3 位,用来标识该地址在 IPv6 地址空间中属于哪类地址。该字段为 001,标识这是可集聚全球单播地址。

TLA ID 字段:顶级集聚标识符,包含最高级地址选路信息。这指的是网络互联中最

3位	13位	8位	24位	16位	64位
FP	TLA ID	RES	NLA ID	SLA ID	接口标识符

图 8-2 可集聚全球单播地址格式

大的选路信息。该字段为13位,可得到最大8192个不同的顶级路由。

RES字段:该字段为8位,保留为将来用。最终可能会用于扩展顶级或下一级集聚标识符字段。

NLA ID字段:下一级集聚标识符,长24位。该标识符被一些机构用于控制顶级集聚以安排地址空间。换句话说,这些机构(可能包括大型ISP和其他提供公网接入的机构)能按照它们自己的寻址分级结构来将此24位字段切开用。这样,一个实体可以用两位分割成4个实体内部的顶级路由,其余的22位地址空间分配给其他实体(如规模较小的本地ISP)。这些实体如果得到足够的地址空间,可将分配给它们的空间用同样的方法再子分。

SLA ID字段:站点级集聚标识符,被一些机构用来安排内部的网络结构。每个机构可以用与IPv4同样的方法来创建自己内部的分级网络结构。若16位字段全部用作平面地址空间,则最多可有65 535个不同子网。如果用前8位作该组织内较高级的选路,那么允许255个高级子网,每个高级子网可有多达255个子子网。

接口标识符字段:长64位,包含IEEE EUI-64接口标识符的64位值。

IPv6单播地址能包括大量的组合,甚至超过了将来RFC可能会指定的显式字段。不论是站点级集聚标识符,还是下一级集聚标识符都提供了大量空间,以便某些网络接入供应商和机构通过分级结构再子分这两个字段来增加附加的拓扑结构。

IPv4的IP地址是不含地理信息的,而IPv6可集聚全球单播地址是包含地理信息的,通常用TLA ID字段表示"国家和地区",如"2001::/16"表示"中国"。用NLA ID字段表示"行业"或"大型机构"的地理信息,如"2001:250::/35"表示"中国教育和科研计算机网络"。用SLA ID字段表示"地区级或省级"地理信息,如"2001:250:2000::/36"表示"中国教育和科研计算机网络西南地区网络中心",而"2001:250:2C00::/39"则表示"中国教育和科研计算机网络西南地区网络的贵州省"。64位长的接口标识符则是由网卡的MAC地址生成的。其生成方法和过程在后面即将详细介绍。

正因为IPv6地址中包含地理信息,从而使得IPv6网络能够根据其IP地址快速定位。

(3) 特殊地址和保留地址。

在第一个1/256 IPv6地址空间中,所有地址的第一个8位0000 0000被保留。大部分空的地址空间用作特殊地址,这些特殊地址包括以下几种。

① 未指定地址:这是一个"全0"地址,当没有有效地址时,可采用该地址。例如,当一个主机从网络第一次启动时,它尚未得到一个IPv6地址,就可以用这个地址,即当发出配置信息请求时,在IPv6包的源地址中填入该地址。该地址可表示为0:0:0:0:0:0:0:0,如前所述,也可写成"::"。

② 回返地址：在 IPv4 中，回返地址定义为 127.0.0.1。任何发送回返地址的包必须通过协议栈到网络接口，但不发送到网络链路上。网络接口本身必须接受这些包，就好像是从外面结点收到的一样，并传回给协议栈。回返功能用来测试软件和配置。IPv6 回返地址除了最低位外，全为 0，即回返地址可表示为 0:0:0:0:0:0:0:1 或::1。

③ 嵌有 IPv4 地址的 IPv6 地址：有两类地址，一类允许 IPv6 结点访问不支持 IPv6 的 IPv4 结点，另一类允许 IPv6 路由器用隧道方式，在 IPv4 网络上传送 IPv6 包。这两类地址将在下面进行讨论。

(4) 嵌有 IPv4 地址的 IPv6 地址。

不管人们是否愿意，逐渐向 IPv6 过渡已成定局。这意味着 IPv4 和 IPv6 结点必须找到共存的方法。当然两个不同 IP 版本最明显的一个差别是地址。最早由 RFC 1884 定义，然后被带入 RFC 2373 中，IPv6 提供两类嵌有 IPv4 地址的特殊地址。这两类地址高 80 位均为 0，低 32 位包含 IPv4 地址。当中间的 16 位被置为 FFFF 时，则表示该地址为 IPv4 映像的 IPv6 地址。图 8-3 显示了这两类地址结构。

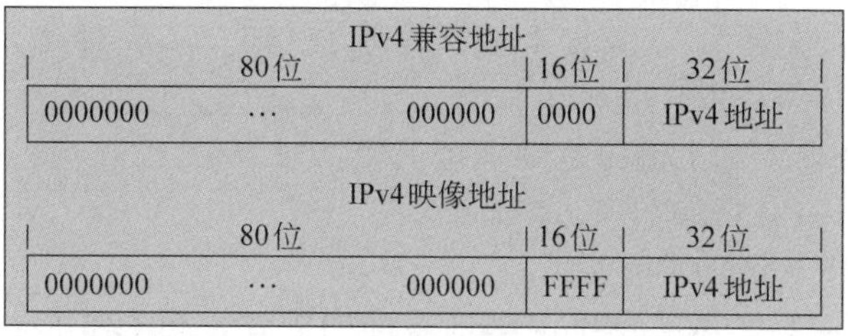

IPv4兼容地址

80位	16位	32位
0000000 ··· 000000	0000	IPv4地址

IPv4映像地址

80位	16位	32位
0000000 ··· 000000	FFFF	IPv4地址

图 8-3 嵌有 IPv4 地址的 IPv6 地址

IPv4 兼容地址被结点用于通过 IPv4 路由器以隧道方式传送 IPv6 包。这些结点既理解 IPv4 又理解 IPv6。IPv4 映像地址则被 IPv6 结点用于访问只支持 IPv4 的结点。

(5) 链路本地和站点本地地址。

链路本地地址用于单个网络链路上给主机编号。

链路本地地址前缀的前 10 位为 1111111010。链路本地地址是 IPv6 网络中应用范围受到限制的地址类型，只能在连接到同一本地链路的结点之间使用。路由器在它们的源端和目的端对具有链路本地地址的包不予处理，因此永远也不会转发这些包。该地址的中间 54 位为 0。而 64 位接口标识符如下所述，地址空间的这部分允许个别网络连接多达(264-1)台主机。

从图 8-3 中可以看出，链路本地地址由一个特定的前缀和接口标识符两部分组成，其前缀为 FE80::/64，同时将接口标识符添加在后面作为地址的低 64 比特。该 64 比特接口标识符使用的是 EUI-64 地址格式。

EUI-64 是 IEEE 定义的一种基于 64 比特的扩展标识符。EUI-64 格式是 IEEE 指定的公共 24 比特制造商标识和制造商为产品指定的 40 比特值的组合，如图 8-4 所示。

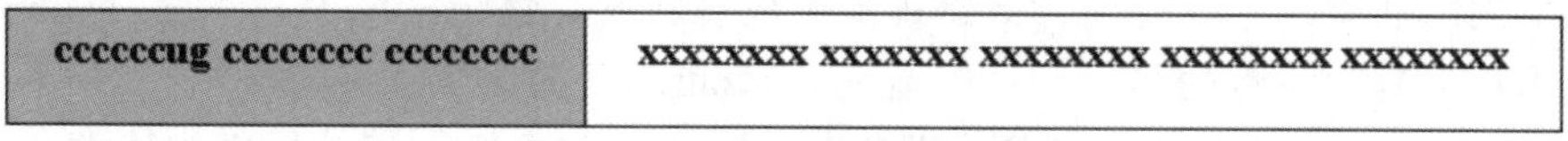

cccccug cccccccc cccccccc	xxxxxxxx xxxxxxxx xxxxxxxx xxxxxxxx xxxxxxxx

图 8-4 IEEE EUI-64 地址格式

IPv6 地址中的接口 ID 是 64 位,而 MAC 地址是 48 位,因此需要在 MAC 地址的中间插入一个 16 位编码 11111111 11111110。并根据实际情况,设置 U/L 位和 I/G 位的值。

U/L(统一/本地标识):又叫作全球/本地标识符,位于图 8-4 中的 u 位,用以指定该地址是统一管理地址还是本地管理地址。U/L=1 表示本地管理地址方式,U/L=0 则表示统一管理地址方式。

I/G(单播/组播标识):位于图 8-4 中的 g 位。用以指定该地址是单播地址还是组播地址。I/G=0 表示单播,I/G=1 表示组播。

例如:设 MAC 地址为 12:3400:ABCD。

二进制形式:00000000 00010010 00110100 00000000 10101011 11001101。

插入 FFFE:00000000 00010010 00110100 11111111 11111110 00000000 10101011 11001101。

设 U/L 位:00000010 00010010 00110100 11111111 11111110 00000000 10101011 11001101。

EUI-64 地址:0212:34FF:FE00:ABCD。

其中,U/L 标志设置为 1,表示本地管理地址方式。I/G 标志设置为 0,表示单播地址。

在 EUI-64 地址前面加上链路本地地址前缀:“FE80::/64”即得到一个完整的链路本地地址:FE80::0212:34FF:FE00:ABCD。

(6) NSAP 和 IP X 地址分配。

IPng 的目标之一是要统一整个网络世界,使 IP、IPX 和 OSI 网络间能进行互操作。为了支持这种互操作性,IPv6 为 OSI 和 IPX 各保留了 1/128 地址空间。NSAP 地址分配的描述见 RFC 1888(OSI NSAP 和 IPv6)。对 OSI 和 NSAP 的讨论已超出本书范围,感兴趣的读者可以在 RFC 中找到更完整的论述。

2. 组播地址

1) 组播地址的概念

组播地址是一组接口(一般属于不同结点)的标识符。送往一个组播地址的数据包将被传送至该地址标识的所有接口之上。

像广播地址一样,组播地址在类似老式的以太网的本地网中特别有用,在这种网中,所有结点都能检测出线路上传输的所有数据。每次传输开始时,每个结点检查其目的地址,如果与本结点接口地址一致,结点就拾取该传输的其余部分。这使结点拾取广播和组播传输相对简单。如果是广播,结点只要侦听,无须做任何决定,因而简单。对组播来说,稍复杂一些,结点要预订一个组播地址,当检测出目的地址为组播地址时,必须确定是否为结点预订的那个组播地址。

IP 组播就更为复杂。一个重要的原因是 IP 并不是不加鉴别就将业务流放在 Internet 上转发至所有结点,这是 IP 的成功之处。如果这样做,它将迫使大多数甚至所有连接的网络屈服。这就是为什么路由器不应该转发广播包的原因。不过,对组播而言,只要路由器以其他结点的名义预订组播地址,就能有选择地转发它。

当结点预订组播地址时,它声明要成为组播的一个成员。于是任何本地路由器将以该结点的名义预订组播地址。同一网络上的其他结点要发送信息到该组播地址时，IP 组播包将被封装到链路层组播数据传输单元中。在以太网上，封装的单元指向以太网组播地址；在其他用点对点电路传输的网络上（如 ATM），通过其他某些机制将包发送给订户，通常通过某类服务器将包发送给每个订户。从本地网以外来的组播，用同样方法处理，只是传递给路由器，由路由器把包转发给预订结点。

2）组播地址格式

IPv6 组播地址的格式不同于 IPv6 单播地址，采用图 8-5 所示的更为严格的格式。组播地址只能用作目的地址，没有数据报把组播地址用作源地址。

8位	4位	4位	112位
11111111	标志	范围	组标识符

图 8-5　组播地址格式

地址格式中的第一字节为全 1，标识其为组播地址。组播地址格式中除第一字节外的其余部分，包括如下 3 个字段。

标志字段：由 4 位标志组成。目前只指定了第 4 位，该位用来表示该地址是由 Internet 编号机构指定的熟知的组播地址，还是特定场合使用的临时组播地址。如果该标志位为 0，表示该地址为熟知地址；如果该位为 1，表示该地址为临时地址。其他 3 个标志位保留将来用。

范围字段：长 4 位，用来表示组播的范围。即组播组是只包括同一本地网、同一站点、同一机构中的结点，还是包括 IPv6 全球地址空间中任何位置的结点。该 4 位的可能值为 0～15。

组标识符字段：长 112 位，用于标识组播组。根据组播地址是临时的还是熟知的及地址的范围，同一个组播标识符可以表示不同的组。永久组播地址用指定的赋予特殊含义的组标识符，组中的成员既依赖于组标识符，又依赖于范围。

所有 IPv6 组播地址以 FF 开始，表示地址的第一个 8 位为全 1。

标志位：若为全 0，则表示熟知地址；若为全 1，则表示临时地址。

范围字段：范围可以是未分配的值或保留的值，如表 8-2 所示。

表 8-2　IPv6 组播范围值的定义

十六进制	十进制	值	十六进制	十进制	值
0	0	保留	8	8	机构本地范围
1	1	结点本地范围	9	9	（未分配）
2	2	链路本地范围	A	10	（未分配）
3	3	（未分配）	B	11	（未分配）
4	4	（未分配）	C	12	（未分配）
5	5	站点本地范围	D	13	（未分配）
6	6	（未分配）	E	14	全球范围
7	7	（未分配）	F	15	保留

3. 泛播地址

1) 泛播地址的概念

与组播地址的概念一样,泛播地址也是一组接口(一般属于不同结点)的标识符。送往一个泛播地址的数据包将被传送至与该地址标识的所有接口上,但只有一个接口能接收到这一数据包,通常是由路由协议认为最近的一个接口。

组播地址在某种意义上可以由多个结点共享。组播地址成员的所有结点均期待着接收发给该地址的所有包。一个连接5个不同的本地以太网网络的路由器,要向每个网络转发一个组播包的副本(假设每个网络上至少有一个预订了该组播地址)。泛播地址与组播地址类似,同样是多个结点共享一个泛播地址,不同的是,只有一个结点期待接收给泛播地址的数据报。

泛播对提供某些类型的服务特别有用,尤其是对于客户机和服务器之间不需要有特定关系的一些服务,例如域名服务器和时间服务器。域名服务器就是个域名服务器,不论远近都应该工作得一样好。同样,一个近的时间服务器,从准确性来说,更为可取。因此,当一个主机为了获取信息,发出请求到泛播地址,响应的应该是与该泛播地址相关联的最近的服务器。

2) 泛播地址格式

泛播地址被分配在正常的IPv6单播地址空间以外。因为泛播地址在形式上与单播地址无法区分开,一个泛播地址的每个成员,必须显式地加以配置,以便识别泛播地址。

3) 泛播选路

了解如何为一个单播包确定路由,必须从指定单个单播地址的一组主机中提取最低的公共选路命名符。即它们必定有某些公共的网络地址号,并且其前缀定义了所有泛播结点存在的地区。如一个ISP可能要求它的每个用户机构提供一个时间服务器,这些时间服务器共享单个泛播地址。在这种情况下,定义泛播地区的前缀,被分配给ISP做再分发用。

发生在该地区中的选路是由共享泛播地址的主机的分发来定义的。在该地区中,一个泛播地址必定带有一个选路项:该选路项包括一些指针,指向共享该泛播地址的所有结点的网络接口。上述情况下,地区限定在有限范围内。泛播主机也可能分散在全球Internet上,如果是这种情况,那么泛播地址必须添加到遍及世界的所有路由表上。

8.2.3 IPv6 地址分配

1. IPv6 地址分配原则

IPv4的IP地址分为A、B、C、D、E五大类,由于IPv4在进行IP地址分配时是以“类”为单位进行的,造成了IP地址的大量浪费,这也是造成IPv4地址不够用的主要原因之一。为了避免这一现象的发生,IPv6抛弃了这种地址分类方式,而采用的是“单播地址、组播地址和泛播地址”的表示方式。在进行IP地址分配时,IPv6采用的是“聚类”分配原则以及“前缀＋前缀长度”的分配策略。

根据由 ARIN、RIPE NCC 及 APNIC 共同起草的正式文件提出的建议，对 IPv6 全球单播地址的规划和管理方案应符合以下基本原则。

(1) 唯一性。被分配出去的 IPv6 地址必须保证在全球范围内是唯一的，以保证每台主机都能被正确地识别。

(2) 可记录性。已分配出去的地址块必须记录在数据库中，为定位网络故障提供依据。

(3) 可聚合性。地址空间应该尽量划分为层次，以保证聚合性，缩短路由表长度。同时，对地址的分配要尽量避免地址碎片出现。

(4) 节约性。地址申请者必须提供完整的书面报告，证明它确实需要这么多地址。同时，应该避免闲置被分配出去的地址。

(5) 公平性。所有的团体，无论其所处地理位置或所属国家，都具有公平地使用 IPv6 全球单播地址的权利。

(6) 可扩展性。考虑到网络的高速增长，必须在一段时间内留给地址申请者足够的地址增长空间，而不需要它频繁地向上一级组织申请新的地址。

2. IPv6 地址分配策略

IPv6 的地址空间管理是按规定的等级结构在全球范围内分配的，即按 IANA-区域注册机构 RIR-国家注册机构 NIR-ISP/本地注册机构 LIR-最终用户或 ISP 的层次结构进行地址分配。

IPv6 地址分配有两种策略：一种是逐级分配策略，在该策略下，上层注册机构将地址划分给下层注册机构进行分配与管理；另一种是指派策略，在该策略下，注册机构直接将地址分配给用户使用。

为了 Internet 发展的长远利益，IPv6 地址空间管理的目标确定为保证世界范围内 IP 地址的唯一性、统一在注册数据库中注册、尽最大可能保证易聚合、避免空间浪费、分配公平公正及注册管理开销的最小化等。一般情况下，在 IPv6 地址分配策略中，聚合的目标被认为是最重要的。

3. 三种地址规划方案

IPv6 地址共有以下 3 种地址规划方案。

(1) 根据地理范围进行划分：为在地理上属于同一范围的所有子网分配共同的网络前缀。

(2) 根据组织范围进行划分：为属于同一组织的所有团体分配共同的网络前缀。

(3) 根据服务类型进行划分：为预定义好的服务(如 VoIP、QoS 等)分配特定的网络前缀。

理论上，基于地理位置的前缀划分方法具有方向性，最容易找到最短路径，且相对其他两种方案更具稳定性。但是从历史上来看，IPv4 地址是根据组织范围进行划分的方案来分配的，而且由于广泛采用无类域间路由，使得 IPv4 在地理分布上更加具有无序性。因此若单纯采用基于地理位置的前缀划分方法，当向IPv6过渡时，就需要对IPv4地址重新编号；或者是保留额外的路由器专门进行这类地址的处理，同时还将导致路由算法的复杂化。

根据组织范围进行前缀划分的方案实际上是把前缀划分的权力交给了各级运营商，最大的好处是使运营商可以自由选择对自己最有利的分配方法，便于管理。但是该方案一方面维护了运营商的利益，使其进行网络升级的难度降低，另一方面却可能损害最终用户的利益。由于前缀划分的权力掌握在运营商手里，它必然选择对自身商业价值最高的划分方案，而不是采用对用户最有利的方案。全球可聚合单播地址分配实际上是一种根据组织范围进行划分的方案。

综上所述，3种地址规划方案各有优劣，在提出地址划分方案时可以考虑综合使用各种方法，达到各方利益的相对平衡，才能有利于网络的长期健康发展。

4. IPv6地址分配机构

RFC 1881规定，IPv6地址空间的管理必须符合Internet团体的利益，必须通过一个中心权威机构来分配。这个权威机构就是IANA(Internet Assigned Numbers Authority，因特网编号分配机构)。IANA根据IAB(Internet Architecture Board，因特网结构委员会)的建议来进行IPv6地址的分配。地址管理采用等级制，而在此等级制中的最高层就是因特网编号分配机构(IANA)。IANA向地区性因特网地址注册处(RIR)分配地址。IANA已经委派以下5个地方组织来执行IPv6地址分配的任务。

(1) 欧洲IP地址注册中心(Réseaux IP Européens Network Coordination Centre，RIPE-NCC)；

(2) 北美互联网地址分配机构(American Registry for Internet Numbers，ARIN)；

(3) 亚太平地区地址分配机构(Asia and Pacific Network Information Center，APNIC)；

(4) 拉丁美洲及加勒比海地区因特网地址注册中心(Latin America and Caribbean Network Information Center，LACNIC)；

(5) 非洲互联网信息中心(Africa Network Information Center，AFRINIC)。

RIR或NIR向本地因特网地址注册处(LIR)的组织分配地址。LIR是接受RIR或NIR委派的组织，由它们向用户分配地址。通常，LIR是一个服务供应商。LIR将自己所获得的地址分配给终端用户组织或其他的ISP。

为了充分实现路由优化，RIR(NIR)并不直接将全球IPv6地址分配给终端用户组织。任何的终端用户组织如果想要获得全球IPv6地址，都得由与它们保持直接连接的服务供应商进行分配。如果该组织变换了服务供应商，那么全球路由选择前缀也不可避免地要进行变换。

8.3 IPv6过渡技术

本节内容可以扫描左侧的二维码获取。

习题

1. IPv4 网络存在的不足之处表现在哪些方面?
2. IPv4 地址不够用的主要原因是什么?
3. IPv6 的主要特点是什么?
4. 试述 IPv6 与下一代互联网络的关系。
5. IPv4 地址共分为哪几类? 每一类地址的适应范围是什么?
6. IPv6 地址共分为哪几类? 每一类地址的适应范围是什么?
7. IPv4 与 IPv6 地址是如何表示的?
8. IPv6 的地址的体系结构是如何体现的? 这种体系结构的地址有什么好处?
9. 试述链路本地地址和站点本地地址的适应范围。
10. 试述双协议栈的工作原理。
11. 试述隧道技术的工作原理。
12. IPv4 向 IPv6 过渡分为哪几个阶段?
13. IPv4 网络与 IPv6 网络之间的通信主要采用哪些技术?

第 9 章　云计算技术与大数据技术

云计算(cloud computing)最基本的概念是透过网络将庞大的计算处理程序自动分拆成无数个较小的子程序,再交由多部服务器所组成的庞大系统经搜寻、计算、分析之后将处理结果回传给用户。稍早之前的大规模分布式计算技术即为"云计算"概念的起源。虚拟化技术、分布计算、资源共享(是计算资源、存储资源和网络资源的共享)、按需分配、按使用计费是云计算最突出的亮点。

大数据(big data),又称为巨量资料,指的是所涉及的资料量规模巨大到无法透过主流软件工具,在合理时间内达到撷取、管理、处理,并整理成为帮助企业经营决策更积极目的的信息。大数据是一种规模大到在获取、存储、管理、分析方面大大超出了传统数据库软件工具能力范围的数据集合,具有海量的数据规模、快速的数据流转、多样的数据类型和价值密度低四大特征。

云计算技术与大数据技术是相辅相成的。云计算技术是为处理复杂的大数据需求而产生的,而大数据处理平台则是在云计算技术支撑下运行的。

知识培养目标

- 了解云计算的基本概念及其核心技术;
- 了解大数据的基本概念及其核心技术;
- 掌握大数据的平台架构及其应用;
- 了解云计算与大数据的关系;
- 了解云计算的操作系统;
- 掌握云计算的体系结构、架构和应用。

能力培养目标

- 具备云计算架构设计的能力;
- 具备云平台的设计、应用与维护的能力;
- 具备大数据采集、处理的能力;
- 具备大数据展现与应用的能力;
- 具备云盘的建立和应用的能力。

课程思政培养目标

课程内容与课程思政培养目标关联表如表 9-1 所示。

表 9-1　课程内容与课程思政培养目标关联表

节	知 识 点	案例及教学内容	思 政 元 素	培养目标及实现方法
	云计算技术		了解云计算技术的应用范畴以及对人类社会的贡献	培养学生树立学好云计算技术的理念，树立用云计算技术服务社会和国家的理想
9.1	云计算的功能		云计算的主要功能是协同处理(利用多个计算资源、存储资源和网络资源同时服务一个“任务”)和资源共享。 【类比】人类社会要实施一件大的工程或事务，也必须要利用多方资源，需要多方支持，多个政府部门和企业的协同工作才能顺利完成	培养学生团队协作精神、互帮互助精神和相互学习、共同进步的精神
9.5	大数据清洗		数据清洗就是要去除一切杂乱和无用的数据，筛选和保留有价值的数据。 作为学生，要做到心无杂念，静心学习	培养学生清除杂念，保留本色，安安心心地学习，本本分分地做人

9.1　云计算的基本概念

9.1.1　云计算概述

1. 云计算的起源

云计算是一种基于 Internet 的计算模式，即把分布于网络中的服务器、个人计算机和其他智能设备的计算资源和存储资源集中管理，协同工作，以提高计算能力和存储容量。可以说，云计算是现代计算机网络发展的必然趋势。

云计算具有极高的运算速度(每秒超过 10 万亿次)、超强的数据处理能力、海量的存储容量、丰富的信息资源。国内外很多大学(如浙江大学、上海大学、中国石油大学)，科研机构，大型企业(如广州石化)和商业团体都在设计和建设各自的云计算平台。

云计算是互联网和超级计算能力的结合，是一种通过网络以便捷、按需的形式从共享性可配置的计算资源池(这些资源包括网络、服务器、存储、应用和服务)中获取服务的业务模式。数十亿台个人计算机和其他设备(如智能手机)接入云计算中心，将带来工作方式和商业模式的彻底变革，这就好比是从古老的单台发电机模式转向了电厂集中供电的模式。

云计算可以应用于模拟核爆炸、天气预报计算、空气动力学、地理信息和流体力学计算、旱情与汛情预报、大型数据库的建设与数据处理等高科技领域。

早在20世纪60年代,麦卡锡(John McCarthy)就提出了把计算能力作为一种像水和电一样的公用事业提供给用户。云计算的第一个里程碑是于1999年由Salesforce.com提出的通过一个网站向企业提供企业级的应用的概念。另一个重要进展是于2002年由亚马逊(Amazon)提供一组包括存储空间、计算能力甚至人力智能等资源服务的Web Service。2005年,亚马逊又提出了弹性计算云(elastic compute cloud),也称为亚马逊EC2,允许小企业和私人租用亚马逊的计算机来处理他们自己的业务。

特别值得注意的是,云计算并不是一种新技术,而是一种新兴的商业计算模型。它将计算任务分布在大量计算机构成的资源池上,使各种应用系统能够根据需要获取计算能力、存储空间和各种软件服务。

这种资源池称为"云"。"云"是一些可以自我维护和管理的虚拟计算资源,通常为一些大型服务器集群,包括计算服务器、存储服务器、宽带资源等。云计算将所有的计算资源集中起来,并由软件实现自动管理,无须人为参与。这使得应用提供者无须为烦琐的细节而烦恼,能够更加专注于自己的业务,有利于创新和降低成本。

2.云存储计量单位

在云计算领域中,其存储容量的计量单位也发生了质的变化,除了此前通常使用的KB、MB、GB和TB以外,还引入了PB、EB,甚至ZB和YB的海量存储单位,如表9-2所示。

表9-2 云计算领域的存储计量单位

存储单位	读音	计算式	存储空间类比
1b	比特	1个二进制位	可存放一个二进制码
1B	字节	8个二进制位	可存放一个英文字母、一个符号或一个英文标点;而一个汉字要占2字节长度
1KB	千字节	1024B(2^{10}B)	可存放一则500字短篇故事的文字内容
1MB	兆字节	1024KB(2^{20}B)	可存放一则50万字小说的文字内容
1GB	吉字节	1024MB(2^{30}B)	可存放贝多芬第五乐章交响曲的乐谱内容
1TB	太字节	1024GB(2^{40}B)	可存放一家大型医院中所有的X光图片信息量,可存储200 000张照片或200 000首MP3歌曲
1PB	拍字节	1024TB(2^{50}B)	相当于两个数据中心的存储量,可存放50%的全美学术研究图书馆藏书信息内容
1EB	艾字节	1024PB(2^{60}B)	相当于2000个数据中心的存储量,5EB相当于至今全世界人类所讲过的话语
1ZB	泽字节	1024EB(2^{70}B)	200万个数据中心,其存储器的大小相当于纽约曼哈顿(面积59.5平方千米)所有建筑物之和的1/5;也相当于全世界海滩上的沙子数量总和
1YB	尧字节	1024ZB(2^{80}B)	20亿个数据中心,存储器的大小相当于特拉华州和罗得岛州之和;也相当于7000个人类体内的微细胞总和

3. 云计算的特点

（1）超大规模。“云”具有相当的规模，Google 云计算已经拥有 2000 多万台服务器，Amazon、IBM、微软、Yahoo 等“云”均拥有数百万台服务器。企业私有云一般拥有数百上千台服务器。“云”能赋予用户前所未有的计算能力。

（2）虚拟化。云计算支持用户在任意位置、使用各种终端获取应用服务。所请求的资源来自“云”，而不是固定的、有形的实体。应用在“云”中某处运行，但实际上用户无须了解，也不用担心应用运行的具体位置。只需要一台笔记本电脑或者一部手机，就可以通过网络服务来实现需要的一切，甚至包括超级计算这样的任务。

（3）高可靠性。“云”使用了数据多副本容错、计算结点同构可互换等措施来保障服务的高可靠性，使用云计算比使用本地计算机可靠。

（4）通用性。云计算不针对特定的应用，在“云”的支撑下可以构造出千变万化的应用，同一个“云”可以同时支撑不同的应用运行。

（5）高可扩展性。“云”的规模可以动态伸缩，满足应用和用户大规模增长的需要。

（6）极其廉价。由于“云”的特殊容错措施可以采用极其廉价的结点来构成云，“云”的自动化集中式管理使大量企业无须负担日益高昂的数据中心管理成本，“云”的通用性使资源的利用率较之传统系统大幅提升，因此用户可以充分享受“云”的低成本优势，经常只要花费几百美元、几天时间就能完成以前需要数万美元、数月时间才能完成的任务。

（7）支持异构基础资源。云计算可以构建在不同的基础平台之上，即可以有效兼容各种不同种类的硬件和软件基础资源。硬件基础资源，主要包括网络环境下的三大类设备，即计算（服务器）、存储（存储设备）和网络（交换机、路由器等设备）；软件基础资源，则包括单机操作系统、中间件、数据库等。

（8）支持资源动态扩展。支持资源动态伸缩，实现基础资源的网络冗余，意味着添加、删除、修改云计算环境的任一资源结点，抑或任一资源结点异常宕机，都不会导致云环境中的各类业务的中断，也不会导致用户数据的丢失。这里的资源结点可以是计算结点、存储结点和网络结点。而资源动态流转，则意味着在云计算平台下实现资源调度机制，资源可以流转到需要的地方。如在系统业务整体升高情况下，可以启动闲置资源，纳入系统中，提高整个云平台的承载能力。而在整个系统业务负载低的情况下，则可以将业务集中起来，而将其他闲置的资源转入节能模式，从而在提高部分资源利用率的情况下，达到其他资源绿色、低碳的应用效果。

（9）支持异构多业务体系。在云计算平台上，可以同时运行多个不同类型的业务。异构，表示该业务不是同一的，不是已有的或事先定义好的，而应该是用户可以自己创建并定义的服务。这也是云计算与网格计算的一个重要差异。

（10）支持海量信息处理。云计算，在底层，需要面对各类众多的基础软硬件资源；在上层，需要能够同时支持各类众多的异构的业务；而具体到某一业务，往往也需要面对大量的用户。由此，云计算必然需要面对海量信息交互，需要有高效、稳定的海量数据通信/存储系统作支撑。

（11）按需分配，按量计费。按需分配，是云计算平台支持资源动态流转的外部特征表现。云计算平台通过虚拟分拆技术,可以实现计算资源的同构化和可度量化,可以提供小到一台计算机、多到千台计算机的计算能力。按量计费起源于效用计算,在云计算平台实现按需分配后,按量计费也成为云计算平台向外提供服务时的有效收费形式。"云"是一个庞大的资源池,可以按需购买;云可以像自来水、电、煤气那样计费。

4. 云计算的基本原理

云计算的基本原理是,通过使计算分布在大量的分布式计算机上,而非本地计算机或远程服务器中,企业数据中心的运行将更与互联网相似。这使得企业能够将资源切换到需要的应用上,根据需求访问计算机和存储系统。这是一种革命性的举措,打个比方,这就好比是从古老的单台发电机模式转向了电厂集中供电的模式。它意味着计算能力也可以作为一种商品进行流通,就像煤气、水、电一样,取用方便,费用低廉。最大的不同在于,它是通过互联网进行传输的。在未来,只需要一台笔记本电脑或者一部手机,就可以通过网络服务来实现需要的一切,甚至包括超级计算这样的任务。从这个角度而言,最终用户才是云计算的真正拥有者。云计算的应用包含这样一种思想,把力量联合起来,给其中的每一个成员使用。从最根本的意义来说,云计算就是利用互联网上的软件和数据的能力。对于云计算,曾任Google全球副总裁、中国区总裁的李开复打了一个形象的比喻:钱庄。最早人们只是把钱放在枕头底下,后来有了钱庄,很安全,不过兑现起来比较麻烦。现在发展到银行可以到任何一个网点取钱,甚至通过ATM或者国外的渠道。就像用电不需要家家配备发电机,而是直接从电力公司购买一样。"云计算"带来的就是这样一种变革——由谷歌、IBM这样的专业网络公司来搭建计算机存储、运算中心,用户通过一根网线借助浏览器就可以很方便地访问,把"云"作为资料存储及应用服务的中心。云计算的发展已涉及云安全和云存储两大领域:国内的瑞星和趋势科技就已开始提供云安全的产品;而微软、谷歌等国际领头羊更多的是涉足云存储领域。

5. 云计算的定义

狭义的云计算是指IT基础设施的交付和使用模式,指通过网络以按需求、易扩展的方式获得所需的资源(硬件、平台、软件)。提供资源的网络被称为"云"。"云"中的资源在使用者看来是可以无限扩展的,并且可以随时获取,按需使用,随时扩展,按使用付费。这种特性经常被称为像水、电一样使用IT基础设施。

广义的云计算是指服务的交付和使用模式,指通过网络以按需、易扩展的方式获得所需的服务。这种服务可以是IT和软件、互联网相关的,也可以是任意其他的服务。

云计算是网格计算(grid computing)、分布式计算(distributed computing)、并行计算(parallel computing)、效用计算(utility computing)、网络存储技术(network storage technologies)、虚拟化(virtualization)、负载均衡(load balance)等传统计算机技术和网络技术发展融合的产物。它旨在通过网络把多个成本相对较低的计算实体整合成一个具有强大计算能力的完美系统,并借助SaaS(软件即服务)、PaaS(平台即服务)、IaaS(基础设施即服务)等先进的商业模式把强大的计算能力分布到终端用户手中。云计算的一个核心理念就是通过不断提高"云"的处理能力,进而减少用户终端的处理负担,最终使用户终端简化成一个单纯的输入输出设备,并能按需享受“云”的强大计算处理能力。

云计算是一种基于 Internet 的计算模式,具有极高的运算速度、超强的数据处理能力、海量的存储容量和丰富的信息资源,可应用于模拟核爆炸、天气预报、大型数据库的建设与数据处理和信息处理等方面。

6. 云计算的分类

1) 从服务方式的角度来划分

从服务方式角度来划分,云计算可以分为 3 种:为公众提供开放的计算、存储等服务的“公共云”,如百度的搜索和各种邮箱服务等;部署在防火墙内,为某个特定组织提供相应服务的“私有云”;将以上两种服务方式进行结合的“混合云”,如图 9-1 所示。

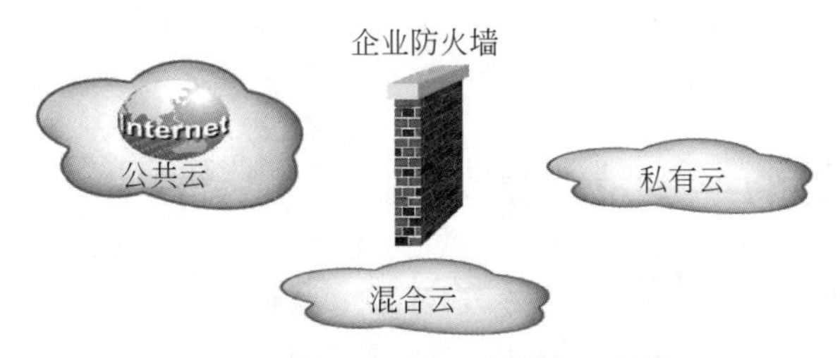

图 9-1　公共云、私有云和混合云部署图

(1) 公共云。公共云是由若干企业和用户共享的云环境。在公共云中,用户所需的服务由一个独立的、第三方云提供商提供。该云提供商同时为其他用户服务,这些用户共享这个云提供商所拥有的资源。

(2) 私有云。私有云是由某个企业独立构建和使用的云环境。私有云是指为企业或组织所专有的云计算环境。在私有云中,用户是这个企业或组织的内部成员,这些成员共享着该云计算环境所提供的所有资源,公司或组织以外的用户无法访问这个云计算环境提供的服务。

(3) 混合云。指公共云与私有云的混合。

2) 按服务类型分类

所谓云计算的服务类型,就是指其为用户提供什么样的服务;通过这样的服务,用户可以获得什么样的资源;以及用户该如何去使用这样的服务。目前业界普遍认为,以服务类型为指标,云计算可以分为以下 3 类:基础设施云、平台云和应用云,如图 9-2 所示。

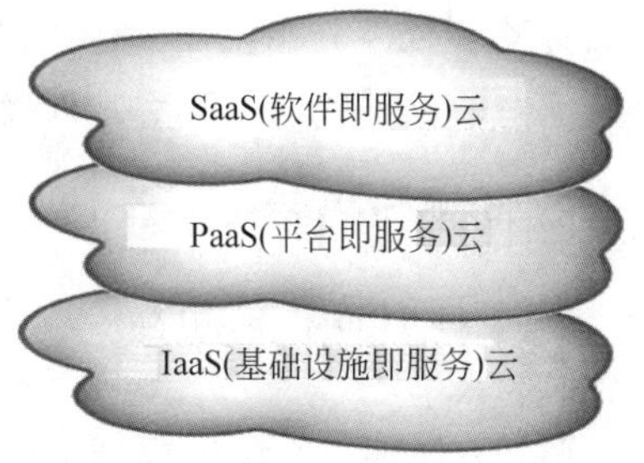

图 9-2　云计算的三种服务方式

基础设施云(基础设施即服务,IaaS):这种云为用户提供的是底层的、接近于直接操作硬件资源的服务接口。通过调用这些接口,用户可以直接获得计算和存储能力,而且非常自由灵活,几乎不受逻辑上的限制。

平台云(平台即服务,PaaS):这种云为用户提供一个托管平台,用户可以将他们所开发和运营的应用托管到云平台中。

应用云(软件即服务,SaaS):SaaS平台供应商将应用软件统一部署在自己的服务器上,客户可以根据工作实际需求,通过互联网向厂商定购所需的应用软件服务,按定购的服务多少和时间长短向厂商支付费用,并通过互联网获得Saas平台供应商提供的服务。

云平台提供的各种应用服务如表9-3所示。

表9-3 云平台提供的应用服务

分类	服务类型	运用的灵活性	运用的难易程度
基础设施云	接近原始的计算存储能力	高	难
平台云	应用的托管环境	中	中
应用云	特定的功能应用	低	易

9.1.2 云计算的产生及基础架构

1. 云计算的雏形

早期Internet的P2P(对等网络)特性可通过新闻组网络(Usenet)来做最好的说明,新闻组创建于1979年,是一个由计算机构成的网络,每台计算机都能提供整个网络的内容。信息在对等计算机之间进行传播,无论用户连接在哪台新闻组的服务器上,都可以获得张贴到每个单独的服务器上的所有信息。虽然用户到新闻组服务器的连接具有传统的客户/服务器系统特性,但新闻组服务器之间的关系则无疑是P2P,这就是今天"云计算"的雏形。

云计算是成熟可商用的技术,而不仅是一个概念。很多时候,人们已不知不觉中使用了"云计算"提供的服务。

例如,当人们使用百度搜索引擎搜索关键词"网络"一词时,分布在世界各地数以万计的服务器对关键词"网络"进行匹配、查找、关联、搜索和汇总,最终将对应信息反馈到搜索者的屏幕上。

在这一过程中,用户并不知道有多少服务器和多少软件向他提供了服务,更不知道这些服务器和软件分布在什么地方,其实这就是云计算提供的强大服务。由硬件、软件和网络构成,拥有极强的存储能力、处理能力和计算能力的新型技术,这就叫"云计算"。

2. 问题与思考——云计算与水、电、煤气类比与分析

问题1:日常的水、电和煤气使用方便吗?价格便宜吗?为什么方便并且价格便宜?有什么特点?

(1) 方便性。水、电、煤气的使用是极其方便的。开关一开,电灯就亮了;水龙头一开,自来水就出来了;煤气灶一打火,煤气灶就点燃了。

(2) 价格便宜性。无论是水、电还是煤气,价格是很便宜的,让人们能够普遍接受。

(3) 安全性。由国家和政府统一建设和管理,其安全性得到充分保障。

(4) 无噪声。对单位和家庭来说,噪声几乎为零。

(5) 特点。按需分配,按使用付费,即用多少,付费多少。

问题 2:如果每个单位、每个家庭都用一台发电机发电,都建立一个独立的自来水厂和一个煤气厂,其结果会怎么样?

带来的问题如下。

(1) 建设成本和管理成本极高,建立煤气厂是一般的家庭不可能承受的;

(2) 噪声污染严重;

(3) 安全隐患极大。

3. 云计算的基础架构

云计算的基础架构就是将所有计算资源、存储资源和网络资源进行整合,构成一个具有海量存储容量、能提供超级科学计算和数据处理能力,并具有 9.1.1 节所述云计算特点的计算机网络系统,如图 9-3 所示。

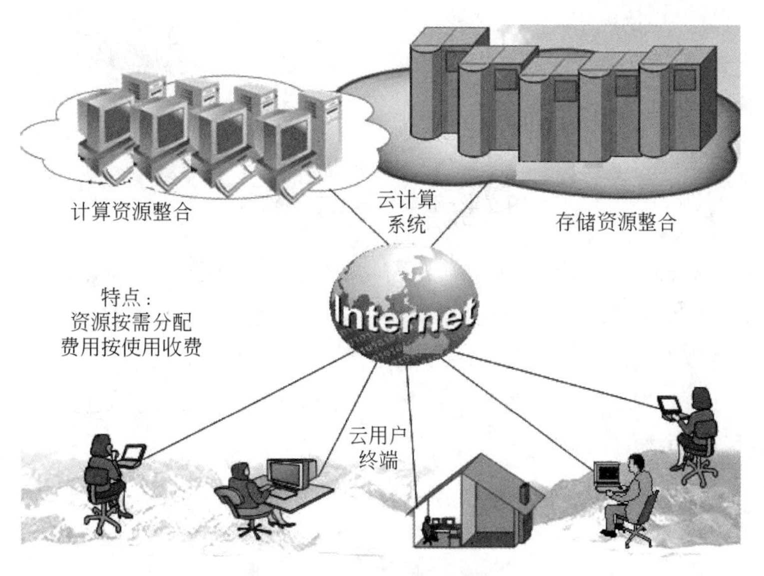

图 9-3　云计算基础架构

9.1.3　云计算的发展

纵观计算机网络的发展史,计算机网络从 20 世纪 50 年代问世开始,至今已经过六十多年的发展,其发展经历可划分为 4 个阶段,即面向终端的联机系统阶段、具有通信功能的智能终端网络阶段、具有统一网络体系结构并遵从国际标准化协议的标准化网络阶段和网络互联阶段。

对于云计算发展的历程,可以用服务器与客户端的“胖”与“瘦”“合久必分,分久必合”以及“由小到大,由大到小”来描述。

1. 服务器与客户端的“胖”与“瘦”

云计算网络结构的发展可以分为如下3代。

第一代网络结构：面向终端的联机结构阶段(“胖”服务器、“瘦”客户机阶段)。其网络结构是所有用户终端通过电话线连接到远程的一台大型服务器上，如图9-4所示。这阶段的用户终端就是电传打字机，不具备计算能力和存储能力，更不能给网络提供服务，是典型的“瘦”终端；而服务器则是一台大型计算机，具有很强的计算能力、存储能力和数据处理能力，并能为网络提供多种服务，是典型的“胖”服务器，而且主张服务器越胖越好，服务器越胖，其提供的能力就越强。

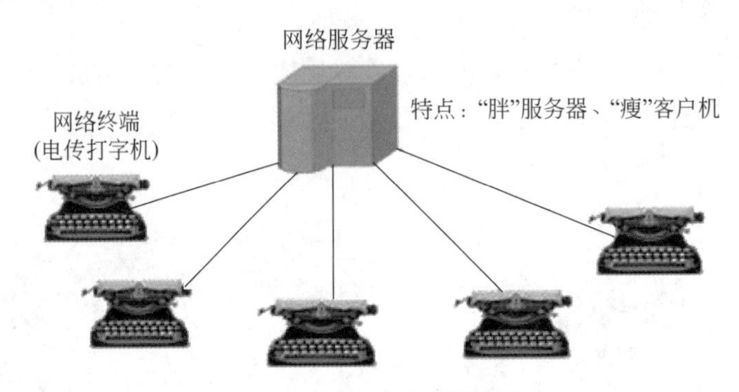

图 9-4　面向终端的联机结构

第二代网络结构：智能终端网络结构阶段(服务器减“肥”、客户机增“肥”阶段)。这阶段的客户端是用完整的计算机取代早期的电传打字机，不但具有计算能力和存储能力，而且能为网络提供服务，所以说这一阶段的用户终端是越来越“胖”了，而服务器则可以减“肥”，因为这一阶段的服务器只需提供网络服务能力即可，不必提供过强的计算能力和存储能力，智能终端网络结构如图9-5所示。

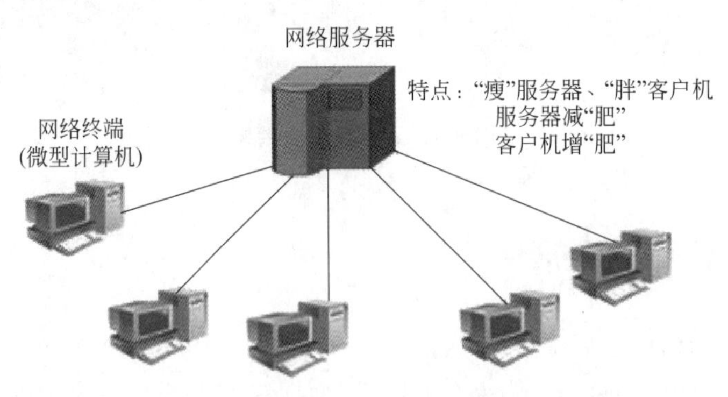

图 9-5　智能终端网络结构

第三代网络结构：云计算网络结构(“胖”服务器、“瘦”客户机阶段)。在这一阶段中，将所有的计算资源、存储资源进行整合，统一调度和分配，并能提供超强计算能力和海量存储能力，并能提供“应有尽有”的服务，所以，服务器是增“肥”，而且越来越

“胖”;而这阶段的用户终端主张越“瘦”越好,如平板电脑、手机等。云计算网络结构如图 9-6 所示。

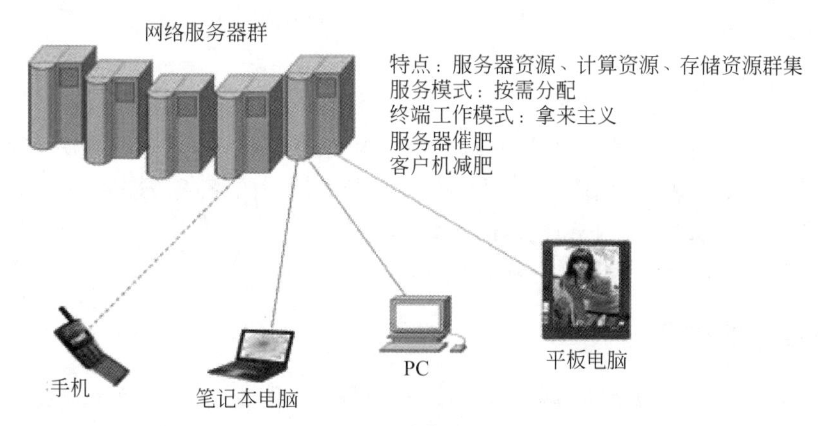

图 9-6　云计算网络结构

2. “合久必分,分久必合”

这里指的是网络服务器的变迁,最初的面向终端的联机阶段,网络服务器通常是一台独立的计算机,所有计算能力、存储能力和服务能力都是由这一台计算机承担(这是服务器的“合”);在智能终端网络阶段,网络服务器可以是多台,而且可分布在不同地域、不同行业,每台服务器可提供不同的服务(这是服务器的“分”);在云计算结构阶段,网络服务器全部整合,统一调度和分配,当成一个整体来使用(这是服务器的“合”)。

3. “由小到大,由大到小”

这里指的是用户终端的变迁,最初面向终端的联机阶段的终端是很瘦小的,但到了智能终端网络结构阶段,主张用户终端越大(胖)越好,而到了云计算网络结构阶段,则又主张用户终端越瘦小越好。

9.1.4　云计算的关键技术

云计算是分布式处理、并行计算和网格计算等概念的发展和商业实现,其技术实质是计算、存储、服务器、应用软件等 IT 软硬件资源的虚拟化,云计算在虚拟化、数据存储、数据管理、编程模式等方面具有自身独特的技术。

云计算系统运用了许多技术,其中以虚拟机技术、数据存储技术、数据管理技术、编程模型、云计算平台管理技术最为关键。

云计算的关键技术包括以下几方面。

1. 虚拟机技术

虚拟机,即服务器虚拟化,它是云计算底层架构的重要基石。在服务器虚拟化中,虚拟化软件需要实现对硬件的抽象,资源的分配、调度和管理,虚拟机与宿主操作系统及多个虚拟机间的隔离等功能,目前典型的实现(基本成为事实标准)有 Citrix Xen、VMware ESX Server 和 Microsoft Hype-V 等。

2. 数据存储技术

云计算系统需要同时满足大量用户的需求,并行地为大量用户提供服务。因此,云计算的数据存储技术必须具有分布式、高吞吐率和高传输率的特点。数据存储技术主要有 Google 的 GFS(Google File System,非开源)及 HDFS(Hadoop Distributed File System,开源),这两种技术已经成为事实标准。

3. 数据管理技术

云计算的特点是对海量的数据存储、读取后进行大量的分析,如何提高数据的更新速率以及进一步提高随机读速率是未来的数据管理技术必须解决的问题。云计算的数据管理技术最著名的是谷歌的 BigTable 数据管理技术,同时 Hadoop 开发团队还开发了类似 BigTable 的开源数据管理模块。

4. 分布式编程与计算

为了使用户能更轻松地享受云计算带来的服务,让用户能利用该编程模型编写简单的程序来实现特定的目的,云计算上的编程模型必须十分简单。必须保证后台复杂的并行执行和任务调度向用户和编程人员透明。各 IT 厂商提出的"云"计划的编程工具均基于 MapReduce 的编程模型。

5. 虚拟资源的管理与调度

云计算区别于单机虚拟化技术的重要特征是通过整合物理资源形成资源池,并通过资源管理层(管理中间件)实现对资源池中虚拟资源的调度。云计算的资源管理需要负责资源管理、任务管理、用户管理和安全管理等工作,实现结点故障的屏蔽、资源状况监视、用户任务调度、用户身份管理等多重功能。

6. 云计算的业务接口

为了方便用户业务由传统 IT 系统向云计算环境的迁移,云计算应对用户提供统一的业务接口。业务接口的统一不仅方便用户业务向云端的迁移,也会使用户业务在云与云之间的迁移更加容易。在云计算时代,SOA 架构和以 Web Service 为特征的业务模式仍是业务发展的主要路线。

7. 云计算相关的安全技术

云计算模式带来一系列的安全问题,包括用户隐私的保护、用户数据的备份、云计算基础设施的防护等,这些问题都需要更强的技术手段,乃至法律手段去解决。

9.2　云计算的组成

9.2.1　云计算架构

1. 云计算体系结构

云计算平台是一个强大的“云”网络，连接了大量并发的网络计算和服务，可利用虚拟化技术扩展每一个服务器的能力，将各自的资源通过云计算平台结合起来，提供超级计算和存储能力。通用的云计算体系结构如图 9-7 所示。

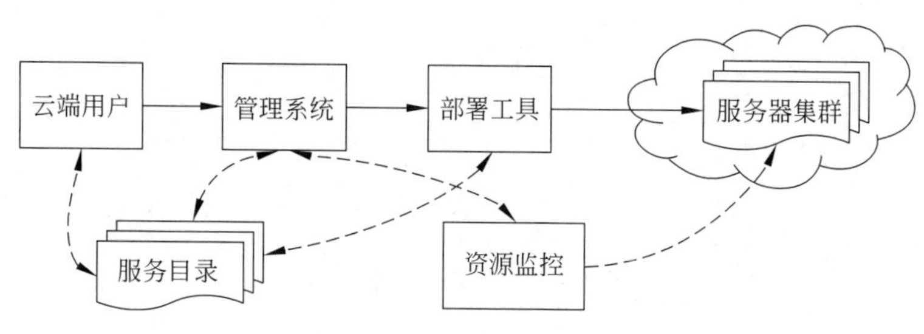

图 9-7　云计算体系结构

云端用户：提供云用户请求服务的交互界面，也是用户使用云的入口，用户通过 Web 浏览器可以注册、登录及定制服务、配置和管理用户。打开应用实例与本地操作桌面系统一样。

服务目录：云用户在取得相应权限（付费或其他限制）后可以选择或定制的服务列表，也可以对已有服务进行退订的操作，在云用户端界面以生成相应的图标或列表的形式展示相关的服务。

管理系统和部署工具：提供管理和服务，能管理云用户，能对用户授权、认证、登录进行管理，并可以管理可用计算资源和服务，接收用户发送的请求，根据用户请求并转发到相应的程序，调度资源智能地部署资源和应用，动态地部署、配置和回收资源。

资源监控：监控和计量云系统资源的使用情况，以便做出迅速反应，完成结点同步配置、负载均衡配置和资源监控，确保资源能顺利分配给合适的用户。

服务器集群：虚拟的或物理的服务器，由管理系统管理，负责高并发量的用户请求处理、大运算量计算处理、用户 Web 应用服务，云数据存储时采用相应数据切割算法并以行方式上传和下载大容量数据。

用户可通过云用户端从列表中选择所需的服务，其请求通过管理系统调度相应的资源，并通过部署工具分发请求、配置 Web 应用。

2. 云计算的层次结构

云计算的层次结构由物理资源层、资源池层、管理中间件和 SOA 构建层组成，如图 9-8 所示。

图 9-8　云计算的层次结构

SOA 构建：统一规定了在云计算时代使用计算机的各种规范、云计算服务的各种标准等，用户端与云端交互操作的入口，可以完成用户或服务注册，对服务的定制和使用。

管理中间件：在云计算技术中，中间件位于服务和服务器集群之间，提供管理和服务，即云计算体系结构中的管理系统。对标识、认证、授权、目录、安全性等服务进行标准化操作，为应用提供统一的标准化程序接口和协议，隐藏底层硬件、操作系统和网络的异构性，统一管理网络资源。其用户管理包括用户环境配置、用户交互管理；资源管理包括负载均衡、监视统计、故障检测等；安全管理包括身份认证、访问授权、安全审计、综合防护等；任务管理包括映像部署和管理等。

资源池：指一些可以实现一定操作、具有一定功能，但其本身是虚拟而不是真实的资源，如计算池、存储池和网络池、数据资源池等，通过软件技术来实现相关的虚拟化功能包括虚拟环境、虚拟系统、虚拟平台。

物理资源：主要指能支持计算机正常运行的一些硬件设备及技术，可以是价格低廉的PC，也可以是价格昂贵的服务器及磁盘阵列等设备，可以通过现有网络技术和并行技术、分布式技术将分散的计算机组成一个能提供超强功能的集群用于计算和存储等云计算操作。在云计算时代，本地计算机可能不再像传统计算机那样需要空间足够的硬盘、大功率的处理器和大容量的内存，只需要一些必要的硬件设备如网络设备和基本的输入输出设备等。

3. 云计算的计算模式

1）云计算与效用计算

效用计算是一种提供计算资源的商业模式，用户从计算资源供应商获取和使用计算

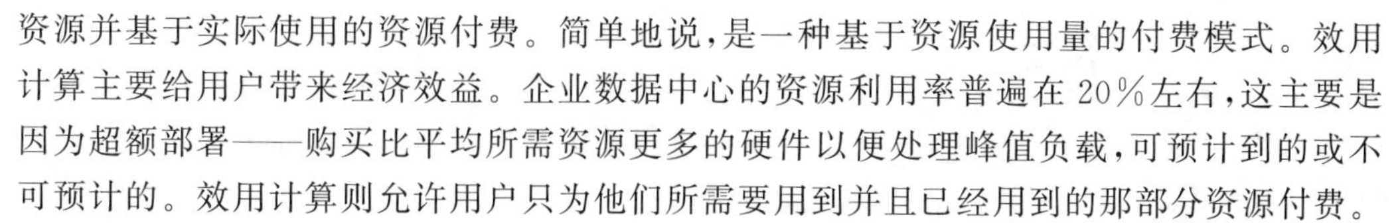

资源并基于实际使用的资源付费。简单地说，是一种基于资源使用量的付费模式。效用计算主要给用户带来经济效益。企业数据中心的资源利用率普遍在 20%左右，这主要是因为超额部署——购买比平均所需资源更多的硬件以便处理峰值负载，可预计到的或不可预计的。效用计算则允许用户只为他们所需要用到并且已经用到的那部分资源付费。

效用计算是一种分发应用所需资源的计费模式。云计算是一种计算模式，代表了在某种程度上共享资源进行设计、开发、部署、运行应用，以及资源的可扩展收缩和对应用连续性的支持。效用计算通常需要云计算基础设施支持，但并不是一定需要。同样，在云计算之上可以提供效用计算，也可以不采用效用计算。

2）云计算与分布式计算

分布式计算是指在一个松散或严格约束条件下使用一个硬件和软件系统处理任务，这个系统包含多个处理器单元或存储单元，多个并发的过程，多个程序。一个程序被分成多个部分，同时在通过网络连接起来的计算机上运行。分布式计算类似于并行计算，但并行计算通常用于指一个程序的多个部分同时运行于某台计算机上的多个处理器上。所以，分布式计算通常必须处理异构环境、多样化的网络连接、不可预知的网络或计算机错误。

3）云计算与网格计算

网格计算是指分布式计算中两类比较广泛使用的子类型。一类是，在分布式的计算资源支持下作为服务被提供的在线计算或存储。另一类是，一个松散连接的计算机网络构成的虚拟超级计算机，可以用来执行大规模任务。该技术通常被用来通过志愿者计算解决计算敏感型的科研、数学、学术问题，也被商业公司用来进行电子商务和网络服务所需的后台数据处理、经济预测、地震分析等。

网格计算强调资源共享，任何人都可以作为请求者使用其他结点的资源，任何人都需要贡献一定资源给其他结点。网格计算强调将工作量转移到远程的可用计算资源上。云计算强调专有，任何人都可以获取自己的专有资源，并且这些资源是由少数团体提供的，使用者不需要贡献自己的资源。在云计算中，计算资源被转换形式去适应工作负载，它支持网格类型应用，也支持非网格环境，如运行传统或 Web 2.0 应用的三层网络架构。

网格计算侧重并行的计算集中性需求，并且难以自动扩展。云计算侧重事务性应用，大量的、单独的请求，可以实现自动或半自动的扩展。

9.2.2　云计算操作系统

在这里，主要介绍经典的云计算操作系统 VMware 和 Hadoop。

1. VMware

1）VMware 概述

VMware 云操作系统旨在提供高效和简化的计算模式。作为一种新型的软件，VMware 云操作系统经过特别的设计，可以把包括处理器、存储和网络在内的大量虚拟化基础架构组件作为无缝、灵活和动态的操作环境进行管理。戴尔、英特尔和 VMware 三家企业的协作使这种无缝状态变为现实。共同开发流程造就了自动化、智能和实时的管理工具,例如,以 Symantec 的 Altiris 技术为后盾的戴尔管理控制台(Dell Management Console)、戴尔 EqualLogicPS Group Manager 和 VMware vCenter(TM)软件,这些工具能显著简化对虚拟化环境和内部云的管理。此外,紧密的工程合作关系已经在包括 VMware vStorage 集成在内的基础架构等多个层面上造就了出众的集成。

云操作系统管理数据中心复杂性所采取的方式,与标准操作系统管理单个服务器复杂性的方法是一样的。借助云操作系统,运行基于英特尔至强 5500 系列处理器的戴尔 PowerEdge 服务器的企业 IT 部门,可使应用获得高水平的可用性、安全性和性能,从而能够自动化地管理应用达到预定义的服务等级协议(SLA)。此功能有助于公司经济高效地满足 SLA 规格的要求,只需要最少的维护投入。云计算系统还使企业能够在高度统一、可靠和高效的基础架构上运行应用,构成该基础架构的行业标准组件经过专门设计,易于更换。此外,通过将具有相同服务等级期望的应用移入或移出计算云,IT 部门能够有助于降低总体拥有成本并提升运营效率。VMware vSphere 4 经过优化,可运行在由基于英特尔至强处理器的 PowerEdge 服务器构建的云上,将这些平台整合到数据中心以创建无缝的虚拟化基础架构,企业可从把经过验证的虚拟化平台作为内部云和外部云基础的做法中受益。多方合作和标准化使 IT 专业人士能够创建安全的私有云,并提供高层次的可用性、可靠性、可伸缩性和安全性。通过实现业务服务的高效交付,云模式还有助于显著减少资本费用和运营费用。此外,vSphere 4 和虚拟优化的戴尔硬件强强联合,使 IT 部门能够灵活选择与工作负载最相配的硬件、操作系统、应用程序栈和服务提供商。

2) VMware 组件

VMware 操作系统分为服务器版的 VMware Server 和工作站版的 VMware Workstation。VMware Server 安装在云服务器上,用以管理云资源,而 VMware Workstation 云终端安装在用户的计算机上,用户通过该软件与云系统连接,换句话说,云用户就是通过 VMware Workstation 使用“云”的。在系统安装方面,VMware Server 在裸机上就可以安装,而 VMware Workstation 必须在操作系统的支持下才能安装。VMware 组件如图 9-9 所示。

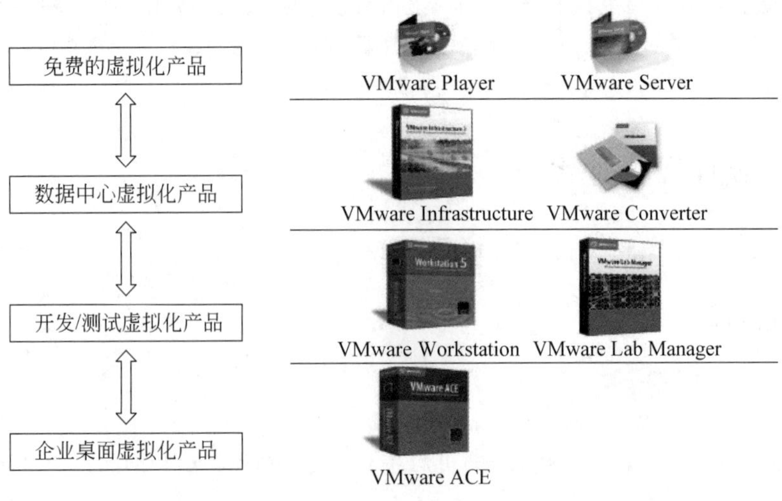

图 9-9 VMware 组件

2. Hadoop

1）Hadoop 概述

Hadoop 实现了一个分布式文件系统（Hadoop Distributed File System，HDFS）。HDFS 具有高容错性的特点，并且设计用来部署在低廉的硬件上；而且它提供高吞吐量来访问应用程序的数据，适合那些有着超大数据集的应用程序。HDFS 放宽了 POSIX 的要求，可以以流的形式访问文件系统中的数据。

Hadoop 的框架最核心的设计就是 HDFS 和 MapReduce。HDFS 为海量的数据提供了存储，MapReduce 为海量的数据提供了计算。

2）Hadoop 的服务器角色

Hadoop 主要的任务部署分为 3 部分，分别是 Client 机器、主结点和从结点。主结点主要负责 Hadoop 两个关键功能模块 HDFS、MapReduce 的监督。当 Job Tracker 使用 MapReduce 进行监控和调度数据的并行处理时，名称结点则负责 HDFS 监视和调度。从结点负责了机器运行的绝大部分，担当所有数据存储和指令计算的苦差。每个从结点既扮演数据结点的角色又充当与它们主结点通信的守护进程。守护进程隶属于 Job Tracker，数据结点归属于名称结点。

Client 机器集合了 Hadoop 上所有的集群设置，但既不包括主结点也不包括从结点。取而代之的客户端机器的作用是把数据加载到集群中，递交给 MapReduce 数据处理工作的描述，并在工作结束后取回或者查看结果。在小的集群中（大约 40 个结点）可能会面对单物理设备处理多任务，如同时处理 Job Tracker 和名称结点。作为大集群的中间件，一般情况下都是用独立的服务器去处理单个任务。

在真正的产品集群中是没有虚拟服务器和管理层存在的，这样就没有了多余的性能损耗。Hadoop 在 Linux 系统上运行最好，直接操作底层硬件设施。这就说明 Hadoop 实际上是直接在虚拟机上工作，这样在花费、易学性和速度上有着无与伦比的优势。

3）Hadoop 集群

一系列机架通过大量的机架转换与机架式服务器（不是刀片服务器）连接起来，通常会用 1GB 或者 2GB 的宽带来支撑连接。10GB 的带宽虽然不常见，但是却能显著提高 CPU 核心和磁盘驱动器的密集性。上一层的机架转换会以相同的带宽同时连接着许多机架，形成集群。大量拥有自身磁盘存储器、CPU 及 DRAM 的服务器将成为从结点。同样，有些机器将成为主结点，这些拥有少量磁盘存储器的机器却有着更快的 CPU 及更大的 DRAM。

4）Hadoop 的 Rack Awareness

Hadoop 还拥有 Rack Awareness 的理念。作为 Hadoop 的管理员，可以在集群中自行定义从结点的机架数量。但是为什么这样做会带来麻烦呢？两个关键的原因是数据损失预防及网络性能。别忘了，为了防止数据丢失，每块数据都会备份在多个机器上。假如同一块数据的多个备份都在同一个机架上，而恰巧的是这个机架出现了故障，那么这会带来极大的麻烦。为了阻止这样的事情发生，则必须有人知道数据结点的位置，并根据实际情况在集群中做出明智的位置分配。它就是名称结点。

9.3 云计算架构设计

9.3.1 云计算架构概述

云计算,开启 IT 革新,网络变革应“云”而生,云计算将给数据中心网络带来结构性变化,设计一种适应云计算的下一代网络架构和技术标准势在必行。云计算时代,一切都将发生根本性变革,网络作为 IT 基础设施平台,其整体架构、设备组件、协议选择、关键技术都将发生根本性革新。

1. 云计算基础架构

云计算的概念并不具体,各方面定义很多,以使用者的视角来看,就是让用户在不需了解资源的情况下得到按需分配,计算资源被虚拟化为一片云。当前主流的云计算概念更贴切于云服务,现在提供租用服务的是虚拟机,是软件平台,更可能是应用程序。

2. 云计算分层架构

云计算服务的 3 个层次分别是基础设施即服务(IaaS)、平台即服务(PaaS)和软件即服务(SaaS),分别对应于硬件资源、平台资源以及应用资源。

3. 集中云、分散云

集中云即真正意义上的多虚一,是将几百上千台或更多服务器资源集结、统一计算,对外提供服务,云技术上分为主备和负载均衡两类,主要应用于国家级应用和大型互联网服务提供商。

分散云,使用一虚多技术,是通过类似于 VMware 软件将一台服务器或者 PC 分成多个虚拟机,使 CPU、内存和带宽达到最高的利用率,目前主要技术包括操作系统虚拟化、主机虚拟化和 Bare-Metal 虚拟化,主要应用于中小企业和个人。

4. 公共云、私有云

公共云是放在 Internet 上的,注册用户、付费用户都可以用。

私有云是放在私有环境中的,如企业、政府、组织等自行在机房中建立的,或是运营商建设好,但整体租给某一组织的。企业、组织、政府等之外的用户无法访问或无法使用。

9.3.2　云计算数据中心大二层网络架构

1. 网络大二层架构设计

1）设计原则

(1) 高可用性。为了保障对云计算终端用户提供最安全、最可靠的数据存储中心，网络平台必须确保高可靠的网络接入服务，实现“永远在线”的网络连接。

(2) 易用性。网络平台需有不同终端、接入方式的良好兼容性，使计算服务范围最大化，同时降低、简化对用户终端的设备的要求，使用户能以“任何终端、位置、方式”获得云计算服务。

(3) 可扩展性。网络平台必须适应云计算发展，具备可扩展性，能灵活接入新云计算中心、新终端，快速提供服务。

2）大二层架构

下一代网络平台使用的大二层架构如图 9-10 所示，分为接入层和核心层。随着云计算数据中心网络规模的扩大、更大的流量带宽需求，网络中间不会再有使转发性能变低的瓶颈汇聚层。现如今可以说，云计算数据中心典型架构均为图 9-10 所示的千兆接入，万兆核心的两层扁平化网络结构。

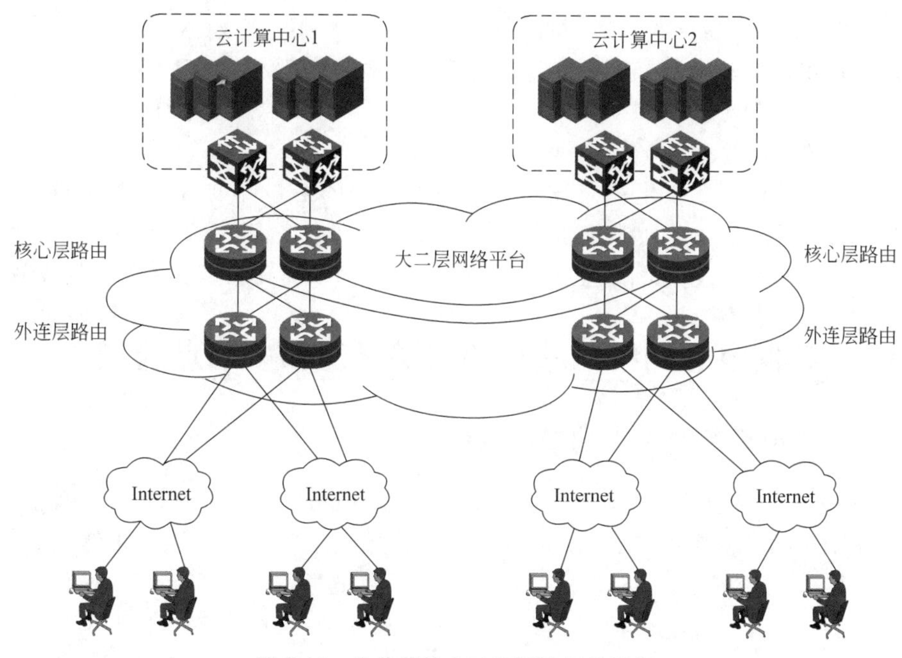

图 9-10　公共云的大二层网络平台架构

2. 云计算对下一代网络技术的需求

云计算对下一代网络技术的需求如下。

(1) 服务器之间的流量将成为主流,网络二层流量需求增加。

(2) 虚拟机以及物理服务器数量增加,导致网络二层拓扑将不断变大。

(3) 数据中心内部通信的压力增大,对网络带宽和延迟有了更高的要求。

(4) 扩容需求、灾难备份和虚拟机迁移,数据中心多站点间网络大二层要求互通。

(5) 数据中心多站点的网络选路复杂性提高。

3. 云计算网络虚拟化和互访

云计算中的虚拟化应包括计算的虚拟化、存储虚拟化和网络的虚拟化。随着计算和存储的虚拟化不断实现,网络虚拟化技术的必要性和重要性不断凸显,会成为网络技术发展的重中之重,其发展及变化必将引领数据中心网络的演进方向。

1) 网络多虚一

(1) 控制层面虚拟化。将所有设备的控制平面合而为一成为一个主体,统一处理整个虚拟交换机的工作,统一管理与接口扩展的需求。结构控制平面虚拟化又分为纵向即不同层次设备虚拟化和横向同一层次设备虚拟化。

(2) 网络层面虚拟化。使用了 TRILL 和 SPB 协议,在二层网络转发时,对报文进行外层封装,以 Tag 方式在 TRILL/SPB 区域内部转发,此区域网络形成一个大的虚拟交换机,实现对报文的透明转发。

2) 网络一虚多

传统的网络一虚多技术包括因特网的 VLAN 技术、IP 的 VPN 技术、FC 的 VSAN 技术等,目前出现的较新的技术是 Cisco 的 VDC,最多实现 4 个 VDC 将物理资源独立分配。

3) 网卡的虚拟化

还有一种网络的虚拟化补充技术是服务器网卡的 I/O 虚拟化技术即 SR-IOV,由 PCI SIG 工作组提出。SR-IOV 就是要在服务器物理网卡上,建立多个虚拟 I/O 通道,并使其能够直接一一对应到多个虚拟机的虚拟网卡上,用以提高虚拟服务器的转发效率。

9.3.3 数据中心网络跨站点的二层互访和多站点选择

1. 数据中心网络跨站点的二层互访

在集中云计算数据中心,存在 3 个或以上多站点服务器集群计算,以及在分散云情况下,会有虚拟机的迁移变更(VMotion)的需求,此时则需要数据中心网络的跨站点二层互访。二层网络互访的实现,有 3 种方式即采用光纤直连的星形或者环形拓扑、使用 MPLS 技术搭建网络、使用安全加密机制的 IP 因特网。从性价比、成本节约和可靠性设计的角度看,多站点的光纤直连优势明显,但因目前光纤直连都是各企事业单位为某种业务单独建立,缺少公用标准的建立。

2. 数据中心网络多站点选择

在云计算数据中心多站点网络里,用户访问服务器存在多站点的选路问题。多站点

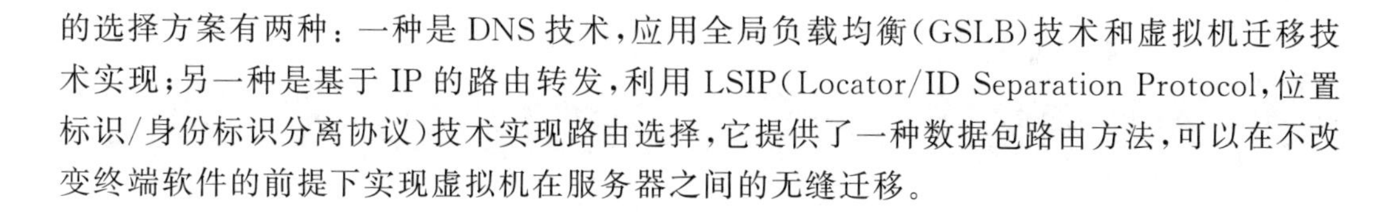

的选择方案有两种：一种是DNS技术，应用全局负载均衡(GSLB)技术和虚拟机迁移技术实现；另一种是基于IP的路由转发，利用LSIP(Locator/ID Separation Protocol，位置标识/身份标识分离协议)技术实现路由选择，它提供了一种数据包路由方法，可以在不改变终端软件的前提下实现虚拟机在服务器之间的无缝迁移。

9.3.4 云计算数据中心后端存储网络

1. 传统的存储网络

传统的存储网络包括DAS、NAS、SAN、FC SAN，其中，DAS(Direct Attached Storage)是直连磁盘存储，NAS(Network Attached Storage)是网络共享文件服务器，上升到数据中心级别，则出现SAN(Storage Area Network)，通过FC或者TCP/IP网络，将磁盘阵列注册于服务器，模拟成直连存储，FC SAN是主流的技术之一。

2. 前后端融合 FCoE

因特网与FC的融合，就是FCoE(Fiber Channel over Ethernet，以太网的光纤通道)，边界依然是接入交换。在服务器物理网卡到接入交换这部分，通过接入交换机，将FC的数据承载在某个VLAN中进行传输。FCoE技术标准可以将光纤通道映射至以太网，同时在以太网信息包内插入光纤通道信息，让服务器和SAN存储设备之间的光纤通道请求和数据，通过以太网连接来进行传输，即在以太网上传输SAN数据。FCoE后端融合网络同时支持LAN和SAN数据传输，减少数据中心设备和线缆数量，同时降低供电和制冷负载，收敛成统一的网络后，减少了支持的点数，降低管理负担。它同时能够保护现有投资，提供了一种以FC存储协议为核心的I/O融合方案。

9.3.5 云计算与 IPv6

云计算的发展对网络安全性提出更高的要求，IPv6技术的安全机制、巨大的地址空间、可溯源技术、定义多播地址等技术，都在一定程度上改善了网络层的安全性，同时在使用IPv6的网络中用户可以对网络层的数据进行加密并对IP报文进行校验，又极大地增强了网络的安全性；云计算的发展使得网络规模进一步扩大，我国物联网、移动互联网、云计算、三网融合等产业的发展都需要海量的IP地址作为支撑，而IPv4地址严重不足，已成为制约我国产业发展的瓶颈，IPv6大大增加了地址空间，是适应云网络发展的方向。另外，IPv6集成的安全和质量的服务机制，以及自动配置和移动性的支持，更高路由稳定性给云计算网络的可管、可控以及可靠性带来保障。

9.4 应用实例：云盘建立与使用技术

本节内容可以扫描右侧的二维码获取。

9.5 大数据技术

9.5.1 大数据的基本概念

1. 什么是大数据

大数据(big data)也称为海量数据和巨量数据,是指数据量达到无法利用传统数据处理时代产生的海量数据外,也被用来命名与之相关的技术、创新与应用。

2. 大数据的特征

大数据具有海量的数据规模大(Volume)、数据流转速度快(Velocity)、数据类型的多样性(Variety)和数据价值密度低(Value)四大特征,简称4V。

数据规模大(Volume)。2004年,全球数据总量为30EB,2005年达到50EB,2015年达到7900EB(即7.7ZB)。根据国际数据资讯(IDC)公司监测,全球数据量大约每两年翻一番,2020年,全球数据量已达35000EB(即34ZB)。

数据流转速度快(Velocity)。这是指数据产生、流转速度快,而且越新的数据价值越大。这就要求对数据的处理速度也要快,以便能够及时从数据中发现、提取有价值的信息。

数据类型的多样性(Variety)。这是指数据的来源及类型多样。大数据的数据类型除传统的结构化数据外,还包括大量非结构化数据。其中,10%是结构化数据,90%是非结构化数据。

数据价值密度低(Value)。这是指数据量大但价值密度相对较低,挖掘数据中蕴藏的价值数据犹如沙里淘金。

9.5.2 大数据的关键技术

大数据技术是指用非传统的方式对大量结构化和非结构化数据进行处理,以挖掘出数据中蕴含的价值的技术。根据大数据的处理流程,可将其关键技术分为大数据采集、大数据预处理、大数据存储与管理、大数据分析与挖掘、大数据可视化展现等技术。

1. 大数据采集

对于网络上各种来源的数据,包括社交网络数据、电子商务交易数据、网上银行交易数据、搜索引擎点击数据、物联网传感器数据等,在被采集前都是零散的,没有任何意义。数据采集就是将这些数据写入数据仓库中并整合在一起。

就数据采集本身而言,大型互联网企业由于自身用户规模庞大,可以把自身用户产生的交易、社交、搜集等数据充分挖掘,拥有稳定、安全的数据资源。而对于其他大数据公司

和大数据研究机构而言，目前采集大数据的方法主要有如下 4 种。

(1) 系统日志采集。

可以使用海量数据采集工具用于系统日志采集，如 Hadoop 的 Chukwa、Cloudera 的 Flume、Facebook 的 Scribe 等。采集工具用于系统日志采集，这些工具均采用分布式架构，能满足大数据的日志数据采集和传输需求。

(2) 互联网数据采集。

可以通过网络爬虫或网站公开 API(应用程序接口)等方式从网站上获取数据信息。该方法可以将数据从网页中抽取出来，并将其存储为统一的本地数据文件，它支持图片、音频、视频等文件或附件的采集，而且附件与正文可以自动关联。

(3) App 移动端数据采集。

App 是获取用户移动端数据的一种有效方法。App 中的 SDK(软件开发工具包)插件可以将用户使用 App 的信息汇总给指定服务器，即便用户在没有访问 App 时，服务器也能获知用户终端的相关信息，包括安装应用的数量和类型等。

(4) 与数据服务机构进行合作。

数据服务机构通常具备规范的数据共享和交易渠道，人们可以在其平台上快速、准确地获取自己所需要的数据。

2. 大数据预处理

由于大数据的来源和种类繁多，这些数据有残缺的、虚假的、过时的等，因此，想要获得高质量的数据分析结果，必须在数据准备阶段提高数据的质量，即对大数据进行预处理。大数据预处理是指将杂乱无章的数据转化为相对单一且便于处理的数据，或者去除没有价值甚至可能对分析造成干扰的数据。

3. 大数据存储与管理

大数据存储是指用存储器把采集到的数据存储起来，并建立相应的数据库，以便对数据进行管理和调用。目前，主要采用 Hadoop 分布式文件系统(HDFS)和非关系型分布式数据库(NoSQL)来存储和管理大数据。常用的 NoSQL 数据库包括 Hbase、Redis、Cassanda、MongoDB、Neo4j 等。

4. 大数据分析与挖掘

大数据分析与挖掘是指通过各种算法从大量的数据中找到潜在的有用信息，并研究数据的内在规律和相互间的关系。常用的大数据分析与挖掘技术包括 Spark、MapReduce、Hive、Pig、Flink、Impala、Kylin、Tez、Akka、Storm S、MLlib 等。

5. 大数据可视化展现

大数据可视化展现是指利用可视化手段对数据进行分析，并将分析结果用图表或文字等形式展现出来，从而使读者对数据的分布、发展趋势、相关性和统计信息等一目了然，如图 9-11 所示。常用的大数据可视化工具有 Echarts 和 Tableau 等。

图 9-11　大数据可视化展现

9.5.3　大数据的计算模式

所谓大数据计算模式，是指根据大数据的不同数据特征和计算特征，从多样性的大数据计算问题和需求中提炼并建立的各种高层抽象(abstraction)和模型(model)。MapReduce计算模式的出现有力推动了大数据技术和应用的发展，使其成为目前大数据处理最成功的主流大数据计算模式。

然而，现实世界中的大数据处理问题复杂多样，难以有一种单一的计算模式能涵盖所有不同的大数据计算需求。在研究和实际应用中发现，由于MapReduce主要适合于进行大数据线下批处理，在面向低延时和具有复杂数据关系和复杂计算的大数据问题时有很大的不适应性。因此，近几年来学术界和业界在不断研究并推出了多种不同的大数据计算模式，如表9-4所示。

表 9-4　大数据计算模式及其代表产品

计算模式	解决问题	代表产品
批处理计算	针对大规模数据的批量处理	MapReduce、Spark等
流计算	针对流数据的实时计算	Storm、S4、Flume、Streams、Puma、DStream、银河流数据处理平台等
查询分析计算	超大规模数据的存储管理和查询分析	Dremel、Hive、Cassandra、Impala等
图计算	针对大规模图结构数据的处理	Pregel、Giraph、Trinity、GraphX Hama、PowerGraph等

1. 批处理计算

批处理计算主要解决针对大规模数据的批量处理，也是人们日常数据分析工作中常见的一类数据处理需求。MapReduce是最具有代表性和影响力的大数据批处理技术，可以并行执行大规模数据处理任务，用于大规模数据（大于 1TB）的并行运算。MapReduce 极大地方便了分布式编程工作，它将复杂的、运行大规模集群上的并行计算过程高度地抽象到了两个函数：Map 和 Reduce，编程人员在不会分布式并行编程的情况下，也可以很容易将自己的程序运行在分布系统上，完成海量数据集的计算。

Spark 是一个针对超大数据集合的低延迟的集群分布式计算系统，它启用了内存分布数据集，除了能够提供交互式查询外，还可以优化迭代工作负载。在 MapReduce 中，数据流从一个稳定的来源，进行一系列加工处理后，流出到一个稳定的文件系统（如 HDFS）。而对于 Spark 而言，则使用内存替代 HDFS 或本地磁盘来存储中间结果，因此，Spark 要比 MapReduce 的速度快许多。

2. 流计算

流数据是大数据分析中的重要数据类型。流数据（或数据流）是指在时间分布和数量上无限的一系列动态数据集合体，数据的价值随着时间的流逝而降低，因此，必须采用实时计算的方式给出秒级响应。流计算可以实时处理来自不同数据源的、连续到达的流数据，经过实时分析处理，给出有价值的分析结果。

目前业内已涌现出许多流计算框架与平台。第一类是商业级的流计算平台，包括 IBM InfoSphere Streams 和 IBM StreamBase 等；第二类是开源流计算框架，包括 TwitterStorm、Yahoo！S4（Simple Scalable Streaming System）等；第三类是公司为支持自身业务开发的流计算框架，如 Facebook 使用 Puna 和 HBase 相结合来处理实时数据，百度开发了通用实时流数据计算系统 DStream，淘宝开发了通用流数据实时计算系"银河流数据处理平台"。

3. 查询分析计算

针对超大规模数据的存储管理和查询分析，需要提供实时或准实时的响应，才能很好地满足企业经营管理需求，谷歌公司开发的 Dremel 是一种可扩展的、交互式的实时查询系统，用于只读嵌套数据的分析。通过结合多级树状执行过程和列式数据结构，它能做到几秒内完成对万亿张表的聚合查询。系统可以扩展到成千上万的 CPU 上，满足谷歌上万用户操作 PB 级的数据，并且可以在 2～3 秒内完成 PB 级别数据的查询。此外，Cloudera 公司参考 Dremel 系统开发了实时直询引擎 Impala，它提供 SQL 语义，能快速查询存储在 Hadoop 的 HDFS 和 HBase 中的 PB 级大数据。

4. 图计算

在大数据时代，许多大数据都是以大规模图或网络的形式呈现，如社交网络、传染病传播途径、交通事故对路网的影响等，此外，许多非图结构的大数据，也常常会被转换为图模型后再进行处理分析。MapReduce 作为单输入、两阶段、粗粒度数据并行的分布式计算框架，在表达多迭代、稀疏结构和细粒度数据时，往往显得力不从心，不适合用来解决大规模图计算问题。因此，针对大型图的计算，需要采用图计算模式。

市场上已经出现了不少图计算产品。Pregel 是一种基于 BSP（Bulk Synchronous

Parallel)模型实现的并行图处理系统。为了解决大型图的分布式计算问题,Pregel搭建了一套可扩展的、有容错机制的平台,该平台提供了一套非常灵活的API,可以描述各种各样的图计算。Pregel主要用于图遍历、最短路径、PageRank计算等。其他代表性的图计算产品还包括Facebook针对Pregel的开源实现Giraph、Spark下的GraphX、图数据处理系统PowerGraph等。

9.5.4 大数据的应用领域

随着大数据应用越来越广泛,应用的行业也越来越下沉,每天都可以看到大数据的一些新奇的应用,从而帮助人们从中获取到真正有用的价值。很多组织或者个人都会受到大数据分析影响,但是大数据是如何帮助人们挖掘出有价值的信息呢?下面介绍7个价值非常高的大数据的应用,这些都是大数据在分析应用上的关键领域,如图9-12所示。

图9-12 大数据的应用领域

大数据应用领域相关内容可以扫描左侧的二维码获取。

9.5.5 大数据、云计算与物联网三者之间的关系

1. 关于物联网

物联网(Internet of things)是一个基于互联网、传统电信等信息承载体,让所有能够被独立寻址的普通物理对象实现互联互通的网络,它具有普通对象设备化、自治终端互联化和普通服务智能化3个重要特征。

物联网就是通过RFID、红外感应器、全球定位系统、激光扫描器等信息传感设备,按约定的协议,把任何物品与互联网链接起来,进行信息交换和通信,以实现智能化识别、定位、跟踪、监控和管理的一种网络。

物联网技术将在下一章介绍。

2. 大数据、云计算和物联网的联系

从整体上看,大数据、云计算和物联网这三者是相辅相成的。大数据根植于云计算,大数据分析的很多技术都来自云计算,云计算的分布式和数据存储和管理系统(包括分布式文件系统和分布式数据库系统)提供了海量数据的存储和管理能力,分布式并行处理框架 MapReduce 提供了海量数据分析能力,没有这些云计算技术作为支撑,大数据分析就无从谈起。反之,大数据为云计算提供了"用武之地",没有大数据这个"练兵场",云计算技术再先进,也不能发挥它的应用价值。

物联网的传感器源源不断产生的大量数据,构成了大数据的重要来源,没有物联网的飞速发展,就不会带来数据产生方式的变革,即由人工产生阶段向自动产生阶段发展,大数据时代也不会这么快就到来。同时,物联网需要借助于云计算和大数据技术,实现物联网大数据的存储、分析和处理。云计算、大数据和物联网,三者会继续相互促进、相互影响,更好地服务于社会生产和生活的各个领域,如图 9-13 所示。

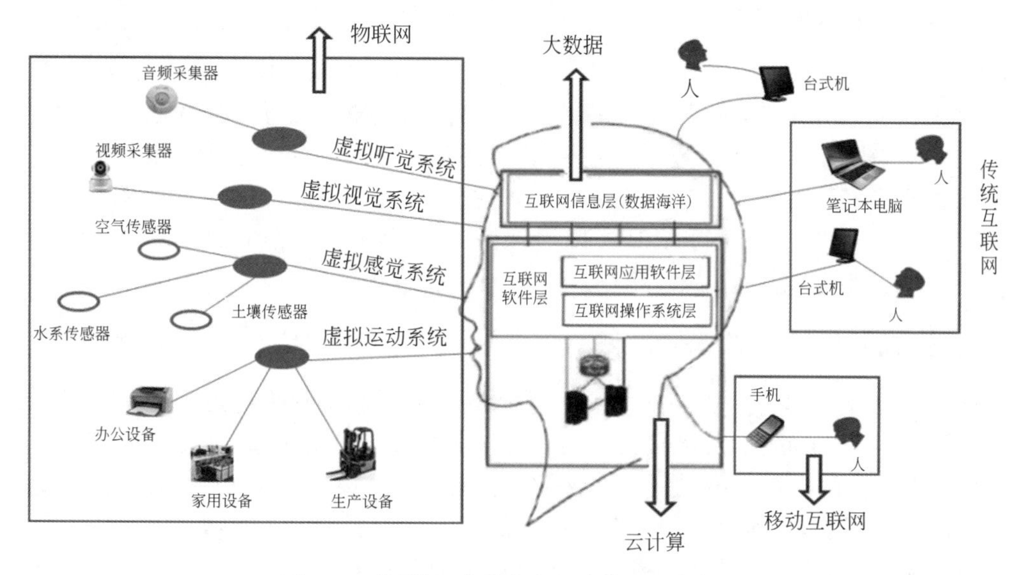

图 9-13　物联网、大数据和云计算之间的关系

由图 9-13 可以看出,物联网对应了互联网的感觉和运动神经系统。大数据代表了互联网的信息层,是互联网智慧和意识产生的基础。云计算是互联网的核心硬件层和核心软件层的集合,也是互联网中枢神经系统萌芽。物联网、云计算和大数据三者互为基础,物联网产生大数据,大数据需要云计算。物联网在将物品和互联网连接起来,进行信息交换和通信,以实现智能化识别、定位、跟踪、监控和管理的过程中,产生的大量数据,云计算解决万物互联带来的巨大数据量,所以三者互为基础,又相互促进。如果不那么严格地说,这三者可以看作一个整体,相互发展、相互促进。

云计算是为了大开发、大数据下的解决实际运算问题;大数据是为了解决海量数据分析问题;物联网是解决设备与软件的融合问题;可见,它们之间的关系是互相关联、互相作用的:物联网是很多大数据的来源(设备数据),而大量设备数据的采集、控制、服务要依

托云计算,设备数据的分析要依赖于大数据,而大数据的采集、分析同样依托云计算,物联网反过来能为云计算提供ISSA层的设备和服务控制,大数据分析又能为云计算所产生的运营数据提供分析、决策依据。

云计算、大数据和物联网三者互为基础,云计算和大数据解决了万物互联带来的巨大数据量,物联网为云计算和大数据提供了足够的基础数据。试想一下,如果物联网没有了大数据和云计算的支持,那么万物互联带来巨大的数据量将得不到处理,物联网最重要的功能——收集数据,将毫无用处。那么万物互联也就完全没意义了。相同道理,大数据和云计算如果没有了万物互联带来巨大的数据量,怎么叫大数据,没有了广大的网络连接覆盖,云计算又有何用。所以三者互为基础,又相互促进。如果不那么严格地说,三者可以看作一个整体,相互发展,相互促进。

9.5.6 大数据架构

1. 传统大数据架构

之所以叫传统大数据架构,是因为其定位是为了解决传统BI(Business Intelligence,商业智慧或商务智能)的问题,简单来说,数据分析的业务没有发生任何变化,但是因为数据量、性能等问题导致系统无法正常使用,需要进行升级改造,那么此类架构便是为了解决这个问题。其依然保留了ETL的动作,将数据经过ETL动作进入数据存储。

应用场景:数据分析需求依旧以BI场景为主,但是因为数据量、性能等问题无法满足日常使用。

2. 流式架构

在传统大数据架构的基础上,流式架构非常激进,直接去掉了批处理,数据全程以流的形式处理,所以在数据接入端没有了ETL,转而替换为数据通道。经过流处理加工后的数据,以消息的形式直接推送给了消费者。虽然有一个存储部分,但是该存储更多地以窗口的形式进行存储,所以该存储并非发生在数据湖,而是在外围系统。

应用场景:预警,监控,对数据有有效期要求的情况。

3. Lambda架构

Lambda架构算是大数据系统里面举足轻重的架构,大多数架构基本都是Lambda架构或者基于其变种的架构。Lambda的数据通道分为两条分支:实时流和离线。实时流依照流式架构,保障了其实时性,而离线则以批处理方式为主,保障了最终一致性。什么意思呢?为保障实效性,流式通道处理更多地以增量计算为主辅助参考,而批处理层则对数据进行全量运算,保障其最终的一致性,因此Lambda最外层有一个实时层和离线层合并的动作,此动作是Lambda里非常重要的一个动作。

4. Kappa架构

Kappa架构在Lambda的基础上进行了优化,删除了批处理系统的架构,数据只需通过流式传输系统快速提供。因此，对于Kappa架构来说，依旧以流处理为主，但是数据却在数据湖层面进行了存储，当需要进行离线分析或者再次计算的时候，则将数据湖的数据再次经过消息队列重播一次则可。

5. Unifield 架构

以上架构都是围绕海量数据处理为主，Unifield架构则更激进，将机器学习和数据处理融为一体，从核心上来说，Unifield依旧以Lambda为主，不过对其进行了改造，在流处理层新增了机器学习层。数据在经过数据通道进入数据湖后，新增了模型训练部分，并且将其在流式层进行使用。同时流式层不单使用模型，也包含着对模型的持续训练。

9.5.7　大数据采集方法

大数据的价值不在于存储数据本身，而在于如何挖掘数据，只要具备足够的数据源，才能挖掘出数据背后的价值。在现实生活中，数据产生的种类很多，并且不同种类的数据产生的方式不同。对于大数据采集方法，主要分为以下3类方法。

1. 系统日志采集方法

常用的开源日志收集系统有Flume、Scribe等。Apache Flume是一个分布式、可靠、可用的服务，用于高效地收集、聚合和移动大量的日志数据，它具有基于流式数据流的简单、灵活的架构。其可靠性机制和许多故障转移和恢复机制，使Flume具有强大的容错能力。Scribe是Facebook开源的日志采集系统。Scribe实际上是一个分布式共享队列，它可以从各种数据源上收集日志数据，然后放入它上面的共享队列中。Scribe可以接受thrift client发送过来的数据，将其放入它上面的消息队列中。然后通过消息队列将数据Push到分布式存储系统中，并且由分布式存储系统提供可靠的容错性能。如果最后的分布式存储系统崩溃(crash)时，Scribe中的消息队列还可以提供容错能力，它会将日志数据写到本地磁盘中。Scribe支持持久化的消息队列，来提供日志收集系统的容错能力。

2. 网络数据采集方法

常用的网页爬虫系统有Apache Nutch、Crawler4j、Scrapy等框架。Apache Nutch是一个高度可扩展和可伸缩性的分布式爬虫框架。Apache通过分布式抓取网页数据，并且由Hadoop支持，通过提交MapReduce任务来抓取网页数据，并可以将网页数据存储在Hadoop分布式文件系统中。Nutch可以分布式多任务地进行数据爬取、存储和索引。由于多个机器并行做爬取任务，Nutch充分利用多个机器的计算资源和存储能力，大大提高系统爬取数据的能力。Crawler4j、Scrapy都是一个爬虫框架，提供给开发人员便利的爬虫API接口。开发人员只需要关心爬虫API接口的实现，不需要关心具体框架怎么爬取数据。Crawler4j、Scrapy框架大大降低了开发人员的开发速率，开发人员可以很快地完成一个爬虫系统的开发。

3. 数据库采集方法

针对大数据采集技术,主要流行的大数据采集分析技术如下。Hive 是 Facebook 团队开发的一个可以支持 PB 级别的可伸缩性的数据仓库。这是一个建立在 Hadoop 之上的开源数据仓库解决方案。Hive 支持使用类似 SQL 的声明性语言(HiveQL)表示的查询,这些语言被编译为使用 Hadoop 执行的 MapReduce 作业。另外,HiveQL 使用户可以将自定义的 map-reduce 脚本插入查询中。该语言支持基本数据类型,类似数组和 Map 的集合以及嵌套组合。HiveQL 语句被提交执行。首先,Driver 将查询传递给编译器 Compiler,通过典型的解析、类型检查和语义分析阶段,使用存储在 Metastore 中的元数据。编译器生成一个逻辑任务,然后通过一个简单的基于规则的优化器进行优化。最后生成一组 MapReduce 任务和 HDFS Task 的 DAG 优化后的 Task。然后执行引擎使用 Hadoop 按照它们的依赖性顺序执行这些 Task。Hive 简化了对于那些不熟悉 Hadoop MapReduce 接口的用户学习门槛,Hive 提供了一系列简单的 HiveQL 语句,对数据仓库中的数据进行简要分析与计算。

9.5.8 数据处理方法

数据处理的主要任务可以概括成 4 个内容,即数据清理、数据集成、数据归约和数据变换,如图 9-14 所示。

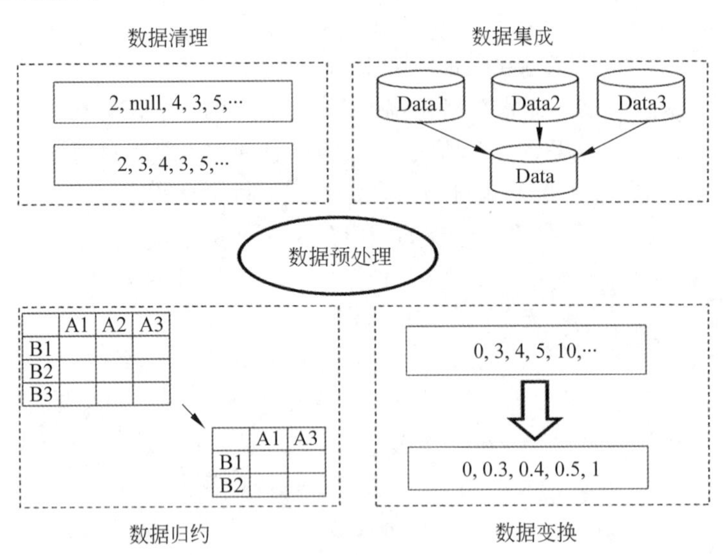

图 9-14 数据预处理内容

1. 数据清理

数据清理是指通过填写缺失的值,光滑噪声数据,识别或删除离群点并解决不一致性来“清理”数据。主要是达到如下目标:格式标准化,异常数据清除,错误纠正,重复数据的清除。

2. 数据集成

数据集成是把不同来源、格式、性质的数据在逻辑上或物理上有机地集中，以便更方便地进行数据挖掘工作。数据集成通过数据交换而达到、主要解决数据的分布性和异构性问题。数据集成的程度和形式多种多样，对于小的项目，如果原始的数据都存在不同的表中，数据集成的过程往往是根据关键字段将不同的表集成到一个或几个表格中，而对于大的项目，则有可能需要集成到单独的数据仓库中。

3. 数据归约

数据归约用来得到数据集的简化表示，虽小得多，但仍然接近于保持原数据的完整性，其结果与归约前结果相同或几乎相同。数据归约策略包括维归约和数值归约。在维归约中，使用减少变量方案，以便得到原始数据的简化或“压缩”表示。例如，采用主成分分析技术减少变量，或通过相关性分析去掉相关性小的变量。数值归约，则主要指通过样本筛选，减少数据量，这是常用的数据归约方案。

4. 数据变换

数据变换是将数据从一种表示变为另一种表现形式的过程，主要是指通过平滑聚集、数据概化、规范化等方式将数据转换成适用于数据挖掘的形式。假设使用诸如 K-means 或聚类这样的基于距离的挖掘算法进行建模或挖掘，如果待分析的数据已经规范化，即按比例映射到一个较小的区间（例如，[0.0，1.0]），则这些方法将得到更好的结果。问题是往往各变量的标准不同，数据的数量级差异比较大，在这样的情况下，如果不对数据进行转换，显然模型反映的主要是大量级数据的特征，所以通常还需要灵活地对数据进行转换。

虽然数据处理主要分为以上 4 方面的内容，但它们之间并不是互斥的。例如，冗余数据的删除既是一种数据清理形式，也是一种数据归约。总之，现实世界的数据一般是脏的、不完整的和不一致的。数据预处理技术可以改进数据的质量，从而有助于提高随后挖掘过程的准确率和效率。由于高质量的决策必然依赖于高质量的数据，因此数据预处理是知识发现过程的重要步骤。

习题

1. 云计算有哪些特点？
2. 云计算有哪几种主要类型？
3. 简述云计算的关键技术。
4. 云计算体系结构包括哪些部分？
5. 主流云计算操作有哪些？各有哪些特点？

6. 为什么云计算中心要采用大二层架构?

7. 建立一个云盘。

8. 简述大数据的基本概念及其用途。

9. 简述大数据的主要特点。

10. 简述云计算与大数据的关系。

11. 简述大数据的数据采集与数据处理技术。

第10章　物联网技术

物联网指的是将各种信息传感设备，如射频识别（Radio Frequency Identification，RFID）、红外感应器、全球定位系统、激光扫描器等信息传感设备，按约定的协议，把相关物品与互联网连接起来，进行信息采集、交换和通信，以实现智能化识别、定位、跟踪、监控和管理的一种网络。

知识培养目标

- 了解物联网的基本概念；
- 了解物联网的主要技术；
- 掌握物联网的架构设计；
- 了解物联网的应用技术。

能力培养目标

- 具备物联网架构设计的能力；
- 具备物联网平台运维的能力。

课程思政培养目标

课程内容与课程思政培养目标关联表如表10-1所示。

表10-1　课程内容与课程思政培养目标关联表

节	知识点	案例及教学内容	思政元素	培养目标及实现方法
	物联网		了解物联网技术的应用范畴以及对人类社会的贡献	培养学生树立学好物联网技术的理念，树立用物联网技术服务社会和国家的理想

10.1　预备知识

10.1.1　条形码及标签技术

1. 条形码概述

条形码（barcode）是将宽度不等的多个黑条和空白，按照一定的编码规则排列，用以表达一组信息的图形标识符。常见的条形码是由反射率相差很大的黑条(简称条)和白条(简称空)排成的平行线图案,如图10-1和图10-2所示。条形码可以标出物品的生产国、制造厂家、商品名称、图书分类号等许多信息,因而在商品流通、图书管理、邮政管理、银行系统等许多领域都得到广泛的应用。

图10-1 条形码实例图

图10-2 UPC-A编码

图10-1是清华大学出版社出版的教材的ISBN条形码,即本书第3版的书号。

2. 条形码编码方案

1) 宽度调节法

宽度调节法是指条形码符号由宽窄的条单元和空单元以及字符符号间隔组成,宽的条单元和空单元逻辑上表示1,窄的条单元和空单元逻辑上是0,宽的条空单元和窄的条空单元可称为4种编码元素。code-11码、code-B码、code39码、2/5code码等均采用宽度调节编码法。

2) 色度调节法

色度调节法是指条形码符号是利用条和空的反差来标识的,条逻辑上表示1,而空逻辑上表示0。把1和0的条空称为基本元素宽度或基本元素编码宽度,连续的1和0则可有2倍宽、3倍宽、4倍宽等。所以此编码法可称为多种编码元素方式,如ENA\UPC码采用8种编码元素。

3. 条形码编码方法

条形码编码有Codabar、Code11、Code39、Code93、EAN-8、EAN-13、GS1-128(EAN-128)、ISBN(用于图书)、UPC-A(用于普通商品)、UPC-E等多种编码方法。

在这里,以UPC-A编码方法为例(见图10-2),介绍条形码编码技术。

UPC-A为用于普通商品的条形码编码。

(1) 条形码是由黑线和白线组成的(为叙述方便,约定用1表示黑线,用0表示白线)。

(2) 要了解线有4种不同的宽度。编码中最细的线将被看作1,比最细的大一倍的自然就是2,再大点儿是3,最宽就是4。

(3) 每个UPC-A条形码以101(细黑、细白、细黑)开始并以它结束,并且在中间有01010(细白、细黑、细白、细黑、细白)将条形码分为左、右两部分,这样做的目的是防止扫

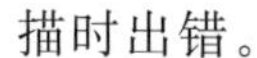

描时出错。

(4) 每个 UPC-A 码有 12 位阿拉伯数字，分为左、右两部分，如图 10-2 所示，左边编码为 036000，右边编码为 291452。

(5) 每个编码由 7 个黑白线组成。

(6) 左半部分与右半部分的编码方法相反，左半部分是由“白线”开头，而右半部分是以“黑线”开头，如表 10-2 所示。如左边第一个 0 是由 0001101（白线、白线、白线、黑线、黑线、白线、黑线）组成，而右边的 4 则是由 1011100（黑线、白线、黑线、黑线、黑线、白线、白线）组成。

表 10-2　UPC-A 码左边编码与右边编码对照表

字码	左边编码	右边编码	字码	左边编码	右边编码
0	0001101	1110010	5	0110001	1001110
1	0011001	1100110	6	0101111	1010000
2	0010011	1101100	7	0111011	1000100
3	0111101	1000010	8	0110111	1001000
4	0100011	1011100	9	0001011	1110100

4. 条形码标签

通过上述介绍的条形码编码方法并通过特殊技术（条形码生成器）制作的标签称为条形码标签。

5. 条形码扫描器

条码扫描器，又称为条码阅读器、条码扫描枪、条形码扫描器、条形码扫描枪及条形码阅读器（见图 10-3）。它是用于读取条码所包含信息的阅读设备，利用光学原理，把条形码的内容解码后通过数据线或者无线的方式传输到计算机或者别的设备。条形码扫描器广泛应用于超市、物流公司、图书馆等处，用于扫描商品、单据的条码。

图 10-3　条形码扫描器

10.1.2　RFID 技术

1. RFID 概述

射频识别技术，又称为无线射频识别，是一种通信技术，可通过无线电信号识别特定目标并读写相关数据，而无须识别系统与特定目标之间建立机械或光学接触。

无线电的信号是通过调成无线电频率的电磁场，把数据从附着在物品上的标签上传送出去，以自动辨识与追踪该物品。某些标签在识别时从识别器发出的电磁场中就可以得到能量,并不需要电池;也有标签本身拥有电源,并可以主动发出无线电波(调成无线电频率的电磁场)。标签包含电子存储的信息,数米之内都可以识别。与条形码不同的是,射频标签不需要放在识别器视线之内,也可以嵌入被追踪物体之内。

许多行业都运用了射频识别技术,如将标签附着在一辆正在生产中的汽车,方便追踪此车在生产线上的进度;仓库可以追踪药品的所在。射频标签也可以附于牲畜与宠物上,方便对牲畜与宠物的积极识别(积极识别意思是防止数只牲畜使用同一个身份)。射频识别的身份识别卡可以使员工得以进入锁住的建筑部分;汽车上的射频应答器可以用来征收过路费与停车场的费用。

实时定位系统可以改善供应链的透明性,船队管理、物流和船队安全等。RFID标签可以解决短距离尤其是室内物体的定位,可以弥补GPS等定位系统只能适用于室外大范围的不足。GPS定位、手机定位再加上RFID短距离定位手段与无线通信手段一起可以实现物品位置的全程跟踪与监视。

某些射频标签附在衣物、个人财物上,甚至于植入人体之内。由于这项技术可能会在未经本人许可的情况下读取个人信息,这项技术会有侵犯个人隐私的忧患。

2. RFID组成部分

RFID的组成部分如下。

(1) 应答器:由天线、耦合元件及芯片组成,一般来说都是用标签作为应答器,每个标签具有唯一的电子编码,附着在物体上以标识目标对象。

(2) 阅读器:由天线、耦合元件及芯片组成,读取(有时还可以写入)标签信息的设备,可设计为手持式RFID读写器或固定式读写器。

(3) 应用软件系统:是应用层软件,主要是把收集的数据进一步处理,并为人们所使用。

3. RFID工作原理

标签进入磁场后,接收解读器发出的射频信号,凭借感应电流所获得的能量发送出存储在芯片中的产品信息(无源标签或被动标签),或者由标签主动发送某一频率的信号(有源标签或主动标签),解读器读取信息并解码后,送至中央信息系统进行有关数据的处理。

一套完整的RFID系统,是由阅读器、电子标签(应答器)及应用软件系统3部分所组成,其工作原理是阅读器发射特定频率的无线电波能量,用以驱动电路将内部的数据送出,此时阅读器便依序接收解读数据,送给应用程序做相应的处理。

10.1.3 传感器技术

1. 传感器概述

传感器(transducer/sensor)是一种检测装置,能感受到被测量的信息,并能将感受到的信息,按一定规律变换成电信号或其他所需形式的信息输出,以满足信息的传输、处理、存储、显示、记录和控制等要求。

传感器的特点包括微型化、数字化、智能化、多功能化、系统化、网络化。它是实现自动检测和自动控制的首要环节。传感器的存在和发展，让物体有了触觉、味觉和嗅觉等感官，让物体慢慢变得活了起来。通常根据其基本感知功能分为热敏元件、光敏元件、气敏元件、力敏元件、磁敏元件、湿敏元件、声敏元件、放射线敏感元件、色敏元件和味敏元件十大类。

国家标准 GB7665—1987 对传感器下的定义是："能感受规定的被测量件并按照一定的规律(数学函数法则)转换成可用信号的器件或装置，通常由敏感元件和转换元件组成。"

2. 传感器的组成

传感器一般由敏感元件、转换元件、变换电路和辅助电源 4 部分组成，如图 10-4 所示。

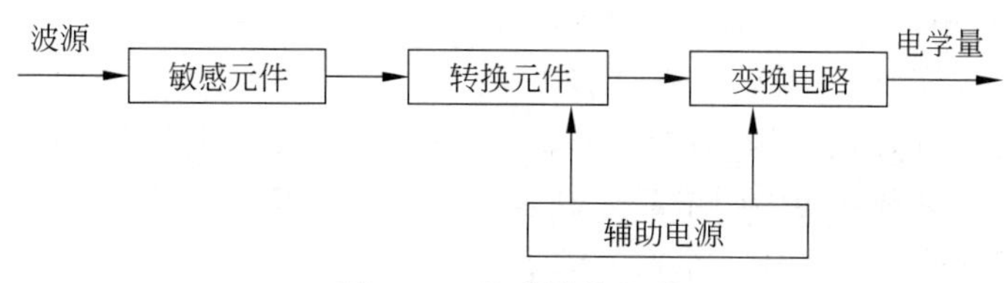

图 10-4　传感器的组成

(1) 敏感元件直接感受被测量，并输出与被测量有确定关系的物理量信号；
(2) 转换元件将敏感元件输出的物理量信号转换为电信号；
(3) 变换电路负责对转换元件输出的电信号进行放大调制；
(4) 转换元件和变换电路一般还需要辅助电源供电；
(5) 电学量：由电压、电流、电荷量表示。

3. 智能传感器

智能传感器(intelligent sensor)是具有信息处理功能的传感器。智能传感器带有微处理机，具有采集、处理、交换信息的能力，是传感器集成化与微处理机相结合的产物。一般智能机器人的感觉系统由多个传感器集合而成，采集的信息需要计算机进行处理，而使用智能传感器就可将信息分散处理，从而降低成本。与一般传感器相比，智能传感器具有以下 3 个优点：通过软件技术可实现高精度的信息采集，而且成本低；具有一定的编程自动化能力；功能多样化。

智能传感器的主要功能如下。

(1) 具有自校零、自标定、自校正功能；
(2) 具有自动补偿功能；
(3) 能够自动采集数据，并对数据进行预处理；
(4) 能够自动进行检验、自选量程、自寻故障；
(5) 具有数据存储、记忆与信息处理功能；
(6) 具有双向通信、标准化数字输出或者符号输出功能；

(7) 具有判断、决策处理功能。

智能传感器已广泛应用于航天、航空、国防、科技和工农业生产等各个领域中。例如，它在机器人领域中有着广阔应用前景，智能传感器使机器人具有类人的五官和大脑功能，可感知各种现象，完成各种动作。

4. 无线传感器网络

1) 概述

无线传感器网络(Wireless Sensor Networks, WSN)是一种分布式传感网络，它的末梢是可以感知和检查外部世界的传感器。WSN中的传感器通过无线方式通信，因此，网络设置灵活，设备位置可以随时更改，还可以跟互联网进行有线或无线方式的连接。通过无线通信方式形成一个多跳自组织网络。

2) WSN体系结构

WSN实现了数据的采集、处理和传输3种功能。它与通信技术和计算机技术共同构成信息技术的三大支柱。

WSN是由大量的静止或移动的传感器以自组织和多跳的方式构成的无线网络，以协作地感知、采集、处理和传输网络覆盖地理区域内被感知对象的信息，并最终把这些信息发送给网络的所有者。其体系结构如图10-5所示。

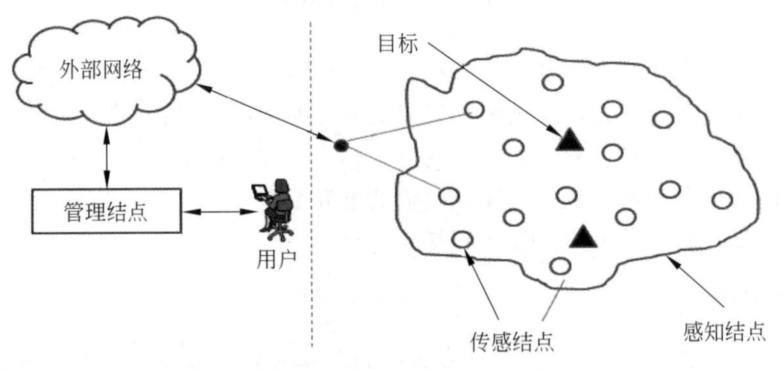

图 10-5 WSN 体系结构

传感器网络系统通常由传感器结点 EndDevice、汇聚结点 Router 和管理结点 Coordinator 组成。

(1) 传感器结点 EndDevice：处理能力、存储能力和通信能力相对较弱，通过小容量电池供电。从网络功能上看，每个传感器结点除了进行本地信息收集和数据处理外，还要对其他结点转发来的数据进行存储、管理和融合，并与其他结点协作完成一些特定任务。

(2) 汇聚结点 Router：汇聚结点的处理能力、存储能力和通信能力相对较强，它是连接传感器网络与 Internet 等外部网络的网关，实现两种协议间的转换，同时向传感器结点发布来自管理结点的监测任务，并把 WSN 收集到的数据转发到外部网络上。汇聚结点不仅功能强大、能量充足、存储量大和计算能力强，还具有很好的扩展性和高度的灵活性，拥有统一的外部接口。通过这些接口，可以将所有信息传输到计算机中，通过汇编软件，

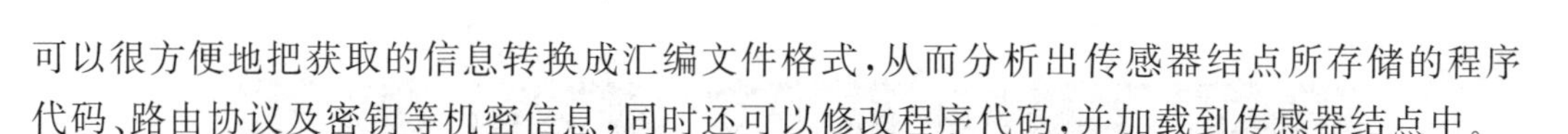

可以很方便地把获取的信息转换成汇编文件格式，从而分析出传感器结点所存储的程序代码、路由协议及密钥等机密信息，同时还可以修改程序代码，并加载到传感器结点中。

(3) 管理结点 Coordinator：管理结点用于动态地管理整个无线传感器网络。传感器网络的所有者通过管理结点访问无线传感器网络的资源。

3) WSN 的应用

无线传感器网络所具有的众多类型的传感器，可探测包括地震、电磁、温度、湿度、噪声、光强度、压力、土壤成分及移动物体的大小、速度和方向等周边环境中多种多样的现象。潜在的应用领域可以归纳为军事、航空、防爆、救灾、环境、医疗、保健、家居、工业、商业等。

10.2　物联网的基本概念和体系结构

10.2.1　物联网的基本概念

1. 物联网概述

物联网是通过射频识别、红外感应器、全球定位系统、激光扫描器等信息传感设备，按约定的协议，把任何物品与互联网连接起来，进行信息交换和通信，以实现智能化识别、定位、跟踪、监控和管理的一种网络。物联网的概念是在 1999 年提出的。物联网就是“物物相连的互联网”。这有两层意思：第一，物联网的核心和基础仍然是互联网，是在互联网基础上延伸和扩展的网络；第二，其用户端延伸和扩展到了任何物品与物品之间，进行信息交换和通信。物联网拓扑结构如图 10-6 所示。

物联网是指通过各种信息传感设备，实时采集任何需要监控、连接、互动的物体或过程等各种需要的信息，与互联网结合形成的一个巨大网络。其目的是实现物与物、物与人，所有的物品与网络的连接，方便识别、管理和控制。其在 2011 年的产业规模超过 2600 亿元人民币。构成物联网产业 5 个层级的支撑层、感知层、传输层、平台层，以及应用层分别占物联网产业规模的 2.7%、22.0%、33.1%、37.5%和 4.7%。而物联网感知层、传输层参与厂商众多，成为产业中竞争最为激烈的领域。

2. 物联网的基本功能和关键技术

1) 物联网的基本功能

物联网的最基本功能特征是提供“无处不在的连接和在线服务”(ubiquitous connectivity)，具备十大基本功能。

(1) 在线监测：这是物联网最基本的功能，物联网业务一般以集中监测为主、控制为辅。

(2) 定位追溯：一般基于 GPS(或其他卫星定位，如北斗)和无线通信技术，或只依赖于无线通信技术的定位，如基于移动基站的定位、RTLS 等。

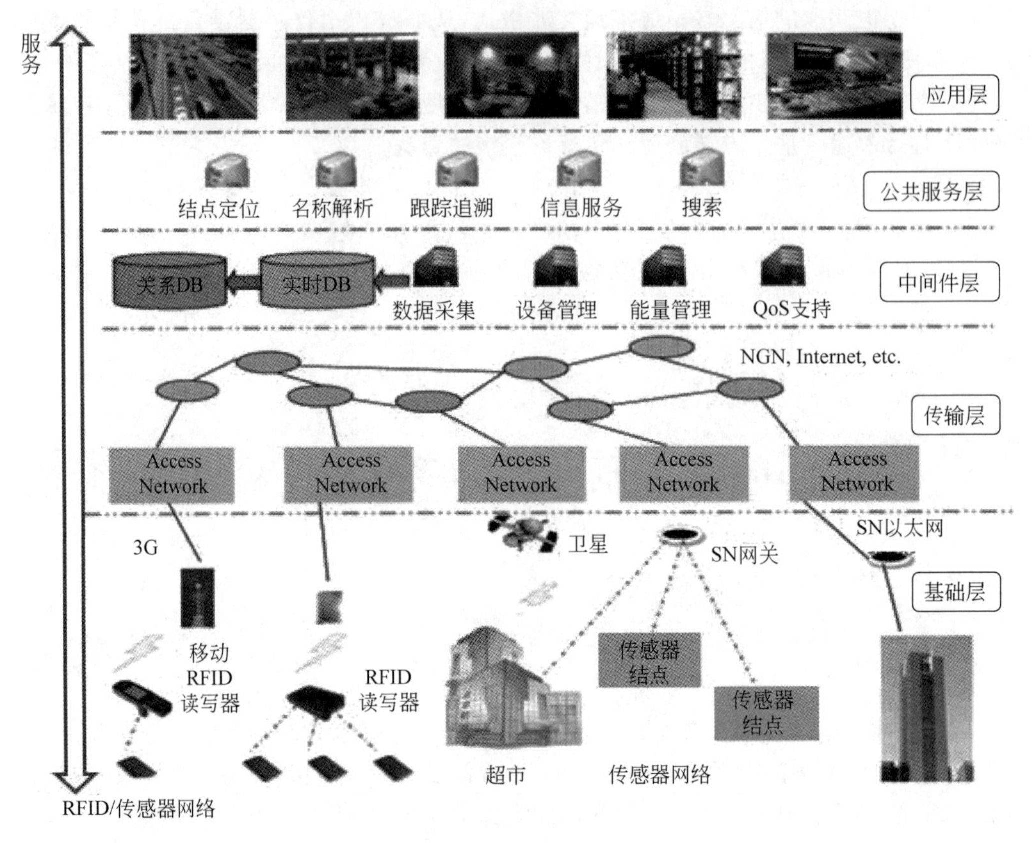

图 10-6 物联网拓扑结构图

(3) 报警联动：主要提供事件报警和提示，有时还会提供基于工作流或规则引擎(rule's engine)的联动功能。

(4) 指挥调度：基于时间排程和事件响应规则的指挥、调度和派遣功能。

(5) 预案管理：基于预先设定的规章或法规对事物产生的事件进行处置。

(6) 安全隐私：由于物联网所有权属性和隐私保护的重要性，物联网系统必须提供相应的安全保障机制。

(7) 远程维护：这是物联网技术能够提供或提升的服务，主要适用于企业产品售后联网服务。

(8) 在线升级：这是保证物联网系统本身能够正常运行的手段，也是企业产品售后自动服务的手段之一。

(9) 领导桌面：主要指Dashboard或BI个性化门户，经过多层过滤提炼的实时资讯，可供主管负责人实现对全局的"一目了然"。

(10) 统计决策：基于对联网信息的数据挖掘和统计分析，提供决策支持和统计报表功能。

2) 物联网的关键技术

物联网的关键技术有RFID技术、传感网络技术、M2M技术和两化融合技术，如

图10-7所示。

(1) RFID：RFID是一种射频技术，它可以把常规的“物”变成和物联网的连接对象。基于相关的EPC/UID和PNL/ONS技术还可作为整个物联网体系的“统一标识”参考技术。

(2) 传感网：WSN、OSN、BSN等技术是物联网的末端神经系统，主要解决“最后100m”连接问题，传感网末端一般是指比M2M末端更小的微型传感系统，如Mote。

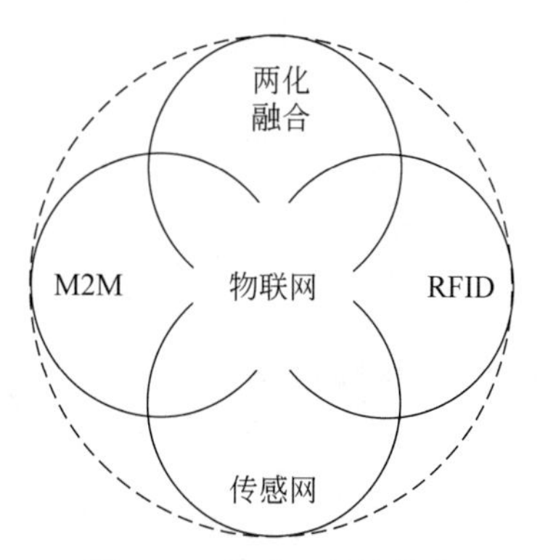

图10-7 物联网关键技术

(3) M2M：侧重于移动终端的互连和集控管理，主要是Telco(通信运营商)的物联网业务领域，有MVNO(移动虚拟网络运营商)和MMO(M2M移动运营商)等业务模式。

(4) 两化融合：工业自动化和控制系统的信息化升级，工控、楼控等行业的企业是两化融合的主要推动力，也可包括智能电网等行业应用。

3. 物联网分类

物联网分为私有物联网、公有物联网、社区物联网和混合物联网。

(1) 私有物联网(private IoT)：面向单一机构内部提供服务，可能由机构或其委托的第三方实施并维护，主要存在于机构内部(on Premise)内网(Intranet)中，也可存在于机构外部(off Premise)。

(2) 公有物联网(public IoT)：基于互联网(Internet)向公众或大型用户群体提供服务，一般由机构(或其委托的第三方，少数情况)运维。

(3) 社区物联网(community IoT)：向一个关联的“社区”或机构群体(如一个城市政府下属的各委办局，如公安局、交通局、环保局、城管局等)提供服务，可能由两个或两个以上的机构协同运维，主要存在于内网和专网(Extranet/VPN)中。

(4) 混合物联网(hybrid IoT)：上述两种或两种以上的物联网的组合，但后台有统一的运维实体。

10.2.2 物联网体系结构

物联网由感知层、网络层和应用层组成，如图10-8所示。

1. 感知层

感知层包括传感器等数据采集设备，数据接入网关之前传感器网络如图10-9所示。

对于目前关注和应用较多的RFID网络来说，张贴、安装在设备上的RFID标签和用来识别RFID信息的扫描仪、感应器属于物联网的感知层。在这一类物联网中被检测的信息是RFID标签内容，高速公路不停车收费系统、超市仓储管理系统等都是基于这一类结构的物联网。

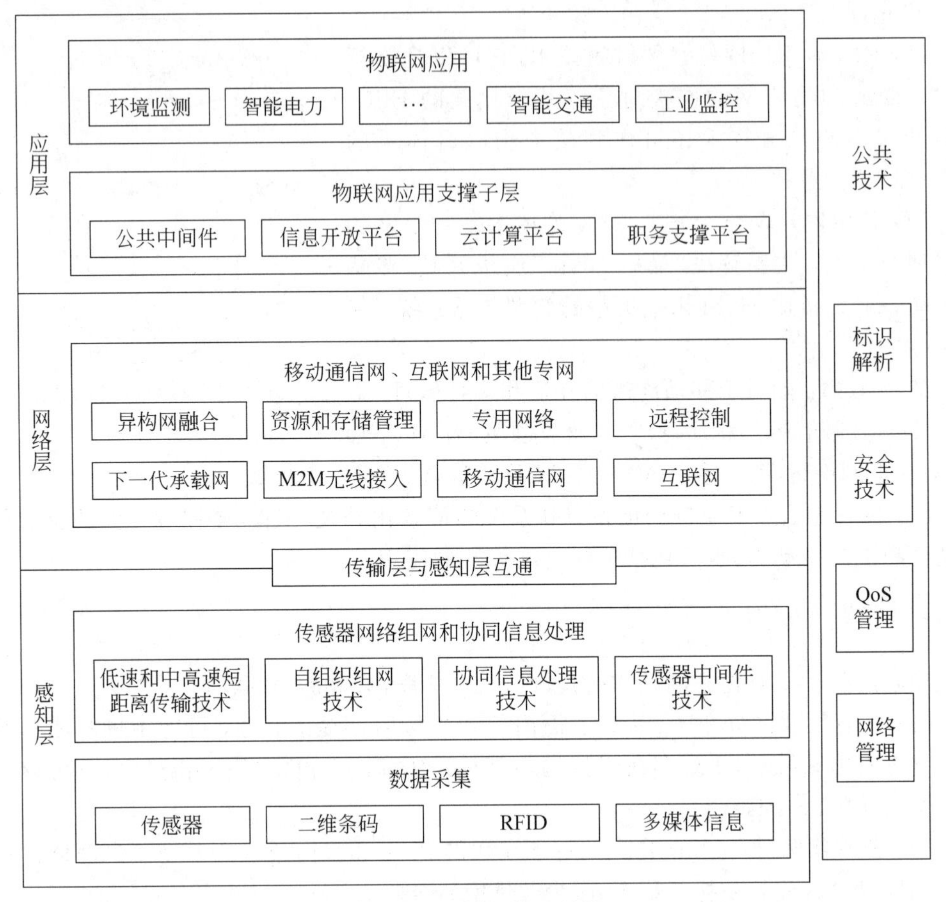

图 10-8　物联网体系结构

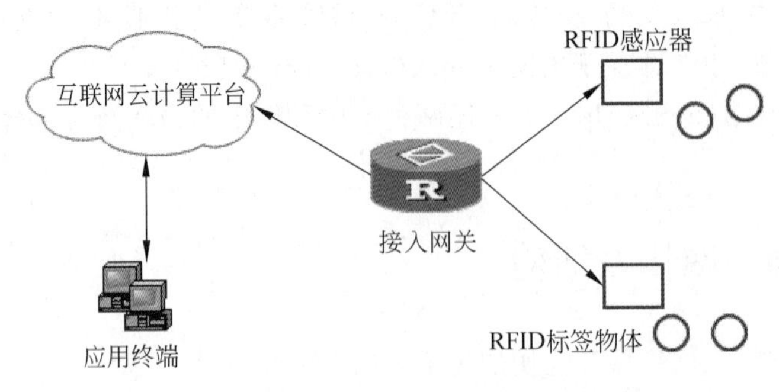

图 10-9　联网感知层结构——RFID 感应方式

用于场环境信息收集的智能微尘(smart dust)网络,感知层由智能传感结点和接入网关组成,智能结点感知信息(温度、湿度、图像等),并自行组网传递到上层网关接入点,由网关将收集到的感应信息通过网络层提交到后台处理。环境监控、污染监控等应用是基于这一类结构的物联网,如图 10-10 所示。

感知层是物联网发展和应用的基础,RFID 技术、传感和控制技术、短距离无线通信

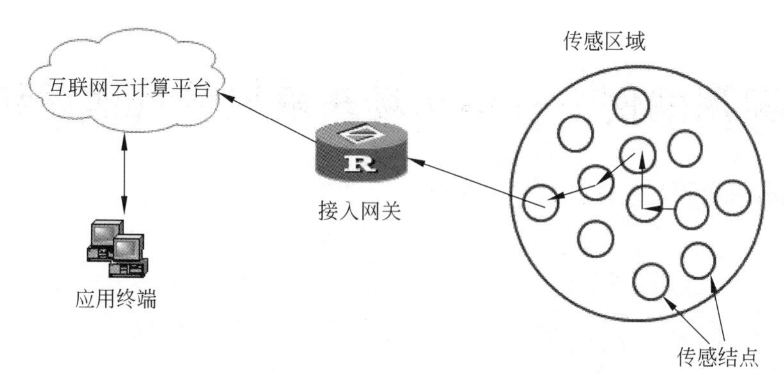

图 10-10　物联网感知层结构——自组网多跳方式

技术是感知层涉及的主要技术。其中包括芯片研发、通信协议研究、RFID 材料、智能结点供电等细分技术。

2. 网络层

物联网的网络层将建立在现有的移动通信网和互联网基础上。物联网通过各种接入设备与移动通信网和互联网相连，如手机付费系统中由刷卡设备将内置手机的 RFID 信息采集上传到互联网，网络层完成后台鉴权认证并从银行网络划账。

网络层包括信息存储查询、网络管理等功能。

网络层中的感知数据管理与处理技术是实现以数据为中心的物联网的核心技术。感知数据管理与处理技术包括传感网数据的存储、查询、分析、挖掘、理解以及基于感知数据决策和行为的理论和技术。云计算平台作为海量感知数据的存储、分析平台，将是物联网网络层的重要组成部分，也是应用层众多应用的基础。

在产业链中，通信网络运营商将在物联网网络层占据重要的地位。而正在高速发展的云计算平台将是物联网发展的又一助推力。

3. 应用层

物联网应用层利用经过分析处理的感知数据，为用户提供丰富的特定服务。物联网的应用可分为监控型（物流监控、污染监控），查询型（智能检索、远程抄表），控制型（智能交通、智能家居、路灯控制），扫描型（手机钱包、高速公路不停车收费）等。

应用层是物联网发展的目的，软件开发、智能控制技术将会为用户提供丰富多彩的物联网应用。各种行业和家庭应用的开发将会推动物联网的普及，也给整个物联网产业链带来利润。

10.3　物联网的应用技术

本节内容可以扫描右侧的二维码获取。

10.4 实用案例——停车场车辆监管管理系统

本节内容可以扫描左侧的二维码获取。

习题

1. 试述物联网的基础知识。
2. 物联网的基本功能有哪些?
3. 物联网的关键技术有哪些?
4. 物联网主要应用在哪些方面?

第11章　区块链技术

2019年1月10日，国家互联网信息办公室发布《区块链信息服务管理规定》，自2019年2月15日起施行。2019年10月24日，在中央政治局第十八次集体学习时，习近平总书记强调："把区块链作为核心技术自主创新的重要突破口""加快推动区块链技术和产业创新发展"。从此，区块链走进大众视野，成为社会关注的焦点。

知识培养目标

- 了解区块链的基本概念；
- 了解区块链的发展史；
- 了解区块链的核心技术；
- 了解区块链的分类及架构模型；
- 了解区块链的应用范畴。

能力培养目标

- 掌握区块链基本知识和技能；
- 具备区块链架构设计的能力；
- 具备区块链应用的能力。

课程思政培养目标

课程内容与课程思政培养目标关联表如表11-1所示。

表11-1　课程内容与课程思政培养目标关联表

节	知识点	案例及教学内容	思政元素	培养目标及实现方法
11.5	区块链		了解区块链技术的应用范畴以及对人类社会的贡献	树立学好区块链技术的理念，树立用区块链技术服务社会和国家的理想
11.4.4	激励机制		有激励才有动力，有奖惩才有好的校风和学风，对品学兼优、政治素质好的先进学生，学校和老师要及时表扬和奖励，也借此激励后进的学生	培养学生人人都争当先进，争做品学兼优的好学生

续表

节	知 识 点	案例及教学内容	思 政 元 素	培养目标及实现方法
11.3.3	共识机制		区块链上的交易和数据需要得到群体的认可才有效,人的知识和才能也需得到社会的认可才有价值	培养学生在校读书期间,除了要学好学精专业课知识以外,还要加强和注重思政学习和素质历练,做一个对社会有用的人,做一个得到社会和国家认可的人

11.1 初识区块链

11.1.1 区块链的基本概念

什么是区块链?“区块链”(block chain)是一个信息技术领域的术语。从科技层面来看,区块链涉及数学、密码学、互联网和计算机编程等很多科学技术问题。从应用视角来看,区块链是一个分布式的共享账本和数据库,具有去中心化、不可篡改、全程留痕、可以追溯、集体维护、公开透明等特点。这些特点保证了区块链的“诚实”与“透明”,为区块链创造信任奠定基础。而区块链丰富的应用场景,基本上都基于区块链能够解决信息不对称问题,实现多个主体之间的协作信任与一致行动。

区块链是分布式数据存储、点对点传输、共识机制、加密算法等计算机技术的新型应用模式。区块链是比特币的一个重要概念,它本质上是一个去中心化的数据库,同时作为比特币的底层技术,是一串使用密码学方法相关联产生的数据块,每一个数据块中包含了一批次比特币网络交易的信息,用于验证其信息的有效性(防伪)和生成下一个区块。

区块链的链式结构如图11-1所示。

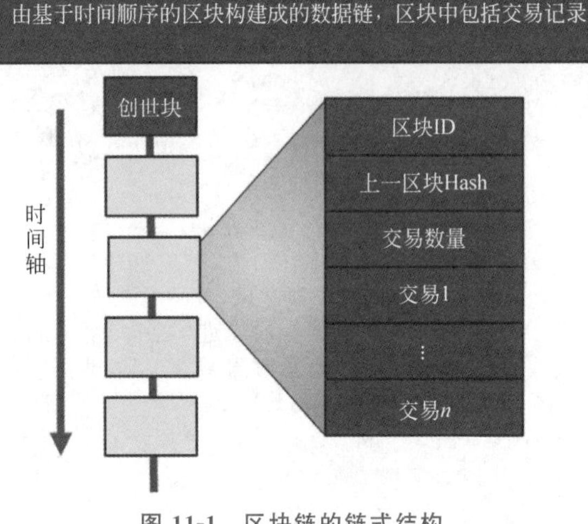

图11-1 区块链的链式结构

11.1.2 区块链的发展历程

本节内容可以扫描右侧的二维码获取。

11.1.3 区块链的特征

本节内容可以扫描右侧的二维码获取。

11.2 区块链的分类

1. 公有区块链

公有区块链(public block chains)即世界上任何个体或者团体都可以发送交易,且交易能够获得该区块链的有效确认,任何人都可以参与其共识过程。公有区块链是最早的区块链,也是应用最广泛的区块链,各大 bitcoins(比特币)系列的虚拟数字货币均基于公有区块链,世界上有且仅有一条该币种对应的区块链。

2. 私有区块链

私有区块链(private block chains)仅仅使用区块链的总账技术进行记账,可以是一个公司,也可以是个人,独享该区块链的写入权限,本链与其他的分布式存储方案没有太大区别。传统金融都是想实验尝试私有区块链,而公有区块链的应用,如 bitcoin 已经工业化,私有区块链的应用产品还在摸索当中。

3. 联盟(行业)区块链

联盟区块链(consortium block chains)由某个群体内部指定多个预选的结点为记账人,每个块的生成由所有的预选结点共同决定(预选结点参与共识过程),其他接入结点可以参与交易,但不过问记账过程,其他任何人可以通过该区块链开放的 API 进行限定查询。

4. 三种区块链的比较

公有区块链上的各个结点可以自由加入和退出网络,并参加链上数据的读写,读写时以扁平的拓扑结构互联互通,网络中不存在任何中心化的服务端结点。像大家所熟悉的比特币和以太坊,都是一种公有区块链。公有区块链的好处是没有限制,可以自由参与和退出。

私有区块链(又称为专有区块链)中各个结点的写入权限收归内部控制,而读取权限可视需求有选择性地对外开放。私有区块链仍然具备区块链多结点运行的通用结构,适用于特定机构的内部数据管理与审计。

联盟区块链的各个结点通常有与之对应的实体机构组成,通过授权后才能加入与退出网络。各机构组织组成利益相关的联盟,共同维护区块链的健康运转。

11.3 区块链的核心技术

11.3.1 分布式账本

分布式账本指的是交易记账由分布在不同地方的多个结点共同完成,而且每一个结点记录的是完整的账目,因此,它们都可以参与监督交易合法性,同时也可以共同为其作证。

跟传统的分布式存储有所不同,区块链分布式存储的独特性主要体现在两方面。一是区块链每个结点都按照块链式结构存储完整的数据,传统分布式存储一般是将数据按照一定的规则分成多份进行存储。二是区块链每个结点存储都是独立的、地位等同的,依靠共识机制保证存储的一致性,而传统分布式存储一般是通过中心结点往其他备份结点同步数据。在区块链中,没有任何一个结点可以单独记录账本数据,从而避免了单一记账人被控制或者被贿赂而记假账的可能性。由于记账结点足够多,理论上讲,除非所有的结点被破坏,否则账目就不会丢失,从而保证了账目数据的安全性。

11.3.2 非对称密码加密机制

存储在区块链上的交易信息是公开的,但是账户身份信息是高度加密的,只有在数据拥有者授权的情况下才能访问到,从而保证了数据的安全和个人的隐私。

与对称加密算法不同,非对称加密算法需要两个密钥:公开密钥和私有密钥。公开密钥与私有密钥是一对密钥,如果用公开密钥对数据进行加密,只有用对应的私有密钥才能解密;如果用私有密钥对数据进行加密,那么只有用对应的公开密钥才能解密。因为加密和解密使用的是两个不同的密钥,所以这种算法叫作非对称加密算法。

数据的加密和解密过程是通过密码体制和密钥来控制的。密码体制的安全性依赖于密钥的安全性,现代密码学不追求加密算法的保密性,而是追求加密算法的完备,即使攻击者在不知道密钥的情况下,没有办法从算法找到突破口。

非对称密码体制也叫作公钥加密技术,该技术是针对私钥密码体制(对称加密算法)的缺陷被提出来的。与对称密码体制不同,公钥加密系统中,加密密钥和解密密钥是相对独立的,加密和解密会使用两把不同的密钥,加密密钥(公开密钥)向公众公开,谁都可以使用,解密密钥(私密密钥)只有解密人自己知道,非法使用者根据公开的加密密钥无法推算出解密密钥,这样就大大加强了信息保护的力度。公钥密码体制不仅解决了密钥分配的问题,还为签名和认证提供了手段。

非对称密码算法有很多,其中比较典型的是 RSA 算法,它的数学原理是大素数分解的困难度。

11.3.3 共识机制

共识机制就是所有记账结点之间怎么达成共识，去认定一个记录的有效性，这既是认定的手段，也是防止篡改的手段。区块链提出了 4 种不同的共识机制，适用于不同的应用场景，在效率和安全性之间取得平衡。

区块链的共识机制具备“少数服从多数”以及“人人平等”的特点，其中“少数服从多数”并不完全指结点个数，也可以是计算能力、股权数或者其他的计算机可以比较的特征量。“人人平等”是当结点满足条件时，所有结点都有权优先提出共识结果、直接被其他结点认同后并最后有可能成为最终共识结果。以比特币为例，采用的是工作量证明，只有在控制了全网超过 51%的记账结点的情况下，才有可能伪造出一条不存在的记录，从而杜绝了造假的可能。

11.3.4 智能合约机制

智能合约是基于这些可信的、不可篡改的数据，可以自动化地执行一些预先定义好的规则和条款。以保险为例，如果说每个人的信息(包括医疗信息和风险发生的信息)都是真实可信的，那就很容易在一些标准化的保险产品中去进行自动化的理赔。在保险公司的日常业务中，虽然交易不像银行和证券行业那样频繁，但是对可信数据的依赖有增无减。因此，笔者认为利用区块链技术，从数据管理的角度切入，能够有效地帮助保险公司提高风险管理能力。

11.4 区块链的架构模型

区块链架构模型如图 11-2 所示。

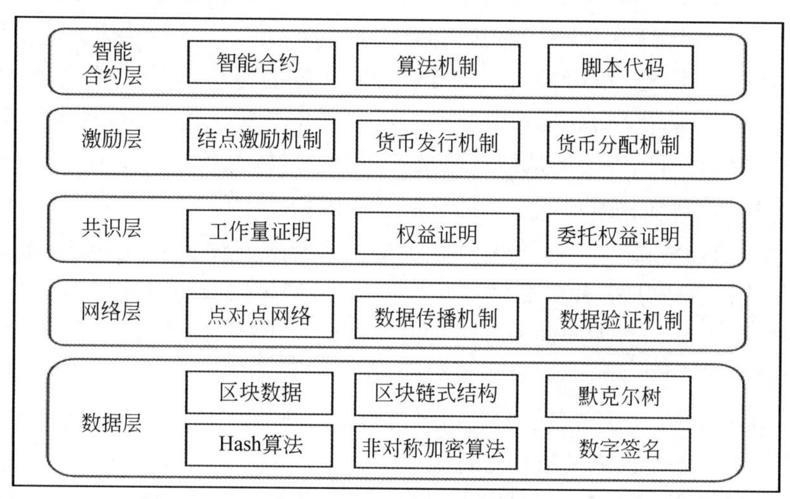

图 11-2 区块链架构模型

11.4.1 数据层

1. 数据层概述

数据层为最底层结构,主要描述区块链技术的物理形式,包含数据区块、链式结构和时间戳。数据层首先建立一个起始结点(第一个区块),该区块称为"创世区块",然后会在相同的规则下创立其他的区块,区块与区块之间是通过链式结构来连接的,这样就形成了一条主链条。

值得特别强调的是,区块链中所有的交易数据都是以默克尔树挂接到相应的区块上的。所谓的"默克尔树",是拉尔夫·默克尔发明并以他的名字命名的数据结构,其特点是用哈希指针构建二叉树。

在数据层,非对称密码学技术保证了区块链中的数据不可篡改,新生成的区块是与它的前序区块通过哈希指针连接起来的,这样环环相扣形成了链式结构,如果想要篡改某个区块中的交易数据,就得篡改该区块后面的所有数据,同时还得让区块链网上所有结点都接受,这是无法实现的。而数字签名技术保证了数字资产的安全。

2. 数据层功能模块

(1) 区块数据。区块数据指在区块链中以链式结构存储的交易数据。

(2) 区块链式结构。区块链是采用分布式存储、点对点传输、共识机制、加密算法等技术的新型应用模式。区块链是按照时间顺序依次将区块连接组成的一种链式数据结构。

(3) 默克尔树。默克尔树是区块链的重要数据结构,其作用是快速归纳和校验区块数据的存在性和完整性。一般意义上来讲,它是哈希大量聚集数据"块"(bucket)的一种方式,它依赖于将这些数据"块"分裂成较小单位的数据块,每一个块仅包含几个数据"块",然后对每个单位数据块再次进行哈希,重复同样的过程,直至剩余的哈希总数仅为1。

(4) Hash算法。哈希(Hash)算法又称为"散列算法",所以哈希值又叫作散列值,就是把任意长度的输入,通过散列算法,转换成固定长度的输出,该输出就是散列值。这种转换是一种压缩映射,也就是,散列值的空间通常远小于输入的空间,不同的输入可能会散列成相同的输出,所以不可能从散列值来唯一地确定输入值。简单地说,就是一种将任意长度的消息压缩到某一固定长度的消息摘要的函数。

(5) 非对称加密算法。非对称加密算法是一种密钥的保密方法,该算法需要两个密钥:公(开密)钥和私(有密)钥。公钥与私钥是一对,如果用公钥对数据进行加密,只有用对应的私钥才能解密。因为加密和解密使用的是两个不同的密钥,所以这种算法叫作非对称加密算法。

另一方面,甲方可以使用自己的私钥对机密信息进行签名后再发送给乙方;乙方再用甲方的公钥对甲方发送回来的数据进行验签。

甲方只能用其私钥解密由其公钥加密后的任何信息。非对称加密算法的保密性比较好，它消除了最终用户交换密钥的需要。

(6) 数字签名。数字签名(又称为公钥数字签名)是只有信息的发送者才能产生的、别人无法伪造的一段数字串，这段数字串同时也是对信息的发送者发送信息真实性的一个有效证明。它类似于一种写在纸上的、普通的物理签名，但是使用了公钥加密领域的技术来实现，是用于鉴别数字信息的方法。一套数字签名通常定义两种互补的运算，一个用于签名，另一个用于验证。数字签名是非对称密钥加密技术与数字摘要技术的综合应用。

11.4.2　网络层

1. 网络层概述

网络层的主要目的是实现区块链网络结点之间的信息交互。区块链的本质是一个点对点(P2P)网络，每一个结点既能够接收信息，也能够生产信息，结点之间通过维护一个共同的“数据链”来保持通信。

在区块链的网络中，每一个结点都可以创造出新的区块，新区块被创造出以后，会通过广播的形式通知其他的结点，而其他结点反过来会对这个结点进行验证。当区块链网络中超过51%的用户对其验证通过以后，这个新的区块就会被添加到主链上。

2. 网络层功能模块

(1) 点对点网络。点对点组网机制允许结点自由地进入和退出网络，同时具备动态的、自动组网的能力。

点对点网络(Peer-to-Peer，P2P)，又称为对等网络，是无中心服务器、依靠用户群交换信息的互联网体系，它的作用在于减少网络传输中的结点，以降低资料遗失的风险。与有中心服务器的中央网络系统不同，对等网络的每个用户端既是一个结点，也有服务器的功能，任何一个结点无法直接找到其他结点，必须依靠其用户群进行信息交流。

P2P结点能遍布整个互联网，也给包括开发者在内的任何人、组织、政府带来监控难题。P2P在网络隐私要求高和文件共享领域中，得到了广泛的应用。使用纯P2P技术的网络系统有比特币、Gnutella、自由网等。另外，P2P技术也被使用在类似VoIP等实时媒体业务的数据通信中。有些网络(如Napster、OpenNAP)包括搜索的一些功能，也使用客户端-服务器结构，而使用P2P结构来实现另外一些功能。这种网络设计模型不同于客户端-服务器模型，在客户端-服务器模型中通信通常来往于一个中央服务器。

(2) 数据传播机制。数据传播机制保证了交易和区块数据在全网广播，并被大部分结点(≥51%)接收。

(3) 数据验证机制。数据验证是区块链技术极为重要的一环。所有的区块链网络中的参与者都要随时监听新的交易与新的区块。一旦接收到新的交易或者新的区块均需首先验证它们的正确性，如果正确，再向自己的邻近结点进行传播。如果接收到的新交易无效，则需立即抛弃，不再将它们转给临近结点，以免浪费计算资源。对于新交易的验证，根据基于区块链应用事先达成的各种验证协议来进行，如交易的格式。当所有的新交易数据一旦验证通过后,结点会将这些交易数据放在一个交易池中。当结点确认了上一个区块以后,结点将按一定优先级次序从交易池中选出交易计算默克尔根。结点通过自己强大的算力(工作量证明)找到符合难度目标的随机数后,并在第一时间将新挖出的区块广播给其他结点,以便其他结点确认该区块,并将获得验证的新区块加入原有的区块链中。交易的数据结构、格式的语法结构、输入输出、数字签名的正确性等。

数据验证机制确保交易和区块数据到达结点后,结点能独立进行验证,防止非法交易数据写入区块链。同时,第一时间检测剔除异常的交易和区块,并保证不会被进一步传播,从而避免网络带宽资源的浪费。

11.4.3 共识层

1. 共识层概述

共识层的主要技术是共识机制,这个共识机制是为了能让高度分散的结点在去中心化的系统中高效地针对区块数据的有效性达成共识,即能让高度分散、没有建立信任关系的结点在去中心免费下载的网络中,针对包括交易数据的区块的有效性达成共识。

共识机制是区块链建立信任的基石。不同类型的区块链出于不同的考虑会选择不同的共识算法或者采用共识算法的组合。共识的内容包括账本的规范化(如何组织区块、组织交易链),交易的确定性执行结果,交易的非双花唯一性,交易的顺序完备性,以及其他保证网络安全稳定运行的其他信息(如数据可用性)。

共识机制的运行又不应同账本的规范化和交易的验证紧密绑定在一起,这遵从关注点分离的架构原则,有利于区块链平台整体的模块化、插件化、容器化,有利于平台的横向扩展性。

2. 区块链共识机制

完全去中心化的区块链系统中,如何保证各结点维持区块链数据的一致性和不可篡改性,是一个关键问题。区块链系统中的区块链技术采用了基于 PoW 的共识机制,通过在区块计算中加入算力竞争,使分布式的结点可以高效地达成共识。区块链共识机制有下列几种。

- PoW(Proof of Work,工作量证明)机制;
- PoS(Proof of Stake,权益证明模式)机制;
- DPoS(Delegated Proof of Stake,委托权益证明)机制;
- PoI(Proof of Importance,重要性证明)机制;
- PoA(Proof of Asset,资产证明)机制;
- PoB(Proof of Burn,烧毁证明)机制;
- PoP(Proof of Purchase,购买证明)机制;
- PoT(Proof of Time,时间证明)机制;
- PoI(Proof of Identity,身份证明)机制;

• CP(Combining Proofs,混合证明)机制。

3. 共识层功能模块

(1) 工作量证明。工作量证明是一种对应服务与资源滥用或是阻断服务攻击的经济对策。一般是要求用户进行一些耗时适当的复杂运算,并且答案能被服务方快速验算,以此耗用的时间、设备与能源做为担保成本,以确保服务与资源是被真正的需求所使用。

(2) 权益证明。2012 年,Sunny King 推出了 Peercoin,该加密电子货币采用工作量证明机制发行新币,采用权益证明机制维护网络安全,这是权益证明机制在加密电子货币中的首次应用。

与要求证明人执行一定量的计算工作不同,权益证明要求证明人提供一定数量加密货币的所有权即可。权益证明机制的运作方式是,当创造一个新区块时,矿工需要创建一个"币权"交易,交易会按照预先设定的比例把一些币发送给矿工本身。权益证明机制根据每个结点拥有代币的比例和时间,依据算法等比例地降低结点的挖矿难度,从而加快了寻找随机数的速度。这种共识机制可以缩短达成共识所需的时间,但本质上仍然需要网络中的结点进行挖矿运算。因此,PoS 机制并没有从根本上解决 PoW 机制难以应用于商业领域的问题,为了解决这一问题,催生了委托权益证明。

(3) 委托权益证明。委托权益证明是权益证明共识算法的民主版本,因为它包含投票过程。一方面,代币持有人实时为证人和代表投票。他们负责验证交易并保持其结点连续运行以维护区块链。证人因其在生成区块链和向区块链添加区块链中的作用而获得报酬。并且,与任何民主国家一样,他们需要扎实的声誉来维持在代币持有者中的知名度。另一方面,代表负责维护区块链。由于投票过程是连续的,因此丧失信誉的任何证人或代表都可以被投票。这是因为选择所有证人和代表时都考虑了网络的最大利益。

共识层能够让高度分散的结点在去中心化的系统中针对区块数据的有效性达成共识。区块链中比较常用的共识机制包括工作量证明、权益证明和委托权益证明等多种。

共识机制的作用主要有两个,一个是奖励,另一个是惩罚。比特币和以太坊用的是工作量证明机制。此机制根据算力进行奖励和惩罚,如有结点作弊,其算力和应用将会受到损失。

Bitshares、Steemit、EOS 采用委托权益证明机制,拥有代币的人可以参与结点的投票,被大家选出来的结点参与记账,一旦作弊就会被系统踢出。

其中的激励功能主要是指给予代币奖励,鼓励结点参与区块链的安全验证。

11.4.4 激励层

1. 激励层概述

让别人干活,必须得付出酬劳。区块链的世界也同理,结点通过共识机制来创造新的区块,哪个结点创造出来,该结点就会得到 token(虚拟货币)。

因此,每个在区块链上活跃的结点都在通过挖矿的方式来获取 token,如比特币是通过算力,谁先算出这个Hash的结果,谁得到奖励,以太坊则是通过一定的行为来触发,触发次数越多,权益就越高,收获的奖励也就越多。

简单来说,激励机制是通过经济平衡的手段,鼓励结点参与到维护区块链系统安全运行中来,防止对总账本进行篡改,是长期维持区块链网络运行的动力。

区块链内容平台区别于传统平台的一个重要方面是,无论发文、点赞、评论,还是参与安全验证工作都是有奖励的。这就是区块链激励层的主要内容。

激励层的主要功能就是提供一定的激励措施,鼓励结点参与区块链的安全验证工作。

激励层主要包括具备经济激励作用的货币发行制度和货币分配制度,这两个制度分别在货币发行机制和货币分配机制功能模块中体现出来。其目的是让各结点在付出劳动的同时,能够获得一定的经济奖励。

2. 激励层功能模块

(1) 结点激励机制。这里以比特币的激励机制为例。规定在任意区块所记录的交易中,第一笔交易可以没有付款人,只有收款人(就是区块创建者的钱包地址),金额是会发生变动的。比特币系统的激励机制总共有两种:进行特定运算争夺记账权,每获得一个区块的记账权可以获得相应的奖励;比特币交易过程中打包区块所收取的手续费。

(2) 货币发行机制。每种币种的发行机制是不同的。这里仍以比特币为例。

- 比特币的总量为2100万个。
- 大概每10分钟生成一个区块,每个区块的生成伴随着比特币奖励的生成。
- 每满21万个区块,伴随区块生成的比特币奖励就减半一次(因此通过挖矿获得比特币越来越难)。

(3) 货币分配机制。按照多劳多得,多做贡献多受益的原则进行货币分配,这也是激励机制的具体体现。

11.4.5 智能合约层

1. 智能合约层概述

所谓智能合约层主要是指各种脚本代码、算法机制及智能合约等。智能合约是运行在区块链上的一段无须干预即可自动执行的代码,EVM是智能合约运行的虚拟机,人类通过智能合约,无须任何中介干预即可实现资产的转移,同时也可以开发出一些有价值的去中心化应用。

以比特币为例,它是一种可编程的数字货币,合约层封装的脚本中规定了比特币的交易方式和交易过程中所涉及的各种细节。

基于智能合约还可以构建区块链应用,不需要学习区块链技术就可以方便地开发自己的区块链应用(DAPP)。如基于以太坊公链,开发者可以使用Solidity语言开发智能合约,构建去中心化应用;基于EOS,开发者可以使用C++语言,编写自己的智能合约。

智能合约是基于这些可信的、不可篡改的数据,可以自动化地执行一些预先定义好的

规则和条款。

2. 智能合约层功能模块

智能合约层主要封装各类智能合约、算法机制和脚本代码，是区块链可编程特性的基础。

（1）智能合约。智能合约是一种旨在以信息化方式传播、验证或执行合同的计算机协议。智能合约允许在没有第三方的情况下进行可信交易，这些交易可追踪且不可逆转。智能合约概念于 1995 年由 Nick Szabo 首次提出。

智能合约的目的是提供优于传统合约的安全方法，并减少与合约相关的其他交易成本。

（2）算法机制。在这里，集合了诸多合约算法。

（3）脚本代码。脚本(script)是使用一种特定的描述性语言，依据一定的格式编写的可执行文件。脚本代码可理解为一种程序设计的编程语言。

11.5　区块链的应用

本节内容可以扫描右侧的二维码获取。

习题

1. 区块链有哪些特征？
2. 区块链有哪些类型？
3. 区块链的核心技术有哪些？
4. 试述区块链架构模型有哪几层。
5. 对区块链应用市场进行调研。试述区块链可用于哪些地方和行业。
6. 区块链中的用户是如何达成共识的？

第12章　人工智能技术

人工智能(Artificial Intelligence,AI)是计算机科学的一个分支,它企图了解智能的实质,并生产出一种新的能以人类智能相似的方式做出反应的智能机器,该领域的研究包括机器人、语言识别、图像识别、自然语言处理和专家系统等。人工智能自诞生以来,理论和技术日趋成熟,应用领域也不断扩大。人工智能可以对人的意识、思维的信息过程进行模拟,能像人一样思考,也有可能超过人的智能(如机器人可以与人下棋)。

人工智能是一门极富挑战性的科学,从事这项工作的人必须懂得计算机知识、心理学和哲学。人工智能涉及十分广泛的科学知识,它由不同的领域组成,如机器学习、计算机视觉等,总的来说,人工智能研究的主要目标是使机器能够胜任一些通常需要人类智能才能完成的复杂工作。

知识培养目标

- 了解人工智能的基本概念;
- 了解人工智能的发展史和发展趋势;
- 了解人工智能的核心技术;
- 了解人工智能的架构模型;
- 了解人工智能的应用范畴。

能力培养目标

- 掌握人工智能的基本知识和技能;
- 具备人工智能架构设计的能力;
- 具备人工智能的应用能力。

课程思政培养目标

课程内容与课程思政培养目标关联表如表12-1所示。

表12-1　课程内容与课程思政培养目标关联表

节	知识点	案例及教学内容	思政元素	培养目标及实现方法
	人工智能技术		了解人工智能技术的应用范畴以及对人类社会的贡献	树立学好人工智能技术理念,树立用人工智能技术服务社会和国家的理想

续表

节	知　识　点	案例及教学内容	思 政 元 素	培养目标及实现方法
	人工智能的利用价值		人工智能可以促使科学技术的发展，可以提高人类生活的品质，但不法之人也有可能会利用人工智能技术做坏事	培养学生树立用人工智能技术造福人类的理念
12.2.5	机器学习		机器人要通过机器学习才变得越来越“聪明”。人类也是要通过学习才能使自己的知识得到拓展，使自己的才能得以提升	培养学生树立爱知识、爱学习的理念

12.1　初识人工智能

12.1.1　人工智能的基本概念

1. 人工智能的定义

对于人工智能，有多种不同的定义和理解，在这里列出几种具有代表性的定义。约翰·麦卡锡(John McCarthy)对人工智能的定义是“制造智能机器的科学与工程”。安德里亚斯·卡普兰(Andreas Kaplan)和迈克尔·海恩莱因(Michael Haenlein)将人工智能定义为“系统正确解释外部数据，从这些数据中学习，并利用这些知识通过灵活适应实现特定目标和任务的能力。”维基百科对人工智能的定义是：“人工智能是指由人制造出来的机器所表现出来的智能。”百度百科对人工智能的定义是：“人工智能是研究、开发用于模拟、延伸和扩展人的智能的理论、方法、技术及应用系统的一门新的技术科学。”

人工智能领域的研究包括机器人、语言识别、图像识别、自然语言处理和专家系统等。

人工智能分为“弱人工智能”和“强人工智能”。

“弱人工智能”认为不可能制造出能真正地推理和解决问题的智能机器，这些机器只不过看起来像是智能的，但是并不真正拥有智能，也不会有自主意识。

而“强人工智能”认为有可能制造出真正能推理和解决问题的智能机器，这样的机器是有知觉的，有自我意识的。强人工智能又可以分为两类：一类是类人的人工智能，即机器的思考和推理就像人的思维一样；另一类是非类人的人工智能，即机器产生了和人完全不一样的知觉和意识，使用和人完全不一样的推理方式。

纵观人类发展及工业革命史，人类社会经历了第一次工业革命的蒸汽机时代，第二次工业革命的电气时代和第三次工业革命的信息时代。随着人工智能技术的日趋成熟，人类社会正在逐步向智能时代迈进。

2. 人工智能与物联网、云计算和大数据的关系

物联网、大数据、人工智能、云计算,作为当今信息化的四大版块,它们之间有着本质的联系,具有融合的特质和趋势。

从广义的、人类智慧化的实体的视角来看,它们是一个整体:物联网是这个实体的眼睛、耳朵、鼻子和触觉;而大数据是物联网中各种信息的汇集与存储;人工智能将是掌控这个实体的大脑;云计算可以看作大脑指挥下的对于大数据的处理和应用。

- 物联网:物联网是大数据的基础,记录人、事、物及之间互动的数据。
- 大数据:大数据是基于物联网的应用,也是人工智能的基础。
- 云计算:物联网、大数据和人工智能必须依托云计算的分布式处理、分布式数据库和云存储、虚拟化技术才能形成行业级应用。
- 人工智能:大数据的最理想应用,反哺物联网。

物联网、云计算、大数据、人工智能之间相辅相成,在这4个技术中,物联网是在数据的采集层,云计算是在承载层,大数据是在挖掘层,人工智能是在学习层,所以它们是层层递进的关系。通过物联网产生、收集海量的数据存储于云平台,再通过大数据分析,人工智能提取有用的信息持续深度学习,最终人工智能会促进物联网的发展,形成更加智能的物联网社会。

人工智能与物联网、云计算和大数据之间的关系如图12-1所示。

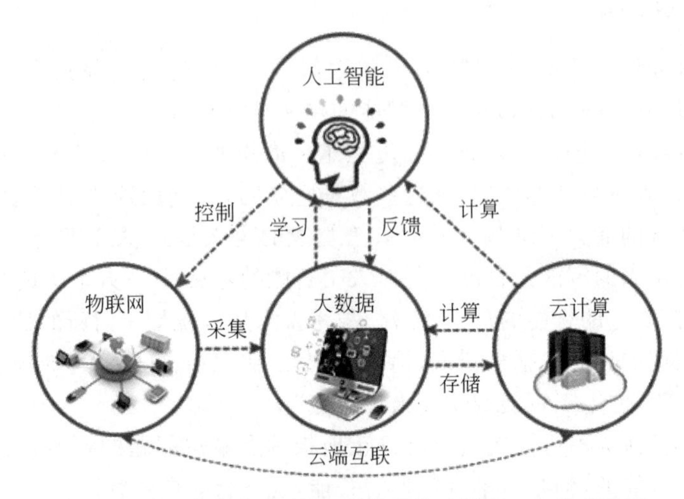

图12-1 人工智能与物联网、云计算和大数据之间的关联图

12.1.2 人工智能的发展

本节内容可以扫描左侧的二维码获取。

12.2　人工智能的核心技术

12.2.1　计算机视觉技术

1. 计算机视觉概述

计算机视觉是一门研究如何使机器“看”的科学,更进一步地说,就是指用摄影机和计算机代替人眼对目标进行识别、跟踪和测量等机器视觉,并进一步做图形处理,使计算机处理后的图像成为更适合人眼观察或传送给仪器检测的图像。作为一门学科,计算机视觉研究相关的理论和技术,试图建立能够从图像或者多维数据中获取“信息”的人工智能系统。因为感知可以看作是从感官信号中提取信息,所以计算机视觉也可以看作是研究如何使人工系统从图像或多维数据中“感知”的科学。

有不少学科的研究目标与计算机视觉相近或与此有关。这些学科中包括图像处理、模式识别或图像识别、景物分析、图像理解等。计算机视觉包括图像处理和模式识别,除此之外,还包括空间形状的描述,几何建模以及认识过程。实现图像理解是计算机视觉的终极目标。

计算机视觉与其他相关领域的关系如图 12-2 所示。

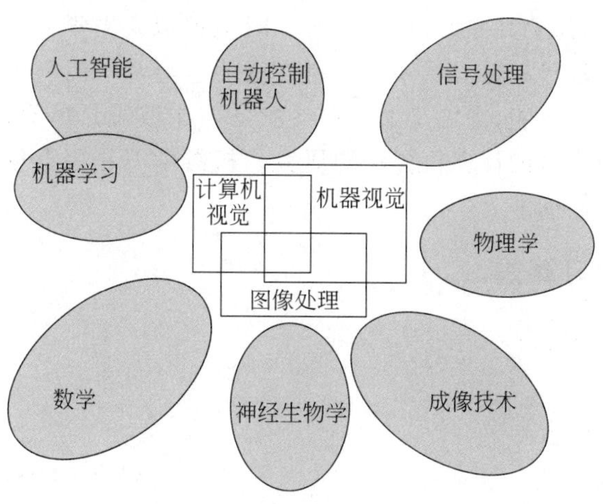

图 12-2　计算机视觉与其他相关领域的关联图

2. 图像处理技术

图像处理技术把输入图像转换成具有所希望特性的另一幅图像。例如,可通过处理使输出图像有较高的信噪比,或通过增强处理突出图像的细节,以便于操作员的检验。在计算机视觉研究中经常利用图像处理技术进行预处理和特征抽取。

3. 模式识别技术

模式识别技术根据从图像抽取的统计特性或结构信息,把图像分成预定的类别。例如,文字识别或指纹识别。在计算机视觉中,模式识别技术经常用于对图像中的某些部分,如分割区域的识别和分类。

4. 图像理解技术

对于给定的一幅图像,图像理解程序不仅描述图像本身,而且描述和解释图像所代表的景物和含义,以便对图像代表的内容作出决定。在人工智能视觉研究的初期经常使用"景物分析"这个术语,以强调二维图像与三维景物之间的区别。图像理解除了需要复杂的图像处理以外还需要具有关于景物成像的物理规律的知识以及与景物内容有关的知识。

在建立计算机视觉系统时需要用到上述学科中的有关技术,但计算机视觉研究的内容要比这些学科更为广泛。计算机视觉的研究与人类视觉的研究密切相关,为实现建立与人的视觉系统相类似的通用计算机视觉系统的目标需要建立人类视觉的计算机理论。

12.2.2 机器学习技术

1. 机器学习概述

机器学习是一门多学科交叉,涵盖概率论知识、统计学知识、近似理论知识和复杂算法知识,使用计算机作为工具并致力于真实、实时地模拟人类学习方式,并将现有内容进行知识结构划分来有效提高学习效率的学科。机器学习是一门人工智能的科学,该领域的主要研究对象是人工智能,特别是如何在经验学习中改善具体算法的性能。机器学习是对能通过经验自动改进的计算机算法的研究。机器学习是用数据或以往的经验,以此优化计算机程序的性能标准。

2. 常见机器学习算法

常见机器学习算法如下。

(1) 决策树算法;

(2) 朴素贝叶斯算法;

(3) 向量机算法;

(4) 随机森林算法;

(5) 人工神经网络算法;

(6) Boosting 与 Bagging 算法;

(7) 关联规则算法;

(8) EM(期望最大化)算法。

3. 深度学习

深度学习是机器学习一个新的研究方向,其技术将在12.2.3节详细介绍。

12.2.3　深度学习技术

1. 深度学习概述

深度学习(Deep Learning,DL)是机器学习(Machine Learning,ML)领域中一个新的研究方向。

深度学习是学习样本数据的内在规律和表示层次,这些学习过程中获得的信息对诸如文字、图像和声音等数据的解释有很大帮助。它的最终目标是让机器能够像人一样具有分析、学习能力,能够识别文字、图像和声音等数据。深度学习是一个复杂的机器学习算法,在语音和图像识别方面取得的效果,远远超过先前的相关技术。

深度学习在搜索技术、数据挖掘、机器学习、机器翻译、自然语言处理、多媒体学习、语音、推荐和个性化技术以及其他相关领域都取得了很多成果。深度学习使机器模仿视听和思考等人类的活动,解决了很多复杂的模式识别难题,使得人工智能相关技术取得了很大进步。

2. 深度学习方法

深度学习是一类模式分析方法的统称,就具体研究内容而言,主要涉及如下 3 类方法。

(1) 基于卷积运算的神经网络系统,即卷积神经网络(Convolutional Neural Network,CNN);

(2) 基于多层神经元的自编码神经网络,包括自编码以及近年来受到广泛关注的稀疏编码;

(3) 以多层自编码神经网络的方式进行预训练,进而结合鉴别信息进一步优化神经网络权值的深度信念网络(Deep Belief Network,DBN)。

3. 深度学习典型模型

典型的深度学习模型有卷积神经网络模型、深度信念网络模型和堆栈自编码网络模型等。

(1) 卷积神经网络模型。

在无监督预训练出现之前,训练深度神经网络通常非常困难,而其中一个特例是卷积神经网络。卷积神经网络受视觉系统的结构启发而产生。第一个卷积神经网络计算模型是在 Fukushima 的神经认知机中提出的,基于神经元之间的局部连接和分层组织图像转换,将有相同参数的神经元应用于前一层神经网络的不同位置,得到一种平移不变神经网络结构形式,Le Cun 等人在该思想的基础上,用误差梯度设计并训练卷积神经网络,在一些模式识别任务上得到优越的性能。至今,基于卷积神经网络的模式识别系统是最好的实现系统之一,尤其在手写体字符识别任务上表现出非凡的性能。

(2) 深度信念网络模型。

深度信念网络模型可以解释为贝叶斯概率生成模型,由多层随机隐变量组成,上面的两层具有无向对称连接,下面的层得到来自上一层的自顶向下的有向连接,最底层单元的状态为可见输入数据向量。深度信念网络由若干2F结构单元堆栈组成,结构单元通常为RBM(RestIlcted Boltzmann Machine,受限玻耳兹曼机)。堆栈中每个RBM单元的可视层神经元数量等于前一RBM单元的隐藏层神经元数量。根据深度学习机制,采用输入样例训练第一层RBM单元,并利用其输出训练第二层RBM模型,将RBM模型进行堆叠通过增加层来改善模型性能。在无监督预训练过程中,深度信念网络编码输入顶层RBM后,解码顶层的状态到最底层的单元,实现输入的重构。RBM作为深度信念网络的结构单元,与每一层深度信念网络共享参数。

(3) 堆栈自编码网络模型。

堆栈自编码网络的结构与深度信念网络类似,由若干结构单元堆栈组成,不同之处在于其结构单元为自编码模型而不是RBM。自编码模型是一个两层的神经网络,第一层称为编码层,第二层称为解码层。

12.2.4 自然语言处理技术

1. 自然语言处理概述

自然语言处理(Natural Language Processing,NLP)是计算机科学领域与人工智能领域中的一个重要方向。它研究能实现人与计算机之间用自然语言进行有效通信的各种理论和方法。自然语言处理是一门融语言学、计算机科学、数学于一体的科学。因此,这一领域的研究将涉及自然语言,即人们日常使用的语言,所以它与语言学的研究有着密切的联系,但又有重要的区别。自然语言处理并不是研究自然语言,而在于研制能有效地实现自然语言通信的计算机系统,特别是其中的软件系统。

自然语言处理可以这样理解:第一点是让计算机能听得懂“人话”,即自然语言理解,让计算机具备人类的语言理解能力;第二点是让计算机能够“讲人话”,即自然语言生成,让计算机能够生成人类理解的语言和文本,如文章、报告、图表等。

自然语言处理主要应用于机器翻译、舆情监测、自动摘要、观点提取、文本分类、问题回答、文本语义对比、语音识别、中文OCR等方面。

2. 主要处理技术

(1) 信息抽取。信息抽取是将嵌入在文本中的非结构化信息提取并转换为结构化数据的过程,从自然语言构成的语料中提取出命名实体之间的关系,是一种基于命名实体识别更深层次的研究。信息抽取的主要过程有3步:首先对非结构化的数据进行自动化处理,其次是针对性地抽取文本信息,最后对抽取的信息进行结构化表示。信息抽取最基本的工作是命名实体识别,而核心在于对实体关系的抽取。

(2) 自动文摘。自动文摘是利用计算机按照某一规则自动地对文本信息进行提取,并集合成简短摘要的一种信息压缩技术,旨在实现两个目标:一是使语言简短,二是要保留重要信息。

(3) 语音识别技术。语音识别技术就是让机器通过识别和理解过程把语音信号转换为相应的文本或命令的技术,也就是让机器听懂人类的语音,其目标是将人类语音中的词汇内容转换为计算机可读的数据。要做到这些,首先必须将连续的讲话分解为词、音素等单位,还需要建立一套理解语义的规则。语音识别技术从流程上讲有前端降噪、语音切割分帧、特征提取、状态匹配4部分。而其框架可分成声学模型、语言模型和解码3部分。

(4) Transformer模型。Transformer模型在2017年由Google团队中首次提出。Transformer模型是一种基于注意力机制来加速深度学习算法的模型,模型由一组编码器和一组解码器组成,编码器负责处理任意长度的输入并生成其表达,解码器负责把新表达转换为目标词。Transformer模型利用注意力机制获取所有其他单词之间的关系,生成每个单词的新表示。Transformer模型的优点是注意力机制能够在不考虑单词位置的情况下,直接捕捉句子中所有单词之间的关系。Transformer模型抛弃之前传统的encoder-decoder模型必须结合RNN(循环神经网络,Recurrent Neural Network)或者CNN的固有模式,使用全Attention的结构代替了LSTM(长短期记忆),减少计算量和提高并行效率的同时不损害最终的实验结果。但是此模型也存在缺陷。首先,此模型计算量太大,其次,还存在位置信息利用不明显的问题,无法捕获长距离的信息。

(5) 基于传统机器学习的自然语言处理技术。自然语言处理可以将处理任务进行分类,形成多个子任务,传统的机器学习方法可利用SVM(支持向量机模型)、Markov(马尔可夫模型)、CRF(条件随机场模型)等方法对自然语言中多个子任务进行处理,进一步提高处理结果的精度。

(6) 基于深度学习的自然语言处理技术。深度学习是机器学习的一大分支,在自然语言处理中需应用深度学习模型,如卷积神经网络、循环神经网络等,通过对生成的词向量进行学习,以完成自然语言分类、理解的过程。

12.2.5 机器人技术

近年来,随着算法等核心技术提升,机器人技术取得重要突破,如无人机、家务机器人、医疗机器人等。

机器人技术将在12.3.4节进行较为详细的描述。

12.2.6 生物识别技术

1. 生物识别概述

所谓生物识别技术就是通过计算机与光学、声学、生物传感器和生物统计学原理等高科技手段密切结合,利用人体固有的生理特性(如指纹、脸像、虹膜等)和行为特征(如笔迹、声音、步态等)来进行个人身份鉴定的一门学科,典型应用是指纹识别。

2. 主要技术

(1) 指纹识别技术。实现指纹识别有多种方法。其中有些是仿效传统的公安部门使用的方法,比较指纹的局部细节;有些直接通过全部特征进行识别;还有一些使用更独特的方法,如指纹的波纹边缘模式和超声波。在所有生物识别技术中,指纹识别是当前应用最为广泛的一种。

(2) 手掌几何学识别。手掌几何学识别就是通过测量使用者的手掌和手指的物理特征来进行识别,高级的产品还可以识别三维图像。作为一种已经确立的方法,手掌几何学识别不仅性能好,而且使用比较方便,适用于用户人数比较多的场合。它的准确性较高,同时可以灵活地调整生物识别技术性能以适应相当广泛的使用要求。手形读取器使用的范围很广,且很容易集成到其他系统中,因此成为许多生物识别项目中的首选技术。

(3) 声音识别。声音识别就是通过分析使用者的声音的物理特性来进行识别的技术。

(4) 视网膜识别。视网膜识别使用光学设备发出的低强度光源扫描视网膜上独特的图案。有证据显示,视网膜扫描是十分精确的,但早期的产品使用者注视接收器并盯着一点不动,因此,尽管视网膜识别技术本身很好,但用户的接受程度很低。因此,该类产品虽在20世纪90年代经过重新设计,加强了连通性,改进了用户界面,但仍然是一种非主流的生物识别产品。

(5) 虹膜识别。虹膜识别是与眼睛有关的生物识别中对人产生较少干扰的技术。它使用相当普通的照相机元件,而且不需要用户与机器发生接触。另外,它有能力实现更高的模板匹配性能。因此,它吸引了各种人的注意。以前,虹膜扫描设备在操作的简便性和系统集成方面没有优势,人们希望新产品能在这些方面有所改进。

(6) 签名识别。签名识别在应用中具有其他生物识别所没有的优势,人们已经习惯将签名作为一种在交易中确认身份的方法,它的进一步发展也不会让人们觉得有太大不同。实践证明,签名识别是相当准确的,因此签名很容易成为一种可以被接受的识别符。

(7) 基因识别。随着人类基因组计划的开展,人们对基因的结构和功能的认识不断深化,并将其应用到个人身份识别中。因为在全世界60亿人中,与你同时出生或姓名一致、长相酷似、声音相同的人都可能存在,指纹也有可能消失,但只有基因才是代表你本人遗传特性的、永不改变的特征。

基因识别是一种高级的生物识别技术,但由于技术上的原因,还不能做到实时取样和迅速鉴定,这在某种程度上限制了它的广泛应用。

除了上面提到的生物识别技术以外,还有通过气味、耳垂和其他特征进行识别的技术。但它们现今还不能走进日常生活。

(8) 静脉识别。使用近红外线读取静脉模式,与存储的静脉模式进行比较,进行本人识别的识别技术。工作原理,是依据人类手指中流动的血液可吸收特定波长的光线,而使用特定波长光线对手指进行照射,可得到手指静脉的清晰图像。利用这一固有的科学特征,将实现对获取的影像进行分析、处理,从而得到手指静脉的生物特征,再将得到的手指静脉特征信息与事先注册的手指静脉特征进行比对,从而确认登录者的身份。

静脉识别系统就是首先通过静脉识别仪取得个人静脉分布图,从静脉分布图依据专用比对算法提取特征值,通过红外线CCD摄像头获取手指、手掌、手背静脉的图像,将静脉的数字图像存储在计算机系统中，将特征值存储。静脉比对时，实时获取静脉图，提取特征值，运用先进的滤波、图像二值化、细化手段对数字图像提取特征，同存储在主机中静脉特征值比对，采用复杂的匹配算法对静脉特征进行匹配，从而对个人进行身份鉴定，确认身份。

(9) 步态识别。使用摄像头采集人体行走过程的图像序列，进行处理后同存储的数据进行比较，来达到身份识别的目的。步态识别作为一种生物识别技术，具有其他生物识别技术所不具有的独特优势，即在远距离或低视频质量情况下的识别潜力，且步态难以隐藏或伪装等。步态识别主要是针对含有人的运动图像序列进行分析处理，通常包括运动检测、特征提取与处理和识别分类 3 个阶段。

(10) 人脸识别。人脸识别又叫作人像识别，运用人工智能领域内先进的生物识别技术，特指利用分析比较人物视觉特征信息进行身份鉴别的计算机技术。广义的人物识别实际包括构建人物识别系统的一系列相关技术，包括人物图像采集、人物定位、人物识别预处理、身份确认以及身份查找等；而狭义的人物识别特指通过人物进行身份确认或者身份查找的技术或系统。

12.2.7　导航与定位技术

在人工智能系统中，导航的基本任务有以下 3 点。

(1) 基于环境理解的全局定位。通过对环境中景物的理解，识别人为路标或具体的实物，以完成对机器人的定位，为路径规划提供素材。

(2) 目标识别和障碍物检测。实时对障碍物或特定目标进行检测和识别，提高控制系统的稳定性。

(3) 安全保护。能对机器人工作环境中出现的障碍和移动物体作出分析并避免对机器人造成的损伤。

12.2.8　多传感器信息融合技术

多传感器信息融合技术是近年来十分热门的研究课题，它与控制理论、信号处理、人工智能、概率和统计相结合，为机器人在各种复杂、动态、不确定和未知的环境中执行任务提供了技术解决途径。

12.2.9　路径规划技术

路径规划技术是机器人研究领域的一个重要分支。最优路径规划就是依据某个或某些优化准则（如工作代价最小、行走路线最短、行走时间最短等），在机器人工作空间中找到一条从起始状态到目标状态、可以避开障碍物的最优路径。

路径规划方法可以分为传统路径规划方法和智能路径规划方法。

传统路径规划方法主要有以下几种：自由空间法、图搜索法、栅格解耦法、人工势场法。大部分机器人路径规划中的全局规划都是基于上述几种方法进行的,但这些方法在路径搜索效率及路径优化方面有待于进一步改善。人工势场法是传统算法中较成熟且高效的规划方法,它通过环境势场模型进行路径规划,但是没有考察路径是否最优。

智能路径规划方法是将遗传算法、模糊逻辑以及神经网络等人工智能方法应用到路径规划中,用来提高机器人路径规划的避障精度,加快规划速度,满足实际应用的需要。其中应用较多的算法主要有模糊方法、神经网络、遗传算法、Q学习及混合算法等,这些方法在障碍物环境已知或未知情况下均已取得一定的研究成果。

12.2.10 智能控制技术

机器人的智能控制方法有模糊控制,神经网络控制,智能控制技术的融合(模糊控制和变结构控制的融合、神经网络和变结构控制的融合、模糊控制和神经网络控制的融合,还包括基于遗传算法的模糊控制方法)等。

智能控制方法提高了机器人的速度及精度,但是也有其自身的局限性,如机器人模糊控制中的规则库如果很庞大,推理过程的时间就会过长。如果规则库过于简单,控制的精确性又会受到限制。无论是模糊控制还是变结构控制、抖振现象都会存在,这将给控制带来严重的影响。神经网络的隐层数量和隐层内神经元数的合理确定仍是目前神经网络在控制方面所遇到的问题,另外神经网络易陷于局部极小值等问题,都是智能控制设计中要解决的问题。

12.2.11 人机接口技术

智能机器人的研究目标并不是完全取代人,复杂的智能机器人系统仅依靠计算机来控制目前是有一定困难的,即使可以做到,也由于缺乏对环境的适应能力而并不实用。智能机器人系统还不能完全排斥人的作用,而是需要借助人机协调来实现系统控制。因此,设计良好的人机接口技术就成为智能机器人研究的重点问题之一。

12.3 人工智能的架构模型

人工智能架构模型由基础架构层、感知层、认知层和应用层组成,如图12-3所示。

12.3.1 基础架构层

基础架构层包含开发架构和机器学习两个功能模块。

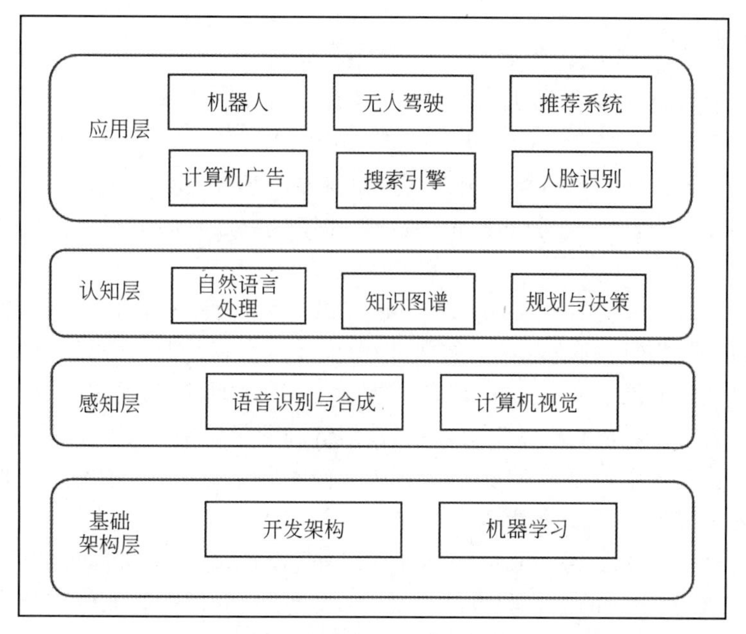

图 12-3 人工智能架构模型

1. 开发架构模块

开发架构模块包括 TensorFlow、MXNet、Torch、Caffe、Theano、Cuda-convnet、Orange、Paddle 等。

(1) TensorFlow：一个基于数据流编程的符号数学系统，被广泛应用于各类机器学习算法的编程实现，其前身是谷歌公司的神经网络算法库 DistBelief。

(2) MXNet：亚马逊(Amazon)选择的深度学习库。它拥有类似于 Theano 和 TensorFlow 的数据流图，为多 GPU 配置提供了最佳的环境，有着类似于 Lasagne 和 Blocks 更高级别的模型构建块，并且可以在任何硬件上运行(包括手机)。

(3) Torch：一个开源机器学习库，主要用于自然语言处理等应用程序。

(4) Caffe：全称为 Convolutional Architecture for Fast Feature Embedding，是一个兼具表达性、速度和思维模块化的深度学习框架。由伯克利人工智能研究小组和伯克利视觉和学习中心开发。虽然其内核是用 C++ 编写的，但 Caffe 有 Python 和 Matlab 的相关接口。Caffe 支持多种类型的深度学习架构，面向图像分类和图像分割，还支持 CNN、RCNN、LSTM 和全连接神经网络设计。Caffe 支持基于 GPU 和 CPU 的加速计算内核库，如 NVIDIA cuDNN 和 Intel MKL 等。

(5) Theano：一种深度学习框架。

(6) Cuda-convnet：深层卷积神经网络算法。

(7) Orange：一种人工智能机器学习工具。

(8) Paddle：深度学习开放平台。

2. 机器学习模块

机器学习模块包括机器学习、深度学习、强化学习和迁移学习等。

(1) 机器学习。机器学习(Machine Learning,ML)是一门多领域交叉学科,涉及概率论、统计学、逼近论、凸分析、算法复杂度理论等多门学科。专门研究计算机怎样模拟或实现人类的学习行为,以获取新的知识或技能,重新组织已有的知识结构使之不断改善自身的性能。

(2) 深度学习。深度学习(Deep Learning,DL)是学习样本数据的内在规律和表示层次,这些学习过程中获得的信息对诸如文字、图像和声音等数据的解释有很大的帮助。它的最终目标是让机器能够像人一样具有分析学习能力,能够识别文字、图像和声音等数据。深度学习是一个复杂的机器学习算法,在语音和图像识别方面取得的效果,远远超过先前相关技术。深度学习是机器学习领域中一个新的研究方向,它被引入机器学习使其更接近于最初的目标:“人工智能”。

(3) 强化学习。强化学习(Reinforcement Learning,RL),又称为再励学习、评价学习或增强学习,是机器学习的范式和方法论之一,用于描述和解决智能体在与环境的交互过程中通过学习策略以达成回报最大化或实现特定目标的问题。

(4) 迁移学习。迁移学习(Transfer Learning,TL)也是一种机器学习的方法,指的是一个预训练的模型被重新用在另一个任务中。迁移学习与多任务学习以及概念飘移这些问题相关,它不是一个专门的机器学习领域。深度学习中的这种迁移被称作归纳迁移,就是通过使用一个适用于不同但是相关的任务的模型,以一种有利的方式缩小可能模型的搜索范围。

12.3.2 感知层

所谓的感知,即视觉、听觉、触觉等感知能力。人和动物都能够通过各种智能感知能力与自然界进行交互。自动驾驶汽车,就是通过激光雷达等感知设备和人工智能算法,实现这样的感知智能的。机器在感知世界方面,比人类还有优势。人类都是被动感知的,但是机器可以主动感知,如激光雷达、微波雷达和红外雷达。不管是Big Dog这样的感知机器人,还是自动驾驶汽车,因为充分利用了DNN和大数据的成果,机器在感知智能方面已越来越接近于人类。感知层包括语音识别与合成和计算机视觉两个功能模块。

1. 语音识别与合成模块

语音识别与合成是研究语音与文字相互转换的技术,语音合成就是文字转语音,识别就是语音转文字。

语音识别与合成模块包括语音识别、信号处理、模式识别、信息处理等。

(1) 语音识别。与机器进行语音交流,让机器明白你说什么,这是人们长期以来梦寐以求的事情。中国物联网校企联盟形象地把语音识别比作“机器的听觉系统”。语音识别技术就是让机器通过识别和理解过程把语音信号转变为相应的文本或命令的技术。语音

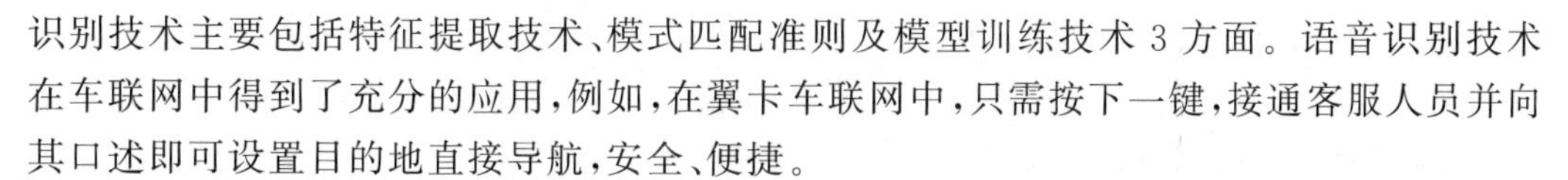

识别技术主要包括特征提取技术、模式匹配准则及模型训练技术3方面。语音识别技术在车联网中得到了充分的应用，例如，在翼卡车联网中，只需按下一键，接通客服人员并向其口述即可设置目的地直接导航，安全、便捷。

(2) 信号处理。信号处理是对各种类型的电信号，按各种预期的目的及要求进行加工过程的统称。对模拟信号的处理称为模拟信号处理，对数字信号的处理称为数字信号处理。所谓“信号处理”，就是要把记录在某种媒体上的信号进行处理，以便抽取出有用信息的过程，它是对信号进行提取、变换、分析、综合等处理过程的统称。

(3) 模式识别。所谓模式识别的问题就是用计算的方法根据样本的特征将样本划分到一定的类别中去。模式识别就是通过计算机用数学技术方法来研究模式的自动处理和判读，把环境与客体统称为“模式”。随着计算机技术的发展，人类有可能研究复杂的信息处理过程，这个过程的一个重要形式是生命体对环境及客体的识别。模式识别以图像处理与计算机视觉、语音语言信息处理、脑网络组、类脑智能等为主要研究方向，研究人类模式识别的机理以及有效的计算方法。

(4) 信息处理。信息既不是物质也不是能量，是人类在适应外部环境以及在感知外部环境而做出协调时与外部环境交换内容的总称。因此，可以认为，信息是人与外界的一种交互通信的信号量。信息就是能够用来消除不确定性的东西，是一个事件发生概率的对数的负值。信息处理就是对信息的接收、存储、转化、传送和发布的过程。

2. 计算机视觉模块

计算机视觉是一门研究如何使机器“看”的科学，更进一步地说，就是用摄影机和计算机代替人眼对目标进行识别、跟踪和测量等机器视觉，并进一步做图形处理，使计算机处理成为更适合人眼观察或传送给仪器检测的图像。作为一门科学，计算机视觉研究相关的理论和技术，试图建立能够从图像或者多维数据中获取“信息”的人工智能系统。这里所指的信息指用香农(Shannon)理论定义的信息，可以用来帮助做“决策”的信息。因为感知可以看作是从感官信号中提取信息，所以计算机视觉也可以看作是研究如何使人工系统从图像或多维数据中“感知”的科学。

计算机视觉模块包括人脸识别、图像识别、机器识别、视频识别、体感识别等。

(1) 人脸识别。人脸识别是基于人的脸部特征信息进行身份识别的一种生物识别技术。用摄像机或摄像头采集含有人脸的图像或视频流，并自动在图像中检测和跟踪人脸，进而对检测到的人脸进行脸部识别的一系列相关技术，通常也叫作人像识别、面部识别。

(2) 图像识别。图像识别是指利用计算机对图像进行处理、分析和理解，以识别各种不同模式的目标和对象的技术，是应用深度学习算法的一种实践应用。现阶段图像识别技术一般分为人脸识别与商品识别。人脸识别主要运用在安全检查、身份核验与移动支付中；商品识别主要运用在商品流通过程中，特别是无人货架、智能零售柜等无人零售领域 。图像的传统识别流程分为4个步骤：图像采集→图像预处理→特征提取→图像识别。典型的图像识别软件有国外的康耐视等，国内的有图智能、海深科技等。

(3) 机器识别。机器识别是用计算机来识别硬件配置环境(如MAC地址)的一种技术。

(4) 视频识别。视频识别主要包括前端视频信息的采集及传输、中间的视频检测和后端的分析处理3个环节。视频识别需要前端视频采集摄像机提供清晰稳定的视频信号,视频信号质量将直接影响到视频识别的效果。

(5) 体感识别。体感识别主要是指识别人体在移动中的位置,如头部、手臂、脚的位置,然后利用所获取的位置数据借助辅助设备实现人对机器的操控,如应用于游戏、电视机操控、办公等环境。以电视体感游戏为例,当人们在看电视时可以轻松进行游戏,并且利用电视作为载体,实现了更好的人机互动效果。

12.3.3 认知层

通俗来说,"认知"就是"能理解、会思考"。人类有语言,才有概念,才有推理,所以概念、意识、观念等都是人类认知智能的表现。认知层包含自然语言处理、知识图谱、规划与决策等功能模块。

1. 自然语言处理模块

自然语言处理技术的基本概念详见12.2.4节。

自然语言处理模块包括文档分析、词法分析、平滑技术、数据稀疏等。

(1) 文档分析。文档分析是指从文本的表层深入文本的深层,从而发现那些不能为普通阅读所把握的深层意义。方法有"新批评"法、文化研究法、互文法。

(2) 词法分析。词法分析是计算机科学中将字符序列转换为单词序列的过程。进行词法分析的程序或者函数叫作词法分析器,也叫作扫描器。词法分析器一般以函数的形式存在,供语法分析器调用。完成词法分析任务的程序称为词法分析程序,或词法分析器、扫描器。

(3) 平滑技术。数据平滑是用来解决统计语言模型在实际应用中遇到的数据稀疏问题。现有的平滑技术利用不同的折扣和补偿策略来处理数据稀疏问题,在计算复杂性与合理性方面各有其优、缺点。

(4) 数据稀疏。在数据库中,稀疏数据是指在二维表中含有大量空值的数据,即在数据集中绝大多数数值缺失或者为零的数据。稀疏数据绝对不是无用数据,只不过是信息不完全,通过适当的手段可以挖掘出大量的有用信息。

2. 知识图谱模块

知识图谱最早起源于Google Knowledge Graph。知识图谱本质上是一种语义网络。其结点代表实体或者概念,边代表实体/概念之间的各种语义关系。知识图谱旨在提高谷歌搜索的结果,它从多个来源中提取信息。最好的例子是知识面板,在常规搜索结果右侧的方框中包含图像、各种详细信息以及进一步搜索的建议。

知识图谱模块包括可视化、知识工程等。

(1) 可视化。可视化是利用计算机图形学和图像处理技术,将数据转换成图形或图像在屏幕上显示出来,并进行交互处理的理论、方法和技术。它涉及计算机图形学、图像

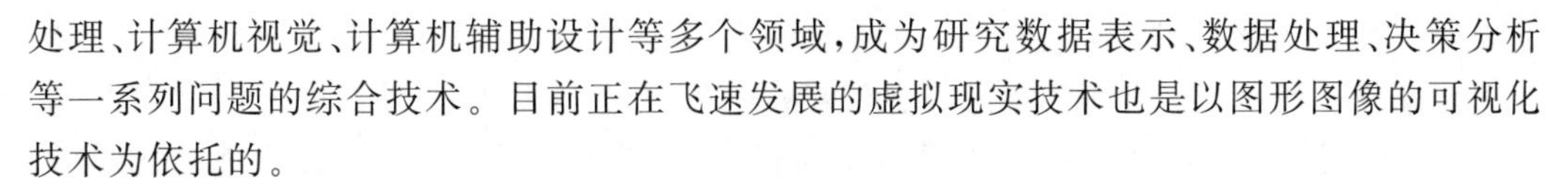

处理、计算机视觉、计算机辅助设计等多个领域，成为研究数据表示、数据处理、决策分析等一系列问题的综合技术。目前正在飞速发展的虚拟现实技术也是以图形图像的可视化技术为依托的。

(2) 知识工程。1977年，美国斯坦福大学计算机科学家费根鲍姆教授(B.A. Feigenbaum)在第五届国际人工智能会议上提出知识工程的新概念。他认为，“知识工程是人工智能的原理和方法，对那些需要专家知识才能解决的应用难题提供求解的手段。恰当运用专家知识的获取、表达和推理过程的构成与解释，是设计基于知识的系统的重要技术问题。”这类以知识为基础的系统，就是通过智能软件建立的专家系统。

3. 规划与决策模块

规划与决策模块包括自动规划、推理机制、专家系统等。

(1) 自动规划。自动规划是一种重要的问题求解技术。与一般问题求解相比，自动规划更注重于问题的求解过程，而不是求解结果。此外，规划要解决的问题，如机器人世界问题，往往是真实世界问题，而不是比较抽象的数学模型问题。与一些求解技术相比，自动规划系统与专家系统均属于高级求解系统与技术。

(2) 推理机制。推理是指依据一定的规则从已有的事实推理出结论的过程。推理机制是专家系统中实现基于知识推理的部件，是基于知识的推理在计算机中的实现，主要包括推理和控制两方面，是知识系统中不可缺少的重要组成部分。推理机制则可以理解为推理机的规范和章程。数据库、推理机与知识库三者共同构成专家系统的三大组成要素。其中，数据库存放所有的原始数据资料；推理机接收从“人机接口”部分传送来的信息，根据数据库中的推理记录，调用知识库中的有关知识对该信息作出相应处理，并将处理结果送往人机接口部分和其他机构；知识库用来存放相关领域专家知识，主要是规则库、事实库和解释库。

(3) 专家系统。专家系统是一个智能计算机程序系统，其内部含有大量的、某个领域专家水平的知识与经验，能够利用人类专家的知识和解决问题的方法来处理该领域问题。也就是说，专家系统是一个具有大量的专门知识与经验的程序系统，它应用人工智能技术和计算机技术，根据某领域一个或多个专家提供的知识和经验，进行推理和判断，模拟人类专家的决策过程，以便解决那些需要人类专家处理的复杂问题，简而言之，专家系统是一种模拟人类专家解决领域问题的计算机程序系统。

12.3.4 应用层

应用层包含机器人、无人驾驶、推荐系统、计算广告、搜索引擎等应用模块。

1. 机器人应用模块

机器人可代替或协助人类完成各种工作，凡是枯燥的、危险的、有毒的、有害的工作，都可以由机器人大显身手。机器人除了广泛应用于制造业领域外，还应用于资源勘探开发、救灾排险、医疗服务、家庭娱乐、军事和航天等其他领域。机器人是工业及非产业界的重要生产和服务性设备,也是先进制造技术领域不可缺少的自动化设备。

机器人应用模块包括聊天机器人、服务机器人、工业机器人。

(1) 聊天机器人。聊天机器人是经由对话或文字进行交谈的计算机程序,能够模拟人类对话,通过了图灵测试。聊天机器人可用于客户服务或资讯获取。有些聊天机器人会搭载自然语言处理系统,但大多简单的系统只会撷取输入的关键字,再从数据库中找寻最合适的应答句。聊天机器人是虚拟助理(如Google智能助理)的一部分,可以与许多组织的应用程序、网站以及即时消息平台连接。非助理应用程序包括娱乐目的的聊天室、研究和特定产品促销、社交机器人。

(2) 服务机器人。服务机器人是机器人家族中的一个年轻成员,尚没有一个严格的定义。不同国家对服务机器人的认识不同,可以分为专业领域服务机器人和个人/家庭服务机器人,服务机器人的应用范围很广,主要从事维护保养、修理、运输、清洗、保安、救援、监护等工作。

(3) 工业机器人。工业机器人是广泛用于工业领域的多关节机械手或多自由度的机器装置,具有一定的自动性,可依靠自身的动力能源和控制能力实现各种工业加工制造功能。工业机器人被广泛应用于电子、物流、化工等各工业领域中。

2. 无人驾驶应用模块

无人驾驶汽车是在网络环境下用计算机技术、信息技术和智能技术武装起来的汽车,或者可以说是有着汽车外壳兼顾汽车性能的移动机器人。无人驾驶技术是传感器、计算机、人工智能、通信、导航定位、模式识别、机器视觉、智能控制等多门前沿学科的综合体。

无人驾驶应用模块包括智能模拟、算法端、Client端和云端。

(1) 智能模拟是研究机器模拟人脑功能的科学。

(2) 算法端包括面向传感、感知和决策的关键步骤算法。

(3) Client端包括机器人操作系统以及硬件平台。

(4) 云端包括数据存储、模拟、高精度地图绘制以及深度学习模型训练。

3. 推荐系统应用模块

推荐系统是利用电子商务网站向客户提供商品信息和建议,帮助用户决定应该购买什么产品,模拟销售人员帮助客户完成购买过程。个性化推荐是根据用户的兴趣特点和购买行为,向用户推荐用户感兴趣的信息和商品。

推荐系统应用模块包括个性化推荐、协同过滤推荐、基于内容的推荐、基于关联规则的推荐、基于效用的推荐及基于知识的推荐等。

(1) 个性化推荐。个性化推荐系统是建立在海量数据挖掘基础上的一种高级商务智能平台,以帮助电子商务网站为其顾客购物提供完全个性化的决策支持和信息服务。

(2) 协同过滤推荐。协同过滤推荐技术是推荐系统中应用最早和最为成功的技术之一。它一般采用最近邻技术,利用用户的历史喜好信息计算用户之间的距离,然后利用目标用户的最近邻居用户对商品评价的加权评价值来预测目标用户对特定商品的喜好程度,系统从而根据这一喜好程度来对目标用户进行推荐。协同过滤最大的优点是对推荐对象没有特殊的要求。

（3）基于内容的推荐。基于内容的推荐是信息过滤技术的延续与发展，它是建立在项目的内容信息上作出推荐的，而不需要依据用户对项目的评价意见，更多地需要用机器学习的方法从关于内容的特征描述的事例中得到用户的兴趣资料。在基于内容的推荐系统中，项目或对象是通过相关的特征的属性来定义，系统基于用户评价对象的特征，学习用户的兴趣，考察用户资料与待预测项目的相匹配程度。用户的资料模型取决于所用学习方法，常用的有决策树、神经网络和基于向量的表示方法等。基于内容的用户资料需要有用户的历史数据，用户资料模型可能随着用户的偏好改变而发生变化。它能处理非结构化的复杂对象，如音乐、电影。

（4）基于关联规则的推荐。基于关联规则的推荐是以关联规则为基础，把已购商品作为规则头，规则体为推荐对象。关联规则挖掘可以发现不同商品在销售过程中的相关性，在零售业中已经得到了成功的应用。管理规则就是在一个交易数据库中统计购买了商品集 X 的交易中有多大比例的交易同时购买了商品集 Y，其直观的意义就是用户购买这些商品是基于关联规则推荐的。

（5）基于效用的推荐。基于效用的推荐是建立在对用户使用项目的效用情况上计算的，其核心问题是怎样为每个用户创建一个效用函数，因此，用户资料模型很大程度上是由系统所采用的效用函数决定的。基于效用推荐的好处是它能把非产品的属性，如提供商的可靠性和产品的可得性等考虑到效用计算中。

（6）基于知识的推荐。基于知识的推荐在某种程度可以看成一种推理技术，它不是建立在用户需要和偏好基础上推荐的。基于知识的方法因它们所用的功能知识不同而有明显区别。效用知识是一种关于一个项目如何满足某一特定用户的知识，因此能解释需要和推荐的关系，所以用户资料可以是任何能支持推理的知识结构，它可以是用户已经规范化的查询，也可以是一个更详细的用户需要的表示。

4. 计算广告应用模块

计算广告是一门正在兴起的分支学科，它涉及大规模搜索和文本分析、信息获取、统计模型、机器学习、分类、优化以及微观经济学。计算广告学所面临的最主要挑战是在特定语境下特定用户和相应的广告之间找到“最佳匹配”。语境可以是用户在搜索引擎中输入的查询词，也可以是用户正在读的网页，还可以是用户正在看的电影等。而用户相关的信息可能非常多，也可能非常少。潜在广告的数量可能达到几十亿。因此，取决于对“最佳匹配”的定义，面临的挑战可能导致在复杂约束条件下的大规模优化和搜索问题。

计算广告应用模块包括广告竞价、数据挖掘技术、广告交易平台。

（1）广告竞价。这是一种由用户自主投放，自主管理，通过调整价格来进行排名，按照广告效果付费的新型网络广告形式。

（2）数据挖掘技术。用数据挖掘技术将用户关心的商品信息推荐给用户。

（3）广告交易平台。类似自动化的证券交易平台，商品是上网用户待展示的广告位，出价的是一些代理商，出价过程很短，完全由计算机程序执行。

5. 搜索引擎应用模块

搜索引擎是指根据一定的策略、运用特定的计算机程序从互联网上采集信息,在对信息进行组织和处理后,为用户提供检索服务,将检索的相关信息展示给用户的系统。搜索引擎是工作于互联网上的一门检索技术,它旨在提高人们获取搜集信息的速度,为人们提供更好的网络使用环境。

搜索引擎应用模块包括智能搜索引擎、全文搜索引擎、元搜索引擎、垂直搜索引擎和目录搜索引擎等。

(1) 智能搜索引擎。设计智能搜索追求的目标是根据用户的请求,从可以获得的网络资源中检索出对用户最有价值的信息。

(2) 全文搜索引擎。一般网络用户适用于全文搜索引擎。这种搜索方便、简捷,并容易获得所有相关信息。但搜索到的信息过于庞杂,因此,用户需要逐一浏览并甄别出所需信息。尤其在用户没有明确检索意图的情况下,这种搜索方式非常有效。

(3) 元搜索引擎。元搜索引擎适用于广泛、准确地收集信息。各种全文搜索引擎由于其性能和信息反馈能力差异,导致其各有利弊。元搜索引擎的出现恰恰解决了这个问题,有利于各基本搜索引擎间的优势互补。而且元搜索有利于对基本搜索方式进行全局控制,引导全文搜索引擎的持续改善。

(4) 垂直搜索引擎。垂直搜索引擎适用于有明确搜索意图情况的检索。例如,用户购买机票、火车票、汽车票时,或想要浏览网络视频资源时,都可以直接选用行业内专用搜索引擎,以准确、迅速获得相关信息。

(5) 目录搜索引擎。目录搜索是网站内部常用的检索方式,旨在对网站内信息整合处理并分目录呈现给用户,但其缺点在于用户需预先了解本网站的内容,并熟悉其主要模块构成。总而观之,目录搜索方式的适应范围非常有限,且需要较高的人工成本来支持维护。

12.4 人工智能的应用

本节内容可以扫描左侧的二维码获取。

习题

1. 人工智能有哪些特征?
2. 人工智能的核心技术有哪些?
3. 人工智能的三要素是什么?
4. 试述人工智能架构模型有哪几层。
5. 对人工智能应用市场进行调研。试述人工智能技术可用于哪些地方和行业。

第13章　网络管理技术

网络的开放性使不同的设备能够以透明的方式进行通信，虽然它给网络通信带来了极大的好处，但由于网络系统的复杂性、开放性，要保证网络能够持续、稳定、安全、可靠、高效地运行，使网络能够充分发挥其作用，就必须实施一系列的管理。

知识培养目标

- 了解网络管理的基本概念；
- 了解简单网络管理结构；
- 了解网络管理标准；
- 了解"网路岗"的基本功能和应用。

能力培养目标

- 具备利用网络标准管理网络的能力；
- 具备利用简单网络管理协议管理和监管网络的能力；
- 具备利用"网路岗"工具诊断网络的能力。

课程思政培养目标

课程内容与课程思政培养目标关联表如表13-1所示。

表13-1　课程内容与课程思政培养目标关联表

节	知识点	案例及教学内容	思政元素	培养目标及实现方法
13.1.3	网络管理的基本模型		【类比】网络管理模型——学生管理制度。 管理对象：学生在校行为。 管理进程：学生监管。 管理信息库：学生行为规范。党纪国法、校规及课堂纪律	对学生在校行为，进行实时监控管理，对发现的学生违规行为，及时提醒学生改正，对于不听劝告的学生，强制按规定进行处理
13.2.4	容错技术		【类比】容错技术—应急方案。 在教学方法及教学手段方面，需要任课教师做好应急预案，当发生紧急情况时，即启动应急预案进行教学。如在2020年新冠病毒传播期间，大多数学校都采用网络教学的模式进行教学	培养老师具有容错意识，提前做好教学容错预案（即应急教学方案）

13.1 网络管理概述

网络管理涉及多方面的问题,本节只简单地介绍网络管理的基本概念、任务、基本内容和网络管理系统的基本模型。

13.1.1 网络管理的基本概念和任务

网络管理简单地说就是为保证网络系统能够持续、稳定、安全、可靠和高效地运行、不受外界干扰,对网络系统设施采取的一系列方法和措施。为此,网络管理的任务就是收集、监控网络中各种设备和设施的工作参数、工作状态信息,及时传递给网络管理员并接受处理,从而控制网络中的设备、设施的工作参数和工作状态,以实现对网络的管理。

13.1.2 网络管理的基本内容

网络管理主要包括如下几方面的内容。

1. 数据通信网中的流量控制

因受到通信介质带宽的限制,计算机网络传输容量是有限的。当在网络中传输的数据量超过网络容量时,网络中就会发生阻塞,严重时会导致网络系统瘫痪。所以,流量控制是网络管理需要首先解决的问题。

2. 网络路由选择策略

网络中的路由选择方法不仅应该具有正确、稳定、公平、最佳和简单的特点,还应该能够适应网络规模、网络拓扑和网络数据流量的变化。这是因为,路由选择方法决定着数据分组在网络系统中通过哪条路径传输,它直接关系到网络传输开销和数据分组的传输质量。

在网络系统中,数据流量总是不断变化的,网络拓扑也有可能发生变化,为此,系统始终应保持所采用的路由选择方法是最佳的。所以,网络管理必须要有一套管理和提供路由的机制。

3. 网络管理员的管理与培训

网络系统在运行过程中,会出现各种各样的问题。网络管理员的基本工作是保证网络平稳地运行,保证网络出现故障后能够及时恢复。所以,对于网络系统来说,加强网络管理员的管理与培训,用训练有素的网络管理员对系统进行维护与管理是非常重要的。

4. 网络的安全管理

计算机网络系统给人们带来的最大好处是用户与用户之间可以非常方便和迅速地实

现资源共享,但对于网络系统中共享的资源存在完全开放、部分开放和不开放等问题,从而出现系统资源的共享与保护之间的矛盾。网络必须要引入安全机制,其目的就是保护网络用户信息不受侵犯。

5. 网络的故障诊断

由于网络系统在运行过程中不可避免地会发生故障,而准确、及时地确定故障的位置,掌握故障产生的原因是解除故障的关键。对网络系统实施强有力的故障诊断是及时发现系统隐患,保证系统正常运行必不可少的环节。

6. 网络的费用计算

公用数据网必须能够根据用户对网络的使用核算费用并提供费用清单。数据网中费用的计算方法通常涉及互联的多个网络之间费用的核算和分配问题。网络费用的计算是网络管理中非常重要的一项内容。

7. 网络病毒防范

随着计算机技术和网络技术突飞猛进的发展,计算机病毒日益猖獗,据不完全统计,每个月都有数以万计的计算机网络受到病毒的攻击,造成大面积的网络和计算机终端的瘫痪。作为网络管理人员,必须认识到网络病毒对网络的危害性,采取相应的防范措施。

8. 网络黑客防范

网络黑客指的是窃取内部机密数据、蓄意破坏和攻击内部网络软硬件设施的非法入侵者,可采取防火墙和对机密数据加密的方法来对付网络黑客。

9. 内部管理制度

再安全的网络也经不住网络内部管理人员的蓄意攻击和破坏,所以对网络的内部管理,尤其是对网络管理人员的教育和管理是很有必要的,为了确保网络安全、可靠地运行,必须制定严格的内部管理制度和奖惩制度。

13.1.3 网络管理系统的基本模型

网络管理系统是用于实现对网络的全面、有效的管理,实现网络管理目标的系统。在一个网络的运营管理中,网络管理人员是通过网络管理系统对整个网络进行管理的。概括地说,一个网络管理系统从逻辑上包括管理对象、管理进程、管理信息库和管理协议四大部分。网络管理系统的逻辑模型如图13-1所示。

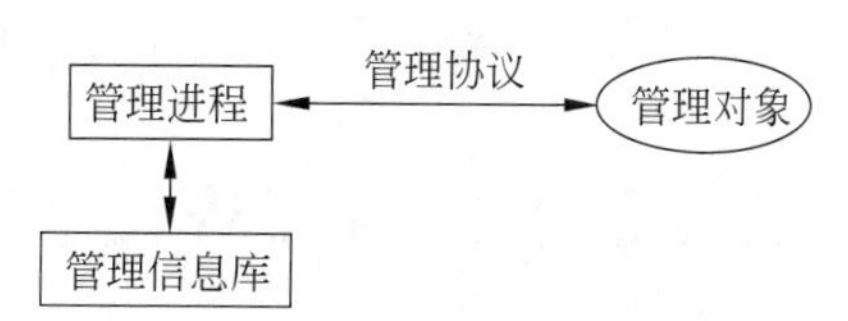

图13-1 网络管理系统的逻辑模型

1. 管理对象

管理对象是网络中具体可以操作的数据。例如,记录设备或设施工作状态的状态变量、设备内部的工作参数、设备内部用来表示性能的统计参数等;需要进行控制的外部工作状态和工作参数;为网络管理系统设计,为管理系统本身服务的工作参数等。

2. 管理进程

管理进程是用于对网络中的设备和设施进行全面管理和控制的软件。

3. 管理信息库

管理信息库用于记录网络中管理对象的信息。例如,状态类对象的状态代码、参数类管理对象的参数值等。管理信息库中的数据要与网络设备中的实际状态和参数保持一致,达到能够真实地、全面地反映网络设备或设施情况的目的。

4. 管理协议

管理协议用于在管理系统与管理对象之间传递操作命令,负责解释管理操作命令。通过管理协议来保证管理信息库中的数据与具体设备中的实际状态、工作参数保持一致。

13.2 网络管理标准

为了实现不同网络操作系统之间能够相互操作自如的要求,为了支持各种网络的互联管理,国际上有许多机构和团体都制定了各自的网络管理标准。在国际上最具权威的国际标准化组织和国际电报电话咨询委员会(CCITT)为开放系统的网络管理系统制定了一整套的网络管理标准体系。这个网络管理标准体系是一种开放系统的网络管理系统,它是由体系结构标准、管理信息的通信标准、管理信息的结构标准和系统管理的功能标准等组成。

在 OSI 网络管理标准体系中,把开放系统网络管理功能划分成 5 个功能域,即网络安全管理、网络配置管理、网络性能管理、网络故障管理和记账/计费管理。这 5 个功能域分别完成不同的网络管理功能。被定义的 5 个功能域只是网络管理最基本的功能,都需要通过与其他开放系统交换管理信息来实现。除此之外,还有容错技术管理、网络地址管理及文档管理。

除网络安全管理技术专门在第 14 章介绍外,其余网络管理技术将在本节逐一介绍。

13.2.1 网络配置管理

网络配置是指网络中各设备的功能、设备之间的连接关系和工作参数等。由于网络配置经常需要进行调整,所以网络管理必须提供可靠的技术及安全的措施支持系统配置

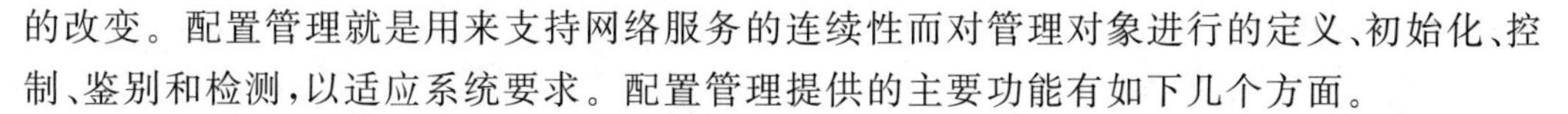
的改变。配置管理就是用来支持网络服务的连续性而对管理对象进行的定义、初始化、控制、鉴别和检测,以适应系统要求。配置管理提供的主要功能有如下几个方面。

(1) 将资源与其资源名称对应起来;

(2) 收集和传播系统现有资源的状况及其现行状态;

(3) 对系统日常操作的参数进行设置和控制;

(4) 修改系统属性;

(5) 更改系统配置初始化或关闭某些资源;

(6) 掌握系统配置的重大变化;

(7) 管理配置信息库;

(8) 设备的备用关系管理。

13.2.2 网络性能管理

性能管理用于对管理对象的行为和通信活动的有效性进行管理。性能管理通过收集有关统计数据,对收集的数据应用一定的算法进行分析以获得系统的性能参数,以保证网络的可靠、连续通信的能力。性能管理由两部分组成,一部分是用于对网络工作状态信息的收集及整理的性能检测,另一部分是用于改善网络设备的性能而采取的动作及操作的网络控制。性能管理提供的主要功能如下。

(1) 工作负荷监测,收集和统计数据;

(2) 判断、报告和报警网络性能;

(3) 预测网络性能的变化趋势;

(4) 评价和调整性能指标、操作模式和网络管理对象的配置。

13.2.3 网络故障管理

故障管理是用来维护网络正常运行的。在网络运行过程中,由于故障使系统不能达到它们的运营目的。故障管理主要解决的是与检测、诊断、恢复和排除设备故障有关的问题,通过故障管理来及时发现故障,找出故障原因,实现对系统异常操作的检测、诊断、跟踪、隔离、控制和纠正等。故障管理提供的主要功能如下。

(1) 告警报告;

(2) 事件报告管理;

(3) 日志控制;

(4) 测试管理功能。

13.2.4 记账/计费管理

记账管理是用来对使用管理对象的用户进行流量计算、费用核算、费用的收取。

记账管理提供的主要功能包括将应该缴纳的费用通知用户;支持用户费用上限的设

置;在必须使用多个通信实体才能完成通信时,能够把使用多个管理对象的费用结合起来。计费管理提供的主要功能如下。

(1) 以一致的格式和手段来收集、总结、分析和表示计费信息;

(2) 在计算费用时应有能力选取计算所需的数据;

(3) 有能力根据资源使用情况调整价目表,根据选定的价目、算法计算用户费用;

(4) 有能力提供用户账单、用户明细账单和分摊账单;

(5) 所出账单应有能力根据需要改变格式而无须重新编程;

(6) 便于检索、处理,费用可再分配。

13.2.5 容错管理技术

再先进的网络设备,再完善的网络管理制度,差错总是会产生的。硬盘、内存和电源故障是最常见的差错因素。当这些故障产生时,网络就会产生错误。解决硬件设备故障的有效方法是实行系统"热备份",又称为系统冗余备份。

以主机为例,可以使用双机热备份的方式提高网络系统的可靠性和稳定性,即用两台相同档次、相同性能的计算机同时运行网络操作系统,其中一台与网络连接,另一台作为备份。当连接网络的主机故障时,系统能自动切换到备份主机上继续运行,保证网络连续不断地运行。

对于极易发生故障的硬盘,通常利用多个磁盘来实现冗余备份,低价格的硬盘冗余阵列(Redundant Arrays of Inexpensive Disks,RAID)便是一种典型的实现方法。它是使用多个物理硬盘的群集,而对于网络操作系统表现出的是一个逻辑驱动器形式。存放在单个驱动器上的数据会自动映射到其他驱动器上,一旦某个驱动器出现故障,则可通过其他驱动器存取数据。

值得一提的是,热备份系统至少要配备两套设备,其价格比单台设备的两倍还要高,因此,在设计网络时,是否要热备份,什么地方要热备份,一定要进行认真的探讨和研究。

13.2.6 网络地址管理

在第1章中已经讲过,每一台联网的计算机上都安装有一块网卡(NIC),NIC可以视为计算机与网络的接口,计算机就是通过网卡与网络进行通信的。

为了使网络能区分每一台上网的计算机,规定任何一个生产厂商生产的网卡都分配有一个全世界唯一的编号,这种编号被称为MAC地址(即介质存取控制地址,又称为物理地址)。MAC地址由48位二进制数组成,前24位代表网卡生产厂商代号,后24位为顺序号。

一台网上的计算机要与另一台网上的计算机通信时,需知道对方机器上的网卡MAC地址。所关心的是,如何才能知道对方的MAC地址。每一种网络协议都有自己的寻址机制。在这里,以TCP/IP中的IP地址为例子,介绍MAC地址的查找方法。

第3章中已经介绍过,IP地址是由网络号和主机号组成的。通过网络号,就可以定位对方计算机所在的网段,主机号则可定位主机的具体位置。对于IP地址,通过子网掩码就可区分出其网络号部分和主机号部分。

MAC地址的查找方式有两种：引导链接协议(BOOTP)和动态主机配置协议(DHCP)。

BOOTP的基本过程：首先由发送端向网络广播一条消息,询问是否有接收端IP地址的配置信息,实质上是查询一张已知的MAC地址表。如果接收端主机的MAC地址在MAC地址表中,则BOOTP服务器就将与该MAC地址相联系的IP配置参数返回给发送端主机。若在MAC地址表中查找不到相应的MAC地址信息,则BOOTP操作失败。此时,就要用其他方法(如动态主机配置协议)寻求MAC地址。

动态主机配置协议是一种自动分配IP地址的策略,DHCP提供了一种动态分配IP配置信息的方法。其基本步骤是,DHCP再次向网络发送一条消息,请求地址配置信息,由地址解析协议(ARP)返回相应的MAC地址信息,再由DHCP送给发送端。

13.2.7　文档管理

文档是支持和维护网络的重要工具,所以人们把文档管理列入网络管理的重要组成部分。

网络文档管理有3种基本内容：硬件配置文档、软件配置文档和网络连接拓扑结构图。硬件配置文档是最重要的文档之一,当硬件出现故障或是系统要进行升级时,应当仔细分析目前的配置,阅读相应的文档,以确保替换的设备与现有设备不会发生冲突。

(1) 硬件配置文档包括以下内容。

① CMOS配置；

② 跳线设置；

③ 驱动程序设置；

④ 内存映像；

⑤ 已安装设备的类型和版本。

(2) 软件配置文档应包括以下内容。

① 应用程序和用户文件的目录结构；

② 应用程序系列号、软件许可证和购买证明；

③ 系统启动和配置文件。

(3) 网络连接拓扑结构图应详细描绘网络服务器,工作站,网络通信设备的名称、规格、型号、位置,网络连接线缆的规格、型号及连接方式。

13.3　简单网络管理协议

国际上的网络标准有很多,除专门的标准化组织制定了一些标准外,一些网络发展比较早的机构和厂家,如IBM公司、Internet公司和DEC公司等,也制定了应用于各自网络上的管理标准，其中最著名和应用最广的是 Internet 组织的简单网络管理协议(Simple Network Management Protocol，SNMP)。目前，SNMP 已经成为互联网络管理事实上的国际标准。

13.3.1 SNMP 的概念

简单网络管理协议的体系结构是从早期的简单网关管理协议(Simple Gateway Management Protocol，SGMP)发展而来的，是 Internet 组织用来管理 TCP/IP 互联网和以太网的。SNMP 的特点如下。

(1) 虽然 SNMP 是为 TCP/IP 使用而开发的，但它的监测和控制活动都是独立于 TCP/IP 的；

(2) SNMP 仅需要 TCP/IP 提供无连接的数据报传输服务。

因此，SNMP 很容易应用到其他网络上去。

SNMP 的目标是管理 Internet 中众多厂家生产的软硬件平台，它提供了以下 4 类管理操作平台。

(1) get 操作，用于提取特定的网络管理信息；

(2) get-next 操作，通过遍历活动来提供强大的管理信息提取能力；

(3) set 操作，用来对管理信息进行控制；

(4) trap(陷阱)操作，用来报告重要事件。

SNMP 的体系结构是围绕以下 4 个概念和目标进行设计的。

(1) 保持管理代理(agent)的软件成本尽可能低；

(2) 最大限度地保持远程管理的功能，以便充分利用 Internet 的网络资源；

(3) SNMP 体系结构必须能在将来需要时有扩充的余地；

(4) 保持 SNMP 的独立性，不依赖于具体的计算机、网关和网络传输协议。

13.3.2 SNMP 的基本组成

SNMP 管理模型中有 3 个基本组成部分：管理代理(agent)、管理进程(manager)和管理信息库(MIB)，如图 13-2 所示。

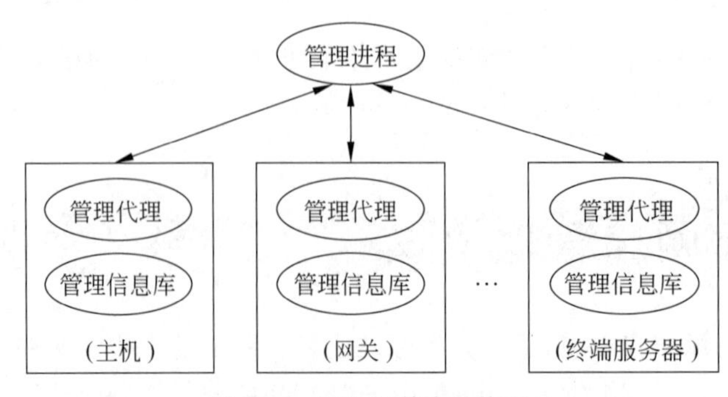

图 13-2 SNMP 基本结构图

1. 管理代理

管理代理是一种软件，在被管理的网络设备中运行，负责执行管理进程的管理操作。管理代理直接操作本地MIB，如果管理进程需要，它可以根据要求改变本地MIB或提取数据传回到管理进程。管理代理的作用是，每个管理代理拥有自己的本地MIB，一个管理代理管理的本地MIB不一定具有Internet的全部内容，而只需要包括与本地设备或设施有关的管理对象。管理代理有以下两个基本功能。

(1) 在MIB中读取各种变量值；

(2) 在MIB中修改各种变量值。

这里的变量也就是管理对象。

2. 管理进程

管理进程是一个或一组软件程序，一般运行在网络管理站(网络管理中心)的主机上，它可以在SNMP的支持下命令管理代理执行各种管理操作。

管理进程完成各种网络管理功能，通过各设备中的管理代理对网络内部的各种设备、设施和资源实施监测和控制。另外，操作人员通过管理进程对全网进行管理。因而管理进程也经常配有图形用户界面，以容易操作的方式显示各种网络信息，如给出网络中各管理代理的配置图等。有时管理进程也会对各管理代理中的数据集中存档，以备事后分析。

3. 管理信息库

管理信息库是一个概念上的数据库，由管理对象组成，每个管理代理管理MIB中属于本地的管理对象，各管理代理控制的管理对象共同构成全网的管理信息库。

MIB的结构必须符合使用TCP/IP的Internet的管理信息结构。这个SMI实际上是参照OSI的管理信息结构制定的。尽管两个SMI基本一致，但SNMP和OSI的MIB中定义的管理对象却并不相同。Internet的SMI和相应的MIB是独立于具体的管理协议的(包括SNMP)。

13.4　软件管理

在早期的计算机网络系统中，应用软件是采用面向主机的集中式管理方式，即将所有用户应用软件和数据都集中存放在一台网络主机上，各个用户终端则根据各自的使用权限来访问相应的应用软件和数据。这种管理方式最大的优点在于软件和数据能保持高度的一致性，并且给软件的维护和管理带来极大的方便。但这种管理方式有其致命的弱点，一是主机负担过重，尤其是大型网络中随着用户终端数量的增加和应用软件数量的增加，系统的效率便随之下降；二是一旦网络主机故障或网络主机不开机，则用户终端无法使用相应的应用软件。分布式应用软件管理模式就是解决上述问题的有效方法，分布式管理模式就是将应用软件分别存放在用户终端上，如有两台计算机上要用100个应用程序，就要求两台计算机都要装上这100个应用程序。分布式管理方式的弱点,一是软件的管理和维护不方便,二是应用软件经多次维护和修改后,很难保持其软件的一致性。如何解决软件分布和软件一致性,是对网络管理的一项严峻的挑战。

13.4.1 软件计量管理

软件开发商为了保护自身的利益,大多数应用软件对用户的访问数量是有限制的,即使花高额费用购置的应用软件也是如此。

软件计量系统提供的是这样的功能:它可以自动统计出访问某一应用软件的用户数目,当注册的用户超过限度时,禁止新的用户访问该应用软件。所有计量软件均是在面向服务器的应用环境下工作的,但也有通过配置对面向客户的软件进行计量。

13.4.2 软件分布管理

前面介绍过,应用软件的集中式管理方式带来了管理和维护的方便,一致性得到保证,但软件的系统效率不高,软件的分布式管理方式使得软件的使用效率提高,但软件的一致性难以得到保证。

解决这一问题可以采用折中的方法,即采用多个分布式文件服务器管理模式,即在一个网络中配置多台文件服务器,每一台文件服务器为相关的一部分应用软件服务。可以这样理解,将所有的应用软件进行分类,将不同类别的应用软件分别存放在不同的文件服务器上(一台文件服务器可以存放多个类别),这样既解决了软件的一致性和管理维护的方便性问题,又能充分发挥网络系统的效率。

13.4.3 软件核查管理

软件核查的主要功能就是对主机和用户终端新安装的应用软件进行监视和控制管理,监控的主要内容为新安装软件的版本、新软件与原有软件及系统的兼容性、是否是正版软件等。其目的是保证软件的版权以及软件的兼容性和网络系统的稳定性。

软件核查方法有两种。一种是人工核查方法,即网络管理员通过走访和调查掌握所有工作站安装的软件系统情况,这种方式的效率是很低的,尤其是很多用户经常批量地安装新软件时更是如此。另一种是自动核查方法,即利用网络管理平台提供的自动核查组件进行软件的自动核查。

13.5 应用实例:"网路岗"软件的配置与使用

本节内容可以扫描左侧的二维码获取。

习题

1. 网络管理的基本内容是什么？
2. 网络管理的基本模型是什么？
3. 组成 SNMP 的 3 个基本要素是什么？
4. 保护网络系统的基本要素是什么？
5. 在已知对方计算机 IP 地址的情况下，如何查找其 MAC 地址？
6. 在 OSI 网络管理标准体系中，把开放系统网络管理功能划分成哪 5 个功能域？
7. 网络安全管理的基本内容是什么？
8. 文档管理的基本内容是什么？
9. 如何解决在软件分布管理中带来的软件一致性和系统效率的矛盾？
10. 网络中为什么要有冗余设备？
11. “网路岗”的主要功能是什么？

第 14 章　网络安全技术

在当今信息化的社会中，人们对计算机网络的依赖日益增强，越来越多的信息和重要数据资源出现在网络中。通过网络获取信息的方式已成为当前主要的信息沟通方式之一，这种趋势还在不断地发展。人们在使用 Internet 获得诸多便利和好处的同时，也受到了来自黑客、计算机病毒的侵袭和威胁，让个人和单位蒙受了巨大的损失，特别是近年来 Internet 规模爆炸式的增长，网络上各种新业务（如电子政务、电子商务、网络银行、网上购物等）的兴起以及各种专用网络（如金融网、金税网、教育网等）的建设，使得如何保障计算机的网络安全成为目前一个亟待解决的问题。因此，网络安全技术成为当前网络技术的一个重要研究和发展方向。

本章着重介绍计算机网络安全的基础知识，并对计算机网络安全问题的基本内容进行介绍。

知识培养目标

- 了解防火墙与防水墙；
- 了解 IDS 和 IPS；
- 了解安全审计技术；
- 了解网络嗅探技术；
- 了解漏洞扫描技术；
- 了解数字签名及 CA 认证；
- 了解病毒、木马和黑客的攻防技术。

能力培养目标

- 具备绘制广域网络拓扑结构的能力；
- 具备 IP 地址分配与管理的能力；
- 具备广域网络设计与建设的能力；
- 具备病毒、木马和黑客的诊断、清除与防护能力；
- 具备数字签名及 CA 认证的能力。

课程思政培养目标

课程内容与课程思政培养目标关联表如表 14-1 所示。

表 14-1　课程内容与课程思政培养目标关联表

节	知　识　点	案例及教学内容	思 政 元 素	培养目标及实现方法
14.2.1	防火墙		在教学过程和日常生活中，有必要在我们的脑海里设置一道防火墙，将一切不良的信息和负能量信息过滤掉	培养学生具有防火墙意识，弘扬正能量，抵御一切不良信息和负面信息
14.8.4	黑客技术		黑客具有双重身份，正面人物可以利用黑客技术维护网络系统的安全，甚至维护国家主权，反面人物则会利用黑客技术破坏网络安全，窃取机密数据	培养学生树立为维护网络安全而学习黑客技术的意识

14.1　网络安全的基本概念

14.1.1　网络安全概述

在信息时代，犯罪行为逐步向高科技蔓延并迅速扩散，利用计算机特别是计算机网络进行犯罪的案件越来越多。因此，计算机网络的安全越来越引起世界各国的关注。随着计算机在人类生活各领域中的广泛应用，计算机病毒也在不断产生和传播，计算机网络不断被非法入侵，重要情报资料被窃，甚至由此造成网络系统的瘫痪，给各用户及众多公司造成巨大的经济损失，甚至危害到国家和地区的安全。

1. 网络安全问题

随着人们对计算机网络的依赖性越来越大，网络安全问题也日趋重要。1988 年 11 月 2 日，美国六千多台计算机被病毒感染，致使 Internet 不能正常运行。这是一次非常典型的病毒入侵计算机网络的事件，迫使美国政府立即做出反应，美国国防部成立了应急行动小组。这次事件中遭受攻击的有 5 个计算机中心和两个地区结点，连接着政府、大学、研究所，拥有政府合同的企业约 25 万台计算机也受到攻击。这次病毒事件，计算机系统直接经济损失达 9600 万美元。这一事件终于使人们意识到网络安全问题。

在竞争日益激烈的今天，人们普遍关心网络安全的问题主要有 7 种，在国外普遍称为 7P 问题，即 Privacy（隐私）、Piracy（盗版）、Pornography（色情）、Pricing（价格）、Policing（政策制定）、Psychological（心理学）、Protection of the Network（网络保护）。然而，这 7 个问题可以说是从不同角度提出的安全问题。

2. 网络安全的定义

从广义上说，网络安全包括网络硬件资源和信息资源的安全性。硬件资源包括通信线路，网络通信设备（集线器、交换机、路由器、防火墙），服务器等。要实现信息快速、安全地交换,一个可靠、可行的物理网络是必不可少的。信息资源包括维持网络服务运行的系统软件和应用软件,以及在网络中存储和传输的用户信息等。信息资源的保密性、完整性、可用性、真实性是网络安全研究的重要课题,也是本章涉及的重点内容。

从用户角度看,网络安全主要是保证个人数据和信息在网络传输和存储中的保密性、完整性、不可否认性,防止信息的泄露和破坏,防止信息资源的非授权访问。对于网络管理员来说,网络安全的主要任务是保障用户正常使用网络资源,避免病毒、非授权访问等安全威胁,及时发现安全漏洞,制止攻击行为等。

网络安全的内容是十分广泛的,不同的用户对其有不同的见解。在此,对网络安全下一个定义:网络安全是指保护网络系统中的软件、硬件及数据信息资源,使之免受偶然或恶意的破坏、盗用、暴露和篡改,保证网络系统的正常运行、网络服务不受中断所采取的措施和行为。

3. 网络安全威胁

所谓的安全威胁是指某个实体(人、事件、程序等)对某一资源的机密性、完整性及可用性在合法使用时可能造成的危害。这些可能出现的危害,是某些别有用心的人通过一定的攻击手段来实现的。

安全威胁可以分为故意的(如系统入侵)和偶然的(如将信息发到错误地址)两类。故意威胁又可以进一步分成被动威胁和主动威胁两类。被动威胁只对信息进行监听,而不对其修改和破坏;主动威胁则要对信息进行故意篡改和破坏,使合法用户得不到可用信息。

1) 基本的安全威胁

网络安全具备4个方面的特征,即机密性、完整性、可用性及可控性。下面的4个基本安全威胁直接针对这4个安全目标。

(1) 信息泄露。信息泄露给某个未经授权的实体,这种威胁主要来自窃听、搭线等信息探测攻击。

(2) 完整性破坏。数据的一致性由于受到未授权的修改、创建、破坏而损害。

(3) 拒绝服务。即对资源的合法访问被阻断。拒绝服务可能由以下原因造成:攻击者对系统进行大量的、反复的非法访问尝试而造成系统资源过载,无法为合法用户提供服务;系统物理或逻辑上受到破坏而中断服务。

(4) 非法使用。某一资源被非授权人以授权方式使用。

2) 可实现的威胁

可实现的威胁可以直接导致某一基本威胁的实现,包括渗入威胁和植入威胁。

主要的渗入威胁有以下几种。

(1) 假冒。即某个实体假装成另外一个不同的实体。这个未授权实体以一定的方式使安全守卫者相信它是一个合法实体,从而获得合法实体对资源的访问权限。这是大多数黑客常用的攻击方法。如甲和乙同为网络上的合法用户,网络能为他们服务。丙也想获得这些服务,于是丙向网络发出:“我是乙”。

(2) 篡改。乙给甲发了如下一份报文“请给丁汇10 000元钱。乙”。报文在转发过程中经过丙,丙把“丁”改为“丙”。结果是丙而不是丁收到了这 10 000 元钱。这就是报文篡改。

(3) 旁路。攻击者通过各种手段发现一些系统安全缺陷,并利用这些安全缺陷绕过系统防线渗入系统内部。

(4) 授权侵犯。对某一资源具有一定权限的实体,将此权限用于未被授权的实体,也称为“内部威胁”。

主要的植入威胁有以下几种。

(1) 计算机病毒。一种会“传染”其他程序并具有破坏能力的程序,“传染”是通过修改其他程序来把自身或其变种复制进去完成的。如“特洛伊木马”(Trojan Horse)是一种执行超出程序定义之外的程序,如一个编译程序除了执行编译任务以外,还把用户的源程序偷偷地复制下来,这种编辑程序就是一个特洛伊木马。

(2) 陷门。在某个系统或某个文件中预先设置“机关”,引诱用户掉入“陷门”之中,一旦用户提供特定的输入时,就允许用户违反安全策略,将自己机器上的秘密自动传送到对方的计算机上。

典型的网络安全威胁如表 14-2 所示。

表 14-2 典型的网络安全威胁

威　胁	描　述
授权侵犯	为某一特定目的被授权使用某个系统的人,将该系统用作其他未受权的目的
窃听	在监视通信的过程中获得信息
电磁泄漏	从设备发出的辐射中泄露信息
信息泄露	信息泄露给未授权实体
物理入侵	入侵者绕过物理控制而获得对系统的访问权
重放	出于非法目的而重新发送截获的合法通信数据的复制
资源耗尽	某一资源被故意超负荷使用,导致其他用户的服务中断
完整性破坏	对数据的未授权创建、修改或破坏,造成一致性损坏
人员疏忽	一个未授权的人出于某种动机或由于粗心将信息泄露给未授权的人

4. 网络安全服务

安全服务是指计算机网络提供的安全防护措施。国际标准化组织(ISO)定义了以下几种基本的安全服务:认证服务、访问控制、数据机密性服务、数据完整性服务、不可否认服务。

1) 认证服务

确保某个实体身份的可能性,可分为两种类型。一种类型是认证实体本身的身份,确保其真实性,称为实体认证。另一种认证是证明某个信息是否来自某个特殊的实体,这种认证叫作数据源认证。

2) 访问控制

访问控制的目标是防止任何资源的非授权访问,确保只有经过授权的实体能访问授权的资源。

3) 数据机密性服务

数据机密性服务确保只有经过授权的实体才能理解受保护的信息。在信息安全中主要区分两种机密性服务：数据机密性服务和业务流机密性服务。数据机密性服务主要采用加密手段使得攻击者即使获取了加密的数据也很难得到有用的信息；业务流机密性服务则要使监听者很难从网络流量的变化上筛选出敏感的信息。

4) 数据完整性服务

防止对数据未授权的修改和破坏。完整性服务使消息的接收者能够发现消息是否被修改，是否被攻击者用假消息替换。

5) 不可否认服务

根据ISO的标准，不可否认服务要防止对数据源以及数据提交的否认。这有两种可能：数据发送的不可否认性和数据接收的不可否认性。这两种服务需要比较复杂的基础设施，如数字签名技术的支持。

14.1.2 网络攻击技术

系统攻击或入侵是指利用系统安全漏洞，非法潜入他人系统(主机或网络)的行为。只有了解自己系统的漏洞及入侵者的攻击手段，才能更好地保护自己的系统。

1. 系统攻击的三个阶段

1) 收集信息

收集要攻击的目标系统的信息，包括目标系统的位置、路由、结构及技术细节等，可以用以下的工具或协议来完成信息收集。

(1) ping程序：可以测试一个主机是否处于活动状态、到达主机的时间等。

(2) tracer程序：可以用该程序来获取到达某一主机经过的网络及路由器的列表。

(3) finger协议：可以用来取得某一主机上所有用户的详细信息。

(4) DNS服务器：该服务器提供了系统中可以访问的主机的IP地址和主机列表名。

(5) SNMP：可以查阅网络系统路由器的路由表，从而了解目标主机所在网络的拓扑结构及其他细节内容。

2) 探测系统安全弱点

入侵者根据收集到的目标网络有关信息，对目标网络上主机进行探测，以发现系统的弱点和安全漏洞。发现系统弱点和安全漏洞的主要方法如下。

(1) 利用"补丁"找到突破口。对于已发现存在安全漏洞的产品或系统，开发商一般会发行"补丁"程序，以弥补这些安全缺陷。但许多用户不会及时地使用"补丁"程序，这就给攻击者有可乘之机。攻击者通过分析"补丁"程序的接口，然后自己编写程序通过该接口入侵目标系统。

(2) 利用扫描器发现安全漏洞。扫描器是一种常用的网络分析工具。这类工具可以对整个网络或子网进行扫描，寻找安全漏洞。扫描器的使用价值具有两面性，系统管理员使用扫描器及时发现系统存在的安全隐患,从而完善系统的安全防御体系,防患于未然;而出于非法目的的攻击者使用此类工具,发现系统漏洞后给系统带来巨大的安全隐患。目前,比较流行的扫描器有因特网安全扫描程序(Internet Security Scanner,ISS)、安全管理员网络分析工具(Security Administrator Tool for Analyzing Scanner,SATAN)、SUPERSCAN等。

3) 实施攻击

攻击者通过上述方法找到系统的弱点后,就可以对系统进行攻击。攻击者的攻击行为通常可以分为以下3种形式。

(1) 掩盖行迹,预留后门。攻击者潜入系统后,会尽可能地销毁可能留下的痕迹,并在被攻击的系统中找到新的漏洞或留下后门,以备下次入侵时使用。

(2) 安装探测程序。攻击者可能在系统中安装探测软件,即使攻击者退出去以后,探测软件仍可以窥探所在系统的活动,收集攻击者感兴趣的信息,如用户名、账号、口令等,并源源不断地把这些秘密传给幕后的攻击者。

(3) 取得特权,扩大攻击范围。攻击者可能进一步发现受害系统在网络中的信任等级,然后利用该信任等级所具有的权限,对整个系统展开攻击。如果攻击者获得根用户或管理员的权限,后果将不堪设想。

2. 网络入侵的对象

了解和分析网络入侵的对象是入侵检测和防范的第一步。网络入侵对象主要包括以下几个方面。

1) 固有的安全漏洞

任何软件系统,包括系统软件和应用软件都无法避免地存在安全漏洞。这些漏洞主要来源于程序设计方面的错误和疏忽,如协议的安全漏洞、弱口令、缓冲区溢出等,这些漏洞给入侵者提供了可乘之机。

2) 维护措施不完善的系统

当发现漏洞时,管理人员需要仔细分析有漏洞的程序,并采取补救措施。有时虽然对系统进行了维护,对软件进行了更新和升级,但由于路由器及防火墙的过滤规则复杂等问题,系统可能又会出现新的漏洞。

3) 缺乏良好安全体系的系统

一些系统不重视信息的安全,在设计时没有建立有效的、多层次的防御体系,这样的系统不能防御复杂的安全攻击手段和方法。很多企业依赖于审计跟踪和其他的独立工具来检测攻击,日新月异的攻击技术使得这些传统的检测技术显得苍白无力。

14.1.3 系统攻击方法

机构的信息或计算机系统会以多种方式遭受攻击。一些不利的事情是有意(恶意)进行的,另一些则是偶然导致的。无论原因是什么,都会使机构遭受破坏。因此,无论这些事情是否出于恶意,都将其称为“攻击”。主要有以下4种类型的攻击方法。

1. 访问攻击

访问攻击是攻击者试图获得没有访问权限的信息。这种攻击也可能在信息传输过程中出现,如图14-1所示。这种类型的攻击是对信息保密性的攻击。

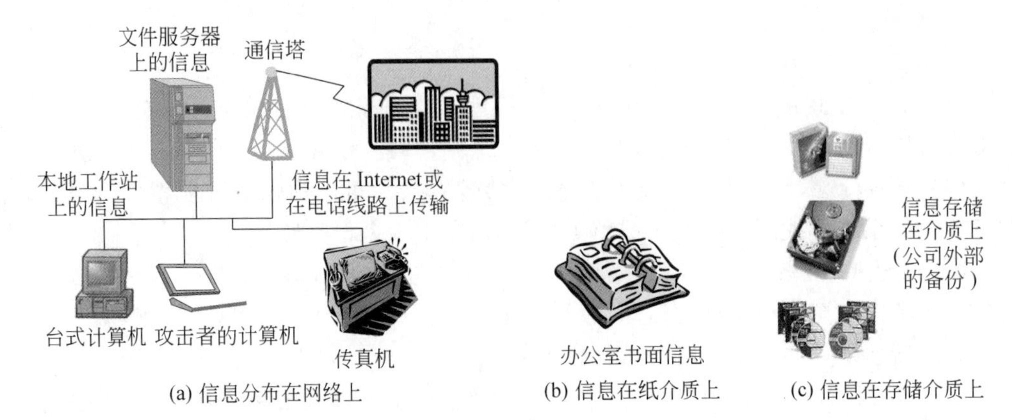

图14-1 访问攻击发生的位置

1）监听

监听是一种通过检查结点的信息文件来寻找感兴趣的内容的方法。如果文件是写在纸上的,那么攻击者可能会打开文件柜或文件抽屉对文件进行寻找,这是监听的一种形式。如果文件位于计算机系统中,那么攻击者可能试图逐个打开文件,直到找到需要的信息。

2）窃听

当有人旁听他们不应该参与的谈话时,就是窃听。为了获得对信息未经授权的访问,攻击者必须置身于他们感兴趣的信息将会传输的途径上。这大多数情况是通过电子方式进行的,如图14-2所示。

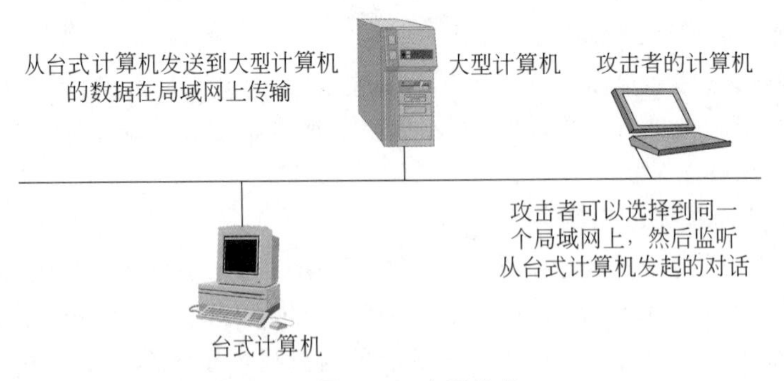

图14-2 窃听技术

无线网络增加了窃听的机会。攻击者可以坐在大楼的某个角落中,或在大楼附近街道上非法访问他人的信息。

3）截听

与窃听不同,截听是对信息的主动攻击。当攻击者截听信息时,他置身于信息经过的路径上,在信息到达目的地之前捕获信息。在截获所需的信息之后,攻击者可能让信息继续前进并到达目的地,如图 14-3 所示。

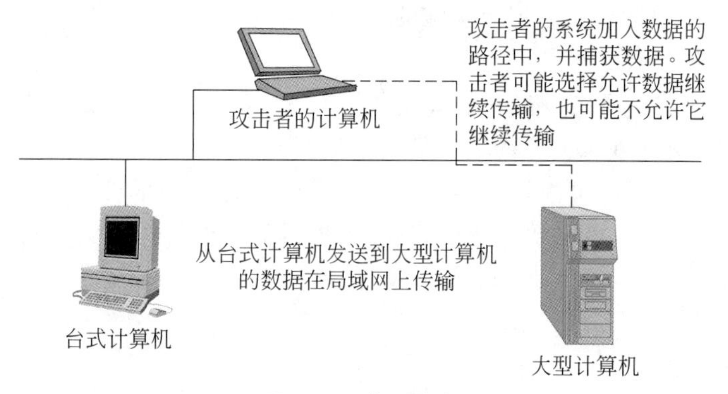

图 14-3　截听技术

2. 修改攻击

修改攻击是攻击者试图修改其没有修改权限的信息。只要信息存在,就可能出现这种攻击,它还可能攻击传输中的信息,这种类型的攻击是对信息完整性的攻击。

1) 更改攻击

一种类型的修改攻击是更改现有的信息,如攻击者更改现有员工的工资。信息一直存在于机构中,但是已不正确。更改攻击的对象一般是敏感信息或公共信息。

2) 插入攻击

另一种类型的修改攻击是插入信息。在实施插入攻击时加入原来没有的信息。这种攻击可以针对历史信息或下一步将要处理的信息。例如,攻击者可能会选择银行系统中加入一项将资金从客户账号转移到自己账号的交易。

3) 删除攻击

删除攻击是清除现有的信息。可能是清除历史记录信息,也可能是清除下一步将要处理的信息。例如,攻击者可能从银行声明中清除一项交易,从而使本应从账号中转出的资金保持不动。

3. 拒绝服务攻击

拒绝服务攻击是指拒绝网络的合法用户使用网络系统,是对信息或功能等资源的攻击。拒绝服务攻击也是一种故意破坏行为。

拒绝服务攻击会产生下列恶果。

(1) 拒绝对信息进行访问;

(2) 拒绝对应用程序进行访问;

(3) 拒绝对系统进行访问;

(4) 拒绝对通信进行访问。

4. 否认攻击

否认攻击是一种针对信息记录实施的攻击。换言之，否认攻击试图给出错误的信息或者否认曾经发生过真实事件或事务。

(1) 伪装。伪装是试图以另一个人或另一个系统的面目出现或模拟他们。这种攻击可能在个人通信、事务或系统之间的通信中发生。

(2) 否认事件。否认事件就是不承认曾经发生过记录的事件。例如，一个人使用购物卡在商店购买了东西，在收到账单时，这个人告诉信用卡公司他从来没买过这件东西。

14.1.4 网络安全管理

面对网络的脆弱性，除了在网络设计上增加安全服务功能，完善系统的安全保密措施外，还必须花大力气加强网络的安全管理，因为诸多的不安全因素恰恰反映在组织管理和人员录用等方面。据统计，在整个网络安全的发生原因中，管理占60%，实体占20%，法律和技术各占10%，因此安全管理是计算机网络安全所必须考虑的基本问题，应该引起各计算机网络部门领导和技术人员的高度重视。

1. 安全策略

网络安全管理是基于其安全策略的，在一定技术条件下的切合实际的安全策略，必须基于网络的具体情况来确定开放性与安全性的最佳结合点。任何离开开放性谈安全的做法都是片面的，因此，安全问题的具体解决要涉及一系列相关问题的实际情况，制定安全策略要因地制宜、因人而异、因钱而异，最终以合理性为最普遍的原则。

1) 安全策略的制定原则

(1) 平衡性原则；

(2) 整体性原则；

(3) 一致性原则；

(4) 易操作性原则；

(5) 层次性原则；

(6) 可评价性原则。

2) 安全策略的目的

制定安全策略的目的是保证网络安全保护工作的整体性、计划性及规范性，保证各项安全措施和管理的正确实施，使网络系统的机密性、完整性和可使用性受到全面、可靠的保护。

3) 安全策略的层次

网络系统的安全涉及网络系统结构的各个层次，按照OSI的7层协议，网络安全应贯穿在体系的各个层次中。物理层安全主要防范物理通路的损害、搭接窃听或干扰；数据链路层安全主要是采用划分VLAN、加密通信等手段保证链路中的数据信息不被窃听；网络层的安全需要保证网络只给授权的用户使用，保证网络路由正确，避免拦截和窃听分析;网络操作系统安全要保证用户资料、系统资源访问控制的安全,并提供审计服务;应用平台的安全要保证建立在网络系统之上的应用服务的安全;应用系统安全根据平台提供的安全服务,保证用户服务的安全。

4) 实施方案的制定

根据已确定的安全策略,还要进一步制定实施方案,以期具体实现安全策略。

(1) 实施方案的主要内容。

(2) 选择安全技术。

2. 安全管理的实施

网络安全管理是以技术为基础,配以行政手段的管理活动。

1) 安全管理的类型

(1) 系统安全管理:管理整个网络环境的安全。

(2) 安全服务管理:对单个的安全服务进行管理。

(3) 安全机制管理:管理安全机制中的有用信息。

(4) OSI管理的安全:所有OSI网络管理函数、控制参数和管理信息的安全都是OSI的安全核心,其安全管理能确保OSI管理协议和信息能受到安全的保护。

根据这4种类型,网络管理部门可选适当的工作平台,建立网络安全体系。

2) 安全管理基本内容

(1) 根据工作的重要程度,确定该系统的安全等级。

(2) 根据确定的安全等级,确定安全管理的范围。

(3) 制定相关的管理制度。

(4) 制定严格的操作规范。

(5) 制定紧急措施,当紧急事件发生时,确保损失减少至最小。

(6) 制定完备的系统维护制度。

14.2 常见网络安全设施与技术

14.2.1 防火墙与防水墙

1. 防火墙的基本概念

古时候,人们常在寓所之间砌起一道砖墙,一旦火灾发生,它能够防止火势蔓延到别的寓所。自然,这种墙因此而得名"防火墙"。现在,如果一个网络连接了Internet,它的用户就可以访问外部世界并与之通信。同时,外部世界也同样可以访问该网络并与之交互。为安全起见,可以在该网络和Internet之间插入一个中介系统,竖起一道安全屏障,这道屏障的作用是阻断来自外部通过网络对本网络的威胁和入侵,提供扼守本地网络的安全和审计的关卡。这种中介系统叫作"防火墙"或"防火墙系统"。

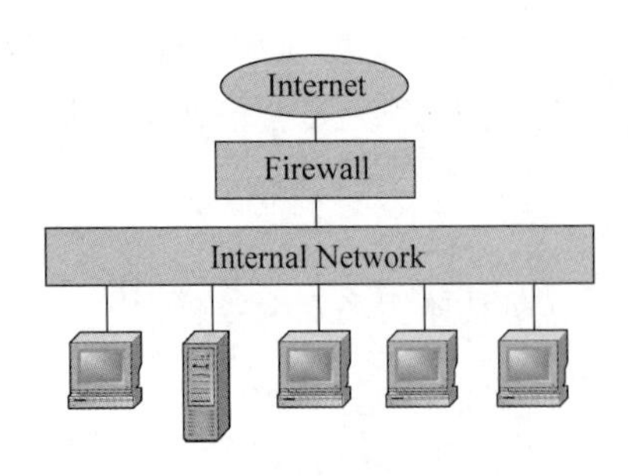

图 14-4 防火墙连接示意图

防火墙是在两个网络间实现访问控制的一个或一组软硬件系统。防火墙的最主要功能就是屏蔽和允许指定的数据通信,而该功能的实现又主要是依靠一套访问控制策略,由访问控制策略来决定通信的合法性。防火墙连接如图 14-4 所示。

2. 防火墙的目的与作用

构建网络防火墙的主要目的如下。

(1) 控制访问者进入一个被严格控制的点。

(2) 防止进攻者接近防御设备。

(3) 控制内部人员从一个特别控制点离开。

(4) 检查、筛选、过滤和屏蔽信息流中的有害信息,防止对计算机和计算机网络进行恶意破坏。

网络防火墙的主要作用如下。防火墙是一种非常有效的网络安全模型,通过它可以隔离内外网络,以达到网络中安全区域的连接,同时不妨碍人们对风险区域的访问。监控出入网络的信息,仅让安全的、符合规则的信息进入内部网络,为网络用户提供一个安全的网络环境。

(1) 有效收集和记录 Internet 上活动和网络误用情况。

(2) 能有效隔离网络中的多个网段,能有效地过滤、筛选和屏蔽一切有害的信息和服务。

(3) 防火墙就像一个能发现不良现象的警察,能执行和强化网络的安全策略。

3. 防火墙的类型

从技术上看,防火墙有如下 6 种基本类型。

1) 包过滤型防火墙

包过滤型防火墙的包过滤器安装在路由器上,工作在网络层(IP),因此也称为网络层防火墙。它基于单个包实施网络控制,根据所收到数据包的源地址、目的地址、源端口号及目的端口号、包出入接口、协议类型和数据包中的各种标志位等参数,与用户预定的访问控制表进行比较,判定数据是否符合预先制定的安全策略,决定数据包的转发或丢弃,即实施信息的过滤。它实际上是控制内部网络上的主机可直接访问外部网络,而外部网络上的主机对内部网络的访问则要受到限制。

这种防火墙的优点是简单、方便、速度快,透明性好,对网络性能影响不大,但它缺乏用户日志和审计信息,缺乏用户认证机制,不具备登录和报告性能,不能进行审核管理,且过滤规则的完备性难以得到检验,过滤规则复杂难以管理。因此,安全性较差。

2) 代理服务器防火墙

代理服务器防火墙通过在主机上运行代理服务程序,直接对特定的应用层进行服务,因此也称为应用层防火墙。其核心是运用防火墙主机上的代理服务器进程。代理网络用户完成 TCP/IP 功能,实际上是为特定网络应用而连接两个网络的网关。对每种不同的应用层(如 E-mail、FTP、Telnet、WWW 等)都应用一个相应的代理。代理服务可以实施用户认证、详细日志、审计跟踪、数据加密等功能和对具体协议及应用的过滤,如阻止 Java 或 JavaScript 程序的运行。

这种防火墙能完全控制网络信息的交换,控制会话过程,具有灵活性和安全性;但会影响网络的性能,对用户不透明,且对每一种服务器都要设计一个代理模块、建立对应的网关,实现比较复杂。

3) 电路层网关

电路层网关在网络的传输层上实施访问策略,是在内、外网络主机之间建立一个虚拟电路进行通信,相当于在防火墙上直接开了个口子进行传输,不像应用层防火墙那样能严密控制应用层的信息。

4) 混合型防火墙

混合型防火墙,把过滤和代理服务等功能结合起来,形成新的防火墙,所用主机称为堡垒主机,负责代理服务。各种类型的防火墙,各有其优、缺点。当前的防火墙产品,已不是单一的包过滤型或代理服务型防火墙,而是将各种安全技术结合起来,形成一个混合的多级防火墙,以提高防火墙的灵活性和安全性。采用如下几种技术:动态包过滤,内核透明技术,用户认证机制,内容和策略感知能力,内部信息隐藏,智能日志、审计和实时报警,防火墙的交互操作性,各种安全技术的有机结合等。

5) 应用级网关

应用级网关使用专用软件来转发和过滤特定的应用服务,如 Telnet、FTP 等服务连接。这是一种代理服务。代理服务技术适用于应用层,它由一个高层的应用网关作为代理器,通常由专门的硬件来承担。代理服务器接收外来的应用连接请求,进行安全检查后,再与被保护的网络应用服务器建立连接,使得外部服务器在受控制的前提下使用内部网络提供的服务。应用级网关具有登记、日志、统计和报告等功能,并有良好的审计功能和严格的用户认证功能,应用级网关的安全性高,但它要为每种应用提供专门的代理服务程序。

6) 自适应代理技术

自适应代理技术是一种最新的防火墙技术,在一定程度上反映了防火墙目前的发展动态。该技术可以根据用户定义的安全策略,动态适应传送中的分组流量。如果安全要求较高,则安全检查应在应用层完成,以保证代理防火墙的最大安全性;一旦代理明确了会话的所有细节,其后的数据包就可以直接经速度快得多的网络层传送。

4. 防火墙的设计与实现

1) 防火墙设计的安全要求与准则

为了网络的安全可靠,防火墙必须满足以下要求。

(1) 防火墙应由多个构件组成,形成一个有一定冗余度的安全系统,避免成为网络的单失效点。

(2) 防火墙应能抵抗网络黑客的攻击,并可对网络通信进行监控和审计。这样的网络结点,称为阻塞点。

(3) 防火墙一旦失效、系统重启或系统崩溃时，则应完全阻断内、外网络站点的连接，以防非法用户闯入。

(4) 防火墙应提供强制认证服务，外部网络站点对内部网络的访问应经过防火墙的认证检查，包括对网络用户和数据源的认证。它应支持 E-mail、FTP、Telnet 和 WWW 等服务。

(5) 防火墙对内部网络应起到屏蔽作用，并且隐藏内部网站的地址和内部网络的拓扑结构。

在防火墙设计中，安全策略是防火墙的灵魂和基础。通常，防火墙采用的安全策略有如下两个基本准则。

(1) 一切未被允许的访问就是禁止的。

(2) 一切未被禁止的访问就是允许的。

建立防火墙是在对网络的服务功能和拓扑结构仔细分析的基础上，在被保护的网络周边，通过专用硬件、软件及管理措施的综合，对跨越网络边界的信息，提供监测、控制甚至修改的手段。

2) 防火墙的实现

(1) 决定防火墙的类型与拓扑结构。针对防火墙所保护的系统安全级别做出定性和定量评估，从系统的成本、安全保护实现的难易程度以及升级、改造和维护的难易程度，决定该防火墙的类型和拓扑结构。

(2) 制定安全策略。在实现过程中，没有被允许的服务是被禁止的，没有被禁止的服务是允许的。网络安全的第一策略是拒绝一切未许可的服务，即由防火墙逐项删除未许可的服务后，再转发信息。在此策略的指导下，再针对系统制定各项具体策略。

(3) 确定包过滤规则。一般以处理 IP 数据包包头信息为基础，包括过滤规则、过滤方式、源和目的端口号及协议类型等，它决定算法执行时的顺序，因此正确的排列顺序至关重要。

(4) 防火墙维护和管理方案的制定。防火墙的日常维护是对访问记录进行审计，发现入侵和非法访问情况，据此对防火墙的安全性进行评价，需要时进行适当改进。管理工作要根据拓扑结构的改变或安全策略的变化，对防火墙进行硬件与软件的修改和升级。通过维护和管理进一步优化其性能，以保证网络及其信息的安全性。

5. 防水墙

防水墙系统是内网安全管理的有力武器，是加强个人计算机内部安全管理的重要工具，它充分利用密码、身份认证、访问控制和审计跟踪等技术手段，对涉密信息、重要业务数据和技术专利等敏感信息的存储、传播和处理过程，实施安全保护；最大限度地防止敏感信息泄露、被破坏和违规外传，并完整记录涉及敏感信息的操作日志，以便日后审计或追究相关的泄密责任。防水墙系统从内部安全体系架构和网络管理层面上，实现了内部安全的完美统一，有效降低了“堡垒从内部攻破”的可能性。

防水墙系统的主要功能是防止个人桌面系统的信息泄露，同时对个人桌面系统的软硬件资源实施安全管理，并对个人桌面系统的工作状况进行监控和审计。

14.2.2 IDS 与 IPS

入侵检测技术自 20 世纪 80 年代提出以来得到了极大的发展,国外一些研究机构已经开发出了应用不同操作系统的几种典型的攻击检测系统。

1. 入侵检测产品发展现状

入侵检测系统(Intrusion Detect System,IDS)分为两种:主机入侵检测系统(HIDS)和网络入侵检测系统(NIDS)。主机入侵检测系统的分析对象为主机审计日志,所以需要在主机上安装软件,针对不同的系统、不同的版本需安装不同的主机引擎,安装配置较为复杂,同时对系统的运行和稳定性造成影响,目前在国内应用较少。网络入侵监测系统的分析对象为网络数据流,它只需安装在网络的监听端口上,对网络的运行无任何影响,目前国内使用较为广泛。本节介绍的是当前广泛使用的网络入侵检测系统。

2. 为什么需要入侵检测系统

防火墙是 Internet 上最有效的安全保护屏障,防火墙在网络安全中起到“大门警卫”的作用。它对进出的数据依照预先设定的规则进行匹配,符合规则的就予以放行,从而起到访问控制的作用,是网络安全的第一道闸门。优秀的防火墙甚至对高层的应用协议进行动态分析,保护进出数据应用层的安全。但防火墙的功能也有局限性,防火墙只能对进出网络的数据进行分析,对网络内部发生的事件完全无能为力。

同时,由于防火墙处于网关的位置,不可能对进出数据进行太多判断,否则会严重影响网络性能。如果把防火墙比作大门警卫的话,入侵检测就是网络中不间断的摄像机,入侵检测通过旁路监听的方式不间断地收取网络数据,对网络的运行和性能无任何影响,同时判断其中是否含有攻击的企图,通过各种手段向管理员报警。不但可以发现来自外部的攻击,也可以发现来自内部的恶意行为。所以说入侵检测系统是网络安全的第二道闸门,是防火墙的必要补充,构成完整的网络安全解决方案。

入侵检测系统是主动保护自己免受攻击的一种网络安全技术。入侵检测系统对网络或系统上的可疑行为做出相应的反应,及时切断入侵源,保护现场并通过各种途径通知网络管理员,保障系统安全。入侵检测系统是防火墙的合理补充,帮助系统对付外来网络的攻击,扩展了系统管理员的安全管理能力(包括安全审计、监视、进攻识别和响应),提高了信息安全基础机构的完整性。

3. 入侵检测系统的工作步骤

1) 信息收集

入侵检测的第一步是信息收集,内容包括系统、网络运行、数据及用户活动的状态和行为,而且,需要在计算机网络系统中的若干不同关键点(不同网段和不同主机)收集信息。入侵检测很大程度上依赖于收集信息的准确性与可靠性,因此,必须使用精确的软件来报告这些信息,因为黑客经常替换软件以搞混或移走这些信息,例如替换被程序调用的子程序、库和其他工具。信息的收集主要来源于以下几个方面:系统和网络日志文件、目录和文件不期望的改变、程序不期望的行为、物理形式的入侵信息。

2) 信息分析

对上述收集到的有关系统、网络运行、数据及用户活动的状态和行为等信息通过3种技术手段进行分析:模块匹配、统计分析和完整性分析。这3种技术请参阅有关参考资料。

4. 入侵防御系统

入侵防御系统(Intrusion Prevention System,IPS),是IDS的升级产品,是集成入侵检测技术与防御技术于一体的安全产品。IPS同时集成检测、病毒过滤、带宽管理和URL过滤等功能,是业界综合防护技术最领先的入侵防御/检测系统。

14.2.3 网络嗅探技术

1.网络嗅探技术与嗅探器

嗅探器(sniffer)可以理解为一个安装在计算机上的窃听设备,它可以用来窃听计算机在网络上所产生的众多的信息。一部电话的窃听装置,可以用来窃听双方通话的内容,而计算机网络嗅探器则可以窃听计算机程序在网络上发送和接收到的数据。

嗅探器是利用计算机的网络接口截获目的地及其他计算机数据报文的一种技术。它工作在网络的最底层,把网络传输的全部数据记录下来。嗅探器可以帮助网络管理员查找网络漏洞和检测网络性能,嗅探器可以分析网络的流量,以便找出所关心的网络中潜在的问题。不同传输介质的网络可监听性是不同的。一般来说,以太网被监听的可能性比较高,因为以太网是一个广播型的网络;FDDI Token被监听的可能性也比较高,尽管它并不是一个广播型网络,但带有令牌的那些数据包在传输过程中,平均要经过网络上一半的计算机;微波和无线网被监听的可能性同样比较高,因为无线电本身是一个广播型的传输媒介,弥散在空中的无线电信号可以被很轻易地截获。一般情况下,大多数的嗅探器至少能够分析下面的协议。

(1) 标准以太网协议。

(2) TCP/IP;

(3) IPX;

(4) DECNET;

(5) FDDI Token;

(6) 微波和无线网协议。

实际应用中的嗅探器分为软、硬两种。软件嗅探器便宜且易于使用,缺点是往往无法抓取网络上所有的传输数据(如碎片),也就无法全面了解网络的故障和运行情况;硬件嗅探器通常称为协议分析仪,它的优点恰恰是软件嗅探器的缺点,但是价格昂贵。目前使用的嗅探器仍是以软件为主。

2. 通信协议分析

1）与嗅探技术有关的网络通信设备

（1）中继器。中继器的主要功能是终结一个网段的信号并在另一个网段再生该信号，起到信号放大和转发的作用，中继器工作在物理层上。

（2）网桥。网桥使用 MAC 物理地址实现中继功能，可以用来分隔网段或连接部分异种网络，工作在数据链路层。

（3）路由器。路由器工作在网络层，主要负责数据包的路由寻径，也能处理物理层和数据链路层上的工作。

（4）网关。主要工作在网络第 4 层以上，主要实现收敛功能及协议转换，不过很多时候网关都被用来描述任何网络互连设备。

2）TCP/IP 与以太网

以太网和 TCP/IP 可以说是相辅相成的，两者的关系几乎是密不可分，以太网在一、二层提供物理上的连线，而 TCP/IP 工作在上层，使用 32 位的 IP 地址，以太网则使用 48 位的 MAC 地址，两者间使用 ARP 和 RARP 进行相互转换。

载波监听/冲突检测（CSMA/CD）技术被广泛地使用在以太网中，所谓载波监听是指在以太网中的每个站点都具有同等的权利，在传输自己的数据时，首先监听信道是否空闲，如果空闲，就传输自己的数据，如果信道被占用，就等待信道空闲。而冲突检测则是为了防止发生两个站点同时在网络发送数据而产生的冲突。以太网采用广播机制，所有与网络连接的工作站都可以看到网络上传递的数据。

3）TCP/IP 通信

在 TCP/IP 通信中，网络接口层直接与硬件地址相连接，网间网层与 IP 地址相连接，传输层与 TCP 接口相连接，应用层则是面向用户的应用程序接口，如 FTP、Telnet 等接口。

3. 网络嗅探基本原理

计算机所传送的数据是大量的二进制数据。因此，一个网络窃听程序也必须使用特定的网络协议来分解嗅探到的数据，嗅探器也就必须能够识别出哪个协议对应于这个数据片断，只有这样才能够进行正确的解码。

网络嗅探器可以在任何连接着的网络上直接窃听到同一掩码范围内的计算机网络数据。这种窃听方式称为“基于混杂模式的嗅探”（promiscuous mode）。

在以太网中，所有的通信都是广播方式，也就是说通常在同一个网段的所有网络接口都可以接收在物理媒体上传输的所有数据，而每一个网络接口都有一个唯一的硬件地址，这个硬件地址也就是网卡的 MAC 地址。MAC 使用的是 48b 的地址，这个地址用来表示网络中的每一个设备，每块网卡上的 MAC 地址都是不同的。在硬件地址和 IP 地址间使用 ARP 和 RARP 进行相互转换。

在正常的情况下，一个网络接口应该只响应下述两种数据帧来完成嗅探。

(1) 与自己硬件地址相匹配的数据帧;

(2) 发向所有机器的广播数据帧。

网卡接收到传输来的数据,网卡内的单片程序接收数据帧的目的 MAC 地址,根据计算机上的网卡驱动程序设置的接收模式判断该不该接收,认为该接收就接收后产生中断信号通知 CPU,认为不该接收就丢掉不管,所以不该接收的数据在网卡处就截断了,计算机根本就不知道。CPU 得到中断信号产生中断,操作系统就根据网卡的驱动程序设置的网卡中断程序地址调用驱动程序接收数据,驱动程序接收数据后放入信号堆栈让操作系统处理。而对于网卡来说一般有 4 种接收模式。

(1) 广播方式:该模式下的网卡能够接收网络中的所有广播信息。

(2) 组播方式:设置在该模式下的网卡能够接收组播数据。

(3) 直接方式:在这种模式下,只有目的网卡才能接收该数据。

(4) 混杂模式:在这种模式下的网卡能够接收一切通过它的数据,而不管该数据是不是传给它的。

通过前面的学习,网卡接收信息技术可总结如下。

(1) 在以太网中是基于广播方式传送数据的,也就是说,所有的物理信号都要经过连接在以太网段上的机器;

(2) 网卡可以置于混杂模式,在这种模式下工作的网卡能够接收到一切通过它的数据,而不管实际上数据的目的地址是不是自己的。这实际上就是 Sniff 工作的基本原理:让网卡接收一切能接收的数据。

下面来看一个简单的例子,如图 14-5 所示,机器 A、B、C 与集线器 Hub 相连接,集线器 Hub 通过路由器 Router 访问外部网络。

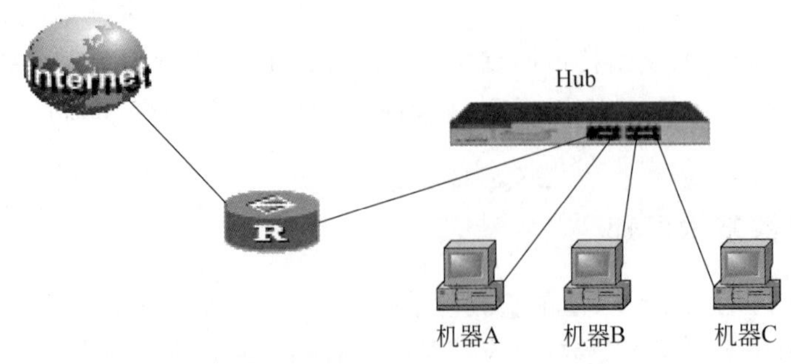

图 14-5 一个简单的以太网拓扑图

值得注意的一点是,机器 A、B、C 使用一个普通的 Hub 连接,不是用 Switch,也不是用 Router,使用 Switch 和 Router 的情况要比这复杂得多。

假设机器 A 上的管理员为了维护机器 C,使用了一个 FTP 命令向机器 C 进行登录,那么在这个用 Hub 连接的网络里数据走向过程是这样的:首先机器 A 上的管理员输入的登录机器 C 的 FTP 命令经过应用层 FTP、传输层 TCP、网络层 IP、数据链路层上的以太网驱动程序一层一层的包裹,最后送到了物理层所连接的网线上,如图 14-6 所示。接下来数据帧送到了 Hub 上,再由 Hub 向每一个结点广播由机器 A 发出的数

据帧，机器 B 接收到由 Hub 广播发出的数据帧，并检查在数据帧中的地址是否和自己的地址相匹配，发现不是发向自己的数据后就把这个数据帧丢弃，不予理睬。而机器 C 也接收到了数据帧，并在比较之后发现是自己的数据帧，接下来就对这个数据帧进行接收和分析处理。

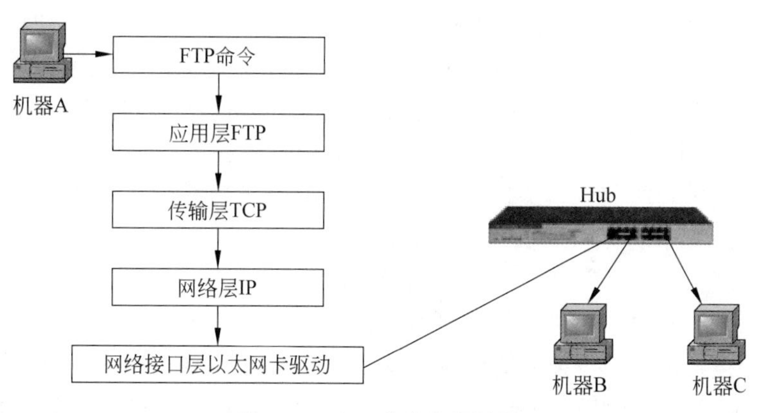

图 14-6　FTP 命令执行过程

在这个简单的例子中，机器 B 上的管理员如果很好奇，想知道究竟登录机器 C 上 FTP 口令是什么，要做的事情是很简单的，仅需要把自己机器上的网卡置于混杂模式，即可接收数据，接着对接收到的数据帧进行分析，从而可以得到包含在数据帧中所想知道的信息。

4. 简单嗅探技术

常用的嗅探技术有以下几种。

1) ARP Spoof(ARP 欺骗)

ARP Spoof 攻击的根本原理是因为计算机中维护着一个 ARP 高速缓存，并且这个 ARP 高速缓存是随着计算机不断地发出 ARP 请求和收到 ARP 响应而不断地更新的。ARP 高速缓存的目的是把机器的 IP 地址和 MAC 地址相互映射(绑定)。可以使用 ARP 命令来查看自己的 ARP 高速缓存。现在设想一下，一个 Switch 工作在数据链路层，根据 MAC 地址来转发他所接收的数据包，而计算机维护的 ARP 高速缓存却是动态的。在这种情况下，会发生什么样的事情呢？

为了便于分析，为三台计算机统一分配 IP 地址。

假设机器 A 的 IP 地址为 10.0.0.1，MAC 地址为 20-53-52-43-00-01；机器 B 的 IP 地址为 10.0.0.2，MAC 地址为 20-53-52-43-00-02；机器 C 的 IP 地址为 10.0.0.3，MAC 地址为 20-53-52-43-00-03。

现在机器 B 上的管理员想窃取机器 A 向机器 C 发送的信息，它向机器 A 发出一个 ARP Reply(ARP 应答)，其中目的 IP 地址为 10.0.0.1，目的 MAC 地址为 20-53-52-43-00-01，而源 IP 地址为 10.0.0.3，源 MAC 地址为 20-53-52-43-00-02，机器 A 收到 ARP 命令信息后就会及时更新它的 ARP 高速缓存的内容，并相信了 IP 地址为 10.0.0.3 的机器的 MAC 地址是 20-53-52-43-00-02。当机器 A 上的管理员发出一条 FTP 命令 ftp 10.0.0.3 时(其本意是用FTP命令登录机器C),数据包即被送到了Switch,Switch查看数据包中的目的地址,发现MAC为20-53-52-43-00-02,于是,就把数据包发到了机器B上。这就是典型的ARP欺骗技术。

2) MAC Flooding(MAC地址溢出)

前面曾经提到过,Switch之所以能够由数据包中目的MAC地址判断出它应该把数据包发送到哪一个端口上是根据自身维护的一张ARP地址表。这张地址表可能是动态的也可能是静态的,这要看Switch的厂商和Switch的型号来定,对于某些Switch来说,它维护的是一张动态的地址表,并且地址表的大小是有上限的,如3Com Superstack Switch 3300就是这样一种Switch,可以通过发送大量错误的地址信息而使Switch维护的地址表"溢出",从而使它变成广播模式来达到要Sniff机器A与机器C之间通信的目的。

3) Fake the MAC address(伪造MAC地址)

伪造MAC地址也是一种常用的办法,不过这要基于网络内的Switch是动态更新其地址表,这实际上和上面说到的ARP Spoof有些类似,只不过现在是想要Switch相信你,而不是要机器A相信你。因为Switch是动态更新其地址表的。其关键技术是需要向Switch发送伪造过的数据包,其中源MAC地址对应的是机器C的MAC地址,现在Switch就把机器C和相应端口对应起来了。

4) ICMP Router Advertisements(ICMP路由通告)

这主要是由ICMP路由器发现协议(IRDP)的缺陷引起的,在Windows及SunOS、Solaris 2.6等系统中,都使用了IRDP,SunOS系统只在某些特定的情况下使用该协议,Windows系统都是默认使用IRDP。IRDP的主要内容就是告诉人们谁是路由器,如果一个黑客利用IRDP宣称自己是路由器的情况是很糟糕的,因为所有相信黑客的请求的机器都会把所有的数据都发送给黑客所控制的机器。

5) ICMP Redirect(ICMP重定向)

所谓ICMP重定向,就是指告诉机器向另一个不同的路由发送它的数据包,ICMP重定向通常使用在这样的场合下,假设A与B两台机器分别位于同一个物理网段内的两个逻辑子网内,而A和B都不知道这一点,只有路由器知道,当A发送给B的数据到达路由器的时候,路由器会向A发送一个ICMP重定向包,将B的真实地址告诉A,这样,A就可以和B直接通信了。而一个黑客完全可以利用这一点来进行攻击,使得A发送给B的数据直接发送给黑客。

14.2.4 安全审计技术

1. 网络安全审计的基本概念

首先把范围界定一下,这里的安全审计是指在一个网络环境下以维护网络安全为目的的审计,因而叫网络安全审计。

通俗地说,网络安全审计就是在一个特定的企事业单位的网络环境下,为了保障网络和数据不受来自外网和内网用户的入侵和破坏，而运用各种技术手段实时收集和监控网络环境中每一个组成部分的系统状态、安全事件，以便集中报警、分析、处理的一种技术手段。

这里顺便介绍其他行业的案例审计概念，如金融和财务中的安全审计，目的是检查资金不被乱用、挪用，或者检查有没有偷税事件的发生；道路安全审计是为了保障道路安全而进行的道路、桥梁的安全检查；民航安全审计是为了保障飞机飞行安全而对飞机、地面设施、法规执行等进行的安全和应急措施检查等。特别地，金融和财务审计有网络安全审计的说法，仅仅是指利用网络进行远程财务审计，和网络安全没有关系。

2. 安全审计的技术分类

目前的安全审计解决方案有以下几类。

(1) 日志审计。目的是收集日志，通过 SNMP、SYSLOG、OPSEC 或者其他的日志接口从各种网络设备、服务器、用户计算机、数据库、应用系统和网络安全设备中收集日志，进行统一管理、分析和报警。

(2) 主机审计。通过在服务器、用户计算机或其他审计对象中安装客户端的方式来进行审计，可达到审计安全漏洞、审计合法和非法或入侵操作、监控上网行为和内容以及向外复制文件行为、监控用户非工作行为等目的。根据该定义，事实上主机审计已经包括主机日志审计、主机漏洞扫描产品、主机防火墙和主机 IDS/IPS 的安全审计功能、主机上网和上机行为监控等类型的产品。

(3) 网络审计。通过旁路和串接的方式实现对网络数据包的捕获，而且进行协议分析和还原，可达到审计服务器、用户计算机、数据库、应用系统的审计安全漏洞、合法和非法或入侵操作、监控上网行为和内容、监控用户非工作行为等目的。根据该定义，事实上网络审计已经包括网络漏洞扫描产品、防火墙和 IDS/IPS 中的安全审计功能、互联网行为监控等类型的产品。

3. 安全审计体系

根据以上审计对象和审计技术的分析，可以归纳出一个企事业单位内的网络安全审计体系。该体系分为以下几个组件。

(1) 日志收集代理。用于所有网络设备的日志收集。

(2) 主机审计客户端。安装在服务器和用户计算机上，进行安全漏洞检测和收集、本机上机行为和防泄密行为监控、入侵检测等。对于主机的日志收集、数据库和应用系统的安全审计也通过该客户端实现。

(3) 主机审计服务器端。安装在任一台计算机上，收集主机审计客户端上传的所有信息，并且把日志集中到网络安全审计中心中。

(4) 网络审计客户端。安装在单位内的物理子网出口或者分支机构的出口，收集该物理子网内的上网行为和内容，并且把这些日志上传到网络审计服务器。对于主数据库和应用系统的安全审计可以通过该网络审计客户端实现。

(5) 网络审计服务器。安装在单位总部内，接收网络审计客户端的上网行为和内容，并且把日志集中到网络安全审计中心中。如果是小型网络,则网络审计客户端和服务器可以合成一个。

(6) 网络安全审计中心。安装在单位总部内,接收网络审计服务器、主机审计服务器端和日志收集代理传输过来的日志信息,进行集中管理、报警、分析,并且可以对各系统进行配置和策略制定,方便统一管理。

这样,上述几个组件形成一个完整的审计体系,可以满足所有审计对象的安全审计需求。就目前而言,实现的产品类型有日志审计系统、数据库审计系统、桌面管理系统、网络审计系统、漏洞扫描系统、入侵检测和防护系统等,这些产品都实现了网络安全审计的一部分功能,只有实现全面的网络安全审计体系,安全审计才是完整的。

14.2.5 漏洞扫描技术

漏洞扫描是指基于漏洞数据库,通过扫描等手段对指定的远程或者本地计算机系统的安全脆弱性进行检测,发现可利用的漏洞的一种安全检测(渗透攻击)行为。

漏洞扫描有两个方面的目的和作用:对于普通用户来说,利用扫描发现自己系统的安全漏洞,有针对性地弥补漏洞,并制定相应的防范措施;而对于黑客等攻击者来说,利用扫描发现对方系统的薄弱之处,进行攻击。

漏洞扫描技术是一类重要的网络安全技术。它和防火墙、入侵检测系统互相配合,能够有效提高网络的安全性。通过对网络的扫描,网络管理员能了解网络的安全设置和运行的应用服务,及时发现安全漏洞,客观评估网络风险等级。网络管理员能根据扫描的结果更正网络安全漏洞和系统中的错误设置,在黑客攻击前进行防范。如果说防火墙和网络监视系统是被动的防御手段,那么安全扫描就是一种主动的防范措施,能有效避免黑客攻击行为,做到防患于未然。

14.2.6 其他网络安全技术

除上述介绍的主要网络安全技术以外,还有很多网络安全与信息安全技术,如端口扫描技术、蜜罐诱导技术、数字取证技术、信息隐藏技术、沙盘保护技术。由于篇幅原因,在此不再赘述,有兴趣的读者可参阅相关资料。

现将对网络攻击采取的常用检测手段及对抗措施概述如下。

(1) 通过对称加密算法(如DES算法)对关键数据进行加密。

(2) 通过非对称加密算法(俗称公开密钥加密体制,如RSA算法)进行数字签名。

(3) 通过单向散列函数(如MD5算法)计算出消息摘要,再与公开密钥加密体制一道进行消息完整性保护。

(4) 通过公开密钥加密体制进行身份认证、访问控制,并可实现数字信封技术。

(5) 通过防火墙技术阻止非法数据包和非法入侵者进入网络。

(6) 通过入侵检测技术对穿过防火墙的非数据包及非法入侵者在网络中的行为进行实时监控。

(7) 通过端口扫描技术对进程进行监视，同时通过端口扫描技术发现计算机病毒和木马对网络的入侵。

(8) 通过网络嗅探技术捕获所有数据包，同时对网络内部违法行为进行监控。

(9) 通过蜜罐技术对黑客进行诱骗，从而有针对性地进行防范。

(10) 通过数字取证技术获取非法入侵者的网络入侵罪证。

(11) 通过沙盘保护技术建立一个虚拟运行环境，对关键系统进行隔离保护。

(12) 通过防病毒软件对入侵的计算机病毒进行检测和清除。

(13) 通过木马及黑客工具对木马及黑客的攻击进行检测和防范。

14.3　局域网络与广域网络安全

14.3.1　局域网络安全性分析

局域网络的安全涉及多个方面，不仅有局域网本身的因素，还有来自外界的恶意破坏。

局域网的安全性主要包括以下3个方面。

(1) 局域网本身的安全性，如TCP/IP存在的缺陷，局域网建设不规范带来的安全隐患，或来自局域网内部的人为破坏；

(2) 当局域网和Internet连接时，受到来自外界恶意的攻击，局域网对不安全站点的访问控制；

(3) 建设局域网所用的介质和设备所存在的问题。

1. 局域网结构特点及安全性分析

TCP/IP是一组协议的总称，即Internet上的协议族。在Internet上，除了常用的TCP和IP之外，还包括其他的各种协议。应用层有传输控制协议(TCP)和用户数据报协议(UDP)；网络层有IP和ICMP，用于负责相邻主机之间的通信。

很多局域网是基于TCP/IP的，由于TCP/IP本身的不安全性，导致局域网存在如下安全方面的缺陷。

(1) 数据容易被窃听和截取；

(2) IP地址容易被欺骗；

(3) 缺乏足够的安全策略；

(4) 局域网配置的复杂性。

局域网的安全可以通过建立合理的网络拓扑和合理配置网络设备而得到加强。如通过网桥和路由器将局域网划分成多个子网；通过交换机设置虚拟局域网络(VLAN)，使得处于同一虚拟局域网内的主机才会处于同一广播域，这样就减少了数据被其他主机监听的可能性。

2. 操作系统安全性分析

从终端用户的程序到服务器应用服务以及网络安全的很多技术,都是运行在操作系统上的,因此,保证操作系统的安全是整个安全系统的根本。操作系统安全也称为主机的安全。一方面,由于现代操作系统的代码庞大,从而不同程度上都存在一些安全漏洞;另一方面,系统管理员或使用人员对复杂的操作系统和安全机制了解不够,配置不当也会造成安全隐患。因此,需要不断增加系统安全补丁,除此以外,还需要建立一套对系统的监控系统,并对合法用户给予授权访问和对安全资源的使用,防止非法入侵者对系统资源的侵占与破坏,其最常用的办法是利用操作系统提供的功能,如用户认证、访问权限控制、记账审计等。

14.3.2 局域网络安全技术

由于局域网的拓扑结构、应用环境和应用对象有所不同,受到的威胁和攻击也不相同。因此,实现局域网的安全方法也有差别。

局域网的安全方法有以下几种:流量控制、信息加密、网络管理、病毒防御和消除。

1. 流量控制

在局域网内,必须对数据的流量加以控制,否则用户和数据为争夺访问权而产生混乱,会发生碰撞和数据淹没,会引起信息丢失或者网络挂起等故障。为了避免上述故障的发生,必须对网上流量进行有效的控制。

2. 信息加密

对于局域网,加密同样是保护信息的最有效方法之一,局域网加密重点是数据。加密的层次可以在表示层,方法与广域网类似。可以采用加密软件的方法,也可采用 PGP 加密算法、RSA 加密算法、DES 加密算法或 IDEA 加密算法。

3. 网络管理

在一个局域网中,为了保证网络安全、可靠地运行,必须要有网络管理。因此,需要建立网络管理中心,或者指定专人负责。其主要任务是针对网络资源、网络性能和密钥进行管理,对网络进行监视和访问控制。

在一个局域网中,有许多设备和用户,如果没有一个管理中心,任何人都可以随意增加或减少网络设备,可以任意设置网络性能参数,将导致网络不能正常运转,更谈不上网络安全。因此,网络管理中心应该负责对该网络的构造和性能进行管理,用户不能改变网络的拓扑结构。

4. 病毒防御和消除

在局域网中,由于计算机直接面向用户,而且操作系统也比较简单,与广域网相比,更容易被计算机病毒感染。病毒会造成计算机软硬件系统、网络系统以及信息系统的破坏，因此，对计算机病毒的预防和消除是非常重要的，解决的办法应该是制定相应的管理和预防措施，对网络上传输的数据严格检查。

对计算机病毒（含计算机网络病毒）的有效预防方法是经常对系统进行病毒检查和杀毒，购买正版的杀毒软件、定期进行病毒软件的升级、及时对网络操作系统及时打补丁。

14.3.3　广域网络安全技术

广域网上存在哪些不安全的地方？

由于广域网采用公网传输数据，因而在广域网上进行传输时信息也可能会被不法分子截取。如分支机构从异地发一个信息到总部时，这个信息包就有可能被人截取和利用。因此，在广域网上发送和接收信息时要保证：

（1）除了发送方和接收方外，其他人是不可知悉的（隐私性）；

（2）传输过程中不被窜改（真实性）；

（3）发送方能确信接收方不会是假冒的（非伪装性）；

（4）发送方不能否认自己的发送行为（非否认）。

假如没有专门的软件对数据进行控制，所有的广域网通信都将不受限制地进行传输，因此，任何一个对通信进行监测的人都可以对通信数据进行截取。这种形式的“攻击”是相对比较轻易成功的，只要使用现在可以很轻易得到的“包检测”软件即可。

假如从一个联网的UNIX工作站上使用“跟踪路由”命令，就可以看见数据从客户机传送到服务器要经过多少种不同的结点和系统，所有这些都被认为是最轻易受到黑客攻击的目标。一般地，一个监听攻击只需通过在传输数据的末尾获取IP包的信息即可以完成。这种办法并不需要非凡的物理访问。假如对网络用线具有直接的物理访问，还可以使用网络诊断软件来进行窃听。

对付这类攻击的办法就是对传输的信息进行加密，或者是至少要对包含敏感数据的部分信息进行加密。

14.4　Internet安全技术

本节内容可以扫描右侧的二维码获取。

14.5　IPv6安全管理技术

本节内容可以扫描右侧的二维码获取。

14.6 云计算安全技术

本节内容可以扫描左侧的二维码获取。

14.7 数字签名与CA认证技术

本节内容可以扫描左侧的二维码获取。

14.8 病毒、木马与黑客的攻防技术

本节内容可以扫描左侧的二维码获取。

14.9 应用实例

本节内容可以扫描左侧的二维码获取。

习题

1. 解释下列名词：
计算机网络安全、数字签名、CA认证、数字凭证、入侵检测、防火墙、计算机病毒。
2. 简述网络安全威胁的种类。
3. 简述系统攻击方法的种类。
4. 简述防火墙的功能与分类。
5. 简述计算机病毒的分类、特点及防范和清除计算机病毒的方法。
6. 计算机网络的安全管理应注意哪些方面？
7. “防火墙”是否能将一切非法信息以及非法入侵者“挡”在“墙”外？
8. “数字签名”在电子商务交易中起到了什么作用？
9. “秘密密钥”与“公开密钥”有什么区别？
10. 常用的系统攻击手段有哪几种？

第 15 章　实用案例分析

通过前面的学习，读者系统地掌握了计算机网络的基础理论、组网原理、网络软硬件设施、网络拓扑结构、网络管理技术和网络安全防范技术。

在这一章中，介绍几种实用的网络架构设计技术：数字校园架构设计、智慧校园架构设计、IPv6 架构设计。由于篇幅所限，这里只给出基本的架构设计，有关内容的拓展请参阅相关资料。

知识培养目标

- 了解数字校园架构设计；
- 了解智慧校园架构设计；
- 了解 IPv6 网络架构设计。

能力培养目标

- 具备数字校园架构设计与网络建设的能力；
- 具备智慧校园架构设计与网络建设的能力；
- 具备 IPv6 网络架构设计与网络建设的能力。

课程思政培养目标

课程内容与课程思政培养目标关联表如表 15-1 所示。

表 15-1　课程内容与课程思政培养目标关联表

节	知识点	案例及教学内容	思政元素	培养目标及实现方法
15.2		智慧校园架构设计、IPv6 架构设计	理论与实践应用相结合，学校学习与社会服务及实践相结合	培养学生学以致用的能力，具有为社会服务的意识，将学到的知识回报社会

15.1　数字校园架构设计

本节以××大学数字校园建设为蓝本，介绍数字校园的架构设计技术。

15.1.1 大学校园网建设背景及需求分析

1. 建设背景

某校园的校园网在规划实施过程中,遵循实用性、先进性、安全性、可扩展性、高性价比及可管理性原则,对于整个校园的用户群、功能分布等各方面做了详尽的分析和汇总,给出该网络的规划和设计过程,从而帮助读者能够更好地掌握网络工程的实施过程。

随着以信息技术为主要标志的科技进步日新月异,计算机信息网络及其应用系统在全世界的迅速推广和使用使人们管理、获取、交流和处理信息的手段发生了巨大变化,信息化发展也为教育行业的工作带来了新的挑战和机遇。计算机网络的应用已经深入社会生活的各个方面,特别是在教育领域。某大学是一所综合性大学,校园网建立在资金相对紧张的前提下,校园网的建设方面希望成本较低,并尽量采用当前最新的网络技术,且要分步实施,校园网络的建设应该是一个循序渐进的过程。这就要求选择具有良好可扩充性能的网络互连设备,这样才能充分保护现在的投资。

2. 需求分析

某大学是一所大型的综合性大学,包含师生人数约6万人,校区不集中,9个校区分布在城市的不同方向,校区间的最大直线距离达到30km。一个良好的设计方案除体现出网络的优越性能之外,还体现在应用的实用性、网络的安全性、易于管理性和未来的可扩展性。因此,设计时要考虑以下问题。

(1) 要适应未来网络的扩展和拓扑结构的变化。

(2) 要能为特定的师生用户或用户组提供访问路径。

(3) 要保证网络能不间断地运行。

(4) 当网络扩大和应用增加时,变化的网络结构要能应付相应的带宽要求。

(5) 使用频率较高的应用能够支持网上大多数的师生用户。

(6) 能合理地分配用户对网内、网外的信息流量。

(7) 能支持较多的网络协议,扩大网络的应用范围。

(8) 支持IP的单点传送和多点广播数据流。

要达到以上这些设计要求,分层的设计功能及星状、树状和交叉型的拓扑结构应给予足够的重视。

在现代网络环境中,稳定可靠是争相谈论的话题,因现代网络中运行了众多重要应用及服务,是要保证24小时不间断的服务,就要完全能保证网络设备全天候的可用性。即使在设备出现问题时切换到备用设备的过程中,也要保证较小的延迟,以满足网络应用有效畅通的需要。在这样的需求中利用管理交换引擎、电源等关键部件的冗余,支持802.1D、802.1W和802.1S多VLAN生成树协议保证链路级的冗余和负载均衡,支持VRRP、OSPF等三层路由协议保证路由级的冗余,支持Load Balancing技术实现了应用级的冗余备份和负载均衡,全方位地完全保证了设备、网络、应用系统的可靠性。

3. 数字校园的关键技术

1）路由技术

路由协议工作在 OSI 参考模型的第三层，因此它的作用主要是在通信子网间进行路由选择并转发数据包。路由器具有在网络中传递数据时选择最佳路径的能力。除了可以完成主要的路由任务，利用访问控制列表（Access Control List，ACL），路由器还可以用来完成以路由器为中心的流量控制和过滤功能。内网用户不仅通过路由器接入因特网，内网用户之间通过三层交换机上的路由功能进行数据包交换。

2）数据交换技术

传统意义上的数据交换发生在 OSI 模型的第二层。现代交换技术还实现了第三层交换和多层交换。高层交换技术的引入不但提高了园区网数据交换的效率，更大大增强了园区网数据交换服务质量，满足了不同类型网络应用程序的需要。现代交换网络还引入了虚拟局域网（Virtual LAN，VLAN）的概念。VLAN 将广播域限制在单个 VLAN 内部，减小了各 VLAN 间主机的广播通信对其他 VLAN 的影响。在 VLAN 间需要通信时，可以利用 VLAN 间路由技术来实现。当网络管理人员需要管理的交换机数量众多时，可以使用 VLAN 中继协议（VLAN Trunking Protocol，VTP）简化管理，它只需在单独一台交换机上定义所有 VLAN。然后通过 VTP 将 VLAN 定义传播到本管理域中的所有交换机上。这样就大大减轻了网络管理人员的工作负担和工作强度。为了简化交换网络设计、提高交换网络的可扩展性，在园区网内部数据交换的部署是分层进行的。校园网数据交换设备可以划分为 3 个层次：访问层、分布层、核心层。访问层为所有的终端用户提供一个接入点；分布层除了负责将访问层交换机进行汇集外，还为整个交换网络提供 VLAN 间的路由选择功能；核心层将各分布层交换机互连起来进行穿越校园网骨干的高速数据交换。在本设计中，也将采用这三层进行分开设计、配置。

3）远程访问技术

远程访问是园区网络必须提供的服务之一。远程访问有 3 种可选的服务类型：专线连接、电路交换和包交换。不同的广域网连接类型提供的服务质量不同，花费也不相同。企业用户可以根据所需带宽、本地服务可用性、花费等因素综合考虑，选择一种适合企业自身需要的广域网接入方案。在本设计中，分别采用专线连接（到因特网）和电路交换（到校园网）两种方式实现远程访问需求。

4）信息资源共享技术

通过校园网，实现各种信息共享，有关学校的各种资料、信息都可以通过网络进行查询，如图书资料、教学资料等。

5）电子邮件技术

通过电子邮件，可以与国内、国际进行广泛、快捷的联系，获得多种信息。

6）信息管理系统自动化技术

学校的信息管理系统包括人事管理、财务管理、教务管理、科研管理、档案管理、后勤管理、图书馆综合查询系统和办公自动化系统等，这些系统都统一到一个规范、标准的平台上，通过校园网实现全校统一管理计算机化，网络接入认证管理系统，并与其他网络互连,提高学校管理水平。

7) 计算机辅助教学系统

可以实现基于网络的各种电子教学,如多媒体教学、电子阅览室、电子论坛等。

15.1.2 主干网络设计及设备选型

1. 主干网络结构设计

校园网系统是大学校园的基础设施,除提供基本的网络服务外,还应具备人才培养、科研开发、信息资源建设等功能。校园网络平台不仅要求能够满足学校当前需求,还应能适应未来的应用提升要求。

学校充分利用校园网平台,采取"总体规划、分步实施"的方式积极推进教育信息化进程。在建设过程中,遵循规划要素,进行结构化设计。以校区主干网络为例,主要采用了三层网络建设规划。

核心层:学校网络中心。该层的设计应为整个网络中最稳定、最可靠的部分,内部能提供超高速的转发速率,核心交换机的各个端口的匹配规则要独立完成,并提供QoS功能,为了保证可靠性,必须提供一定的冗余组件,为了实现VLAN之间的通信,也需要提供VLAN的三层交换技术。

汇聚层:其余各分校区网络中心,及主校区的主要楼宇(包括一号综合楼、行政楼、研究生楼、学生食堂等)。该层设计为分布式三层交换结构,减轻核心层三层交换压力,并引入一定的安全策略,从而使核心层更高效地工作,提高整个网络的效率。

接入层:主校区各个学部的接入(包括学生宿舍、团委、学术交流中心等)。接入层接入用户数多,用户类型复杂,用户范围分布广。该层设计作为网络边缘,尽可能地对网络病毒和攻击进行防御和阻隔,并对接入用户群分类及隔离,并对用户接入的合法性提供一定的安全保障,可以提供VLAN、端口安全等策略。具体拓扑结构如图15-1所示。

校园网内部遵循千兆光纤到楼宇,百兆光纤到楼宇的设计思想,核心层交换机到汇聚层交换机采用千兆光纤,并利用48芯混合光纤实现连接,汇聚层交换机到各楼宇接入层交换机则采用千兆或百兆光纤接入,利用千兆交换或快速交换技术。楼宇内采用双绞线连接到具体的接入点,实现百兆连接,采用快速交换技术。为了保证核心层的可靠性,还采用了冗余备份技术。

2. 主要设备选择

1) 核心层设备选择

核心层采用两台Nortel Passport 8600互为热备份。Nortel Passport 8600是北电网络公司的第二代千兆三层交换机,它具有128Gb/s的背板交换能力。

该交换机能提供高密度的千兆和百兆带宽的接口板,而且还能提供ATM和POS板,使该系列交换机具备了提供电信级骨干交换机的能力。

为了满足不同种类用户的需求,Nortel Passport 8600有多种机箱。常见的是Nortel

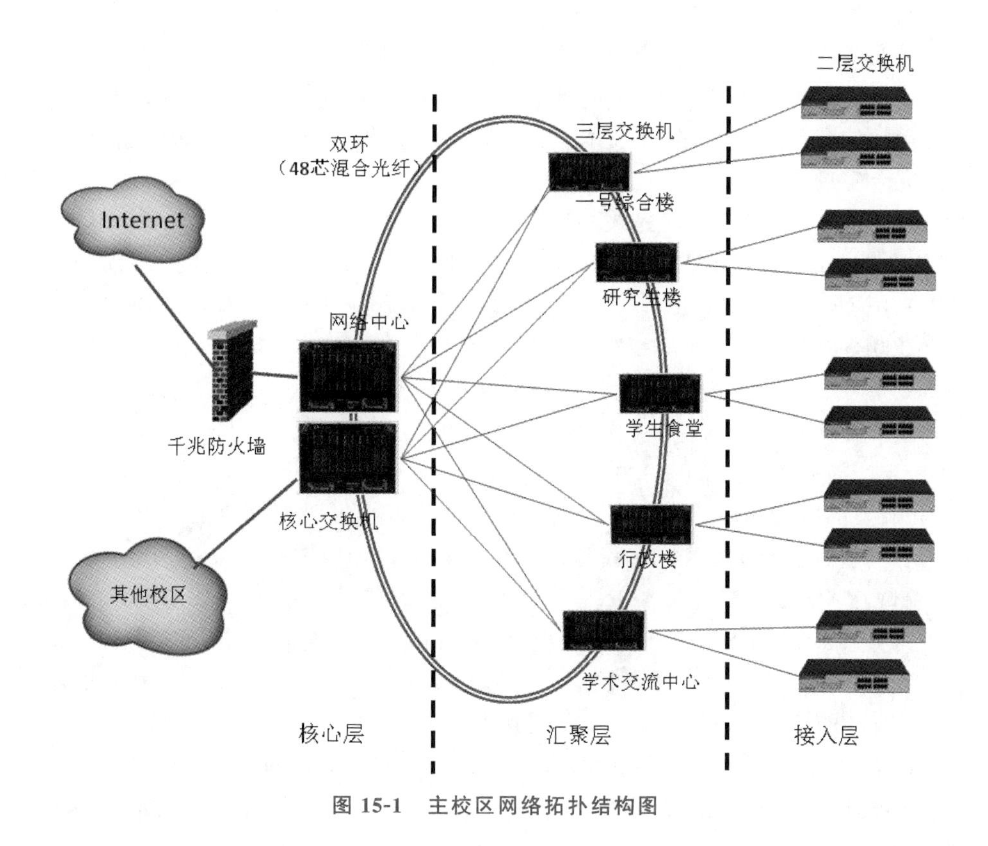

图 15-1　主校区网络拓扑结构图

Passport 8006 和 Nortel Passport 8010 两种机箱。电信客户采用较多的是 Nortel Passport 8010，该机箱共有 10 个插槽，可提供很高的端口密度，以满足用户的需要。对于企业用户，需要较少的端口密度，但希望得到较高的交换和路由性能，可采用具有 6 个插槽的 Nortel Passport 8006 机箱。

Nortel Passport 8600 所支持的模块分为两类：一类是系统模块，另一类为接口模块。

8690SF CPU/交换矩阵模块是 Nortel Passport 8600 系列交换机的系统模块。8690SF CPU/交换矩阵模块采用基于 PowerPC 的 CPU 处理模块，使该模块具有了快速的二层和三层数据包的处理能力。同时，该模块还采用了共享内存式交换矩阵模式，使该模块能够提供宽带线速的交换能力。同时，Nortel Passport 8010 和 Nortel Passport 8006 两种机箱均可同时插入两块 8690SF CPU/交换矩阵模块。当插入两块系统模块后。两块系统模块不仅能够提供热备份功能，还能互相提供交换的负载均衡，使用户可以得到 256Gb/s 背板交换能力。

8690SF CPU/交换矩阵模块中有一个 PCMCIA 卡插槽。该槽可以插入一块 PCMCIA 卡，可将设备的配置文件和操作文件系统保存起来，以防在不可知的情况出现时，仍能保持网络系统的稳定运行。

2) 汇聚层设备选择

汇聚层交换机采用 H3C S7502E。H3C S7500E(X)系列是杭州华三通信技术有限公司(简称为 H3C 公司)面向融合业务网络的高端多业务路由交换机，融合了 MPLS VPN、

IPv6、网络安全、无线、无源光网络等多种网络业务,提供不间断转发、不间断升级、优雅重启、环网保护等多种高可靠技术,在提高用户生产效率的同时,保证了网络最大正常运行时间,从而降低了客户的总拥有成本,可以提供640Gb/s的整机交换容量。S7502E(4槽)支持冗余主控。

支持IEEE 802.1P(CoS优先级)、IEEE 802.1Q(VLAN)、IEEE 802.1d(STP)/802.1w(RSTP)/802.1s(MSTP)、IEEE 802.1ad(QinQ)、IEEE 802.3x(全双工流控)和背压式流控(半双工)、IEEE 802.3ad(链路聚合)、IEEE 802.3(10Base-T)/802.3u(100Base-T)、IEEE 802.3z(1000Base-X)/802.3ab(1000Base-T)标准。

H3C S7500E(X)可广泛应用于城域网、数据中心、园区网核心和汇聚等多种网络环境。

3) 接入层设备选择

接入层交换机采用H3C S3600。H3C S3600系列交换机是H3C公司基于IToIP理念设计和开发的智能弹性以太网交换机。系统在安全可靠、多业务融合、易管理和维护等方面为用户提供全新的技术特性和解决方案。S3600-28P-EI带有24个10/100Base-TX以太网端口,4个1000Base-X SFP千兆以太网端口,支持1000Base-SX-SFP、1000Base-LX-SFP、1000Base-LH-SFP等模块,具有32Gb/s的交换容量,支持IEEE 802.3x流控(全双工),支持基于端口速率百分比的广播风暴抑制,支持基于pps的广播风暴抑制等;支持基于端口的VLAN(4000个),也支持基于协议的VLAN和Voice VLAN、支持VLAN VPN(QinQ)等。安全方面支持IEEE 802.1X认证/集中式MAC地址认证、AAA&RADIUS认证、MAC地址学习数目限制、MAC地址与端口、IP的绑定等,可以解决多种用户接入的安全性问题。

4) 服务器选择

根据学校应用的实际需求,选用Dell PowerEdge R710作为服务器。这款新一代2U机架式服务器能够有效应对各种关键业务应用的需求。Dell PowerEdge R710采用英特尔至强5500系列处理器,具备更强大的虚拟化功能并配备多种富有创新系统管理工具,能效更高,有效降低总拥有成本。

3. ISP的选择

选择ISP(Internet Service Provider,Internet服务提供商)对不同类型的校园网络至关重要。经过多年的发展,我国形成了以CSTNET(中国科学院的科技网)、CERNET(国家教育部的教育与科研网)、ChinaNet(中国公用计算机互联网)和ChinaGBN(中国金桥信息网)为主的四大网络体系,伴随着IT与通信技术的不断发展和社会的广泛需求,近年来UNINET(中国联合通信网)、CNCNET(中国网络通信网)、CMNET(中国移动通信网)等网络骨干体系的出现,逐渐构成了我国Internet的主干。由于中国的互联网服务商以各自网络体系的发展为主,不同种类的大网之间缺乏协调机制,故它们之间的网络带宽问题没能较好地解决。对用户而言,在线某类网络时再链接另一类网络,"瓶颈"问题就会凸显。作为校园网络,无论师生有哪些需求,都离不开以教学、科研为主的信息资源,90%的教育资源都集中在CERNET上,故校园网络在选择ISP时,就要重点考虑CERNET,为了保证可靠性,有条件地选择其他的ISP接入方式。

另外，如何申请足够带宽而又不至于浪费呢？太大的带宽意味着要向 ISP 支付更多的费用。计算的依据就是要考虑校园网的规模，在出口链接 Internet 的高峰期约有多少台计算机（一般拥有总量的 60%～70%），以每台的带宽为 100kb/s（比 PPP 拨号方式的 56kb/s Modem 快些）计算，总需求在多少 MB，再考虑 20/80 规则，以确定整个校园网的接入带宽，出于数据安全的考虑，一些装有重要而又保密的数据的主机，如财务数据、人事档案数据，只允许在网段内使用，不宜连接到 Internet。

本校园网络采用了 3 条出口线路，分别为 CERNET（100Mb/s）、CNCNET（300Mb/s）、CTC（中国电信，300Mb/s）。其中，服务器数据、教育网数据及一些特殊应用都连接在 CERNET 出口上，教学区默认路由及 CTC 地址用户连接到 CTC 出口上，家属区默认路由及 CNCNET 地址用户连接到 CNCNET 出口上，这样就实现了负载分担和互为备份，如图 15-2 所示。

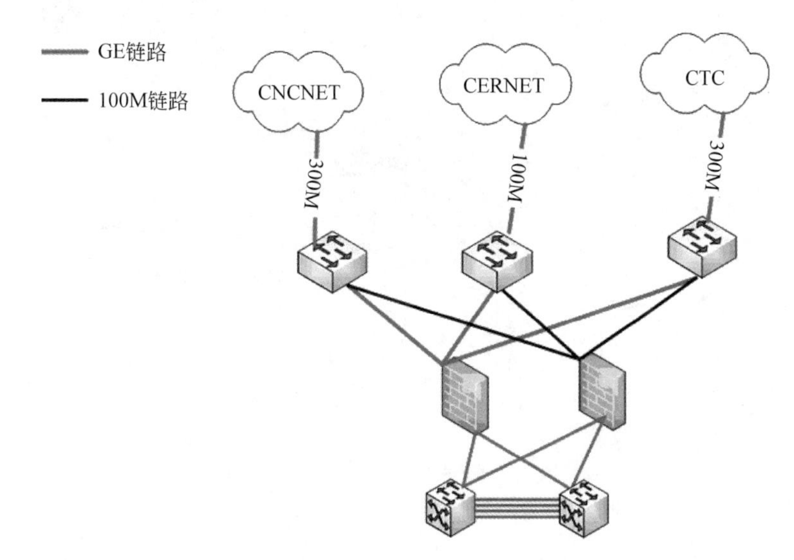

图 15-2　校园网出口拓扑图

15.1.3　网络安全方案

网络安全是指网络系统的硬件、软件及其系统中的数据受到保护，不因偶然的或者恶意的原因而遭受到破坏、更改、泄露，系统连续可靠正常地运行，网络服务不中断。

采取的安全防护方法有以下几种。

（1）在操作系统级进行防护。

（2）在数据库级进行防护。

（3）网络方案中使用“防火墙”技术。

（4）内网和外网逻辑上分开。

（5）数据加密。

（6）降低开放性。

主要采用杀毒软件和防火墙进行防护，在每个客户端安装客户端杀毒软件并对其进行网络升级。本校园网络的防火墙配置网络拓扑结构图如图15-3所示，分别针对教师宿舍区、教学服务区及学生宿舍区采用双通道防火配置方案。

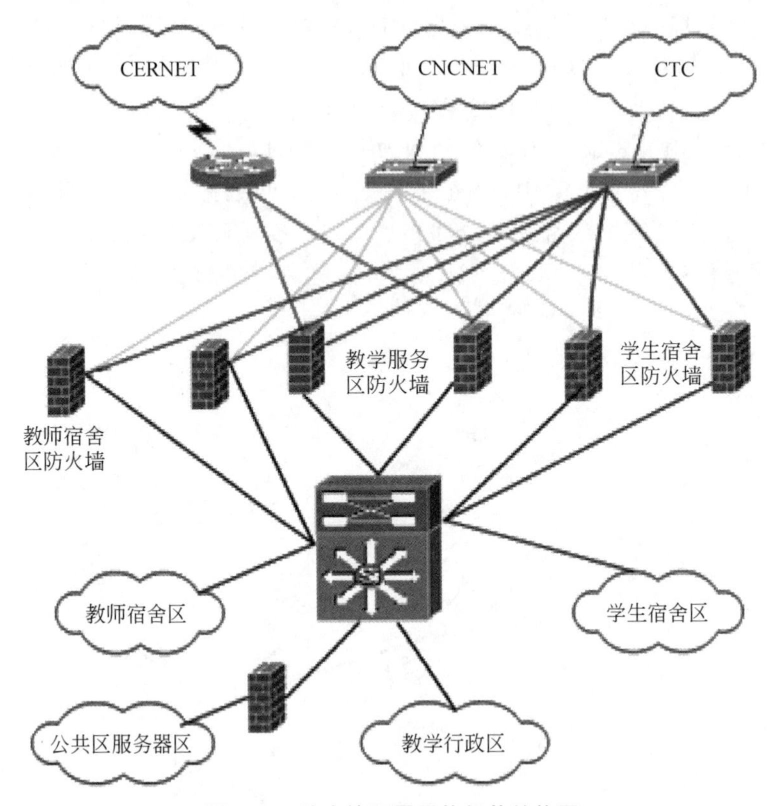

图15-3 防火墙配置网络拓扑结构图

1. 防火墙选型

防火墙是一种控制隔离技术，是采用综合的网络技术设置在被保护网络和外部网络之间的一道屏障，用以分隔被保护网络与外部网络系统，防止发生不可预测、潜在的破坏性侵入。防火墙设备像在两个网络之间设置了一道关卡，能根据用户的安全策略控制出入网络的信息流，防止非法信息流入被保护的网络内，且本身具有较强的抗攻击能力。它是提供信息安全服务、实现网络和信息安全的基础设施。所以，在选用防火墙时，一定要从性能指标、安全性、复杂环境适应性、安全审计、配置管理方便性等方面去考虑。

按照一般产品分类，防火墙产品可以分为软件防火墙、硬件防火墙和软硬一体化防火墙；从适用对象来划分，可分为企业级防火墙与个人防火墙；从产品等级划分，又可分为包过滤型、应用网关型和服务代理型防火墙。国内品牌以企业级硬件防火墙居多。在产品等级上，包过滤型防火墙最为普遍。

本校园网络采用天融信NGFW4000(TG-4208)防火墙，如图15-4所示。它属于大中型企业级防火墙，支持的并发连接数为800 000，无用户数限制；网络端口配置为8个10/

100BAS,可以进行 IDS、Dos、DDoS 检测,达到的安全过滤带宽为 350Mb/s;可支持访问控制、内容过滤、VPN 支持等。

2. 病毒防治

随着数字技术及 Internet 技术的日益发展,病毒技术也在不断发展提高。病毒不仅局限在单机的文件病毒,它们的传播途径越来越广,传播速度越来越快,造成的危害越来越大,如冲击波、震荡波、木马等,几乎到了令人防不胜防的地步。仅建立一个完整的网络平台不足以提供数据的有效传输和可靠性,还需要建立一个切实可行的防病毒解决方案,来确保整个业务数据不受到病毒的破坏,日常工作不受病毒的侵扰。

在此采用赛门铁克公司推出的 Symantec AntiVirus 企业版 V8.0,这是一款优秀的网络杀毒软件,包括 Symantec 服务器、系统中心控制台、Symantec Client Security、Symantec Packager 和 Alert Management Server 组件。这些组件的主要功能如下。

(1) Symantec 系统中心:管理控制台,在 Windows 系统上运行。可以进行各种操作,如向工作站和服务器分发企业版病毒防护,更新病毒定义,管理运行客户端程序。

(2) Symantec 企业版服务器:可以将配置和病毒定义文件分装到各个客户端,并且可以对服务器进行病毒防护。

(3) Symantec 企业版客户端:可以对联网或未联网的计算机进行病毒防护,并且可以接受系统中心的集中管理。

(4) Live Update:可以进行病毒和引擎的升级,并可以通过服务器进行分装。

(5) Symantec Packager:可以创建、修改和部署自己的定制安装包。

(6) Alert Management Server:可以提供病毒警报功能,可以通过多种方式和文本格式向系统管理员进行报警。

Symantec 的 Symantec AntiVirus 的管理控制台是使用 Windows NT 自身提供的 Console 集成在一起的,使用习惯符合 Windows 的常用风格,易用性较好,用户可以对网络中的服务器客户端进行分组设置,可以制定单个组的杀毒策略,管理简单、方便,并且可以支持多层次的网络拓扑结构,可以方便地对网络防毒的规模进行扩展。另外,Symantec AntiVirus 具有中心隔离的设置,管理员可以在网络中设置统一、有效的病毒隔离区,通过"数字免疫系统"对启发式检测到的新病毒或不可识别的病毒进行集中管理,并可以将可疑文件自动转发到"Symantec 安全响应中心"进行处理。

该系统还具有较灵活的定制功能,尤其对于客户端的配置设置上,系统可以根据最终用户的需要对各个子项进行单独的锁定。另外,它还可以利用 Live Update 技术使已经安装的 Symantec 产品自动连接到 Symantec 服务器,以进行程序和病毒定义的更新。

15.1.4 校园网 QoS 设计

在当前的多业务应用环境下,网络必须提供足够的带宽和强大的服务质量(QoS),以便在任何条件下都能提供可靠和可预测的应用性能,没有 QoS 的网络是一个不完整的网络,这会制约整个校园网络的通信和服务。

1. QoS的特性与功能

QoS(Quality of Service,服务质量)是网络的一种安全机制,它评估服务方满足客户服务需求的能力。一般地,QoS是对分组转发过程中为延迟、抖动、丢包率等核心需求提供支持的服务能力的评估。

1) QoS的重要特性

(1) 通过保证网络应用更高的可用性,让网络更加可靠,为用户提供更迅速的响应。

(2) 帮助减轻网络需求负担,充分利用现有的带宽。

(3) 使网络管理员拥有对网络使用的控制权,有助于避免不良使用。

(4) 通过在网络上扩大应用范围,如电话和视频会议,可以有效地利用网络,明显地节省费用,并提高效率。

2) QoS的功能

为了实现QoS的特性,具有QoS的网络应包含以下5个功能。

(1) 流分类。依据一定的匹配规则识别出对象。流分类是有区别地实施服务的前提,通常作用在端口进入方向。

(2) 流量监管。对进入设备的特定流量进行监管,通常作用在端口进入方向。当流量超出约定值时,可以采取限制或惩罚措施,以保护网络资源不受损害。

(3) 流量整形。一种主动调整流的输出速率的流控措施,通常是为了使流量适配下游设备可供给的网络资源,避免不必要的报文丢弃和拥塞,作用在端口输出方向。

(4) 拥塞管理。拥塞管理是必须采取的解决资源竞争的措施。通常是将报文放入队列中缓存,并采取某种调度算法安排报文的转发次序,作用在端口输出方向。

(5) 拥塞避免。过度的拥塞会对网络资源造成损害。拥塞避免监督网络资源的使用情况,当发现拥塞有加剧的趋势时采取主动丢弃报文的策略,通过调整流量来解除网络的过载,作用在端口输出方向。

在这些流量管理技术中,流分类是基础,它依据一定的匹配规则识别出报文,是有区别地实施服务的前提;而流量监管、流量整形、拥塞管理和拥塞避免从不同方面对网络流量及其分配的资源实施控制,是有区别地提供服务思想的具体体现。

2. 局域网设计QoS的规则

(1) 只在局域网中使用交换机或基于硬件的路由器。集线器不能对业务量进行优先处理,而基于软件的路由器可能导致“瓶颈”。

(2) 不要因采用QoS而避免部署充足的带宽。对大多数网络,所建议的配置都是10/100Mb/s交换至桌面,千兆连接至服务器和无阻塞的千兆骨干。

(3) 确保网络中的所有设备都可以支持QoS。如果数据通路上有一段不支持QoS,那么该段就有可能成为瓶颈,将导致通信速率下降,虽然在网络支持QoS的部分可以观察到性能的改善。

(4) 确保所有QoS设备的配置方式相同。不匹配的配置将导致同一业务量在一段有优先,而在另一段却没有优先。

（5）在业务流量一进入网络时就进行分类。如果业务流量在抵达广域网路由器或防火墙时才进行分类，那么就不可能保证端到端的优先级。对业务流量进行分类的理想地点是在配线交换机处。

（6）选择理解 IEEE 802.1p 和 DSCP 标记方案的交换机和基于硬件的路由器。

（7）注意每个端口的业务队列数。如果该交换机只有一个队列，那么它就不能对业务流量进行优先级处理。对于大部分应用而言，两个队列就足够了，而 4 个队列更理想。

H3C 智能交换机支持以太网交换机支持的队列调度算法有 SP（Strict-Priority，严格优先级队列）、WFQ（Weighted Fair Queue，加权公平队列）和 WRR（Weighted Round Robin，加权轮询队列），为各种应用的带宽保障提供需要的支持技术。校园网根据办公数据、财务数据、教务数据、学生家属数据等内容，进行流量分类管理实现 QoS。

15.1.5　校园网子网和 VLAN 划分

该大学拥有多个校区，需要对校区进行子网和 VLAN 划分，实现对网络的优化管理。以该大学××学院为例，学院目前办公、教学、实验、图书馆用计算机共有一千余台，都接入校园网，可以进行网络办公、网上教学与电子阅览。另外，学生宿舍和教师宿舍计算机约一千五百台，考虑到未来的发展需求，在校园网络内初期设计时，考虑采用一百三十余台接入交换机提供约三千个网络接入端口。

该大学××学院的校园网络可以采用私网地址进行规划，采用 172.16.0.0/8 作为校园网的网络地址，并采用 VLSM 技术进行子网划分，理论上以用户群工作地理位置和所属单位性质进行 VLAN 划分和地址分配。办公和各部门主机采用固定 IP 地址分配，学生、教师主机都采用动态地址方式来进行分配。

为了保证用户的合法性，采用了 PPPOE 的认证接入方式。客户端需要通过用户身份认证后方可接入校园网络，一定程度上保证了网络的安全，其接入界面如图 15-4 所示。

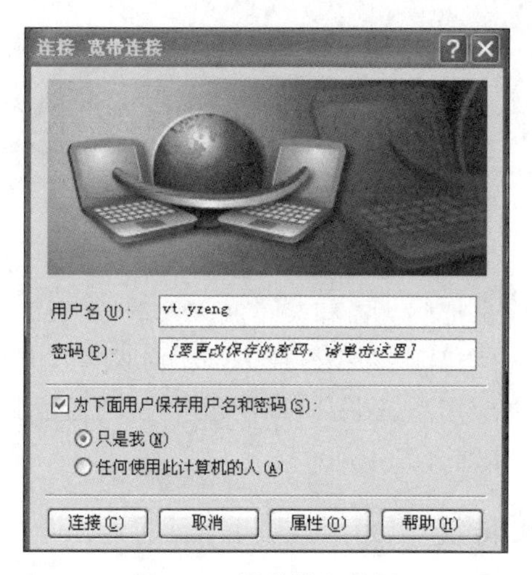

图 15-4　用户接入界面

15.2 智慧校园架构设计

15.2.1 智慧校园概述

1. “智慧校园”的基本概念

“智慧校园”是浙江大学在 2010 年提出的一个新概念，这个概念的蓝图描绘的是无处不在的网络学习、融合创新的网络科研、透明高效的校务治理、丰富多彩的校园文化、方便周到的校园生活。

“智慧校园”是继数字校园之后关于院校信息化建设的全新概念，是未来高校建设的新思路。智慧校园指的是以物联网和云计算为基础的智慧化的校园工作、学习和生活一体化环境，这个一体化环境以各种应用服务系统为载体，将教学、科研、管理和校园生活进行充分融合。

智慧校园引用现代最先进的云计算、4G 通信网与物联网技术，以传统数字化校园网络为依托，利用数字化手段借助于云计算和物联网技术对校园环境(如设备、办公室、教室、实验室、教工宿舍和学生宿舍)，资源(如图书、资料、文件、讲义、课件)，活动(如管理、教学、服务)等各个方面和环节进行全面的综合管理，如图 15-5 所示。

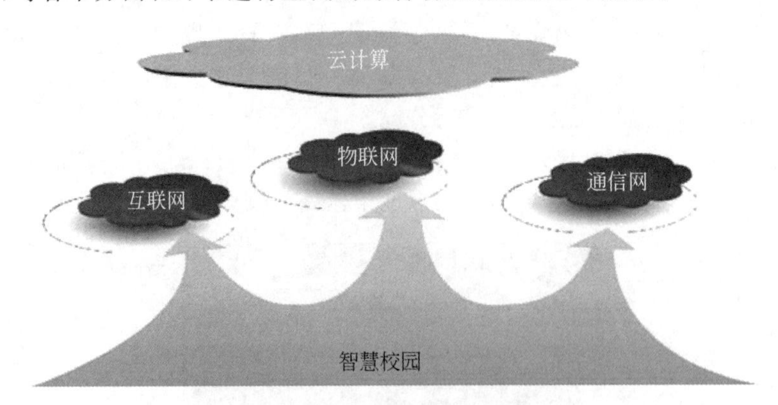

图 15-5 智慧校园基本组成

具体来说，智慧校园就是把感应器和装备嵌入教室、图书馆、餐厅、停车场、校门、实验室、宿舍楼、会议室等场景并与计算机相连接，形成“物联网”，并通过 4G 技术和云计算服务中心将“物联网”和“软件应用系统平台”整合起来，实现通信服务、教学工作、学习活动、管理工作和学校设施的整体结合。

2. 智慧校园的三大特征

(1) 为广大师生提供一个全面的智能感知环境和综合信息服务平台，提供基于角色的个性化定制服务；

(2) 将基于计算机网络的信息服务融入学校的各个应用与服务领域，实现互联和协作；

(3) 通过智能感知环境和综合信息服务平台，为学校与外部世界提供一个相互交流和相互感知的接口。

15.2.2　智慧校园发展的三个阶段

1. 信息化校园阶段

这一阶段的主要目标是校园网络建设，并注重各种信息管理系统开发和应用，由于受到当时计算机技术的制约，大多数信息管理系统都是基于单机版或 C/S 架构的系统，信息孤岛现象严重。

2. 数字校园阶段

建立以教学、科研、管理为主体的管理型应用系统。由于 B/S 系统得到广泛的应用，信息管理系统都实现了统一门户、统一身份认证共享公用数据库标准，实现面向管理的应用系统。

3. 智慧校园阶段

基于校园一卡通、校园云计算、校园物联网的智慧校园。具有开放的、创新的、协作的、智能的综合信息服务平台，教师、学生和管理者全面感知不同的教学资源，获得互动、共享的学生、工作和生活环境，实现教育信息资源的有效采集、分析、应用和服务。

15.2.3　智慧校园的建设目标和意义

1. 智慧校园的建设目标

智慧校园是以网络为基础，利用先进的信息化手段和工具，实现从环境、资源到活动的全部数字化、智能化，在传统校园的基础上构建一个数字空间，以拓展现实校园的时间和空间维度，从而提升传统校园的效率，扩展传统校园的功能，实现校园教学与科研、多媒体教室、校园生活、图书馆、校园交通、校园水电、校园节能、校园设备、校园门禁等系统和设施的信息化管理。最终实现教育过程的全面信息化，达到提高教育管理水平和效率的目的。

2. 智慧校园的建设意义

在社会经济飞速发展、急需解决各种重要问题的前提下，在中国高等教育不断变革发展的环境中，充分利用其教学、科研先发优势，充分利用信息技术，从物联化、关联化、智能化出发，实现对“智慧”的探索和推广，提高学校自身各项工作的效率、效果和效益，提高教学科研水平和影响力，并以此为依据实现教育服务社会的职能，服务于地方“智慧城市”建设的要求。

15.2.4 智慧校园建设的关键技术

建设智慧校园的关键技术包括6个方面：物联网技术、数据的标准化及共享技术、海量数据存储与挖掘技术、3S(GIS、RS、GPS)技术、云计算技术、中间件技术。

1. 物联网技术

物联网是指通过各种信息传感设备，实时采集任何需要监控、连接、互动的物体或过程，采集其声、光、热、电、力学、化学、生物、位置等各种需要的信息，与互联网结合形成的一个巨大网络。其目的是实现物与物、物与人，即所有的物品与网络的连接，方便识别、管理和控制。它具有普通对象设备化、自治终端互连化和普适服务智能化3个重要特征。

2. 数据的标准化及共享技术

数据标准是指数据的名称、代码、分类编码、数据类型、精度、单位、格式等标准形式。数据的标准化是在数据应用实践中，对重复性事物和概念通过制定、发布和实施标准，达到统一，以获得最佳应用和社会效益。

数据共享是让不同行业、不同部门在不同地方使用不同计算机，不同软件的用户能够读取他人的数据并进行各种操作运算和分析。数据共享的程度直接反映出一个地区、一个国家的信息化发展水平，数据共享程度越高，信息化发展水平也就越高。

3. 海量数据存储与挖掘技术

大数据存储致力于研发可以扩展至PB甚至EB级别的数据存储平台，其主要目的是支撑大数据分析。

海量信息存储早期采用大型服务器存储，基本都是以服务器为中心的处理模式，使用直连存储(direct attached storage)，存储设备(包括磁盘阵列、磁带库、光盘库等)作为服务器的外设使用。随着网络技术的发展，服务器之间交换数据或向磁盘库等存储设备备份时，都是通过局域网进行，这时主要应用网络附加存储(network attached storage)技术来实现网络存储，但这将占用大量的网络开销，严重影响网络的整体性能。为了能够共享大容量、高速度的存储设备，并且不占用局域网资源的海量信息传输和备份，就需要专用存储网络来实现。

数据挖掘就是从海量的数据中采用自动或半自动的建模算法，寻找隐藏在数据中的信息，如趋势(trend)、模式(pattern)及相关性(relationship)，是从数据库中发现知识的过程，运用计算机存储数据和数据库技术以及使用统计分析方法工具。

4. 3S技术

3S技术指的是地理信息系统(Geographic Information System，GIS)、遥感技术(Remote Sensing，RS)和全球定位系统(Global Positioning System，GPS)。

5. 云计算技术

云计算是一种通过 Internet 以服务的方式提供动态可伸缩的、虚拟化的资源的计算模式。

6. 中间件技术

中间件(middleware)是位于平台(硬件和操作系统)和应用之间的通用服务，屏蔽了底层操作系统的复杂性，使程序开发人员面对一个简单而统一的开发环境，减少程序设计的复杂性，将注意力集中在自己的业务上，不必再为程序在不同系统软件上的移植而重复工作，从而大大减少了技术上的负担。

15.2.5　高校智慧校园案例

常规的高校智慧校园总体架构自下而上可分为智能感知层、网络融合层、数据集中层、公共平台层、应用集成层、信息服务层 6 个层面，如图 15-6 所示。

图 15-6　智慧校园总体架构模型

1. 智能感知层

智能感知是智慧校园的主要特征，也是智慧校园的重要组成部分，主要通过射频识别(RFID)、视频采集(IP Cam)、泛在传感(WSN)、紫蜂技术(Zigbee)等技术与设备实现对校园环境的实时感知与动态监控，并将结果通过融合的网络传播，实现校园环境的智能化管理。

2. 网络融合层

网络融合是智慧校园建设的最根本的基础,综合利用各种网络的接入方式,对校园的有线网络、无线网络、移动网络、物联网络等进行整合,实现各网络间的无缝融合。这种灵活的网络结构,可实现人的信息与物的信息随时随地地交换和流转,并通过一体化管理与控制,为智慧校园应用提供稳定、高速、全覆盖的校园网络环境。

3. 数据集中层

数据集中是智慧校园建设的核心技术,包括对各类身份角色信息、各类感知数据、各类业务系统的应用数据的统一管理。在数据集中过程中,数据源会呈现多样化且异构的特质,需要遵循信息标准与规范,建立数据共享与交换机制,进行主题数据库的基础建设、统一平台的建设。

4. 公共平台层

公共平台以云计算、云存储等先进技术及设施为基础条件,将校园网内大量计算资源、存储资源和网络资源统一管理、协同工作,为各类信息化提供公共的运行环境,提供智能的、统一的、高效的按需服务,包括IDC公共机房、SOA服务平台、统一身份认证、云服务平台。

5. 应用集成层

智慧校园要对已有的应用系统进行整合,利用信息资源规划理论,实现人、财、物等关键应用系统的一体化建设。各类信息系统不再是孤立的,而是依据统一的标准与规范,实现信息互通、资源共享、互相触发。智慧校园对信息系统进行统筹建设、统一管理,实现包括智慧教学、科研协作、智能管理、多彩生活等各类应用的整合与集成,实现高校全方位智能化的应用,为提供全校统一的信息服务打下基础。

6. 信息服务层

信息服务是智慧校园的表现形式,是在上述智能感知、网络融合、数据集中、公共平台支撑、应用集成的基础上,构建的智能的、全方位的一体化综合信息服务平台,提供教学服务、科研服务、管理服务、生活服务、科学决策服务等。

15.2.6 某大学智慧校园架构设计

这里以某高校智慧校园建设方案为蓝本,介绍智慧校园架构的设计技术。

该智慧校园的总体架构如图15-7所示,其功能模型如图15-8所示,各功能子模型分别如图15-9～图15-13所示。

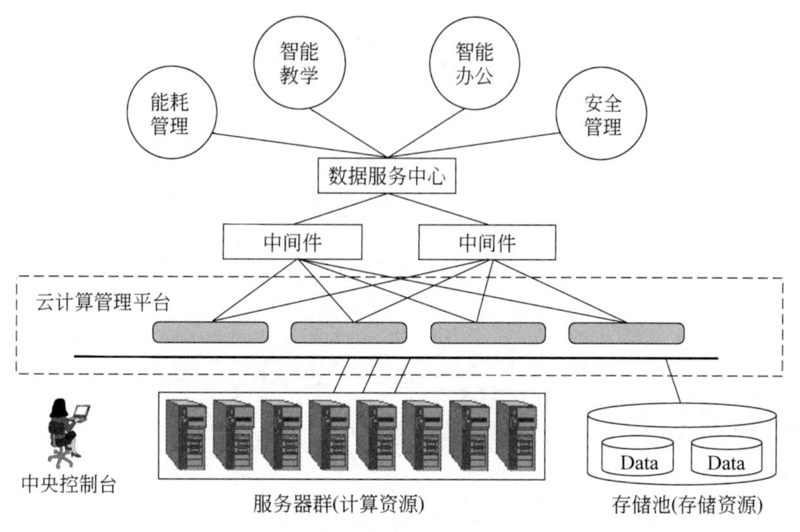

图 15-7　智慧校园的总体架构

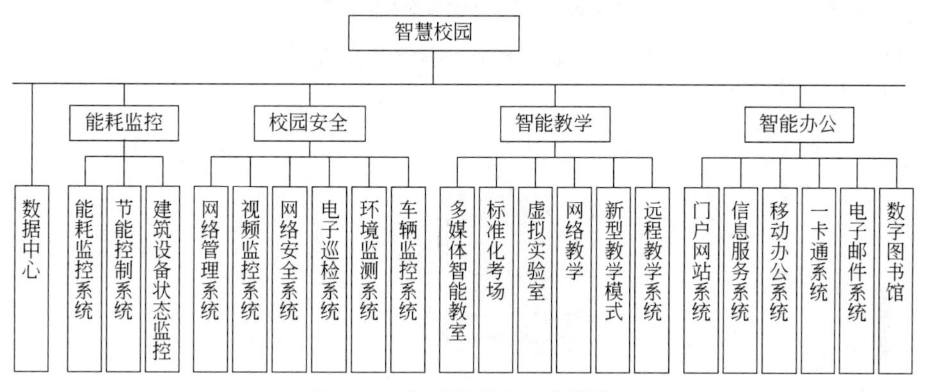

图 15-8　智慧校园的功能模型

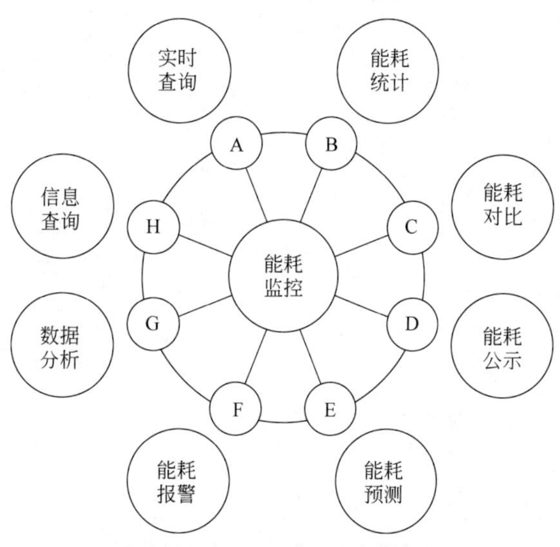

图 15-9　“能耗监控”功能结构图

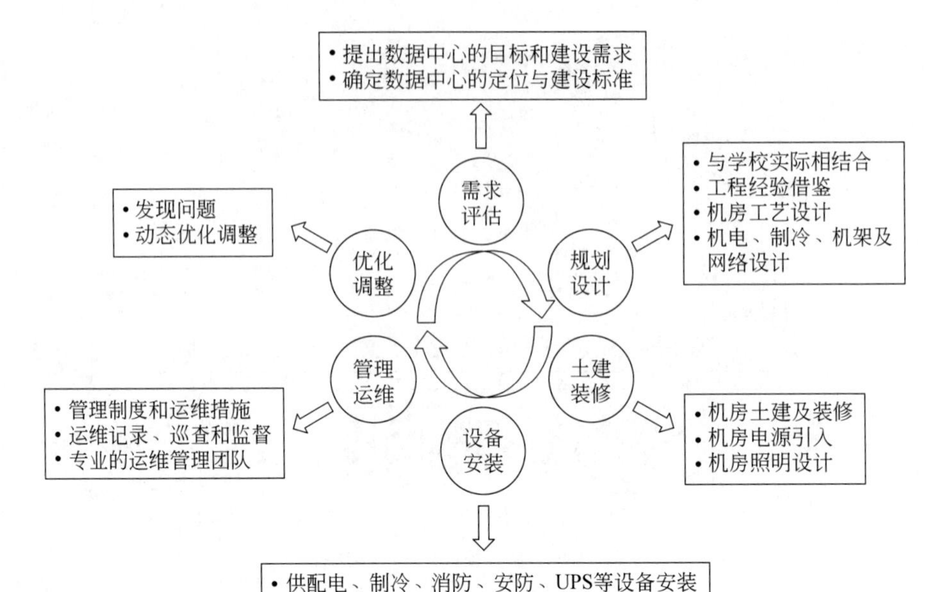

图 15-10 “数据中心”功能结构图

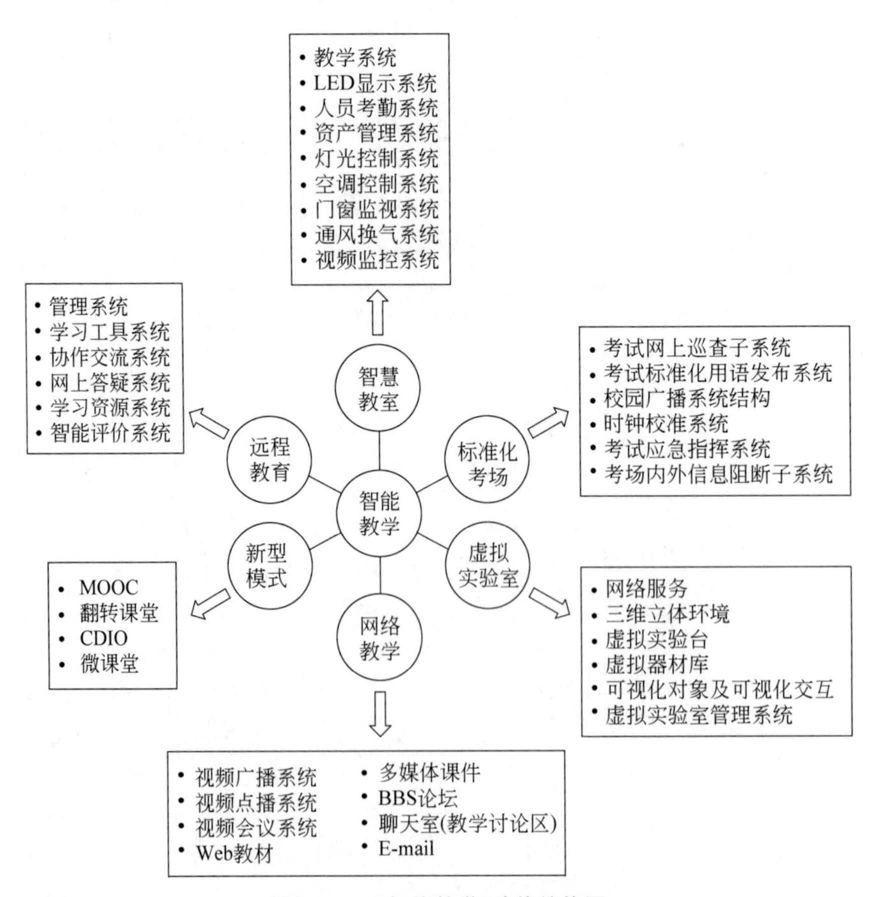

图 15-11 “智能教学”功能结构图

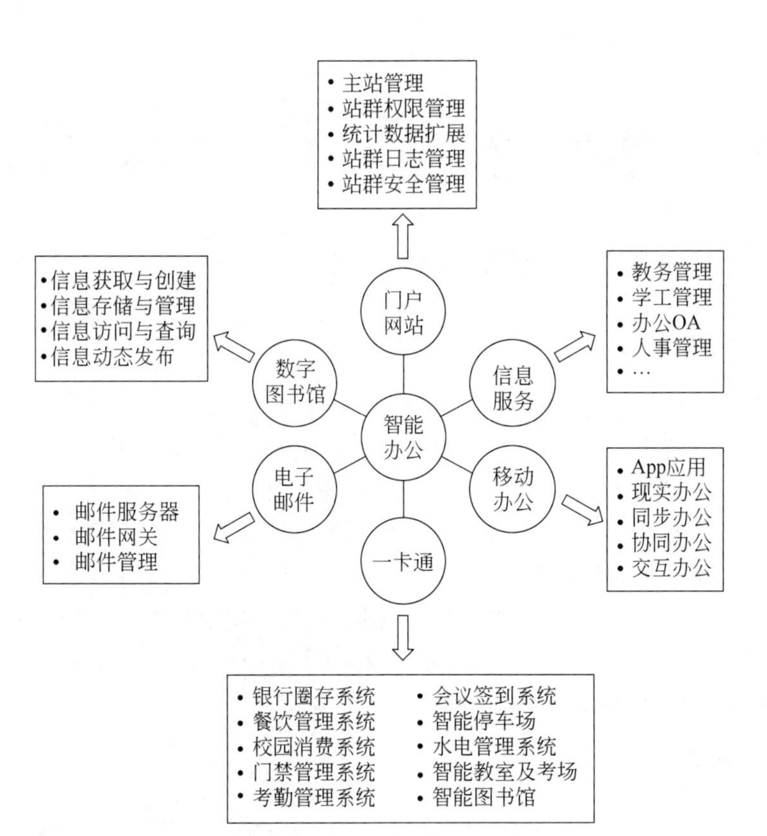

图 15-12 “智能办公”功能结构图

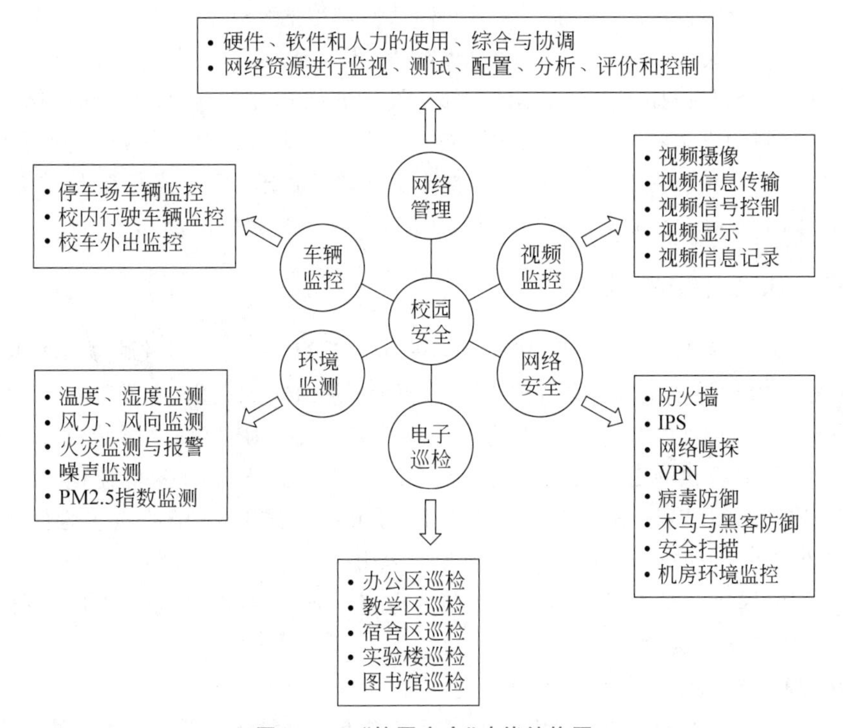

图 15-13 “校园安全”功能结构图

15.3 IPv6 架构设计

15.3.1 IPv6 实验床架构设计

1. 加入 CERNET 的 IPv6 邮件列表

CERNET 的 IPv6 实验床为 IPv6 用户和研究者提供进行交流和讨论的邮件列表，CERNET IPv6 实验床的所有用户和成员或准备加入实验床的用户均可加入列表，实验床的用户可以在列表中自由地发表针对 IPv6 的意见和看法。用户在拥有 IPv6 的基础知识后，通过该列表可以进一步丰富有关知识同时了解相关技术的发展，也可以了解 CERNET IPv6 实验床其他有关信息。

用户可以通过 E-mail 向邮件列表进行注册，注销或要求发送一个特定的文件。

邮件列表的使用方法：在电子邮件的正文(注意：不是主题)中加入命令发给邮件列表地址 Majordomo@mail.ipv6.net.edu.cn。一条命令占一行。

2. 网络地址规划

IPv6 网络的规划和 IPv4 网络的规划在方法和步骤上基本一致。以层次结构为原则，注重对于规划的可扩展性的考虑。实验网络在实践过程中需要根据具体情况做调整和变化，但规划合理可以使实验床在长时间内适应网络的变化和发展。同时 IPv6 地址中大地址聚类的特性带来了路由表简化的优越性，但也限制了网络地址和网络拓扑的关系——地址不再是和拓扑无关的标识。因此，设计网络拓扑时应仔细考虑网络建设后分割网络地址空间的方法和规则，考虑到将来拓扑发生一定程度变化情况下的对策。好的地址规划应该是在拓扑发生一点儿变化的情况下，尽可能不更改网络多数结点的地址。CERNET IPv6 实验床主干网的拓扑结构为用户提供一个较好范例。

3. 实验床拓扑结构设计

图 15-14 所示为 IPv6 实验床的拓扑结构。该实验床利用 3 台路由器 R1、R2、R3 构成实验床骨干，3 台路由器从逻辑上构成一个环路。在 R1、R2、R3 之间运行 IPv6 下的动态路由协议(RIPnG、OSPFv3)。R1 为接入路由器，利用 IPv4 提供隧道连入 CERNET IPv6 实验床，同时提供纯 IPv6 链路连接提供 IPv6 下信息服务的服务器群，通过纯 IPv6 链路与 R2 连接，通过 IPv4 隧道与 R3 连接，R2 提供一条纯 IPv6 链路连接运行 IPv6 协议栈主机，提供 IPv6 下的自动主机配置服务，R3 提供一条纯 IPv6 链路与运行 IPv6 协议栈主机连接，同时提供 6-to-4 隧道为网络中其他运行 V6/V4 双协议栈的主机能通过局域网利用 6-to-4 隧道连入实验床。

该实验床的拓扑结构具有如下特点。

(1) 采用 3 台路由器的连接，用到了直接连接方式和隧道连接方式，同时采用动态路

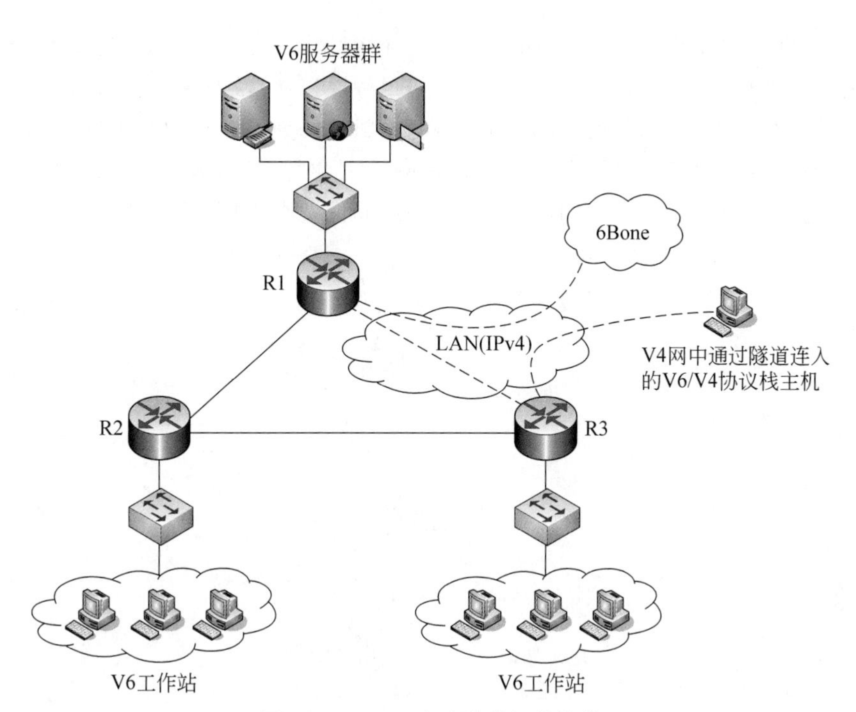

图 15-14　IPv6 实验床的拓扑结构

由协议为实验床通过各种方式进行扩展做好了准备，使路由器的添加和扩展网络简单、容易；

(2) 提供基本信息服务，为在 IPv6 下开展信息服务研究工作打下基础；

(3) 提供纯 IPv6 链路连接 IPv6 协议栈主机，提供纯 IPv6 的研究开发环境；

(4) 通过配置隧道连入实验床，使实验床不仅是一个实验性孤岛，而应成为全球 IPv6 网络中的一部分；

(5) 为其他主机提供了 6-to-4 接入实验床方式，使实验床在现有网络中能大规模扩展。

15.3.2　IPv6 驻地网架构设计

1. 主干网

主干网是指由分布在全国多个省区或城市的核心接入结点(GigaPOP)，通过高速光纤传输链路互联构成的骨干性网络。CNGI 示范网络由多个主干网通过国内互联中心互联构成。具体包括由 CERNET 网络中心承建的 CERNET2，以及由中国电信、中国移动、中国联通、中国网通和中国科学院网络中心、中国铁通分别承建各自的下一代互联网示范网络核心主干网。

2. 驻地网与接入网

驻地网和接入网是两个互相联系又各不相同的概念，驻地网(CPN)主要指接入单位内部的网络,即指用户终端(TE)至网络运营商(ISP)接入结点之间的机线设备,包括通信和控制功能以及用户驻地布线系统等,以使用户终端可以灵活方便地接入接入网,用户驻地网的内部结构可能千差万别。接入网(或称城域网)一般是指用户驻地网至网络运营商主干网之间的网络,由于接入网负责连接用户驻地网和主干网,因此需要根据主干网的情况,制定一定的规范。接入网、驻地网和主干网之间的关系如图 15-15 所示。

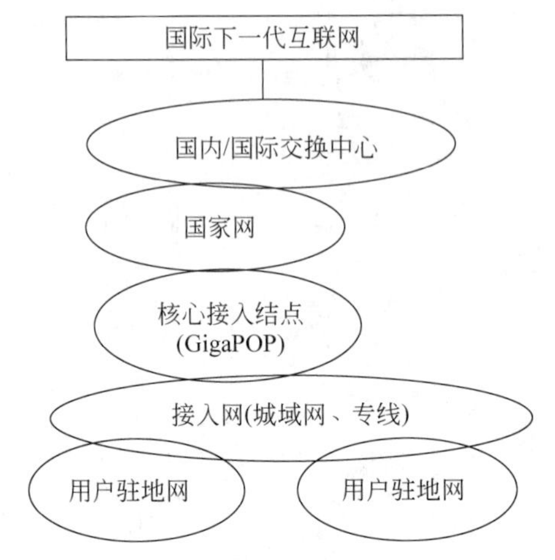

图 15-15 接入网、驻地网和主干网之间的关系

3. IPv6 驻地网的几种经典架构

IPv6 驻地网建设常有全双栈模式、隧道模式、新建部分双栈+部分隧道模式三种架构模式。

1) 全双栈模式

所有设备均为 IPv4/v6 双栈设备,并通过 IPv6 出口链路连接到 CNGI,如图 15-16 所示。

通过对现有网络的核心、汇聚、接入设备升级到"全双栈模式"校园网络架构。或在现有网络的基础上,核心、汇聚每台设备旁边备份一套新的网络平面。第一平面负责原有 IPv4 业务,第二平面既作为 IPv6 业务平面,也作为 IPv4 业务的热备份平面。这样做的好处是 IPv6 业务平面随时可随意以开展 IPv6 业务研究而不影响现有业务;作为备份平面,大幅度地提升整个校园网的可靠性和带宽,并且在旧设备过保淘汰时,可以保证现网业务不中断平滑交接。

IPv6 双栈校园网解决方案能够完美地解决在驻地网中部署全双栈的需求,这样对于新建的驻地网中双栈用户可以同时访问 IPv6 和 IPv4 网络。对于双栈终端,IPv4 网关和 IPv6 网关均部署在汇聚三层交换机上。因驻地网内所有三层设备均是双栈设备,既运行 IPv4 路由协议,也可运行 IPv6 路由协议。不同协议的数据转发路径可能一致,也可以不同。

全双栈模式优点为从技术角度这是最理想的方案,开销小,管理简单,IPv4 和 IPv6 的逻辑界面清晰。

2) 隧道模式,升级核心快速实现 IPv6 接入

原有网络建设已经成熟、稳定,所有三层设备均为 IPv4 设备。为了部署 IPv6,将核

心交换机升级为双栈交换机，并通过IPv6出口路由器连接到CNGI，如图15-17所示。

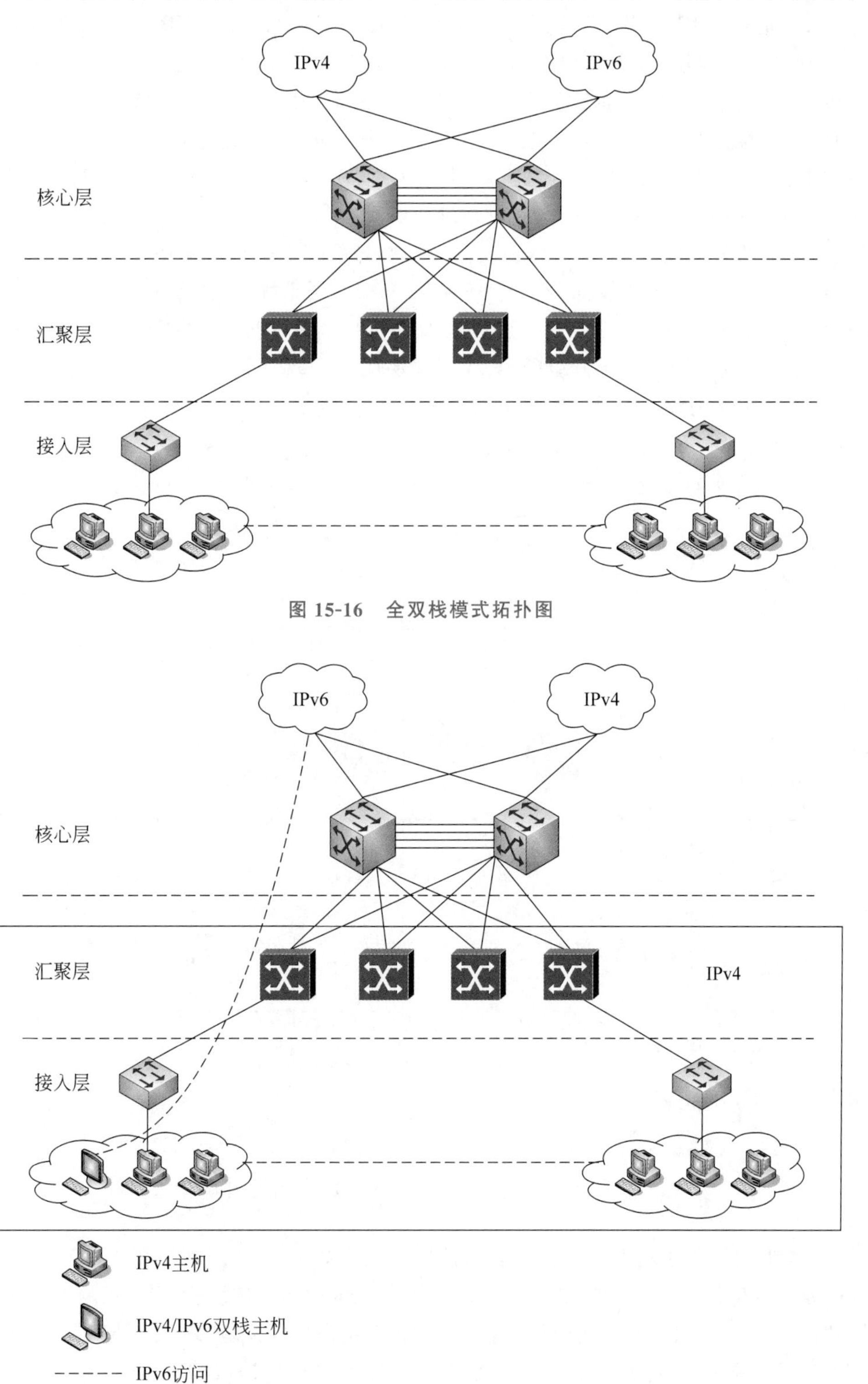

图15-16 全双栈模式拓扑图

图15-17 隧道模式拓扑图

对于双栈终端,IPv4 网关部署在汇聚三层 IPv4 交换机上。所有汇聚层设备是 IPv4 设备,不能完成对 IPv6 报文的转发。需要访问 IPv6 资源的 IPv4/IPv6 双协议栈主机设置为双栈设备的地址,部署客户端到核心交换的自动隧道来完成。

隧道模式优点:保护原有投资,原有网络拓扑和路由几乎无须调整。使用隧道完成的主机-路由器隧道,只需要确定隧道对端路由器接口的 IPv4 地址即可,同时对于主机的要求是必须都要有 IPv4 地址。因此,对于用户端而言,配置方面与原有的 IPv4 环境差异不大,无须为网络中的所有成员重新做地址分配和规划。

3) 新建部分双栈+部分隧道模式,升级核心与部分汇聚逐步支持 IPv6

部分新建模式重新建设部分支持 IPv6 业务核心层和汇聚层,IPv4 业务可以经由原有网络转发,新建 IPv6 用户接入二层设备增加接口连入 IPv6 网络中,IPv6 业务经由新汇聚经新核心进行转发。未升级的 IPv4 汇聚层的客户端通过配置到核心交换的自动隧道来完成对 IPv6 业务的访问,如图 15-18 所示。

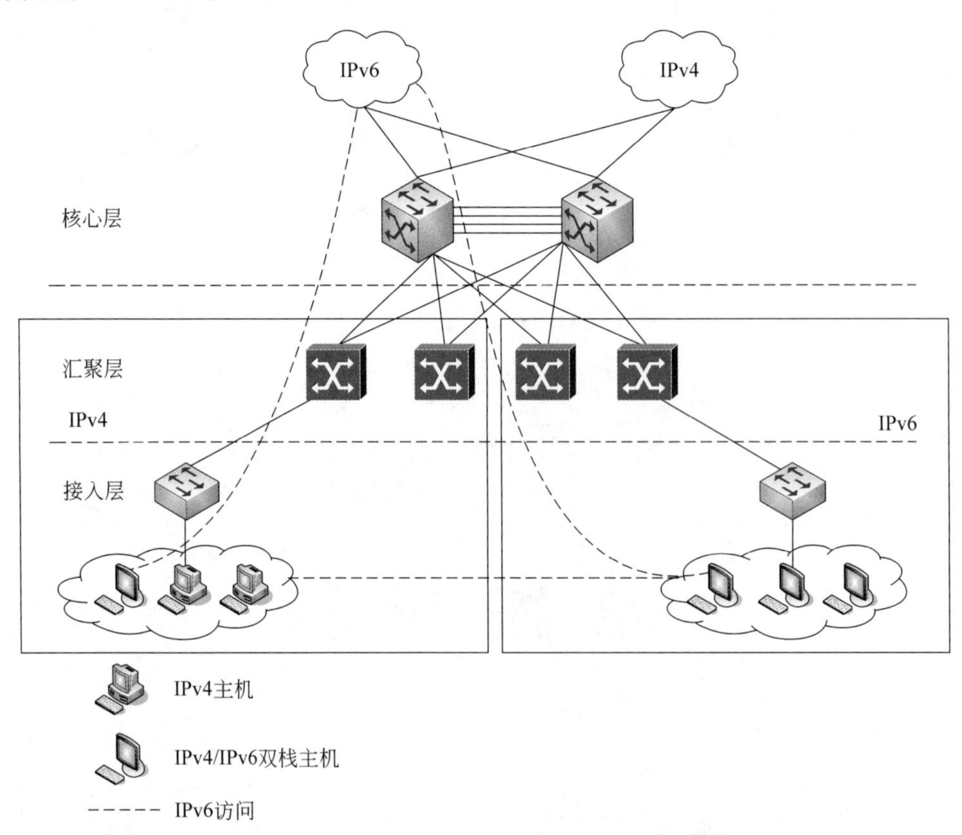

图 15-18 新建双栈+部分隧道模式网络拓扑图

新建双栈+部分隧道模式优点:保护原有投资,原有 IPv4 网络拓扑和路由无须调整,业务不产生任何变化,正常运行。使用隧道完成的主机-路由器隧道,只需要确定隧道对端路由器接口的 IPv4 地址即可。新增的 IPv6 用户通过新建 IPv6 汇聚和核心正常访问 IPv6 网络及 IPv6 业务。双栈用户可以直接访问 IPv4 网络及 IPv4 业务。

附录　常用缩略词

ADSL(Asymmetrical Digital Subscriber Line,不对称数据用户专线)
ANSI(American National Standard Institute,美国国家标准化委员会)
AON(Active Optical fiber Network,有源光纤网络)
ARP(Address Resolution Protocol,地址解析协议)
ATD(Asynchronous Time Division,异步时分复用)
ATM(Asynchronous Transfer Mode,异步传输模式)
AUI(Attachment Unit Interface,附加单元接口)
BBS(Bulletin Board System,电子公告板)
B-channel(B 通道)
B-ISDN(Broadband ISDN,宽带 ISDN)
CCITT (Consultative Committee on International Telegraph and Telephone,国际电话电报咨询委员会)
CDMA(Code Division Multiple Access,码分多址技术)
CSMA/CD (Carrier Sense Multi-Access/Collision Detection,载波侦听多路访问/冲突检测)
DCE(Digital Circuit-terminating Equipment,数据电路端接设备,又称为数据通信设备)
D-channel(D 通道)
DDS(Digital Data Service,数字数据服务)
DES(Data Encryption Standard,数据加密标准)
DHCP(Dynamic Host Control Protocol,动态主机控制协议)
DN(Domain Name,域名)
DNS(Domain Name Server,域名服务器)
DTE(Data Terminal Equipment,数据终端设备)
DSU(Data Service Unit,数据服务单元)
EGP(Exterior Gateway Protocol,外部网关协议)
EIA/TIA (Electronic Industries Association and Telecommunication Industries Association,(美)电子工业协会和电信工业协会)
EMA(Ethernet Media Adapter,以太网卡)
E-mail(Electronic Mail,电子邮件)
FDDI(Fiber Distributed Data Interface,光缆分布式数据接口)

FDM(Frequency Division Multiplexing,频分多路复用)
FEC(Forward Error Correction,前向差错纠正)
FES(Fast-Ethernet Switch,快速以太网交换器)
FR(Frame Relay,帧中继)
FTP(File Transfer Protocol,文件传输协议)
GGP(Gateway-Gateway Protocol,网关-网关协议)
GIS(Geographic Information System,地理信息系统)
GPRS(General Packet Radio Service,通用分组无线服务技术)
GPS(Global Positioning System,全球定位系统)
GSM(Global System for Mobile Communications,全球移动通信系统)
HDLC(High-level Data Link Control,高层数据链接控制)
HTTP(Hyper Text Transfer Protocol,超文本传输协议)
IaaS(Infrastructure as a Service,基础设施即服务)
IAB(Internet Architecture Board,因特网结构委员会)
IAP(Internet Access Provider,因特网接入提供商)
IEEE(Institute of Electrical and Electronics Engineers,电子和电气工程师协会)
IGP(Interior Gateway Protocol,内部网关协议)
IGRP(Interior Gateway Routing Protocol,内部网关路由协议)
IMP(Interface Message Processor,接口信息处理机)
IP(Internet Protocol,网际协议)
IP multicast(IP 多路广播)
IP switching(IP 交换)
IPX(Internet Packet Exchange,网间分组交换)
IRTF(Internet Research Task Force,因特网研究特别任务组)
ISDN(Integrated Services Digital Network,综合服务数字网)
ISO(International Organization for Standardization,国际标准化组织)
ISP(Internet Service Provider,Internet 服务提供商)
IT(Information Technology,信息技术)
ITU(International Telecommunications Union,国际电信联盟)
LAN(Local Area Network,局域网)
LCP(Link Control Protocol,链路控制协议)
LF(Line Feed,线路反馈)
M2M(Machine-to-Machine/Man,机器-机器或机器-人的交互技术)
MAC(Media Access Control,介质访问控制)
MAN(Metropolitan Area Network,城域网)
MAAA(Multiple Access with Access Avoidance,避免冲突的多路访问协议)
MAU(Media Attachment Unit,介质附加单元)
MIB(Management Information Base,管理信息库)

MIME(Multipurpose Internet Mail Extensions,多用途 Internet 邮件扩展)
MTP(Mail Transfer Protocol,邮件传输协议)
MMF(Multi Mode Fiber,多模光缆)
NAP(Network Access Point,网络接入点)
NAPT(Network Address Port Translation,网络地址端口转换)
NAT(Network Address Translation,网络地址转换)
NCA(Network Computing Architecture,网络计算结构)
NCP(Network Control Protocol,网络控制协议)
NCP(Network Core Protocol,网络核心协议)
NetBIOS(Network Binary Input Output System,网络二进制输入输出系统)
NFS(Network File System,网络文件系统)
NIC(Network Interface Card,网络接口卡)
NIC(Network Information Center,网络信息中心)
NISDN(Narrowband Integrated Services Digital Network,窄带 ISDN)
NLA(Next Level Aggregator,下级聚合体)
ODBC(Open Data Base Connection,开放数据库互连)
PaaS(Platform as a Service,平台即服务)
PBX(Private Branch eXchange,用户交换机)
PDN(Public Data Network,公用数据网)
PDU(Protocol Data Unit,协议数据单元)
PON(Passive Optical fiber Network,无源光纤网)
PPTP(Point-to-Point Tunneling Protocol,点到点通道协议)
PPP(Point to Point Protocol,点到点协议)
PRI(Primary Rate Interface,基本速率接口)
PRM(Protocol Reference Model,协议参考模型)
PRN(Packet Radio Network,无线分组网络)
PSDN(Packet Switch Data Network,分组交换数据网)
PSTN(Public Switched Telephone Network,公用电话交换网)
PVC(Permanent Virtual Circuit,永久虚拟电路)
RARP(Reverse Address Resolution Protocol,反向地址解析协议)
RAS(Remote Access Service,远程访问服务器)
RFC(Request For-Comments,Internet 标准与规范化文件)
RFID(Radio Frequency Identification,无线射频技术)
RTP(Receive and Transmit Port,接收和发送端口)
SaaS(Software as a Service,软件即服务)
SDH(Synchronous Digital Hierarchy,同步数字系列)
SDLC(Synchronous Data Link Control,同步数据链路控制协议)
SDSL(Single line Digital Subscriber Line,单线数字用户专线)

SDU(Service Data Unit,业务数据单元)
SMF(Single Mode Fiber,单模光缆)
SLA(Site Level Aggregator,位置级聚合体)
SLIP(Serial Line Internet Protocol,串行线网际协议)
SMTP(Simple Mail Transfer Protocol,简单邮件传输协议)
SNMP(Simple Network Management Protocol,简单网络管理协议)
SONET(Synchronous Optical NETwork,同步光缆网络)
STM(Synchronous Transfer Mode,同步传输方式)
STP(Shielded Twisted Pair,屏蔽双绞线)
STS(Synchronous Transport Signal,同步传输信号)
TCP/IP(Internet 协议群)
TDM(Time Division Multiplexing,时分多路复用)
TFTP(Trivial File Transport Protocol,小型文件传输协议、简易文件传送协议)
TIP(Terminal Interface Processor,终端接口处理机)
TLA(Top Level Aggregator,顶级聚合体)
TP(Twisted Pair,双绞线)
UDP(User Datagram Protocol,用户数据报协议)
UNI(User-Network Interface,用户/网络接口)
URL(Uniform Resources Locator,统一资源定位器)
UTP(Unshielded Twisted Pair,非屏蔽双绞线)
WAN(Wide Area Network,广域网)
WDM(Wavelength Division Multiplexing,波分多路复用)
WDMA(Wavelength Division Multiple Access,波分多路访问)
WSN(Wireless Sensor Networks,无线传感器网络)
WWW(World Wide Web,万维网)

参考文献

[1] Tanenbaum A S. 计算机网络[M]. 严伟，潘爱民，译. 5 版. 北京：清华大学出版社，2012.

[2] Sportack M A，Pappas F C. High-Performance Networking Unleashed[M]. Berkeley：Sams，1997.

[3] Vito Amato. 思科网络技术学院教程[M]. 韩江，马刚，译. 北京：人民邮电出版社，2000.

[4] 彭澎. 计算机网络实用教程[M]. 3 版. 北京：电子工业出版社，2002.

[5] Comer D E. 用 TCP/IP 进行国际互联[M]. 林瑶，等译. 北京：电子工业出版社，2001.

[6] 张钟澎. 公务员上网培训教程[M]. 成都：电子科技大学出版社，2000.

[7] Comer D E. Computer Networks and Internets[M]. Upper Saddle River：Prentice Hall，1997.

[8] 曹建. 电子商务与网上经营[M]. 成都：电子科技大学出版社，2000.

[9] 陈光辉，黎连业，王萍，等. 网络综合布线系统与施工技术[M]. 5 版. 北京：机械工业出版社，2018.

[10] 杨云江. 一种在网络通信中自动纠错算法的研究[J]. 贵州大学学报(自然科学版)，2004，21(1)：100-105.

[11] 杨世平，刘真祥，高鸿峰，等. 一个大型综合性大学校园网络的设计[J]. 贵州大学学报(自然科学版)，2004，21(1)：106-110.

[12] 蔡小兵，梁春生，张黔阳，等. 现代建筑布线技术[M]. 成都：电子科技大学出版社，2002.

[13] 杨洋，等. Internet 的连接与使用[M]. 深圳：海天出版社，1996.

[14] 李国斌，鄢小平. 电脑上网现用现查[M]. 北京：航空工业出版社，1998.

[15] 曹志刚，钱亚生. 现代通信原理[M]. 北京：清华大学出版社，1992.

[16] 谢希仁. 计算机网络[M]. 4 版. 大连：大连理工大学出版社，2004.

[17] 叶忠杰. 计算机网络安全技术[M]. 4 版. 北京：科学出版社，2020.

[18] Maiwald E. 网络安全实用教程[M]. 李庆荣，黄开枝，等译. 2 版. 北京：清华大学出版，2003.

[19] 戚文静，等. 网络安全与管理[M]. 2 版. 北京：中国水利水电出版社，2008.

[20] 凌雨欣，常红. 网络安全技术与反黑客[M]. 北京：冶金工业出版社，2001.

[21] 袁家政，等. 计算机网络安全与应用技术[M]. 2 版. 北京：清华大学出版社，2011.

[22] 宣力，罗忠海，罗忠雁. 计算机安全用户指南[M]. 成都：电子科技大学出版社，2000.

[23] 段云所，魏仕民，唐礼勇. 信息安全概论[M]. 北京：高等教育出版社，2003.

[24] 兰少华，杨余旺，吕建勇. TCP/IP 网络协议[M]. 2 版. 北京：清华大学出版社，2017.

[25] 尉红艳，等. 校园网应用技术[M]. 北京：清华大学出版社，2005.

[26] 杨云江. 计算机网络管理技术[M]. 4 版. 北京：清华大学出版社，2022.

[27] 杨云江，蒋平. 组网技术[M]. 北京：清华大学出版社，2013.

[28] 杨云江. 计算机与网络安全实用技术[M]. 北京：清华大学出版社，2007.

[29] 杨云江，曾湘黔. 网络安全技术[M]. 北京：清华大学出版社，2013.

[30] 杨云江. IPv6 技术与应用[M]. 北京：清华大学出版社，2010.

[31] 杨云江，魏节敏. Internet 应用技术[M]. 北京：清华大学出版社，2015.

[32] 杨正洪，郑齐心，吴寒. 企业云计算架构与实施指南[M]. 北京：清华大学出版社，2010.

[33] 黎连业，王安，李龙. 云计算基础与实用技术[M]. 北京：清华大学出版社，2013.

[34] 雷万云. 云计算——企业信息化建设策略与实践[M]. 北京：清华大学出版社，2010.

[35] 深圳国泰安教育技术股份有限公司大数据事业部群，中科院深圳先进技术研究院——国泰安金融大数据研究中心. 大数据导论：关键技术与行业应用最佳实践[M]. 北京：清华大学出版社，2015.
[36] 鲍亮，李倩. 实战大数据[M]. 北京：清华大学出版社，2014.
[37] 郭晓科. 大数据[M]. 北京：清华大学出版社，2013.
[38] 刘鹏. 人工智能概论[M]. 北京：清华大学出版社，2021.
[39] 黄芸，蒲军. 零基础学区块链[M]. 北京：清华大学出版社，2020.
[40] 高腾刚，程星晶，霍雨佳. 大数据概论[M]. 北京：清华大学出版社，2022.
[41] 王英龙，曹茂永. 课程思政我们这样设计(理工类)[M]. 北京：清华大学出版社，2020.
[42] 王焕良，马凤岗. 课程思政设计与实践[M]. 北京：清华大学出版社，2021.